从零开始

学电子元器件识别与检测

刘建清 ◎ 主编
陶柏良 范军龙 ◎ 编著

人 民 邮 电 出 版 社
北 京

图书在版编目（C I P）数据

从零开始学电子元器件识别与检测 / 刘建清主编 ；
陶柏良，范军龙编著. -- 北京 ：人民邮电出版社，
2019.1
ISBN 978-7-115-49640-9

Ⅰ. ①从… Ⅱ. ①刘… ②陶… ③范… Ⅲ. ①电子元
器件－识别②电子元器件－检测 Ⅳ. ①TN60

中国版本图书馆CIP数据核字(2018)第232949号

内容提要

这是一本专门为电子元器件初学者“量身定做”的“傻瓜型”教材，本书采用新颖的讲解形式，深入浅出地介绍了电子元器件识别、检测等知识，主要包括电阻、电容、电感、变压器、二极管、三极管、场效应管、晶闸管、光电耦合器、继电器、开关器件、传感器、电声器件、显示器件、陶瓷器件、石英晶体、集成电路、片状元器件等，掌握这些内容，无论对分析、设计电路还是维修电子产品都是十分有用的。

全书语言通俗、重点突出、图文结合、简单明了，具有较强的针对性和实用性，适合电子爱好者、无线电爱好者阅读，也可作为中等职业学校、中等技术学校相关专业的培训教材使用。

◆ 主　　编　刘建清
　编　　著　陶柏良　范军龙
　责任编辑　黄汉兵
　责任印制　彭志环

◆ 人民邮电出版社出版发行　　北京市丰台区成寿寺路 11 号
　邮编　100164　　电子邮件　315@ptpress.com.cn
　网址　http://www.ptpress.com.cn
　山东百润本色印刷有限公司印刷

◆ 开本：787×1092　1/16
　印张：17.5　　　　　　　　2019 年 1 月第 1 版
　字数：415 千字　　　　　　2019 年 1 月山东第 1 次印刷

定价：59.00 元

读者服务热线：(010)81055488　印装质量热线：(010)81055316
反盗版热线：(010)81055315

丛书前言

我们所处的时代是一个知识爆发的新时代，新产品、新技术层出不穷，电子技术发展更是日新月异。当您对妙趣横生的电子世界产生兴趣时，首先会想到的是找一套适合自己学习的电子方面的图书阅读，“从零开始学电子”丛书正是为了满足零起点入门的电子爱好者而写，全套丛书共有如下 6 册：

从零开始学电工电路

从零开始学电动机、变频器和 PLC

从零开始学电子元器件识别与检测

从零开始学模拟电路

从零开始学数字电路

从零开始学 51 单片机 C 语言

和其他电子技术类图书相比，本丛书具有以下特点。

内容全面，体系完备。本丛书给出了电子爱好者学习电子技术的全方位解决方案，既有初学者必须掌握的电工电路、模拟电路、数字电路等基础理论，又有电子元器件检测、电动机等操作性较强的内容，还有变频器、PLC、51 单片机 C 语言等软硬件结合方面的综合知识。内容翔实，覆盖面广。掌握好本系列内容，读者不但能轻松读懂有关电子科普类的杂志，稍加实践，还能成为本行业的行家里手。

通俗易懂，重点突出。传统的图书和教材在介绍电路基础和模拟电子等内容时，大都借助于高等数学这一工具进行分析，电子爱好者自学电子技术时，必须先学高等数学，再学电路基础，门槛很高，大多数电子爱好者因此被拒之门外，失去了学习的热情和兴趣。为此，本丛书在编写时，完全考虑到了初学者的需要，既不讲难懂的理论，也不涉及高等数学方面的公式，尽可能地把复杂的理论通俗化、将烦琐的公式简易化，再辅以简明的分析、典型的实例，构成了本丛书的一大亮点。

实例典型，实践性强。本丛书最大程度地强调了实践性，书中给出的例子大都经过了验证，可以实现，并且具有代表性。本丛书中的单片机实例均提供有源程序，并给出实验方法，以便读者学习和使用。

内容新颖，风格活泼。丛书所介绍的都是电子爱好者最为关心并且在业界获得普遍认同的内容，丛书的每一本都各有侧重，又互相补充，论述时疏密结合，重点突出，不拘一格。对于重点、难点和容易混淆的知识，书中还用专用标识进行了标注和提示。

把握新知，结合实际。电子技术发展日新月异，为适应时代的发展，丛书还对电子技术的新知识做了详细的介绍；丛书中涉及的应用实例都是编著者开发经验的提炼和总结，相信一定会给读者带来很大的帮助。在讲述电路基础、模拟和数字电子技术时，还专门安排了软件仿真实验，实验过程非常接近实际操作的效果。仿真软件不但提供了各种丰富的分立元件、集成电路等元器件，还提供了各种丰富的调试测量工具：电压表、电流表、示波器、指示器、分析仪等。仿真软件是一个全开放性的仿真实验平台，给读者提供了一个完备的综合性实验室，可以在任意组合的实验环境中搭建实验。电子爱好者通过实验，将学习变得生动有趣，加深对电路理论知识的认识，一步一步地走向电子制作和电路设计的殿堂。

总之，对于需要学习电子技术的电子爱好者而言，选择“从零开始学电子”丛书不失为一个良好的选择。该丛书一定能给您耳目一新的感觉，当您认真阅读后将发现，无论是您所读的书，还是读完书的您，都有所不同。

前　言

众所周知，电子元器件是组成电路的最小单元，是电子产品的重要组成部分，识别和检测电子元器件是初学者必须掌握的内容。

本书编写的宗旨是不讲过深的理论知识，力求做到理论和实践相结合，循序渐进、由浅入深、通俗实用，以指导初学者快速入门、步步提高、逐渐精通。

本书共分两大部分。

基本元器件部分：主要介绍常用电子元器件（如电阻、电容、电感、变压器、二极管、三极管、场效应管、晶闸管）的基本结构、识别方法和检测技巧。这些元器件是电路的基本组成元件，是必须理解和掌握的内容。

特殊元器件部分：主要介绍光电耦合器、开关和继电器、传感器、电声和显示器件、陶瓷和石英晶体、集成电路、片状元器件的识别及检测等相关内容。掌握这些内容，无论对分析和设计电路还是维修电子产品，都是十分有用的。

本书具有较强的针对性和实用性，内容新颖、资料翔实、通俗易懂。同时，为了让初学者使用更加方便，作者对书中所给出的元器件均进行了认真的分类和总结。

参加本书编写工作的还有宗军宁、刘水潺、宗艳丽等同志。由于编著者水平有限，疏漏之处在所难免，诚恳希望各位同行、读者批评指正。

编者

2018 年 7 月

目　录

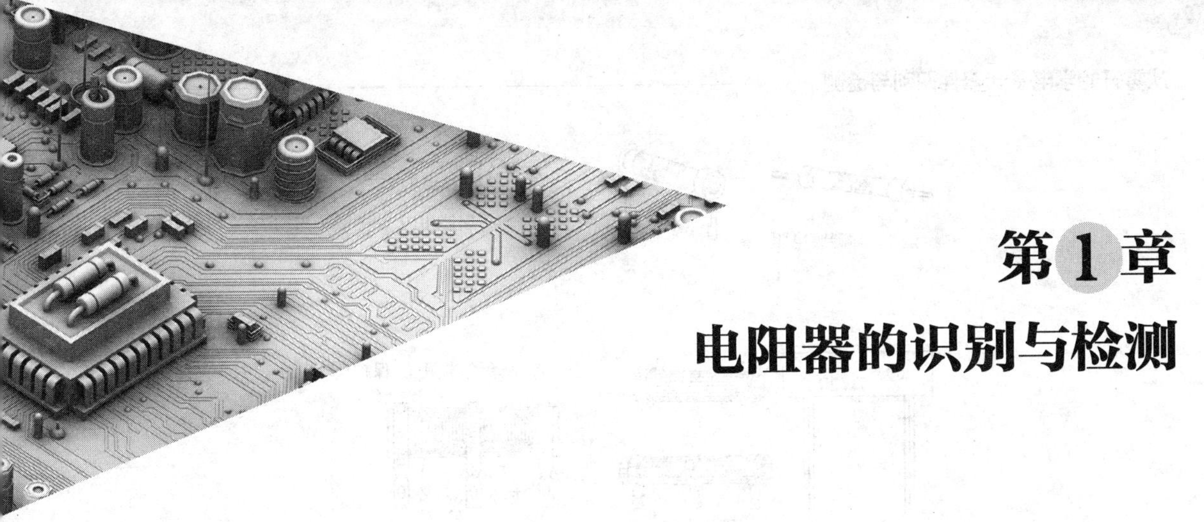

第 1 章 电阻器的识别与检测

电阻器是一种最基本的电子元件，从阻值方面可分为固定电阻器、可变电阻器（电位器）和特种电阻器 3 大类。在电路中，电阻器多用来进行降压、分压、分流、阻抗匹配等。本章从电阻器的分类、识别、检测等多个方面，对常用电阻器进行了较为详细和系统的分析。

1.1 固定电阻器

1.1.1 固定电阻器的分类及外形

固定电阻器通常简称为电阻，是一种最基本的电子元件。在电路中，电阻常用 R 表示，固定电路符号如图 1-1 所示。固定电阻按电阻体材料、结构形状、引出线、用途等分成多个种类，如图 1-2 所示，固定电阻常见外形如图 1-3 所示。下面重点介绍一下应用最普遍的碳膜电阻、金属膜电阻和线绕电阻的特点。

优选型

其他型

图1-1 固定电阻符号

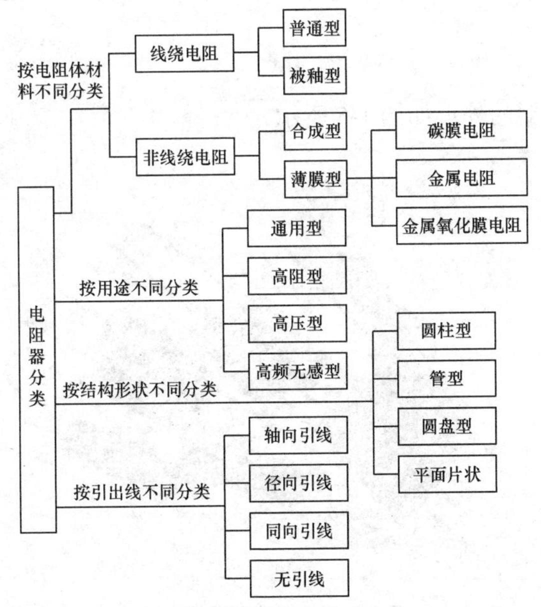

图1-2 固定电阻的分类

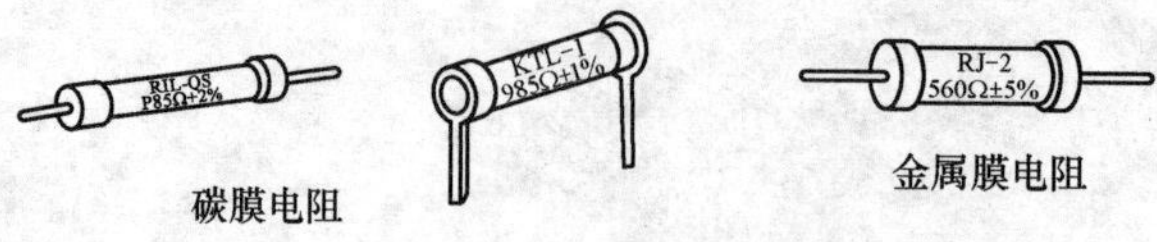

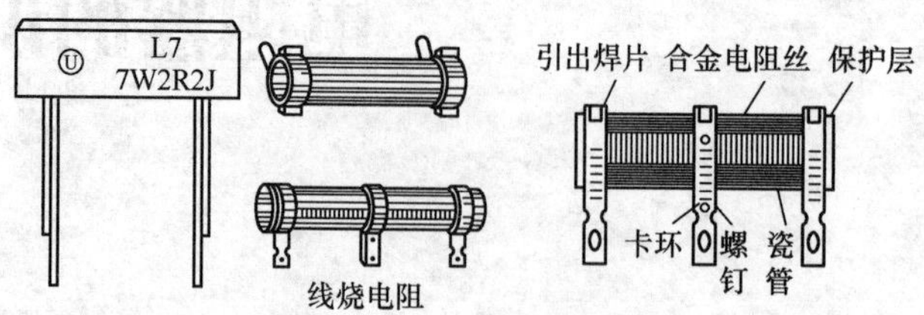

图1-3　固定电阻的外型

1. 碳膜电阻器

碳膜电阻器的外形如图 1-4 所示。

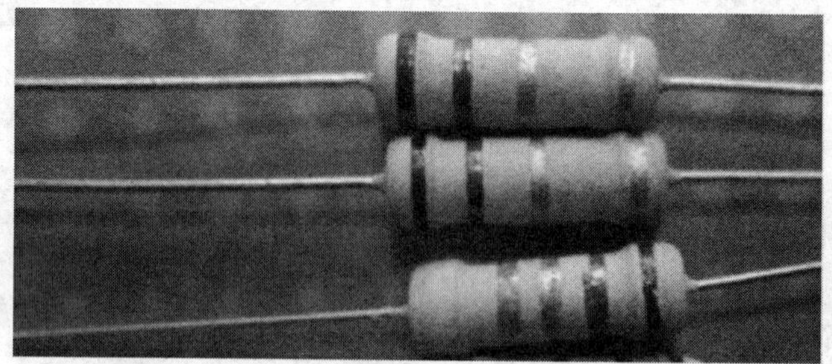

图1-4　碳膜电阻器的外形

这种电阻器是用结晶碳沉积在瓷棒或瓷管上制成的，改变碳膜的厚度和用刻槽的方法变更碳膜的长度，可以得到不同的阻值，碳膜电阻的主要特点是高频性能好、价格低。碳膜电阻是应用最多的一种电阻。

2. 金属膜电阻器

常用的金属膜电阻器的外形如图 1-5 所示。

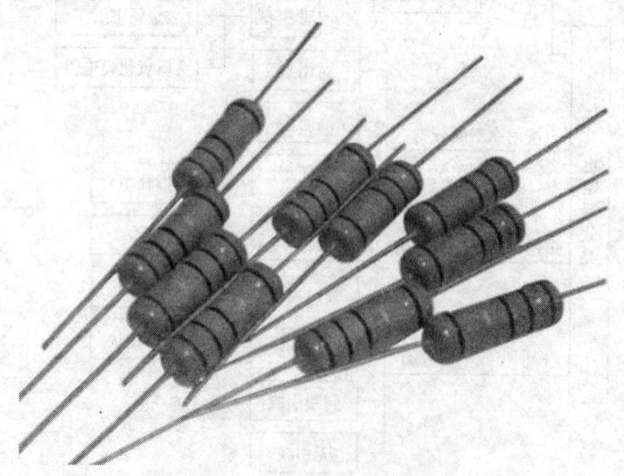

图1-5　金属膜电阻器的外形

金属膜电阻器的电阻膜是通过真空蒸发的方法，使合金粉沉积在瓷基体上制成的，刻槽和改变金属膜厚度可以精确地控制阻值。金属膜电阻器的主要特点是耐热性能好，其额定工作温度为 70℃，最高可达 155℃。它与碳膜电阻器相比，体积小、噪声低、稳定性好。它的工作频率也较宽，但成本稍高，在家用电器上得到了较多的应用。

3. 线绕电阻器

线绕电阻器是用电阻率较大的镍铬合金、锰铜等合金线在陶瓷骨架上缠绕而制成的，图 1-6 是线绕电阻器的常见外形图。

图1-6　线绕电阻器的外形

线绕电阻器有很多特点，如耐高温（能在 300℃的高温下稳定工作）、噪声小、阻值的精度高等。线绕电阻器的额定功率较大（4～300W），常在电源电路中作限流电阻（如彩电电源中的水泥电阻）用，也可制成精密型电阻器，如万用表中作分流电阻用。一般的线绕电阻器由于结构上的原因，其分布电容、电感较大，不宜用在高频电路中。

1.1.2　固定电阻器的字母代号及其意义

国内固定电阻器的代号一般由 4 部分组成，如图 1-7 所示。各部分有其确切的含义，如表 1-1 所示。

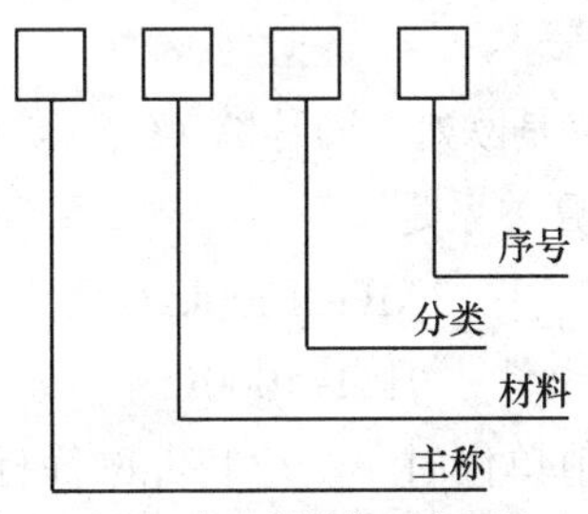

图1-7　电阻器的代号表示法

表 1-1　固定电阻器字母代号及其含义

<table>
<tr><th colspan="2">第 1 部分：主称</th><th colspan="2">第 2 部分：电阻体材料</th><th colspan="2">第 3 部分：类别</th><th>第 4 部分：序号</th></tr>
<tr><th>字母</th><th>含义</th><th>字母</th><th>含义</th><th>符号</th><th>产品类型</th><th>用数字表示</th></tr>
<tr><td rowspan="11">R</td><td rowspan="11">固定电阻器</td><td>T</td><td>碳膜</td><td>0</td><td></td><td rowspan="11">常用个位数或无数字表示</td></tr>
<tr><td>P</td><td>硼碳膜</td><td>1</td><td>普通型</td></tr>
<tr><td>U</td><td>硅碳膜</td><td>2</td><td>普通型</td></tr>
<tr><td>H</td><td>合成膜</td><td>3</td><td>超高频</td></tr>
<tr><td>I</td><td>玻璃釉膜</td><td>4</td><td>高阻</td></tr>
<tr><td>J</td><td>金属膜</td><td>5</td><td>高阻</td></tr>
<tr><td>Y</td><td>氧化膜</td><td>6</td><td></td></tr>
<tr><td>S</td><td>有机实芯</td><td>7</td><td>精密型</td></tr>
<tr><td>N</td><td>无机实芯</td><td>8</td><td>高压型</td></tr>
<tr><td>X</td><td>线绕</td><td>9</td><td>特殊型</td></tr>
<tr><td>C</td><td>沉积膜</td><td>G</td><td>高功率</td></tr>
</table>

1.1.3　固定电阻器的作用、参数及选用

1. 固定电阻的作用

电阻器的主要作用之一是限流。从欧姆定律 $I=U/R$ 可知，当电压 U 一定时，流过电阻的电流 I 与电阻值 R 成反比。选择适当阻值的电阻器，就可以将电流 I 限定在某一要求数值上，这就是电阻器的限流作用。

电阻器的另一主要作用是降压。当电流流过电阻器时，必然会在电阻器上产生一定的压降，压降大小与电阻值 R 及电流 I 的乘积成正比，即：$U=IR$。利用电阻器的降压作用，可以使较高的电源电压适应电路工作电压的要求。

2. 固定电阻的参数

固定电阻的参数主要是标称阻值和额定功率，在电路图中一般都直接给出。知道这两项参数后，维修人员在购买和代换时就十分方便。

（1）标称阻值

标称阻值简称阻值，基本单位是欧姆，简称欧（Ω）。除欧姆外，常用单位还有千欧（kΩ）和兆欧（MΩ）。这三者之间的换算关系是：

$$1\text{M}\Omega=1000\text{k}\Omega$$

$$1\text{k}\Omega=1000\Omega$$

在电路图中标示电阻器的数值单位时，一般将兆欧简标为 M，将千欧简标为 k，欧姆则不标单位。例如，1MΩ 标作 1M，1kΩ 标作 lk，220Ω 标作 220。

重点提示：电阻器上电阻值的表示方法有两种。

直标法：直标法就是直接印出阻值，如 1.5kΩ 的电阻器上印有“1.5k”或“1k5”字样。

色环法：色环法就是将电阻器的阻值、允许偏差等参数用色环来表示，常用的有 4 色环

电阻和 5 色环电阻，其中 4 色环电阻是用 3 个色环来表示阻值（前 2 环代表有效值，第 3 环代表乘上的次方数），用 1 个色环表示误差。5 色环电阻一般是金属膜电阻，为更好地表示精度，用 4 个色环表示阻值，另一个色环表示误差。图 1–8 给出的是 27kΩ 和 1.75Ω 两个色环电阻。表 1–2 是 4 色环和 5 色环电阻的颜色—数值对照表。

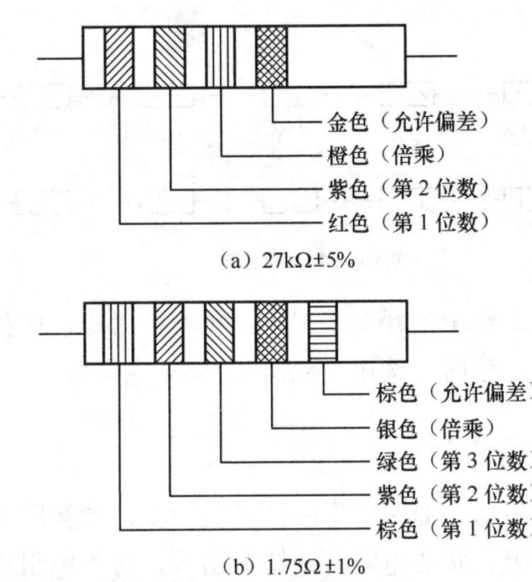

（a）27kΩ±5%

（b）1.75Ω ±1%

图1-8　4色环和5色环电阻表示法

表 1-2　　4 色环和 5 色环电阻色环标志法

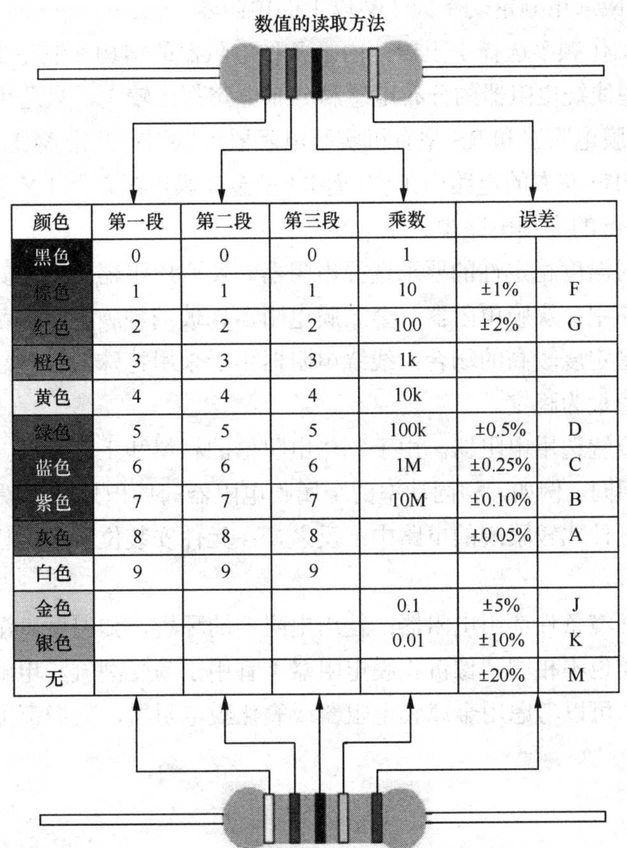
数值的读取方法

颜色	第一段	第二段	第三段	乘数	误差	
黑色	0	0	0	1		
棕色	1	1	1	10	±1%	F
红色	2	2	2	100	±2%	G
橙色	3	3	3	1k		
黄色	4	4	4	10k		
绿色	5	5	5	100k	±0.5%	D
蓝色	6	6	6	1M	±0.25%	C
紫色	7	7	7	10M	±0.10%	B
灰色	8	8	8		±0.05%	A
白色	9	9	9			
金色				0.1	±5%	J
银色				0.01	±10%	K
无					±20%	M

（2）额定功率

额定功率是指在特定环境温度范围内所允许承受的最大功率。在该功率限度以下，电阻器可以正常工作而不会改变其性能，也不会损坏。常用电阻器的功率有1/8W、1/4W、1/2W、1W、2W、5W、10W 等。电路图中对电阻器功率的要求，有的直接标出数值，也有的用符号表示，如图 1-9 所示。

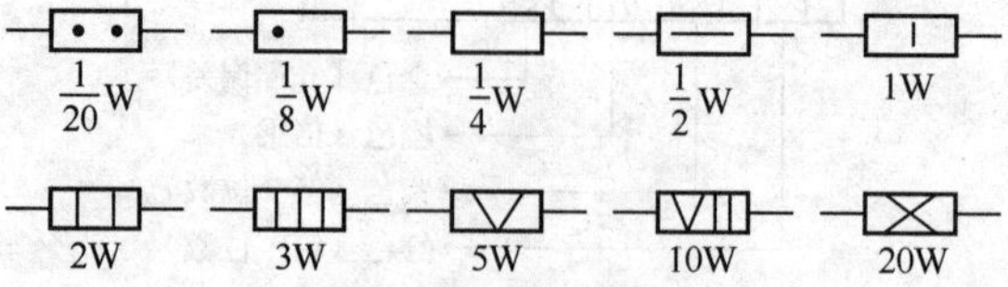

$\frac{1}{20}$W　$\frac{1}{8}$W　$\frac{1}{4}$W　$\frac{1}{2}$W　1W

2W　3W　5W　10W　20W

图1-9　电阻功率表示法

不作标示的表示该电阻工作中消耗功率很小，可不必考虑，例如，大部分业余电子制作中对电阻器功率都没有要求，这时可选用 1/8W 或 1/4W 电阻器。

3. 固定电阻的选用

（1）优先选用通用型电阻器。通用型电阻器种类很多，如炭膜电阻、金属膜电阻、金属氧化膜电阻、金属玻璃釉电阻、实心电阻、线绕电阻等。这类电阻规格齐全、来源充足、价格便宜，有利于生产和维修。

（2）所用电阻器的额定功率必须大于实际承受功率的两倍。例如，电路中某电阻实际承受功率为 0.5W，则应选用额定功率为 1W 以上的电阻器。

（3）根据电路工作频率选择电阻器。由于各种电阻器的结构和制造工艺不同，其分布参数也不相同。RX 型线绕电阻器的分布电感和分布电容都比较大，只适用于频率低于 50kHz 的电路；RH 型合成膜电阻器和 RS 型有机实心电阻器可以用在几十 MHz 的电路中；RT 型炭膜电阻器可在 100MHz 左右的电路中工作；而 RJ 型金属膜电阻器和 RY 型氧化膜电阻器可以工作在高达数百 MHz 的高频电路中。

（4）根据电路对温度稳定性的要求选择电阻器。实心电阻器温度系数较大，不宜用在稳定性要求较高的电路中；炭膜电阻器、金属膜电阻器、玻璃釉膜电阻器都具有较好的温度特性，很适合应用于稳定度较高的场合；线绕电阻器由于采用特殊的合金线绕制，它的温度系数极小，因此其阻值最为稳定。

（5）根据安装位置选用电阻器。由于制作电阻器的材料和工艺不同，因此相同功率的电阻器，其体积并不相同。例如，相同功率的金属膜电阻器的体积只有炭膜电阻器的 1/2 左右，因此适合于安装在元件比较紧凑的电路中；反之，在元件安装位置较宽松的场合，选用炭膜电阻器就相对经济些。

（6）根据工作环境条件选用电阻器。使用电阻器的环境，如温度、湿度等条件不同时，所选用的电阻器种类也不相同。像沉积膜电阻器不宜用于易受潮气和电解腐蚀影响的场合；如果环境温度较高，可以考虑用金属膜电阻器或氧化膜电阻器，它们都可在±125℃的高温条件下长期工作。

1.1.4　固定电阻器的检测

固定电阻器的测量分在路和非在路测量两种情况。无论哪一种情况，测量之前都应根据对被测电阻的估测（如色环、直接标识的阻值数）来选择合适的量程。

1. 非在路测量

非在路测量是指把电阻焊下一脚再进行测量，这无疑是最准确的方法。当被测电阻的阻值较大时，不能用手同时接触被测电阻两个引脚，否则人体的电阻会与被测电阻器并联影响测量的结果，尤其是测几百千欧的大阻值电阻时，手最好不要接触电阻体的任何部分。对于几欧的小电阻，应注意使表笔与电阻引出线接触良好，必要时可将电阻两引线上的氧化物刮掉再进行检测。

2. 在路测量

在路测量固定电阻器阻值，只能大致判断电阻的好坏，而不能具体说明电阻的阻值的变化。但这种方法方便、迅速，是维修人员判断故障的常用方法。

当用指针万用表在路测量电阻器的阻值时，一般读数应小于或等于实际被测电阻器的阻值，因为在路测量时会受到与被测电阻器并联的电阻、晶体二极管、晶体三极管的影响。

因此，在路测量电阻时，最好考虑用数字万用表来在路测量电阻器的阻值。由于数字万用表转到电阻挡时，两表笔间的测量电压较小，测量时受晶体二极管、三极管的影响较小，测量的准确度较高。

1.1.5　固定电阻器的修复与代换

1. 对于炭膜电阻或金属膜电阻，如果属于引线折断故障，可以把断头的铜压帽（卡圈）上的漆膜刮去，重新焊出引线，继续使用，但要注意操作动作要快，以免电阻因受热过度导致阻值变化或造成压帽松脱。

2. 炭膜电阻器如果阻值高，可以用小刀刮去保护漆，露出炭膜，然后用铅笔在炭膜上来回涂，使阻值变小，直至阻值达到所需值，然后再涂上一层漆作为绝缘保护膜。如果阻值偏低，则可以将电阻表面炭膜用砂纸或小刀轻轻地刮掉一些，刮时不能太急、太重，应边刮边用万用表测量，达到要求阻值后，再用漆将被刮表面涂覆住即可。

3. 在修理中，若发现某一电阻变值或损坏，手头又没有同规格电阻更换，可采用串、并联电阻的方法进行应急处理。

（1）利用电阻串联公式，将小阻值电阻变成所需大阻值电阻。电阻串联公式为：

$$R_{串} = R_1 + R_2 + R_3 + \cdots\cdots$$

（2）利用电阻并联公式，将大阻值电阻变成所需小阻值电阻。电阻并联公式为：

$$\frac{1}{R_{并}} = \frac{1}{R_1} + \frac{1}{R_2} + \frac{1}{R_3} + \cdots\cdots$$

注意在采用串、并联方法时，除了计算总阻值是否符合要求外，还要注意其额定功率是否符合要求。

1.2 电位器

1.2.1 电位器的分类及外形

电位器是一种连续可调的电阻器，其滑动臂（动接点）的接触刷在电阻体上滑动，可获得与电位器外加输入电压和可动臂转角成一定关系的输出电压，就是说通过调节电位器的转轴，使它的输出电位发生改变，所以称为电位器。

电位器的电路符号如图 1-10 所示。常用电位器外形及图形符号如图 1-11 所示。

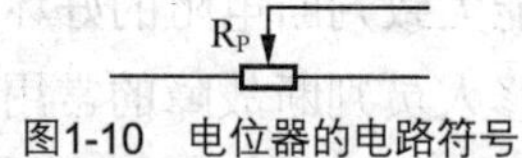

图1-10 电位器的电路符号

图1-11 常见电位器外形

电位器的种类很多，并各有特点。根据制造材料、用途以及调节方式的不同，电位器分为很多种类型，如旋转式、推拉式、直滑式等；按照阻值的变化规律来区分，电位器又分为直线式、指数式和对数式。下面仅将根据不同制造材料来分类的几种常用电位器作一简要介绍。

1. 线绕电位器

电阻体是由绕在绝缘骨架上的电阻丝组成。其主要优点是能耐较高的温度，可制成功率型电位器。缺点是分辨率有限，阻值的变化规律呈阶梯状。

2. 实心电位器

常用的有有机合成实心电位器和无机合成实心电位器。

有机实心电位器是用有机黏合剂将炭质导电物、填料均匀混合构成电阻体材料，连同引出脚与绝缘塑料粉压制在一起，经加热聚合而成。其特点是分辨率很高，耐磨耐热，且体积小，适合在小型电子设备中使用。

无机实心电位器是用如玻璃釉等含无机黏合剂的炭质合成物和填料混合、冷压在基体上并经烧结而成。具有体积小、防潮、耐热等特点。

3. 炭膜电位器

电阻体是用配制好的悬浮液涂抹在玻璃纤维板或纸胶板上制成。它是目前使用最广泛、品种最多、价格最低的一种电位器。其突出优点是分辨率高，阻值范围宽，可从几百 Ω 到几 MΩ。缺点是功率较小，耐热耐湿性能稍差。

1.2.2 电位器的作用及参数

1. 电位器的作用

电位器主要有两个作用。

（1）用作变阻器。如图 1-12 所示。这时，电位器是一个两端器件，相当于一个可调电阻。转动电位器转柄，改变活动触点的位置，在电位器活动触点的整个行程范围内便可得到一个平滑的连续可调的阻值。

（2）用作分压器。如图 1-13 所示。这时电位器是一个四端器件。电位器对电压$U_{入}$起分压作用，当转动转柄，活动触点随之在电阻体上滑动时，在输出端就可以得到平滑的连续变化的输出电压$U_{出}$。输出电压$U_{出}$的大小取决于活动触点在电阻体上所处的位置，即转柄转动的角度以及阻值变化规律，这就是电阻的分布特性。

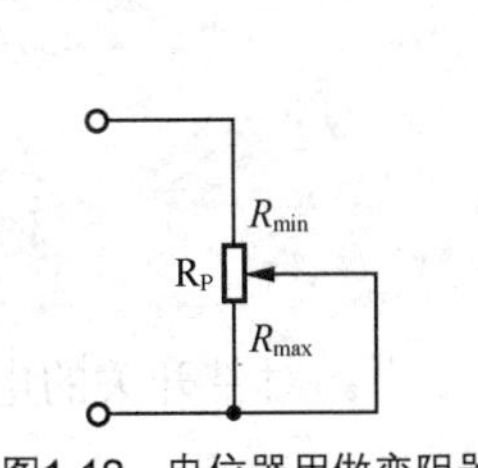

图1-12 电位器用做变阻器

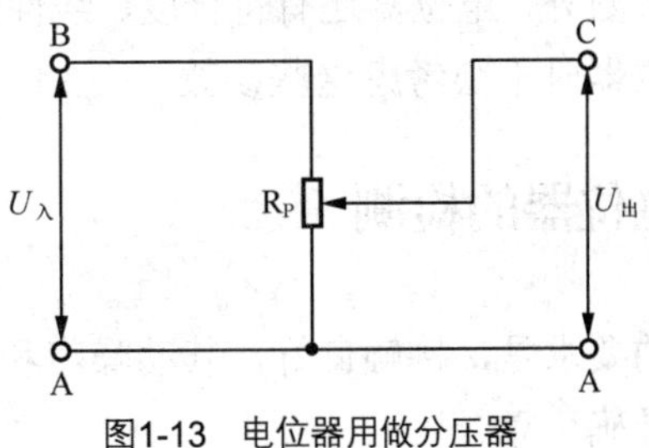

图1-13 电位器用做分压器

2. 电位器的参数

制作电位器所用的电阻材料与相应的固定电阻相同，所以其主要参数的定义，如额定功率等与相应的固定电阻也基本相同。但由于电位器上存在活动触点，而且阻值是可调的，因此还具有如下几项参数。

（1）阻值的最大值和最小值。每个电位器的外壳上都标有它的标称阻值，这是指电位器的最大电阻值。最小电阻值又称为零位电阻。由于活动触点存在接触电阻，因此，最小电阻值不可能为零，但要求此值越小越好。

（2）阻值变化特性，为了满足各种不同的用途，电位器阻值变化规律也有所不同。常见的电位器阻值变化规律有 3 种类型：直线式（X 型）、指数式（Z 型）和对数式（D 型），图 1-14 是 3 种类型电位器的阻值随活动触点的旋转角度变化的曲线图。

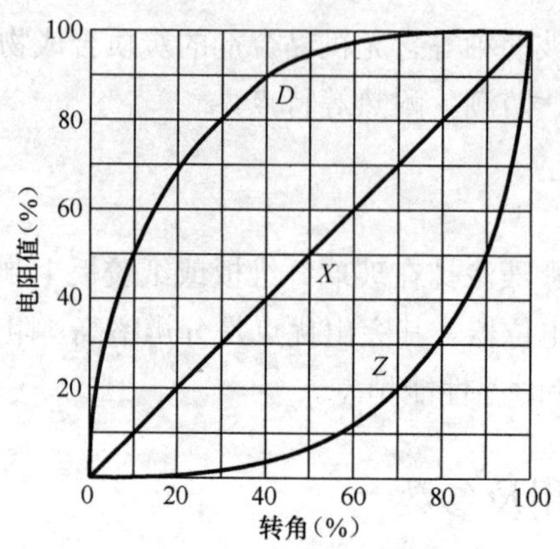

图1-14　电位器阻值曲线

图中纵坐标表示当某一角度时，电阻实际数值与电位器总电阻值的百分数，横坐标表示的是某一旋转角与最大旋转角的百分数。

X 型电位器，其阻值变化与转角成直线关系，所以单位长度的阻值相等。它适用于一些要求均匀调节的场合，如分压器、偏流调整等电路中。Z 型电位器，在开始转动时，其阻值变化较小，而在转角接近最大转角一端时，阻值变化就比较显著，这种电位器适用于音量控制电路。因为人耳对微小的声音稍有增加时，感觉很灵敏，但声音大到某一值后，即使声音功率有了较大的增加，人耳的感觉却变化不大。因此，采用这种电位器作音量控制，可获得音量与电位器转角近似于线性的关系。而 D 型电位器的阻值变化与 Z 型正好相反，它在开始转动时阻值变化很大，而在转角接近最大值时，阻值变化就比较缓慢，它适用于音调控制电路。

除了上述参数外，电位器还有符合度、线性度、分辨率、平滑性、动态噪声等专项参数，但一般选用电位器时不必考虑这些参数。

1.2.3　电位器的检测

对电位器的要求是，接触良好，其动噪声和静噪声应尽量小。对带开关的电位器，其开关部分应动作准确可靠。

在具体检测时，可先检测一下电位器两端片之间的阻值，正常应为其标称值，然后检测它的中心端片与电阻体的接触情况。将万用表调在电阻挡上，将一只表笔接电位器的中心焊接片，另一只表笔接其余两端片中的任意一个，慢慢将电位器转柄从一个极端位置旋转（或滑动）至另一个极端位置，其阻值则应从零（或标称值）连续变化到标称值（或零）。整个旋转（或滑动）过程中，表针不应有任何跳动现象。对于直线式电位器，当旋转（或滑动）均匀时，其表针的移动也应是均匀的；对于指数式或对数式电位器，当旋转（或滑动）均匀时，其表针的移动则是不均匀的，开始较快（或较慢），结束时则较慢（或较快）。另外，在电位器转柄的旋转（或滑动）过程中，应感觉平滑，不应有过松、过紧现象，也不应出现响声。

对于同步双联或多联电位器，还应检测其同步性能，可以在电位器触点动的整个过程中选择4～5个分布间距较均匀的检测点，在每个检测点上分别测双联或多联电位器中每个电位器的阻值，各相应阻值应相同，误差一般在1%～5%，否则说明同步性能差。

对于带开关的电位器，除应进行上述检测外，还应检查开关部分是否良好。旋动或推拉电位器柄，随着开关的断开和接通，应具有良好的手感，同时还可听到开关触点弹动发出的响声。当开关接通时，用万用表R×1挡检测，阻值应为零或接近于零；当开关断开时，用万用表R×10k或R×1k挡检测，阻值应为∞。若开关为双联型，则两个开关都应符合这个要求。

1.3　特殊电阻器

1.3.1　熔断电阻器

1. 外形及图形符号

熔断电阻器又名保险丝电阻器，是一种具有熔断丝（保险丝）及电阻器作用的双功能元件。在正常情况下，具有普通电阻器的电气功能；一旦电路出现故障时，该电阻器因过负荷会在规定的时间内熔断开路，从而起到保护其他元器件的作用。

熔断电阻器的种类很多，按其工作方式分有不可修复型和可修复型两种。目前国内外通常都采用不可修复型熔断电阻器。熔断电阻器的外形有圆柱形、长方形、腰鼓形等，其额定功率一般有0.2W、0.5W、1W、2W、3W等规格，阻值为零点几欧，少数为几十欧至几千欧。在电子电路中，一般情况下是作通用电阻器使用。常见的国内外熔断电阻器外形如图1-15所示。

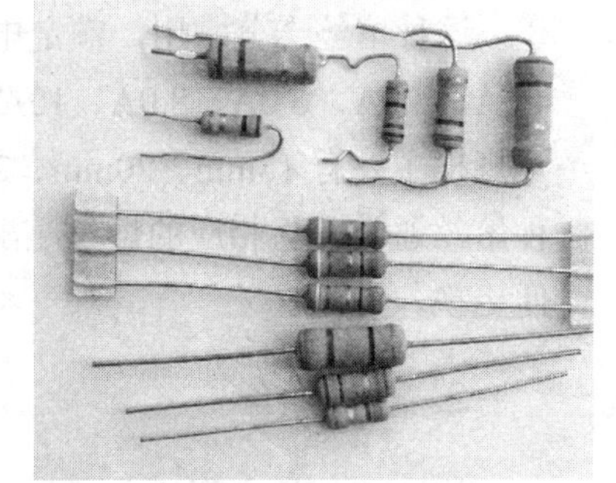

图1-15　熔断电阻器的外形

熔断电阻器多为灰色，用色环或数字表示阻值，额定功率由尺寸大小决定或直接标在电阻器上。熔断电阻器主要用于彩电、显示器、仪器等高档电器的电源电路中，熔断时间一般为10s。

熔断电阻器常用型号有：RF10型（涂复型）、RFl1型（瓷外壳型）、RRD0910型、RRD0911型（瓷外壳型）等。RF10型电阻表面涂有灰色不燃涂料，其电阻阻值用色环表示。RFl1型的阻值用字母表示，如1W 10Ω、2W　1Ω2等。也有不标功率，只标阻值，如1Ω2、10Ω等。它在电路中的符号与普通电阻器类似。

2. 熔断电阻器的色环标志识读

采用色环法标志阻值的熔断电阻器，其识读方法与普通固定色环电阻器相同。但根据产地的不同又有区别，有的有 4 个色环，有的只有 1 个色环，对于 4 个色环的熔断电阻器的识读，可根据一般色环电阻的规律进行，第 1、2 环分别代表阻值的前两位数，第 3 环代表倍率，第 4 环代表误差。而对于只有 1 道色环的熔断电阻器，则有如下电气特性。

（1）RN 1/4W。色环为黑色，代表 10Ω，当有 8.5V 直流电压加在其上时，1min 之内阻值增大为初始值的 50 倍以上。

（2）RN 1/4W。色环为红色，代表 2.2Ω，当有 3.5A 电流通过时，2s 内电阻值增大为初始值的 50 倍以上。

（3）RN 1/4W。色环为白色，代表 1Ω，当有 2.8A 交流电流通过时，10s 内电阻值增大为初始值的 400 倍以上。

3. 熔断电阻器的检测方法

在电路中，当熔断电阻器熔断开路后，可根据经验作出判断：若发现熔断电阻器表面发黑或烧焦，可断定是通过它的电流超过额定值很多倍所致；如果其表面无任何痕迹而开路，则表明流过的电流刚好等于或稍大于其额定熔断值。对于表面无任何痕迹的熔断电阻器好坏的判断，可借助于万用表 R×1 挡来测量，为保证测量准确，应将熔断电阻器一端从电路上焊下。若测得的阻值为无穷大，则说明此熔断电阻器已失效开路；若测得的阻值与标称值相差甚远，表明电阻变值，也不宜再使用。在维修实践中发现，也有少数熔断电阻器在电路中被击穿发生短路的现象，检测时也应予以注意。

1.3.2 保险丝

保险丝的作用是在电路过载（电流过大或温度过高等）时自动熔断，保护相关的元器件，以防损坏，保险丝常见外形如图 1-16 所示。下面介绍几种常见的保险丝。

1. 普通玻璃管熔丝

这种熔丝十分常用，额定电流主要有：0.5A、0.75A、1.0A、1.5A、2.0A、2.5A、3.0A、4.0A、5.0A、6.0A、8.0A、10A 等，长度尺寸规格主要有 18mm、20mm、22mm 等。这种熔丝通常需与相应的熔丝座配套使用，以便更换。

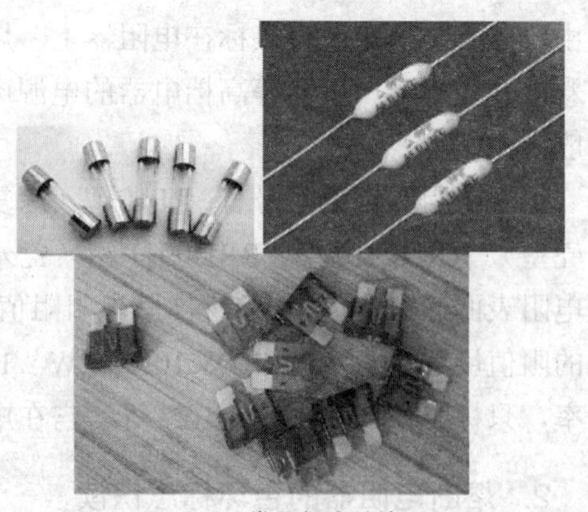

图1-16　常见保险丝外形

2. 快速熔丝

快速熔丝的主要特点就是熔断时间短，适用于要求快速切断电路的场合。多为玻管型，外形与普通熔丝没有区别。现在的电子电路中已很少使用这种快速熔丝，取而代之的主要是一种称为“集成电路过流保护管”的器件，其文字符号通常用 ICP 来表示。这种 ICP 元件在录像机电源电路中十分常见。ICP 管的外形如同普通塑料封装的小功率三极管，但只有 2 个引脚，使用时一般直接焊接在电路板上，十分方便。ICP 管损坏后可用同规格快速熔丝作应急代替，注意额定电流要一致。

3. 延迟型保险丝

延迟型保险丝的特点是能承受短时间大电流（涌浪电流）的冲击，而在电流过载超过一定时限后能可靠地熔断。这种熔丝主要用在开机瞬时电流较大的电器（开机电流往往达到正常工作电流的 5～7 倍）中，如彩电中就广泛使用了延迟型保险丝，其规格主要有 2A、3.15A、4A 等。延迟型熔丝常在电流规格之前加字母 T，如 T2A 等，这点可区别于普通熔丝。

4. 温度保险丝

这种元件通常安装在易发热的电子整机的变压器、功率管上，以及电吹风、电饭锅、电钻电路中。当机件因故障发热，温升超过允许值时，温度保险丝自动熔断，切断电源，从而保护了相关零部件。温度保险丝外壳上常标注有额定温度、电流及电压值。

1.3.3 热敏电阻

热敏电阻器是由对温度极为敏感、热惰性很小的半导体材料制成的，常见的有正温度系数（PTC）、负温度系数（NTC）和临界温度系数 3 类热敏电阻器。正温度系数电阻器的阻值随温度的升高而增大，如常见的彩电用消磁电阻；负温度系数电阻器的阻值随温度的升高而减小；临界温度系数的电阻器的阻值在临界温度附近时基本为零。

1. 正温度系数热敏电阻（PTC）

正温度系数热敏电阻的特征是，在工作温度范围内具有正的电阻温度系数。目前，PTC 热敏电阻器在国内外获得广泛应用。常见 PTC 热敏电阻器的外形有方形、圆片形、蜂窝形、口琴形、带形等。PTC 不仅用于测温、控温、保护电路中，还大量用于 CRT 显示设备、电熨斗、电子驱蚊器等家用电器中。图 1-17 是常见正温度系数热敏电阻实物图。

2. 负温度系数热敏电阻（NTC）

负温度系数热敏电阻器（NTC）的特点是，在工作温度范围内电阻值随温度的升高而降低，常见的 NTC 热敏电阻器如图 1-18 所示。

图1-17 常见正温度系数（PTC）热敏电阻实物图

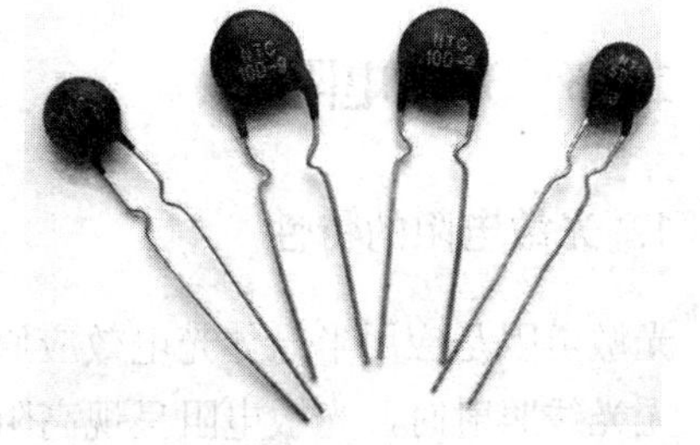
图1-18 常见负温度系数（NTC）热敏电阻器的外形

NTC 元件用在家用电器上是非常适宜的，如电视机、显示器、音响设备等。这些电器内往往安装有大容量电解电容器作滤波或旁路用，因为在开机瞬间，电容器对电源几乎呈短路状态，其冲击电流很大，容易造成变压器、整流堆或保险管的过载。若在设备的整流输出端串接上 NTC 元件，如图 1-19 所示，这样在开机瞬间，电容器的充电电流便受到 NTC 元件的限制。在 14～60s 之后，NTC 元件升温相对稳定，其上的分压也逐步降至零点几伏。这样小的压降，可将此种元件在完成软启动功能后视为短接状态，不会影响电器的正常工作。

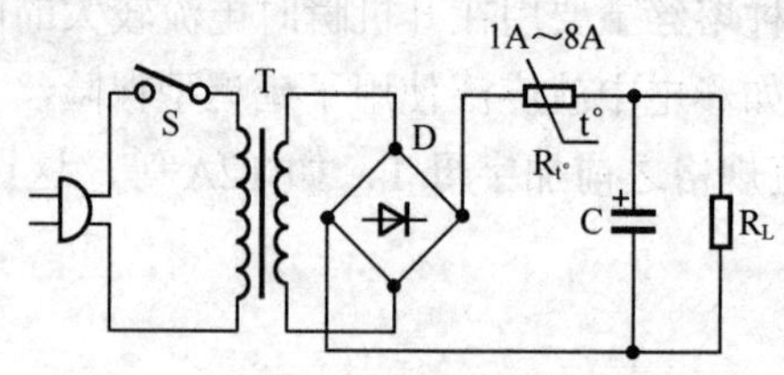

图1-19　NTC元件在家用电器上的应用

1.3.4　压敏电阻（VSR）

1. 压敏电阻的特性

压敏电阻简称 VSR，是一种非线性电阻元件，它的阻值与两端施加的电压值大小有关，当两端电压大于一定的值（压敏电压值）时，压敏电阻器的阻值急剧减小；当压敏电阻器两端的电压恢复正常时，压敏电阻的阻值也恢复正常。因为压敏电阻的这种特性，常被用于家用电器的市电进线端起过压保护作用。压敏电阻的外形如图 1-20 所示。

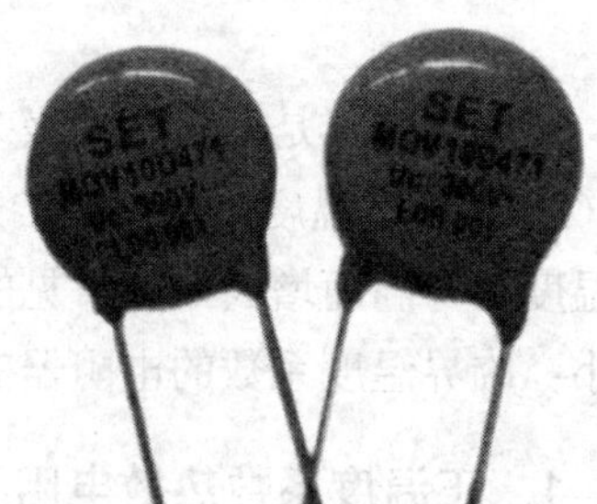

图1-20　压敏电阻的外形

2. 压敏电阻器的检测

检测时，将压敏电阻从电路中取下，用指针万用表的 R×10k（10.5V）挡测量压敏电阻两端间的阻值，应为∞；若表针有偏转，则是压敏电阻漏电流大、质量差，应予更换。压敏器件若选用不当、器件老化或遇到异常高压脉冲（如雷击和过高电压输入）时也会失效乃至损坏，严重时器件外表发黑或开裂。压敏器件损坏后，应尽可能选用与原型号规格相同的更换件。

1.3.5　光敏电阻

1. 光敏电阻的特性

光敏电阻是应用半导体光电效应原理制成的一种元件，其特点是光敏电阻对光线非常敏感，无光线照射时，光敏电阻呈现高阻状态；当有光线照射时，电阻迅速减小。光敏电阻的外形如图 1-21 所示。

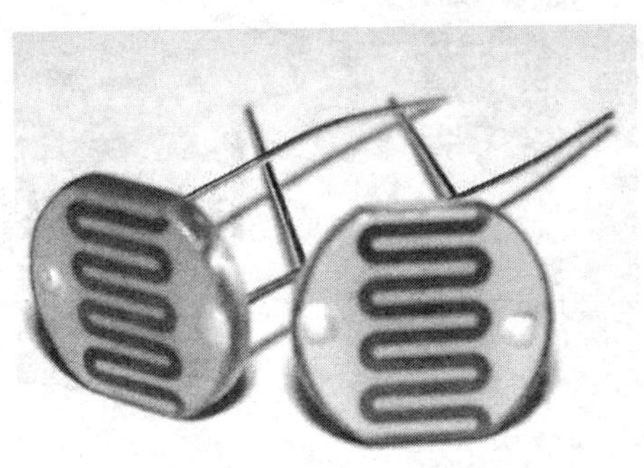

图1-21　光敏电阻的外形

2. 光敏电阻器的检测

利用交流调压器来改变灯泡的照度，同时用指针万用表检测光敏电阻的阻值，会看到指针随照度的变化而摆动，否则可判光敏电阻器失效，如图 1-22 所示。

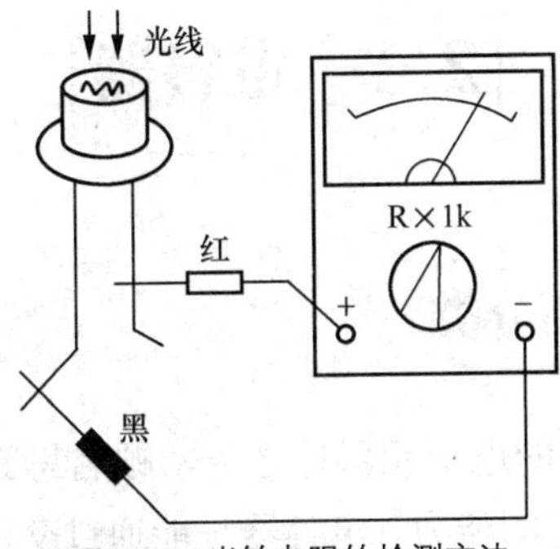

图1-22　光敏电阻的检测方法

特殊电阻器还有一些，我们在后面介绍传感器时还会进行介绍。

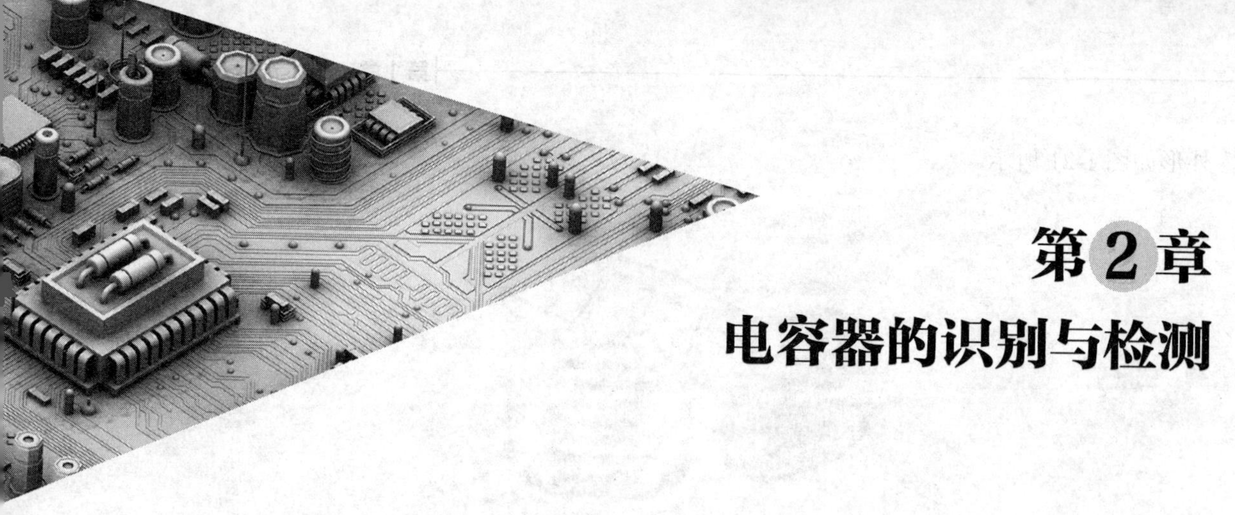

第2章 电容器的识别与检测

电容器简称电容，一般分为固定电容器和可变电容器，是电子电器中又一个十分重要的元件，在电路中使用的数目及应用范围仅次于电阻。电容器和电阻器相比，在检测、修配等方面有着很大的不同，电容器的故障率比电阻高，检测也复杂一些，为便于读者全面了解电容器的分类、识别及检测方法，本章将进行系统归纳和总结。

2.1 电容器

2.1.1 电容器的定义与分类

电容器简称电容，是最常见的电子元器件之一，顾名思义，电容器就是“储存电荷的容器”，故电容器具有储存一定电荷的能力。电容器只能通过交流电而不能通过直流电，因此常用于振荡电路、调谐电路、滤波电路、旁路电路和耦合电路中。

1. 电容器的定义

电容器是电气设备中的一种重要元件，在电子技术和电工技术中有很重要的应用。在两个平行金属板中间夹上一层绝缘物质（也叫电介质），就组成一个最简单的电容器，叫做平行板电容器。这两个金属板叫做电容器的两个极。

电容器可以容纳电荷，使电容器带电叫做充电。充电时，把电容器的一个极板与电池组的正极相连，另一个极板与电池组的负极相连，两个极板就分别带上了等量的异种电荷，电容器的一个极板上所带电量的绝对值，叫做电容器所带的电量，充了电的电容器的两极板之间有电场。

使充电后的电容器失去电荷叫做放电。用一根导线把电容器的两极接通，两极上的电荷互相中和，电容器就不再带电，两极之间不再存在电场。

电容器带电的时候，它的两极之间产生电势差。实验表明，对任何一个电容器来说，两极间的电势差都随所带电量的增加而增加，且电量与电势差成正比，它们的比值是一个恒量。不同的电容器，这个比值一般是不同的。可见，这个比值表征了电容器的特性。电容器所带

的电量 Q 跟它的两极间的电势差 U 的比值，叫做电容器的电容，如果用 C 表示电容，则有：

$$C=\frac{Q}{U}$$

上式表示，电容在数值上等于使电容器两极间的电势差为 1V 时，电容器需要带的电量。这个电量大，电容器的电容大，可见，电容是表示电容器容纳电荷本领的物理量。

在国际单位制里，电容的单位是法拉，简称法，国际符号是 F。一个电容器，如果带 1C 的电量时两极间的电势差是 1V，这个电容器的电容就是 1F。法这个单位太大，实际上常用较小的单位：微法（μF）、纳法（nF）和皮法（pF）。它们间的换算关系是：

$$1\text{F}=10^{6}\mu\text{F}=10^{9}\text{nF}=10^{12}\text{pF}$$

2. 电容器的分类

电容器种类很多，按其是否有极性来分，可分为无极性电容器和有极性电容器两大类，它们在电路中的符号稍有差别，具体分类情况如图 2-1 所示。

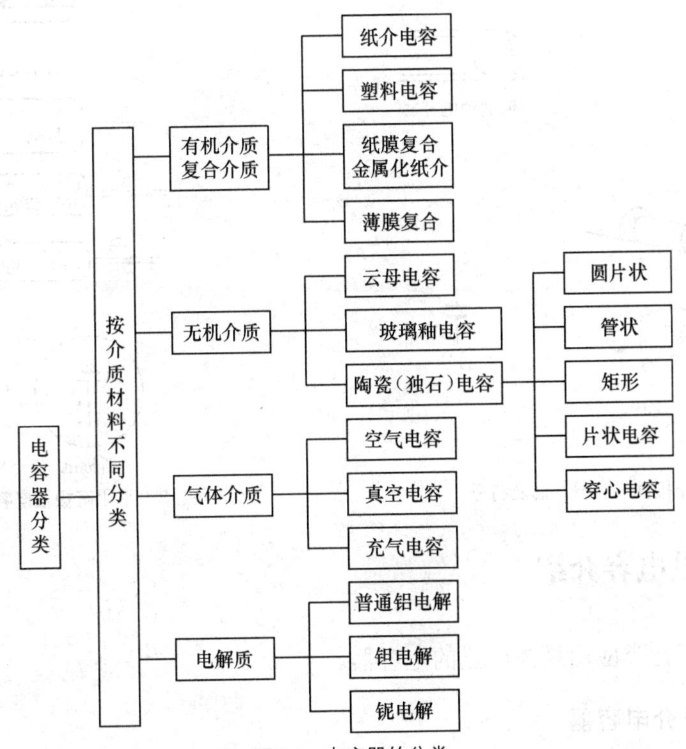

图2-1　电容器的分类

常见无极性电容器有纸介电容器、油浸纸介密封电容器、金属化纸介电容器、云母电容器、有机薄膜电容器、玻璃釉电容器、陶瓷电容器等，它们的外形和符号如图 2-2 所示。

有极性电容器的内部构造比无极性电容器复杂，此类电容器如按正极材料不同，可分为铝电解电容器及钽（或铌）电解电容器，外形和符号如图 2-3 所示。

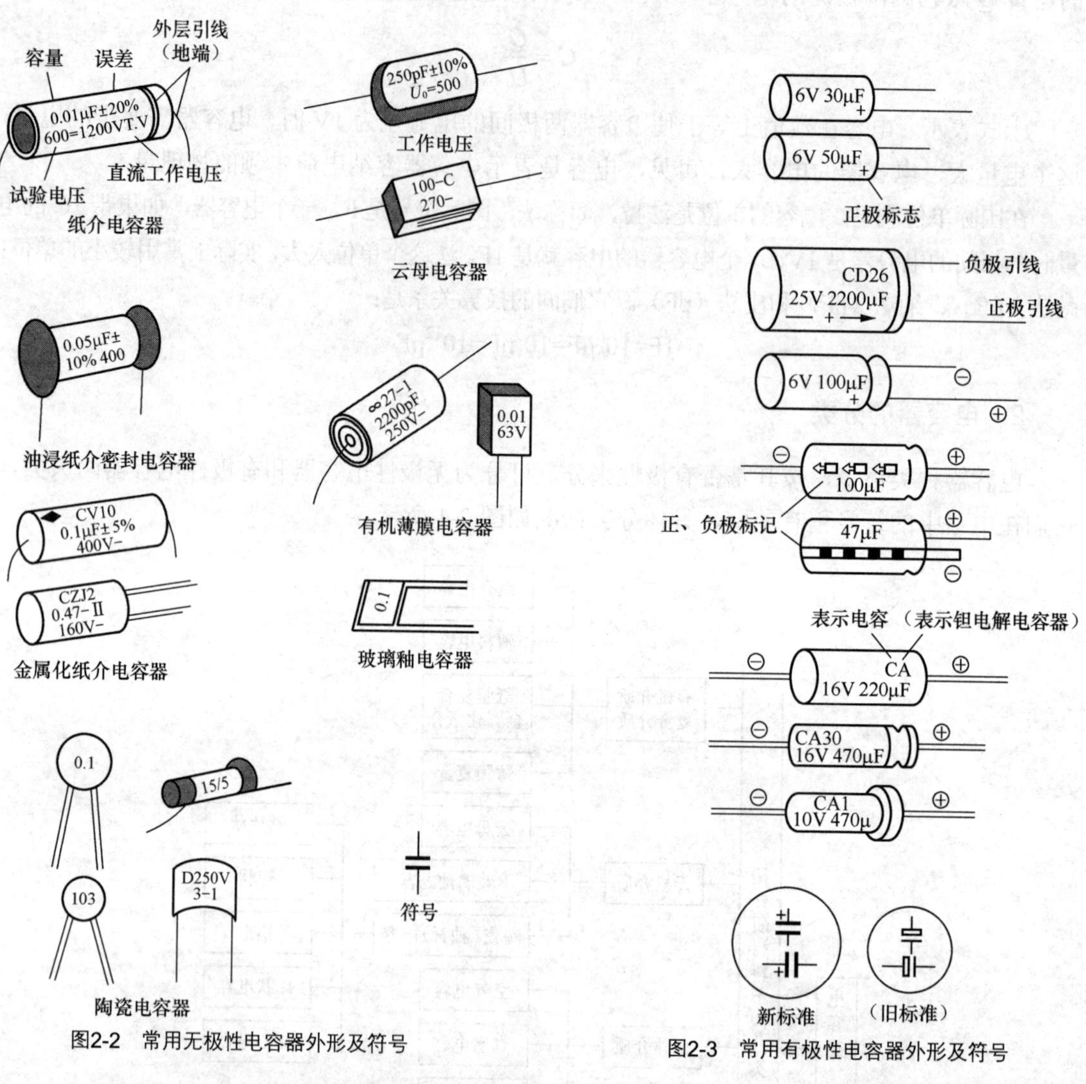

图2-2 常用无极性电容器外形及符号

图2-3 常用有极性电容器外形及符号

2.1.2 常见电容介绍

下面重点介绍几类应用最为广泛的电容器。

1. 金属化纸介电容器

金属化薄膜电容器是采用金属化薄膜卷绕，并用环氧树脂包封的一种电容器。按照采用的薄膜不同，金属化薄膜电容器又有金属化聚酯薄膜电容器和金属化聚丙烯薄膜电容器之分。

金属化聚酯薄膜电容器具有良好的自愈性，体积小、容量大、耐压高、可靠性好，适用于电子仪器、普通电源、点火器、节能灯、充电器、臭氧发生器、通信设备等各种直流脉动电路中。

金属化聚丙烯薄膜电容器也被称为CBB电容器，这种电容器具有良好的自愈性，体积小、耐高压、容量大、损耗小、高频特性好、可靠性高，适用于汽车及摩托车点火器、充电器、控制器、电子式电度表、点钞机、验钞机、电子仪器、通信设备、开关电源、电子镇流器、中高档灯具、臭氧发生器等交、直流脉动电路中。金属化聚丙烯薄膜电容器可以代替大部分聚苯或云母电容器，用于要求较高的电路中。

2. 瓷介电容器

瓷介电容器是一种用氧化钛、钛酸钡、钛酸锶等材料制成陶瓷并以此作为介质构成的电容器，也被称为陶瓷电容器，由于这种电容器通常做成片状，故俗称瓷片电容。它被广泛用于各种电子设备中。

依据瓷介电容器的特性，一般可分为 3 大类。

I 类：温度补偿电容器。温度补偿电容器主要由电介质常数为 4～200 的钛酸盐介质组成，具有较低的介电常数，低损耗，高稳定性，电容量随温度变化近似线性。这种电容器主要使用于谐振回路或其他要求高 Q 值和高稳定性的 L 槽路电路中。

II 类：高介电常数电容器。高介电常数电容器主要以钛酸钡为基片制成。此类电容器容量大、体积小、高阻抗、低损耗，在电路中作隔直流、旁路、耦合之用。

III 类：半导体电容器。半导体电容器是在钛酸钡内添加掺杂物，然后在基座上做成的一种用半导体当电介质的电容器。由于半导体电容器具有较高介电常数，故具有体积小、电容量大的特点，适于作旁路和耦合电容器用，或用于对损耗因数、绝缘电阻要求不高的电路中。

按照工作频率来分，瓷介电容可以分为高频瓷介电容（CC）和低频瓷介电容（CT）两大类。

高频瓷介电容（CC）的电容量通常为 1～6800pF，额定电压为 63～500V，这种电容的高频损耗小，稳定性好，通常用于高频电路中；低频瓷介电容（CT）的电容量通常为 10pF～4.7μF，额定电压为 50～100V，这种电容体积小、价格廉、损耗大、稳定性差，通常用在对稳定性要求不高的低频电路中。

3. 铝电解电容器

铝电解电容器是以电解的方法形成的以氧化膜作为介质的电容器，它以铝当阳极，以乙二醇、丙三醇、硼酸和氨水组成的糊状物当电解液。

铝电解电容的电容量通常为 0.47～10000μF，额定电压为 6.3～450V。它是最常见的电容器，体积一般较大，且有极性。它的特点是容量大、价格低，但是容易受温度影响且准确度不高，随着使用时间的增长，铝电容会逐渐失效，故通常只应用在电源滤波、低频耦合、去耦、旁路等电路中。

铝电解电容的型号一般是 CDXX，容量、耐压、正负极都标记在外壳上，通常电容外壳上在负极引出线一端画上一道黑色的标志圈，以防止接错极性。有时也用引线的长短来表示极性，长线为正，短线为负。

电解电容器一般有正、负极之分，即具有极性。因此在电路中使用时正、负极不能接错。现在已经可以制造无极性的或用于交流电路的电解电容器，称为双极性电解电容或无极性电解电容。

在外加电压的作用下，由于某种原因而引起局部损坏的器件，具有自行修补的功能，这种现象叫做电解电容的自愈。

4. 钽电解电容器

钽电解电容（CA）简称钽电容，它也属于电解电容的一种，由于使用金属钽（Ta）做介质，不需要像普通电解电容那样使用电解液。

另外，钽电解电容不需像普通电解电容那样使用镀了铝膜的电容纸烧制，所以本身几乎没有电感，但同时也限制了它的容量。此外，钽电解电容内部没有电解液，很适合在高温下工作。钽电解电容的特点是寿命长、耐高温、准确度高。

钽电解电容的电容量为0.1～1000μF，额定电压为6.3～125V。钽电解电容的损耗、漏电均小于铝电解电容，因此可以在要求高的电路中代替铝电解电容。

钽电解电容器的外壳上通常印有“CA”标记，但在电路中的符号与其他电解电容器符号一样。钽电解电容和铝电解电容相比有下述优点。

（1）体积小。由于钽电容采用了颗粒很细的钽粉，而且钽氧化膜的介电常数比铝氧化膜的介电常数高，因此钽电容的单位体积内的电容量大。

（2）使用温度范围宽。一般钽电解电容器都能在－50℃～100℃的温度下正常工作，虽然铝电解也能在这个范围内工作，但电性能远远不如钽电解。

（3）寿命长、绝缘电阻高、漏电流小。钽电解电容器中钽氧化膜介质不仅耐腐蚀，而且长时间工作也能保持良好的性能。

（4）阻抗频率特性好。频率特性不好的电容器，当工作频率高时电容量就大幅度下降，损耗（一般用损耗角正切 $\tan\delta$ 表示）也急剧上升。钽电容随频率上升，会出现容量下降现象，但下降幅度较小，有资料表明，工作在10kHz时钽电容容量下降不到20%，而铝电解电容容量下降达40%。

（5）可靠性高。钽氧化膜的化学性能稳定，又因钽阳极基体Ta2O5能耐强酸、强碱，所以它能使用固体或含酸的电阻率很低的液体电解质，这就使得钽电解的损耗要比铝电解电容小，而且温度稳定性良好。

钽电容的特点是寿命长、耐高温、准确度高、高频性能好，不过容量较小、价格也比铝电解电容高，而且耐电压、电流能力相对较弱。

5. 云母电容器

云母是天然且具有很高电介质常数的电介质，采用云母制作的电容器具备优良的绝缘电阻、电介质损耗小、频率特性和温度特性好、温度系数小等优点。

云母电容器的电容量范围通常为10～68000pF，额定电压为100V～7kV。云母电容器（CY）主要应用在高频振荡、脉冲等要求较高的电路中。

6. 涤纶电容器

涤纶电容器通常采用聚酯膜、环氧树脂包封。电容量通常为40pF～4μF，额定电压为63～630V，主要应用在对稳定性和损耗要求不高的低频电路中。

2.1.3 电容器的基本参数

电容器的基本参数主要有以下几种。

1. 电容器的容量及允许偏差

容量是电容的基本参数，数值标在电容上，不同类别的电容有不同系列的标称值。某些电容的体积较小，常常不标单位，只标数值。

和电阻一样，电容的标称值一般也采用 E24、E12 和 E6 系列进行生产。如表 2-1 所示。

表 2-1 电容标称容量系列

系列	容差	标称值											
E24	±5%	1.0 1.1	1.2 1.3	1.5 1.6	1.8 2.0	2.2 2.4	2.7 3.0	3.3 3.6	3.9 4.3	4.7 5.1	5.6 6.2	6.8 7.5	8.2 9.1
E12	±10%	1.0	1.2	1.5	1.8	2.2	2.7	3.3	3.9	4.7	5.6	6.8	8.2
E6	±20%	1.0		1.5		2.2		3.3		4.7		6.8	

2. 容差（允许误差）

电容器的容差定义与电阻器的容差定义相同，其等级如表 2-2 所示。

表 2-2 电容容差等级

容差	±2%	±5%	±10%	±20%	+20% −30%	+50% −20%	+100% −10%
级别	02	I	II	III	Ⅳ	V	Ⅵ

3. 额定电压

电容的额定电压是指在规定温度下，能保证长期连续工作而不被击穿的电压。所有的电容都有额定电压参数，额定电压表示了电容两端所允许施加的最大电压。如果施加的电压大于额定电压值，将损坏电容。电容的额定电压随电容类别不同而有所区别，通常都在电容器上直接标出。

电容的额定电压通常是指直流工作电压，但也有少数品种标以交流额定电压，它们主要专用于交流电路或交流分量大的电路中。如果一般电容工作于脉动电压下，则交流分量通常不得超过直流电压的百分之几至百分之十几（应随交流分量频率的增高而相应递减），且交、直流分量的总和不得大于额定电压。所以工作在交流分量较大的电路（如整流滤波电路）中的电容，选取额定电压参数时应适当放宽余量。

非电解电容的额定电压一般为几百伏，在电路图中没有标明，因为非电解电容的额定电压比实际电子电路的电源电压高很多。

电解电容的额定电压一般都会在电路中标明，如果没有指定，则需要选用额定电压高于电路工作电压的电容。注意，随着额定电压的增加，电容的价格也会升高。

4. 电容器的绝缘电阻与漏电流

当电容加上直流工作电压时，电容介质总会导电使电容有漏电流产生，若漏电流太大，电容就会发热损坏。除了电解电容外，一般电容只要质量良好，其漏电流是极小的，故用绝缘电阻参数来表示其绝缘性能；而电解电容因漏电流较大，故用漏电流来表示其绝缘性能。电容的绝缘电阻及漏电流是重要的性能参数，在电路检修中应值得注意。

5. 电解电容的高频特性

电解电容的高频特性表现在以下方面：当电容两极加交变电压时，极性分子（电解质）会在电场力作用下随外电场方向不断转动，并按要求向另一极板准确传递所加的信号（电压）波形。由于电解质极性分子随外电场旋转的“同步灵敏度（严格地说是相对介电常数）”会随信号频率的升高而降低（即容量下降），当信号频率升至某一值时，极性分子会来不及旋转而干脆不动，从而使容量严重下降（相当于未加电解质）。因此静态时所测的容量与在路工作时实际表现出的容量是不一样的。于是规定，在某一频率的正弦波电压下，电容器表现出的动态电容量与静态电容量（标称电容量）的比值称为该电容的高频特性值。另外，当电容经高温长期烘烤后也会导致其“同步灵敏度”大大下降，同时还会使经该电容器传递的信号波型发生畸变。正因为电容的这种高频特性，在一些工作频率较高的电路中，即使一个电容器的电容量、漏电流符合要求，也不能替换使用，否则会很快损坏。例如，出自彩电行输出变压器的 180V 视放滤波电容以及高频开关电源中控制振荡频率的时钟控制电容，都必须采用高频特性好、耐压高的电容。

6. 电容器的正切损耗

因为电解质极性分子取向要随外电场方向不断转向，所以要克服极性分子的相互的引力而做功。同时电解质本身也有一定的漏电，这就使得电容器要损耗一定的功率。于是规定，在某一频率电压下，电容器的有功损耗功率与无功损耗功率的比值称为该电容的正切损耗角（记为 $\tan\delta=P/P_q=UI\sin\delta/UI\cos\delta$，式中 P 为有功损耗功率，P_q 为无功损耗功率，U 为施加于电容的交流电压值）。各类电容都规定了某频率范围内的损耗因数允许值，或者说它们都有各自适应的工作频率范围。在正常情况下，该值小于 0.01。当电解电容经高温长期烘烤或密封被破坏后，其 $\tan\delta$ 会达到 0.2 以上，这种电容会严重破坏电路的工作性能，因此在检修、替换脉冲、交流、高频等电路中的某些电容时，损耗因数是个十分重要的参数。

电容器的高频特性和正切损耗是不能用普通万用表测量的。

7. 电容器的稳定度

电容器的主要参数受温度、湿度、气压、振动等外界环境的影响后会发生变化，变化大小用稳定性来衡量。云母及瓷介电容稳定性最好，温度系数可达 10^{-4}/℃数量级；铝电解电容器温度系数最大，可达 10^{-2}/℃。多数电容器的温度系数为正值，个别类型电容器的温度系数为负值，如瓷介电容器。电容器介质的绝缘性能会随着湿度的增加而下降，使损耗增加。湿度对纸介电容器的影响较大，对瓷介电容器的影响较小。

2.1.4　电容器的型号与标志识别

1. 电容器的型号

国产电容器的标识通常由 4 部分组成。下面举一例子说明各部分的含义，如图 2-4 所示。

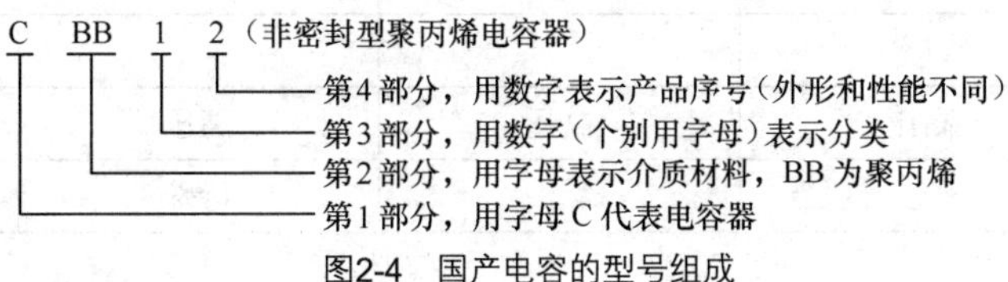

图2-4　国产电容的型号组成

第 1 部分 C 是没有变化的，第 4 部分可不必掌握，第 2 部分字母代表的意义见表 2-3，第 3 部分代表的意义见表 2-4。

表 2-3　　第 2 部分字母表示的意义

字母	电容介质材料
A	钽电解
B（BB、BF）	聚苯乙烯等非极性薄膜（常在 B 后再加一字母区分具体材料）
C	高频陶瓷
D	铝电解（普通电解）
E	其他材料电解
G	合金电解
H	纸膜复合
I	玻璃釉
J	金属化纸介
L（LS 等）	聚酯等极性有机薄膜（常在 B 后再加一字母区分具体材料）
N	铌电解
O	玻璃膜
Q	漆膜
S/T	低频陶瓷
V/X	云母纸
Y	云母
Z	纸质

表 2-4　　第 3 部分表示的意义

数字或字母	瓷介电容	云母电容	有机电容	电解电容
1	圆形	非密封	非密封	箔式
2	管形	非密封	非密封	箔式
3	叠形	密封	密封	烧结粉，非固体

（续表）

数字或字母	瓷介电容	云母电容	有机电容	电解电容
4	独石	密封	密封	烧结粉，固体
5	穿心		穿心	
6	支柱形等			
7				无极性
8	高压	高压	高压	
9			特殊	特殊
G	高功率			
T	叠片式			
W	微调电容			

2. 电容器的标志识别

电容器的标志方法主要有以下几种。

（1）直接表示

直标法主要用在体积较大的电容上，标注的内容有多有少，一般情况下，标称容量、额定电压及允许偏差这3项参数大都标出，当然，也有体积太小（如小容量瓷介电容等）的电容仅标注容量这一项，标注较齐的电容通常有标称容量、额定电压、允许偏差、电容型号、商标、工作温度、制造日期等。

重点提示：1万pF以上用微法做单位，1万pF以下用皮法做单位，pF为最小标注单位，在标注时常直接标出数值，而不写单位，电容标注中的小数点用R表示。如470就是470pF，R56μF就是0.56μF。

（2）数码表示法

通常采用3位数码表示，前两位表示有效数，第3位数表示有效数后零的个数，单位为pF，如201表示为200pF，第3位若是9，则电容量是前两位有效数字乘以10^{-1}，如229表示22×10^{-1}pF。

（3）字母表示法

这是国际电工会推荐标注的方法，使用的标注字母有4个，即p、n、u、m，分别表示pF、nF、μF、mF，用2～4个数字和1个字母表示电容量，字母前为容量的整数，字母后为容量的小数。如1p5、4u7、3n9分别表示1.5pF、4.7μF、3.9nF。

（4）色环表示法

一般使用3环标注，如表2-5所示。第1、2位色环表示电容量的有效数字，第3位色环表示后面零的个数，如电容色环为黄、紫、橙表示47×10^{3}pF=47000pF。

表2-5　电容的色环表示

颜色	棕	红	橙	黄	绿	蓝	紫	灰	白	黑
有效数字	1	2	3	4	5	6	7	8	9	0
乘数	10^1	10^2	10^3	10^4	10^5	10^6	10^7	10^8	10^9	10^0

电容器的误差一般用字母表示。含义是：C 为±0.25pF，D 为±0.5pF，F 为±1%，J 为±5%，K 为±10%，M 为±20%。

电容的耐压有低压和中高压两种，低压为 200V 以下，一般有 16V、50V、100V 等，中高压一般有 160V、200V、250V、400V、500V、1000V 等。

2.1.5　电容器的串联与并联

实际使用电容器时，有时会遇到电容器的电容不够或耐压能力不够，这就需要把几个电容器连接起来使用，连接的基本方法有串联和并联两种。

1．电容器的串联

把几个电容器的极板首尾相接，连成一串，这就是电容器的串联。图 2-5 是三个电容器的串联。

如果各个电容器的电容分别为 C_1、C_2、C_3，电压分别为 U_1、U_2、U_3，总电压 U 等于各个电容器上的电压之和，设串联电容的总电容为 C，则：

$$\frac{1}{C}=\frac{1}{C_1}+\frac{1}{C_2}+\frac{1}{C_3}$$

也就是说，**串联电容器的总电容的倒数等于各个电容器的电容的倒数之和**。电容器串联之后，相当于增大了两极的距离，因此总电容小于每个电容器的电容。

重点提示：有极性电容器（主要指电解电容器）的串联电路有两种：顺串联电路和逆串联电路。下面简要介绍。

（1）有极性电容器顺串联电路如图 2-6 所示。电路中，C_1 和 C_2 均是有极性的电容器，C_1 的负极与 C_2 的正极相连，这种串联方式称为顺串联电路。有极性电容器顺串联之后，仍等效成一只有极性的电容器 C，其极性如图 2-6 所示，即 C_1 的正极为正极，C_2 的负极为负极。

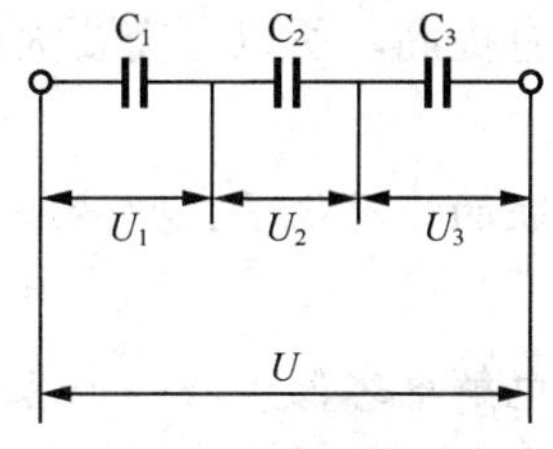

图2-5　三个电容的串联

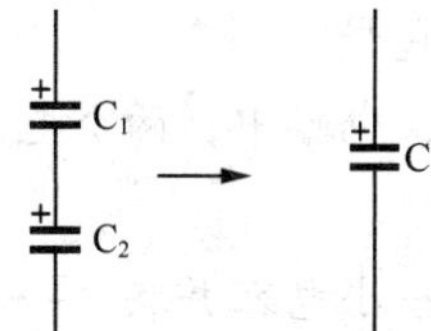

图2-6　有极性电容器顺串联电路

在这种串联电路中，串联后等效电容器 C 的容量减小，总容量的倒数等于各电容的倒数之和。另外，这种串联电路可以提高电容器的耐压，即当 C_1 和 C_2 的容量和耐压均相等时，电容 C 的容量只有 C_1 和 C_2 的一半，但耐压比 C_1 或 C_2 大一倍。有极性电解电容器的顺串联电路，主要是为了提高电容器的耐压。

（2）有极性电容器逆串联电路：如图 2-7 所示，这一串联电路有两种，一种是两个电容器的正极相连，如图 2-7（a）所示；另一种是两个电容器负极相连，如图 2-7（b）所示。

有极性电容器逆串联之后就没有极性，见右边的等效电路，C 为逆串联后的等效电容。

这样串联后的电容可以作为无极性电容器来使用，在一些分频电路中就常用这种电路，不过这样的无极性电容器没有真正的无极性电解电容器好。

图 2-8 所示是实用的有极性电解电容器逆串联电路。电路中，C_2和 C_3逆串联后作为分频电容，在一些低档次的音响设备中会碰到这种电路。作为分频电容应该是无极性的电容，因为分频电容工作在纯交流电路中，见 C_2、C_3在电路中的位置，流过这两个电容的电流是很大的交流电流。由于交流电流的极性在不断改变，所以不能用有极性电容作为分频电容。在没有无极性的电解电容器时，可以用有极性的电解电容逆串联后代替。有极性电容器在电路中工作时，它的正极电压应该是始终高于负极电压，所以它不能用于纯交流电路中，这样分频电路中的电容器要用无极性电容器。综上所述，在电路中采用有极性电解电容器逆串联电路是为了获得无极性的电容。

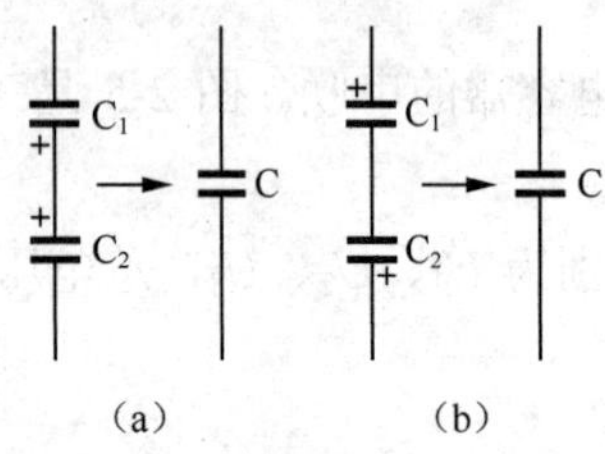

图2-7　有极性电容器逆串联电路

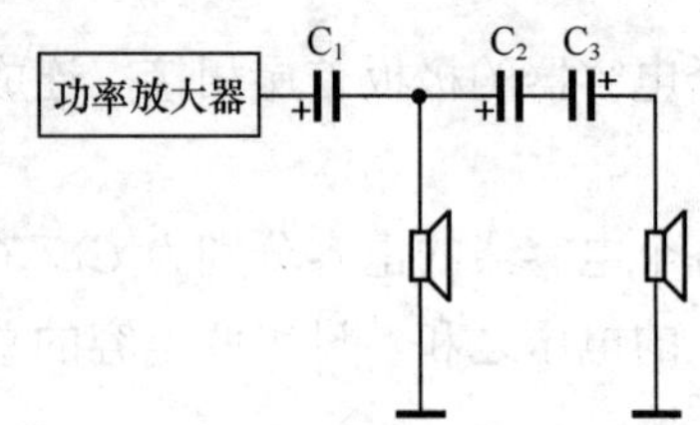

图2-8　有极性电容器逆串联应用电路

2. 电容器的并联

把几个电容器的正极连在一起，负极也连在一起，这就是电容器的并联。图 2-9 所示是三个电容器的并联。

如果各个电容器的电容分别为 C_1、C_2、C_3，设并联电容器的总电容为 C，则：

$$C=C_1+C_2+C_3$$

这就是说，**并联电容器的总电容等于各个电容器的电容之和**。电容器并联之后，相当于增大了两极的面积，因此总电容大于每个电容器的电容。

电容器串联后，电容减小了，但耐压能力提高了，所以要承受较高的电压，可以把电容器串联起来；电容器并联后，电容增大了，耐压能力没有提高，所以在需要大电容时，可以把电容器并联起来。

课外阅读：电路中，两个电容器甚至更多个电容并联的情况很多，归纳起来主要有下列几种情况。

（1）一大一小电容并联。一个容量很大的电容（如电解电容器）与一个容量很小的电容（如瓷片电容器）并联，如图 2-10 所示。电路中，C_1是一个大容量滤波电容，C_2是一个小电容，为高频滤波电容，这种一大一小电容相并联的电路在电源电路十分常见。

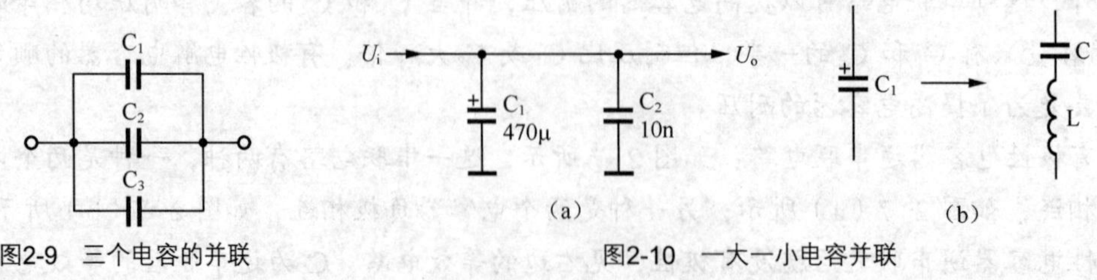

图2-9　三个电容的并联　　图2-10　一大一小电容并联

从理论上讲，在同一频率下，容量大的电容其容抗小，这样一大一小电容并联后，容量小的电容 C_2 不起作用。但由图（b）电解电容器的等效电路可知，大容量的电容器除具有容量大外，由于其结构的原因还具有感抗特性，根据电感的有关特性可知，感抗与频率成正比。这样，大电容工作在高频状态下时，虽然纯电容容抗几乎为零，但感抗却很大，容抗与感抗串联。由串联电路可知此时总的阻抗仍然很大，且呈感抗的特性。这样，大电容在高频情况下阻抗反而大于低频时的阻抗。

为了补偿大电容的不足，再并一个小电容 C_2。由于小电容的容量小，在制造时可以克服电感特性，所以小电容几乎不存在电感。当电路的工作频率高时，虽然小电容的容量小，但由于工作频率高，小电容的容抗也已经很小，这样高频的干扰信号通过小电容 C_2 滤波到地。

在一大一小电容相并联的电路中，当电路的工作频率较低时，小电容 C_2 不工作（因小电容的容抗大而呈开路状态），此时主要是大电容 C_1 在工作。当工作频率高时，大电容 C_1 处于开路状态而不工作，小电容 C_2 的容抗远小于 C_1 的阻抗而处于工作状态，用于滤除各种高频干扰信号。这就是为什么在电源电路中大电容出现时，总是并联着一个小电容的原因。

（2）两个大电容并联电路。采用两只相同容量的大电容并联主要是出于下列几个目的。

一是提高电路工作的可靠性，有一个电容开路后，另一个电容仍然能够使电路工作，这样可降低电路的故障发生率。

二是为了减小电容器的体积。一个容量大一倍的电容其体积要大出许多，由于机器内部空间的限制只能装体积小的电容，但容量又不够，此时可用两个容量较小电容相并联。

三是为了减小电容器漏电流。一个容量大一倍的电容器其漏电流要大出许多，此时可用两个容量较小的电容并联，并联后的总漏电流比用一个大电容的漏电流要小。

四是为了加大容量，在采用一个大电容后的电路效果还不够理想时，再用一个大电容相并联。

（3）两个小电容并联电路。图 2-11 所示是两个相等的小电容并联电路，在这种并联电路中，C_1 一般采用聚酯电容，属正温度系数电容；C_2 一般采用电聚丙烯电容，属负温度系数电容。

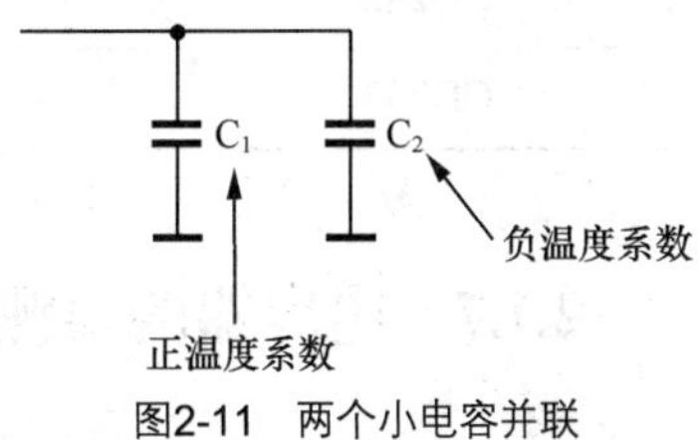

图2-11　两个小电容并联

正温度系数的电容的特性是，当温度升高时其容量增大，当温度下降时其容量减小。负温度系数的电容的特性是，当温度升高时其容量减小，当温度下降时其容量增大。因此，若电路要求电容的容量非常稳定时，可采用正、负温度系数的电容并联接法。这种接法的总电容不受温度影响，因为当工作温度升高时，C_1 的容量在增大，而 C_2 的容量则在减小，可见，两电容并联的总电容 $C=C_1+C_2$ 基本不变。同理，在温度降低时，一个电容的容量在减小而另一个在增大，总的容量也基本不变，达到稳定总电容的目的。

2.1.6　电容器的作用与选用

1. 电容器的作用

电容器的主要作用是隔直通交，因此，可应用于交流耦合、隔离直流、滤波、交流或脉冲旁路、RC 定时、LC 谐振选频等电路中。

2. 电容器的选用

对于要求不高的低频电路和直流电路，通常可用价格较低的纸介或金属化纸介电容，也可选低频瓷介（CT 型）电容；要求较高的中高频、音频电路，可选用塑料薄膜（CB、CL 型）电容；高频电路中一般选用高频瓷介（CC 型）、云母或穿心瓷介电容。电源滤波、退耦、旁路等电路中需用大容量电容的，一般可用铝电解电容。钽（铌）电解电容的性能稳定可靠，但价格高，通常仅用于要求较高的定时、延时等电路中。对于彩电行输出级和电源级等处的高压电路，一般应选用高压瓷介或其他专用高压型电容。在电风扇的交流电路中，通常应选专用交流电容，这类电容个头较大，无极性，耐压 450～500V。而在功率较大的单相电极电路中，通常选用大容量、耐高压的铝电解电容来作启动或移相兼工作之用。

有些电路对电解电容有特殊要求，需要一些低损耗电解电容，选用时可参考表 2-6。

表 2-6　一些特殊的电解电容

国产电容	特点	进口电容	特点
CD11D	低漏电	BP	双极性
CD11W	低介质损耗	C	低介质损耗
CD11Z	高纹波	EU	低阻抗、高稳定
CD71	双极性	H	高纹波
CD72	音频	HF	低阻抗开关
CD117	低介质损耗	LL	低漏电
CD292	高纹波	SH	低介质损耗、高频
CD293	高纹波	ST	低介质损耗

2.1.7　电容器的检测与代换

1. 无极性电容的检测

（1）检测 10pF 以下的小电容

指针万用表测量：因 10pF 以下的固定电容器容量太小，用指针万用表进行测量，只能定性地检查其是否有漏电、内部短路或击穿现象。测量时，可选用万用表 R×10k 挡，用两表笔分别任意接电容的两个引脚，阻值应为无穷大；若测出阻值（指针向右摆动）或阻值为零，则说明电容漏电损坏或内部击穿。

数字万用表测量：10pF 以下的固定电容器，可用数字万用表测量其容量，只需将电容的两脚插入数字万用表的 C_x 插座内，将数字万用表置于相应的挡位即可。

（2）检测 10pF～0.01μF 的电容

指针万用表测量：首先用万用表 R×10k 挡测试一下电容有无短路、漏电现象，在确认电容无内部短路或漏电后，采用图 2-12 所示的电路可测出 10pF～0.01μF 固定电容器是否有充电现象，进而判断其好坏。

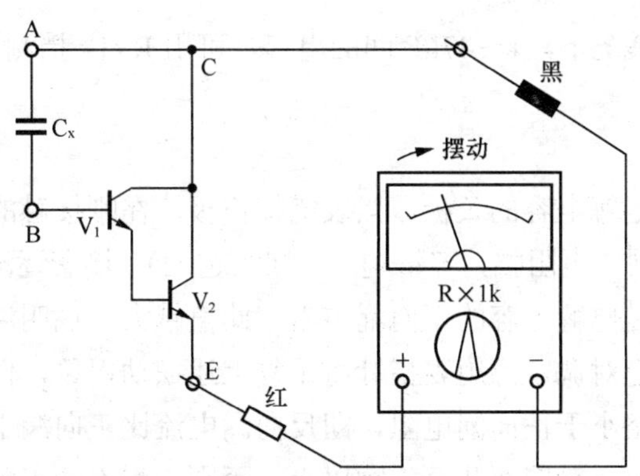

图2-12　检测10pF～0.01μF电容的方法

万用表选用 R×1k 挡，红和黑表笔分别与复合管的发射极 E 和集电极 C 相接。C_x 为被测电容。由于复合三极管的放大作用，把被测电容的充放电过程予以放大，使万用表指针摆动幅度加大，从而便于观察。应注意的是：在测试操作时，特别是在测较小容量的电容时，要反复调换被测电容引脚接触 A、B 两点，才能明显地看到万用表指针的摆动。

数字万用表测量：可将电容的两脚插入数字万用表的 C_x 插座内，将数字万用表置于相应的挡位即可。

（3）检测 0.01μF 以上的电容器

指针万用表测量：对于 0.01μF 以上的电容，可用万用表的 R×10k 挡直接测试电容器有无充电过程以及有无内部短路或漏电，并可根据指针向右摆动的幅度大小估计出电容器的容量。测试操作时，先用两表笔任意触碰电容的两引脚，然后调换表笔再触碰一次，如果电容是好的，万用表指针会向右摆动一下，随即向左迅速返回无穷大位置。电容量越大，指针摆动幅度越大。如果反复调换表笔触碰电容两引脚，万用表指针始终不向右摆动，说明该电容的容量已低于 0.01μF 或者已经消失。测量中，若指针向右摆动后不能再向左回到无穷大位置，说明电容漏电或已经击穿短路。

注意事项：在采用上述方法进行测试时，都应注意正确操作，不要用手指同时接触被测电容的两个引脚；否则，人体电阻将影响测试的准确性，容易造成误判。特别是使用万用表的高阻挡（R×10k）进行测量时，若手指同时触到电容两引脚或两表笔的金属部分，将使指针回不到无穷大的位置，给测试者造成错觉，误认为被测电容漏电。

数字万用表测量：将电容的两脚插入数字万用表的 C_x 插座内，将数字万用表置于相应的档位即可。

2. 电解电容的检测

电解电容既可以用数字万用表测量，也可以用指针万用表测量。用数字万用表测量电解电容时，只需将电容的两脚插入数字万用表的 C_x 插座内，将数字万用表置于相应的挡位即可。由于数字万用表电容测量档量程有限，一般最大只能测量 20μF，因此，数字万用表只能对部分电解电容进行测量。下面重点说明用指针万用表测量电解电容的方法和技巧。

（1）挡位的选择

电解电容的容量较一般无极性电容大得多，所以，测量时，应针对不同容量选用合适的量程。根据经验，一般情况下，1～47μF 间的电容，可用 R×1k 挡测量，大于 47μF 的电容可用 R×100 挡测量。

（2）测量漏电阻

将万用表红表笔接电解电容的负极，黑表笔接正极，在刚接触的瞬间，万用表指针即向右偏转较大幅度（对于同一电阻挡，容量越大，摆幅越大），接着逐渐向左回转，直到停在某一位置，此时的阻值便是电解电容的正向漏电阻，此值越大，说明漏电流越小，电容性能越好。然后，将红、黑表笔对调，万用表指针将重复上述摆动现象，但此时所测阻值为电解电容的反向漏电阻，此值略小于正向漏电阻，即反向漏电流比正向漏电流要大。实际使用经验表明，电解电容的漏电阻一般应在几百千欧以上，否则，将不能正常工作。在测试中，若正向、反向均无充电的现象，即表针不动，则说明容量消失或内部断路；如果所测阻值很小或为零，说明电容漏电大或已击穿损坏，不能再使用。

（3）极性判别

对于正、负极标志不明的电解电容器，可利用上述测量漏电阻的方法加以判别。即先任意测一下漏电阻，记住其大小，然后交换表笔再测出一个阻值。两次测量中阻值大的那一次便是正向接法，即黑表笔接的是正极，红表笔接的是负极。

（4）检测大容量电解电容器的漏电阻

用万用表检测电解电容器的漏电阻，是利用表内的电池给电解电容充电的原理进行的。一旦将万用表电阻挡位确定下来，充电的时间长短便取决于电容的容量大小。对于同一电阻挡而言，容量越大，充电时间越长。例如，选用 R×1k 挡测量一只 4700μF 的电解电容，待其充完电显示出漏电阻，约需 10min，显然时间过长，不太实用。但是，万用表的不同电阻挡的内阻是不一样的。电阻挡位越高，内阻越大；电阻挡位越低，内阻越小。一般万用表的 R×1 挡的内阻仅是 R×10k 挡的千分之一。利用万用表这一特点，采用变换电阻挡位的方法，是可以比较快速地将大容量电解电容器的漏电阻测出的。

具体操作方法是：先使用 R×10 或 R×1 低阻挡（视容量而定）进行测量，使电容器很快充足电，指针迅速向左回旋到无穷大位置。这时再拨到 R×1k 挡，若指针停在无穷大处，说明漏电极小，用 R×1k 挡已经测不出来，若指针又缓慢向右摆动，最后停在某一刻度上，此时的读数即是被测电解电容的漏电阻值。通常 10000μF 以上大容量电解电容器的漏电阻在 100kΩ 左右是基本正常的。

现举一测量实例：测量一只 22000μF 的超大容量电解电容器。先将万用表置于 R×1 挡，红表笔接负极，黑表笔接正极，指针先向右摆动一角度后，很快就逐渐向左回转到无穷大位置，此时再将万用表拨至 R×1k 挡，指针随即又缓缓向右偏转，最后停在 120kΩ的位置。整个测试操作过程仅用 30s 即完成。如果只用 R×1k 挡进行测量，将会使测量时间延长至 40min 左右。

（5）电解电容漏电流的测量

测量电解电容漏电流需要一只稳压电源和一只万用表，下面以测量 47μF/25V 电解电容为例进行说明，按图 2-13 进行连接。

先用 500mA 挡给电容充电，表头指示值小于 5mA 时换成 5mA 挡，再依次换成 0.05mA 挡，观察表头指示小于 10μA 时，说明该电容性能良好，可上机试用；否则，说明该电容不良。

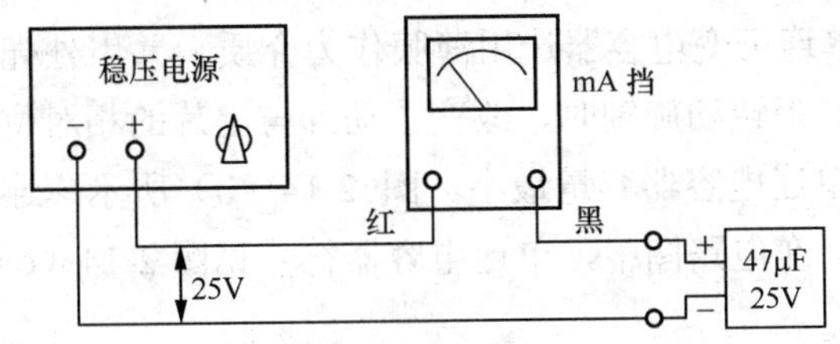

图2-13　电解电容漏电流测量图

3. 电容器的代换

电容代换时要注意以下几点。

（1）所代换的电容耐压不能低于原电容的耐压值。

（2）无极性电容、单极性和双极性的电容不能混用。特别一些双极性电解电容，能耐受高反压、大电流，因此不能用单极性的电解电容进行代换。另外，一些有极性的钽电容，外观很像瓷片电容，要注意区分。

（3）在修理中，若发现某一电容变值或损坏，手头又没有同规格电容更换，可采用串、并联电容的方法进行应急处理。

电容器并联时，每个电容器所承受的工作电压相等，并等于总电压，因此，如果工作电压不同的几只电容器并联，必须把其中最低的工作电压作为并联后的工作电压。

串联后电容的工作电压在电容量相等的条件下，等于每个电容的工作电压之和，故串联后的电容工作电压升高。

2.2　可变电容器

2.2.1　可变电容器的种类及特点

可变电容器种类很多，常见的几种为单连可变电容器、双连可变电容器和微调可变电容器。

1. 单连可变电容器

单连可变电容器由一组动片和一组定片以及旋轴组成，如图 2-14 所示。

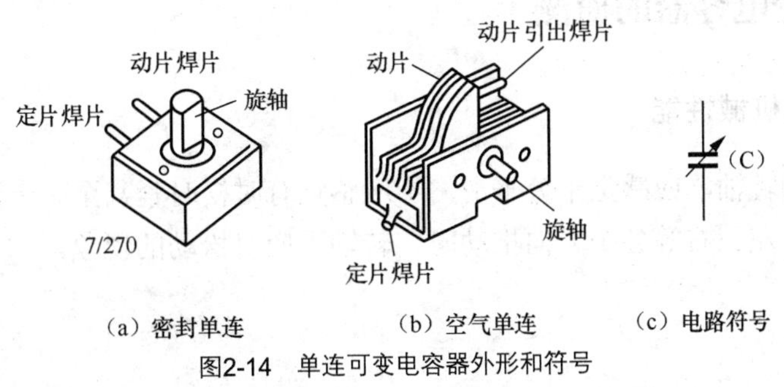

（a）密封单连　（b）空气单连　（c）电路符号

图2-14　单连可变电容器外形和符号

图 2-14（a）所示单连可变电容器选用薄膜作为介质，并用外壳把动片组和定片组密封起来，因此称密封单连。当转动旋轴时，改变了动片与定片的相对位置，即可调整电容量，当动片组全部旋出，此单连电容器容量最小。图 2-14（b）所示单连可变电容器用空气作为介质，因此称空气单连。在电路图中，单连电容器符号见图 2-14（c）所示。

2. 双连可变电容器

常见双连可变电容器如图 2-15 所示。

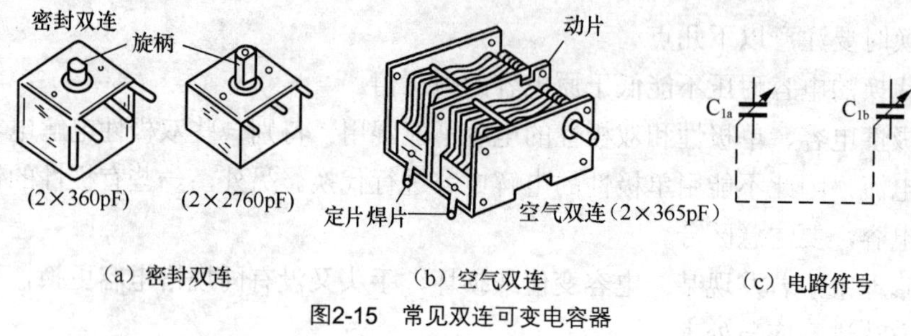

图2-15 常见双连可变电容器

双连电容器由两组动片和两组定片以及转轴组成。由于两连电容器的动片安装在同一根转轴上，当旋动转轴时，两连动片组同步转动（转动角度相同），这种同步特性在电路符号中用虚线连接箭头来表示。

3. 微调电容器

常见微调电容器如图 2-16 所示。

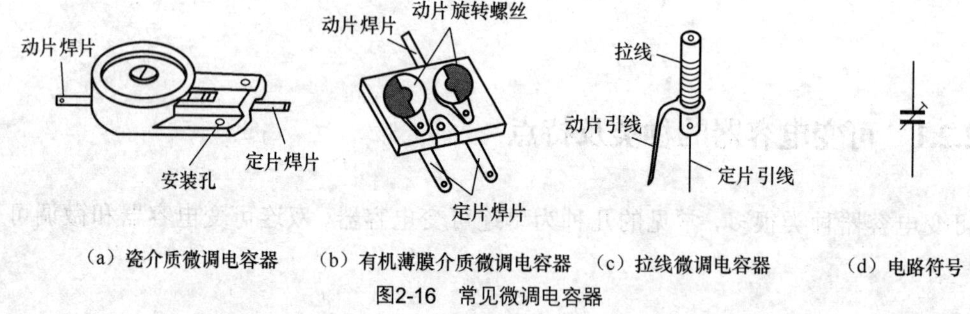

图2-16 常见微调电容器

微调电容器的容量较小，调整范围也较小。因此在电路符号中用一个平箭头来表示。

2.2.2 可变电容器的检测

1. 检查转轴机械性能

用手轻轻旋动转轴，应感觉十分平滑，不应感觉有时松时紧甚至有卡滞现象。将转轴向前、后、上、下、左、右等各个方向推动时，转轴不应有松动的现象。

2. 检查转轴与动片连接是否良好可靠

用一只手旋动转轴，另一只手轻摸动片组的外缘，不应感觉有任何松脱现象。转轴与动片之间接触不良的可变电容器，是不能再继续使用的。

3. 检查动片与定片间有无碰片短路或漏电

将万用表置于 R×10k 挡，一只手将两个表笔分别接可变电容器的动片和定片的引出端，另一只手将转轴缓缓旋动几个来回，万用表指针都应在无穷大位置不动。在旋动转轴的过程中，如果指针有时指向零，说明动片和定片之间存在碰片短路点；如果旋到某一角度，万用表读数不为无穷大而是出现一定阻值，说明可变电容器动片与定片之间存在漏电现象。对于双连或多连可变电容器，可用上述同样的方法检测其他组动片与定片之间有无碰片短路或漏电现象。

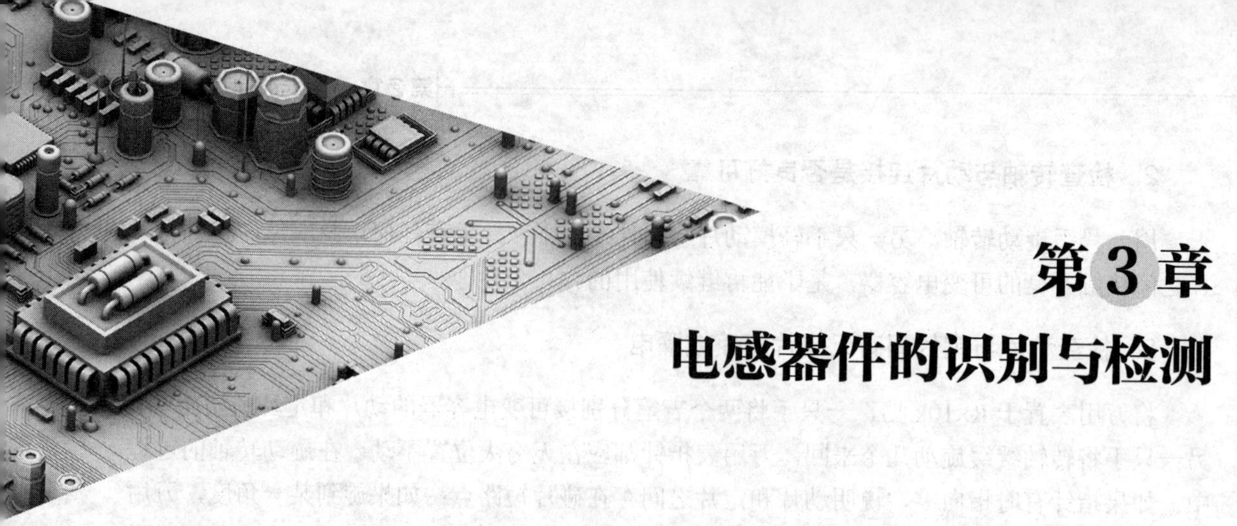

第3章 电感器件的识别与检测

电感器件可分为两大类：一是应用自感作用的电感线圈，二是应用互感作用的变压器。电感线圈的主要作用是对交流信号进行隔离、滤波或组成谐振电路；变压器的主要作用是变换交流电压、电流或阻抗的大小。电感器件广泛应用于电子线路中。本章从分类、识别、检测等方面对电感器件进行了较为系统和详细的分析。

3.1 电感线圈

3.1.1 电感线圈的定义及分类

1. 电感线圈的定义

电感线圈一般简称为电感，电感的应用范围很广泛，它在调谐、振荡、耦合、匹配、滤波、陷波、延迟、补偿、偏转等电路中，都是必不可少的。由于用途、工作频率、功率、工作环境不同，对电感的基本参数和结构形式就有不同的要求，从而导致电感的类型和结构的多样化。

电感是一种线圈，本身可以建立（或感应）电压，以此反映通过线圈的电流的变化，也就是说，随着流过线圈的电流的变化，线圈内部会感应某个方向的电压以反映通过线圈的电流变化，电感两端的电压与通过电感的电流有以下关系：

$$U = L\frac{\Delta I}{\Delta t}$$

其中，L 是电感的值。

电感的基本单位是“亨”，用 H 表示，一般情况下，电路中的电感值很小，用 mH（毫亨）、μH（微亨）表示。其转换关系如下：$1\text{H}=10^3\text{mH}=10^6\mu\text{H}$。

电感在电路的基本符号为 ⌒⌒⌒ ，与电阻类似，在电路中电感可以任意连接，但是互相耦合的线圈必须用特殊的方式连接。

2. 电感线圈的分类

电感线圈也称电感，是根据电磁感应原理工作的元件。在电子线路中应用十分普遍。

电感线圈按使用特征可分为固定和可调两种；按磁芯材料可分为空心、磁芯、铁芯等；按结构可分为小型固定电感、平面电感以及中周线圈。

小型固定电感有卧式、立式两种。结构特点是将漆包线或丝包线直接绕在棒形、工字型、王字型等磁心上，外表裹覆环氧树脂或封装在塑料壳中。具有体积小、重量轻、结构牢固（耐振、耐冲击）、防潮性能好、安装方便等优点。一般用在滤波、延迟等电路中。

平面电感是陶瓷或微晶玻璃基片沉淀金属导线而成。有较好的稳定性、精度及可靠性，常应用在几十兆赫到几百兆赫的电路中。

中周线圈由磁芯、磁罩、塑料骨架和金属屏蔽壳组成，线圈绕制在塑料骨架或直接绕制在磁芯上，骨架插脚可以焊接在印制电路板上。中周线圈是超外差式无线电设备中的主要元件，广泛用在调幅、调频接收机、电视接收机、通信接收机等电子设备的调谐回路中。

下面介绍几种常用的电感线圈。

（1）空芯线圈

用导线绕制在纸筒、胶木筒、塑料筒上组成的线圈或绕制后脱胎而成的线圈，由于此线圈中间不另加介质材料，因此称为空芯线圈。外形及符号如图 3-1 所示。

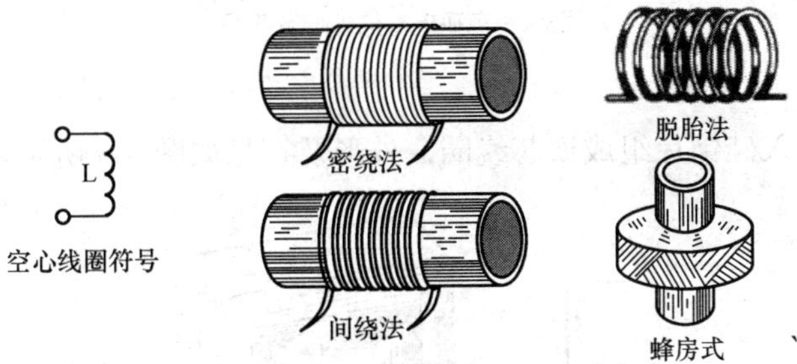

图3-1　空芯线圈的外形及符号

（2）磁芯线圈

用导线在磁芯磁环上绕制成线圈或者在空芯线圈中插入磁芯组成的线圈称为磁芯线圈，外形及符号如图 3-2 所示。

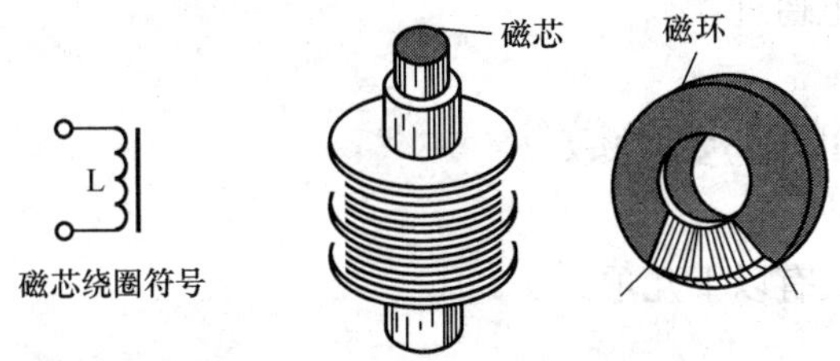

图3-2　磁芯线圈的外形及符号

（3）可调磁芯线圈

在空心线圈中插入可调的磁芯组成可调磁心线圈，其外形和符号如图 3-3 所示。

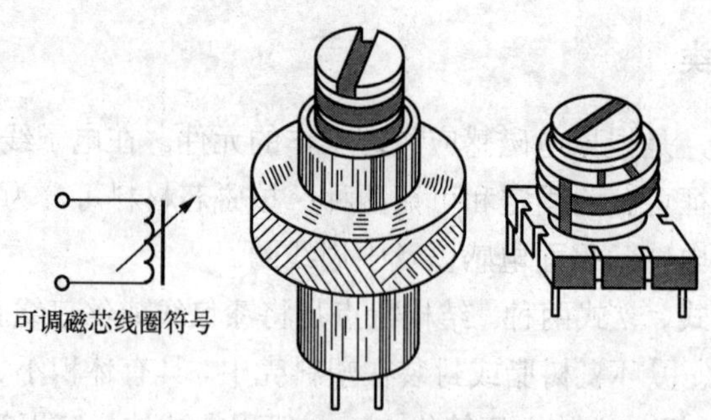

图3-3　可调磁芯线圈外形和符号

（4）色码电感

色码电感是一种带磁心的小型固定电感，其电感量标示方法与色环电阻器一样，是以色环或色点表示的，但有些固定电感器没有采用色环标示法，而是直接将电感量数值标在电感壳体上。习惯上也称其为“色码电感器”，常用色码电感器外形及符号如图 3-4 所示。

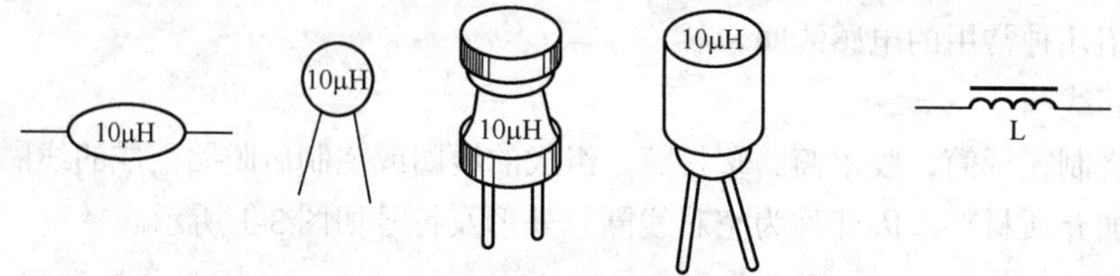

图3-4　色码电感的外形及符号

（5）铁芯线圈

在空芯线圈中插入硅钢片组成铁芯线圈，外形及符号如图 3-5 所示。

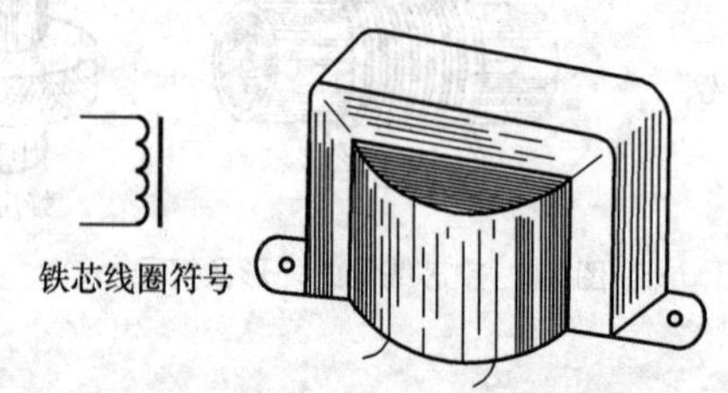

图3-5　铁芯线圈的外形及符号

在扩音机电源电路中就采用了铁芯线圈，称它为低频扼流圈。它的作用是用来阻止残余交流电通过，而让直流电通过。

3.1.2　电感线圈的主要参数

电感线圈的主要参数有以下几项。

1．电感量 L

电感量 L 也称作自感系数，是表示电感元件自感应能力的一种物理量。当通过一个线圈的磁通（即通过某一面积的磁力线数）发生变化时，线圈中便会产生电势，这是电磁感应现象。所产生的电势称感应电势，电势大小正比于磁通变化的速度和线圈匝数。当线圈中通过变化的电流时，线圈产生的磁通也要变化，磁通掠过线圈，线圈两端便产生感应电势，这便是自感应现象。自感电势的方向总是阻止电流变化的，犹如线圈具有惯性，这种电磁惯性的大小就用电感量 L 来表示。L 的大小与线圈匝数、尺寸和导磁材料均有关，采用硅钢片或铁氧体作线圈铁芯，可以以较小的匝数得到较大的电感量。

2. 感抗 X_L

由于电感线圈的自感电势总是阻止线圈中电流变化，故线圈对交流电有阻力作用，阻力大小就用感抗 X_L 来表示。X_L 与线圈电感量 L 和交流电频率 f 成正比，计算公式为：

$$X_L = 2\pi fL$$

不难看出，线圈通过低频电流时 X_L 小，通过直流电时 X_L 为零，仅线圈的直流电阻起阻力作用，因电阻一般很小，所以近似短路。通过高频电流时 X_L 大，若 L 也大，则近似开路。线圈的此种特性正好与电容相反，所以，利用电感元件和电容器就可以组成各种高频、中频和低频滤波器，以及调谐回路、选频回路、阻流圈电路等。

3. 品质因数 Q

品质因数 Q 是表示电感线圈品质的参数，亦称作 Q 值或优值。线圈在一定频率的交流电压下工作时，其感抗 X_L 和等效损耗电阻之比即为 Q 值，表达式如下：

$$Q = \frac{\omega L}{R} = \frac{2\pi fL}{R}$$

由此可见，线圈的感抗越大，损耗电阻越小，其 Q 值就越高。

注意事项：损耗电阻在频率 f 较低时可视作基本上以线圈直流电阻为主；当 f 较高时，因线圈骨架及浸渍物的介质损耗、铁芯及屏蔽罩损耗、导线高频趋肤效应损耗等影响较明显，R 就应包括各种损耗在内的等效损耗电阻，不能仅计直流电阻。

Q 的数值大都在几十至几百，Q 值越高，电路的损耗越小，效率越高，但 Q 值提高到一定程度后便会受到种种因素限制，而且许多电路对线圈 Q 值也没有很高的要求，所以具体 Q 值应视电路要求而定。

4. 直流电阻

直流电阻是电感线圈自身的电阻，可用万用表或欧姆表直接测得。

5. 额定电流

额定电流是指允许长时间通过电感元件的直流电流值。在选用电感元件时，若电路流过的电流大于额定电流值，就需改用额定电流符合要求的其他型号电感器。

6. 稳定性

稳定性是衡量电感器的一个重要指标。电感器的稳定性通常用电感温度系数 α_l 和不稳定系数 β_l 两个量来衡量，这两个系数越大，电感器的稳定性越差。

3.1.3 电感线圈的标志识别

电感线圈在电路图中通常用“L”来表示，L 的基本单位是 H（亨），还有 mH（毫亨）、μH（微亨），三者的换算关系如下：

$$1H=10^3mH=10^6\mu H$$

下面重点介绍目前使用较广泛的几种色码电感的标志方法。

1. 直标法

电感量是由数字和单位直接标在外壳上，具体方法是：电感上的数字是标称电感量，其单位是 μH 或 mH。

2. 色点标注法

用色点作标志，与电阻色环标志相似，但顺序相反，单位为 μH。如图 3-6 所示。

3 环标注的前两环为有效数字，第 3 环为倍率，如表 3-1 所示。

表 3-1　　色环标注法

颜色	棕	红	橙	黄	绿	蓝	紫	灰	白	黑
有效数字	1	2	3	4	5	6	7	8	9	0
乘数	10^1	10^2	10^3	10^4	10^5	10^6	10^7	10^8	10^9	10^0

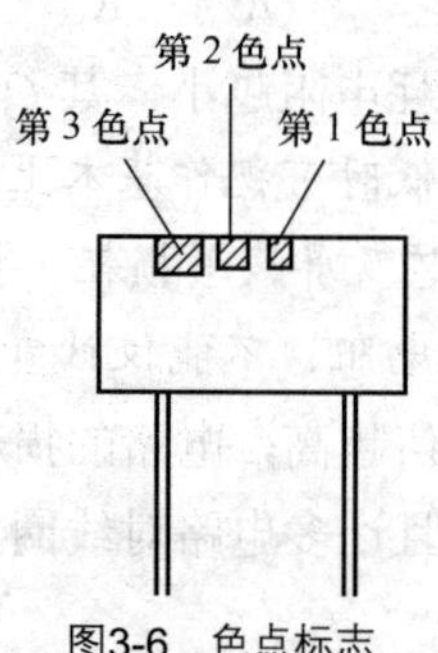

图3-6　色点标志

3. 数码表示法

通常采用 3 位数码表示，前两位表示有效数，第 3 位数表示有效数后零的个数，小数点用 R 表示，最后一位英文字母表示误差范围，单位为 μH，如 220K 表示为 22μH，8R2J 表示 8.2μH。

3.1.4 电感线圈的串联与并联

有时，电路中需要使用的电感值不同于标称值，在这种情况下，需要以串联或并联电感的方式得到需要的电感值。

1. 电感的串联

在串联方式下，各电感首尾相接。

在这种连接中，总电感值等于各电感值之和，即：

$$L=L_1+L_2+L_3+\cdots\cdots$$

例如，一个 10mH 的电容和一个 47mH 的电容串联，总的电感值为：

$$L=L_1+L_2=10+47=57\text{mH}$$

2. 电感的并联

在并联方式下，总电感值的倒数等于各电感倒数值之和，即：

$$\frac{1}{L}=\frac{1}{L_1}+\frac{1}{L_2}+\frac{1}{L_3}+\cdots\cdots$$

例如，两个 10mH 的电感并联，则总电感值为：

$$L=\frac{L_1\times L_2}{L_1+L_2}=\frac{10\times 10}{10+10}=5\text{mH}$$

3.1.5　电感线圈的检测

电感器件的绕组通断、绝缘等状况可用万用表的电阻挡进行检测。

1. 在路检测

将万用表置 R×1 挡或 R×10 挡，用两表笔接触在路线圈的两端，表针应指示导通否则线圈断路；该法适合粗略、快速测量线圈是否烧坏。

2. 非在路检测

将电感器件从线路板上焊开一脚，或直接取下，把万用表转到 R×1Ω 挡并准确调零，测线圈两端的阻值，如线圈用线较细或匝数较多，指针应有较明显的摆动，一般为几欧姆至十几欧姆之间；如阻值明显偏小（如 36Ω 减至 17Ω）可判断线圈匝间短路。不过有许多线圈线径较粗，电阻值为欧姆级甚至小于 1Ω，这时用指针式万用表的 R×1 挡来测量就不太易读，可改用数字万用表的欧姆挡。如 DT890 的 200Ω 挡，可以较准确地测量 1Ω 左右的阻值。档次更高一些的数字表如 DT9203 不仅能准确到 0.1Ω，而且还设有电感挡（L）能直接测量出电感量。对于有多个线圈的电感元件，除了要分别测量各绕组的通断及电阻外，还应用万用表的 R×10k 挡测量各绕组之间以及绕组与铁芯、绕组与金属屏蔽罩之间是否存在短路或漏电现象，测量值均应为∞；否则便说明有短路或漏电现象。

3.1.6 铁氧体简介

铁氧体磁芯上绕上线圈可制成电感器或变压器，它们广泛用于仪器仪表、通信设备和家用电器中。

铁氧体磁芯的材料牌号较多，几何形状也繁多，有柱形、工字形、帽形、单孔、双孔、四孔、U 形、罐形、E 形、EI 形、EC 形、RM 形、PQ 形和 EP 形，每一种形状的磁芯自成一系列，供用户选用。

在铁氧体磁芯上绕上线圈制成的电感器与同体积的空芯线圈相比电感量大，而且 Q 值（品质因素）也高。如罐形磁芯，用它制成 4mH 的电感器时，只要绕 43 匝线圈就行了，如不用罐形磁芯，改为空芯线圈，需绕 600 匝才能得到 4mH 的电感器。由此可见，使用了磁芯后，可大大缩小电感器或变压器的体积。

软磁铁氧体材料可分为两大类：镍锌材料和锰锌材料。一般镍锌材料的初始磁导率约 10 至 1500，使用频率约从 5 百千赫至几百兆赫。一般锰锌材料的初始磁导率约从 400 至 10000，使用频率从几千赫至 500 千赫。

3.2 变压器

3.2.1 变压器的定义及分类

1. 变压器的定义

绕在同一骨架或铁芯上的两个线圈便构成了一个变压器。电子电路中，变压器是利用互耦线圈实现升压或降压功能的，如果对变压器一侧线圈（初极线圈）施加变化的电压（如交流电压），利用互感原理就会在另一侧线圈（次级线圈）中得到一个电压。

如果对初级线圈施加较高的电压，在次级得到较低的电压，这种变压器称为降压变压器。如果对初级线圈施加较低的电压，在次级得到较高的电压，则称为升压变压器。

由低电压产生高电压或由高电压产生低电压会不会违反能量守恒原理？当然不会。现在，我们只注意电压，没有注意电流。记住，功率是电流和电压的乘积。实际上，当变压器中有低电压产生高电压时，其输出电流将小于输入电流，因此总功率仍然不变。

次级线圈中间多余的一条线称为“中心抽头”，会在部分变压器中出现。一般情况下，中心抽头与其他两个抽头之间的电压是相等的。

2. 变压器的分类

变压器的种类很多，根据线圈之间使用的耦合材料不同，可分为空芯变压器、磁芯变压器和铁芯变压器 3 大类；根据工作频率的不同又可将变压器分为高频变压器、中频变压器、低频变压器和脉冲变压器。图 3-7（a）所示为收音机中的磁性天线，它是一种高频变压器。图 3-7（b）所示为中频变压器，用在电视机、收音机的中频放大级，俗称“中周”。图 3-7（c）

所示为一种低频变压器，它的种类较多，有电源变压器、输出变压器、输入变压器、线间变压器等。图 3-7（d）所示为电视机的行输出变压器，它是一种脉冲变压器。

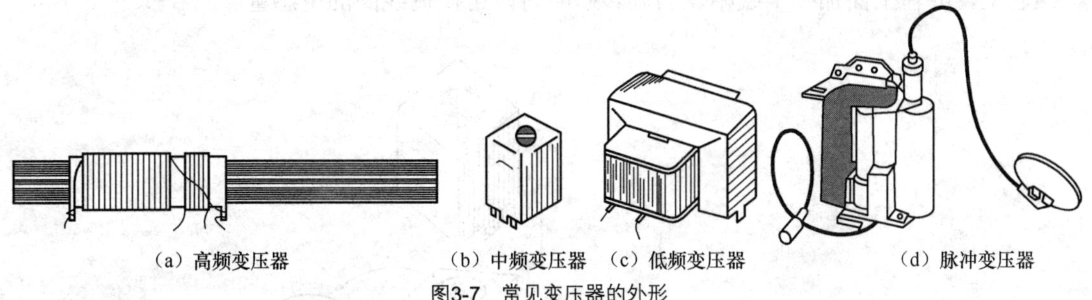

图3-7 常见变压器的外形

下面扼要介绍一下各类变压器的特点。

（1）空芯变压器

空芯变压器是由两个空芯线圈互相靠近而又彼此绝缘固定在纸筒、胶木筒上组成的，它的符号和实物外形如图 3-8 所示。空芯变压器的两个线圈分别称为初级线圈和次级线圈，收音机中的天线输入级就采用这种空芯变压器，通过它，可以把天线中接收到的信号耦合到变频级进行变频和放大。

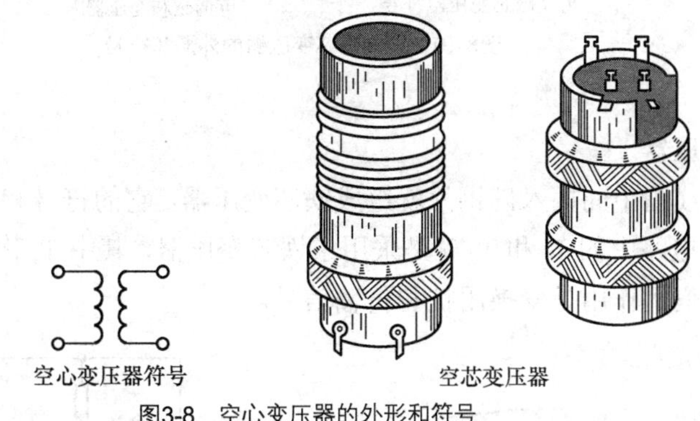

图3-8 空心变压器的外形和符号

（2）磁芯变压器

磁芯变压器是由两个线圈与固定磁芯组成。它的符号和实物外形如图 3-9 所示。

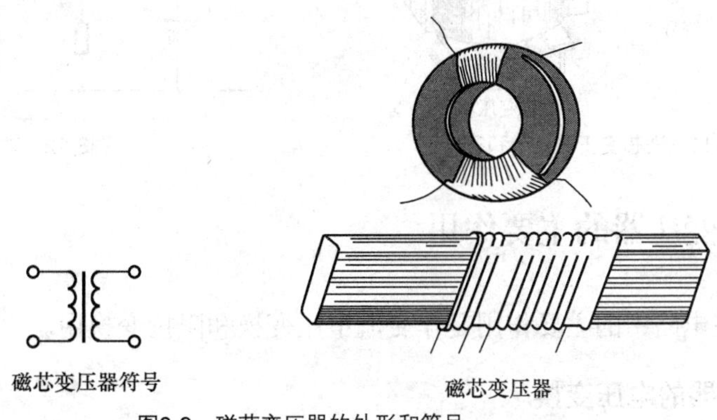

图3-9 磁芯变压器的外形和符号

（3）可调磁芯变压器

可调磁芯变压器也称中周变压器，其外形和符号如图 3-10 所示，即用两组导线绕制在同一磁芯上，并在上面加一个磁帽，当旋转磁帽时，可微调线圈的电感量。

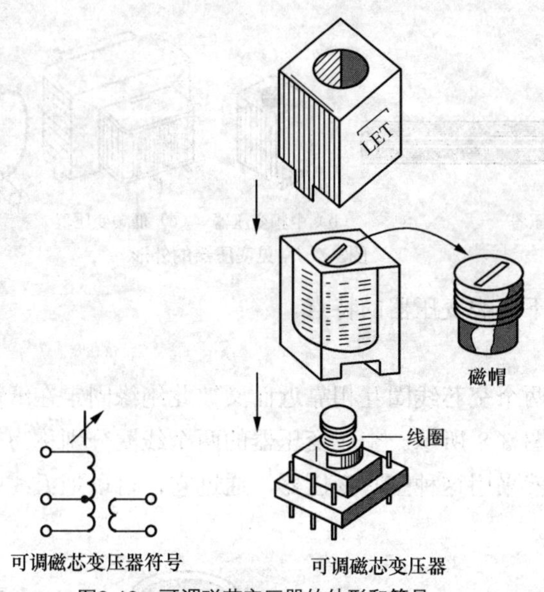

图3-10　可调磁芯变压器的外形和符号

（4）铁芯变压器

两组或多组线圈中间插入硅钢片就组成铁芯变压器，它的符号和外形如图 3-11 所示。图 3-12 所示的功放电路中的 T_1 和 T_2 就是采用了铁芯变压器，其中 T_1 称为输入变压器，T_2 称为输出变压器，它们的作用是变换阻抗和传输信号。

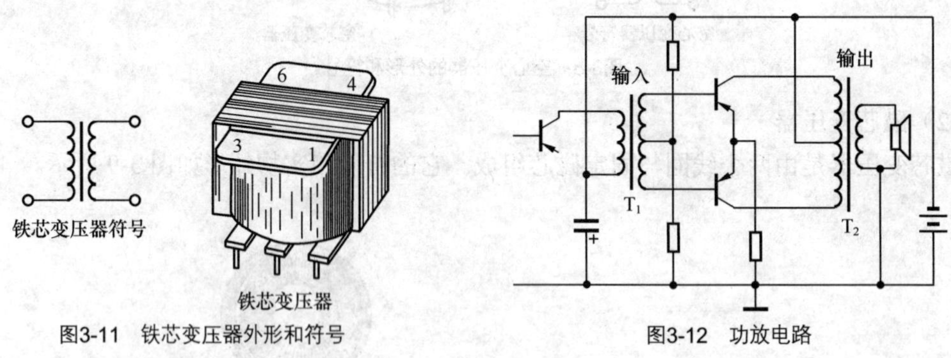

图3-11　铁芯变压器外形和符号

图3-12　功放电路

3.2.2　变压器的主要作用

变压器在电路中的主要作用是作交流电压变换和阻抗变换用。

1．变压器的电压变换

变压器的电压变换是指通过变压器将电路电压升高或降低，下面以图 3-13 所示的铁芯变压器为例进行说明。

图中，n_1 为初级线圈，n_2 为次级线圈。一个变压器大多只有一个初级线圈，但次级线圈可以有一个或多个。以上图为例，交流电 u_1 加在初级线圈，因其匝数为 n_1，故每匝自感电压为 u_1/n_1，假设初次级耦合很紧，u_1 产生的交变磁场全部通过次级线圈，因此电压 $u_2=n_2\times(u_1/n_1)=u_1/n$，式中 $n=n_1/n_2$，是变压器的匝数比。由此可见，次级感应电压与初次级匝数比成反比关系，当 $n_1>n_2$ 时，$u_2<u_1$，变压器起降压作用；当 $u_1<n_2$ 时，$u_2>u_1$，变压器起升压作用。若变压器有多个次级线圈，则每个次级线圈与初级线圈的匝数比均可不同，变压器可同时起升压和降压作用。

2. 变压器的阻抗变换

变压器阻抗变换示意图如图 3-14 所示。

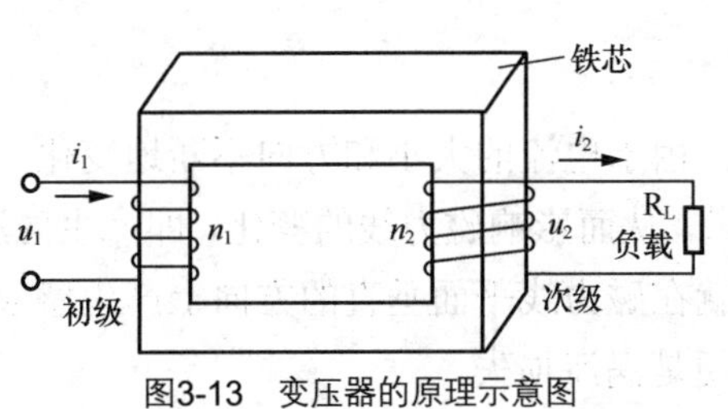

图3-13　变压器的原理示意图

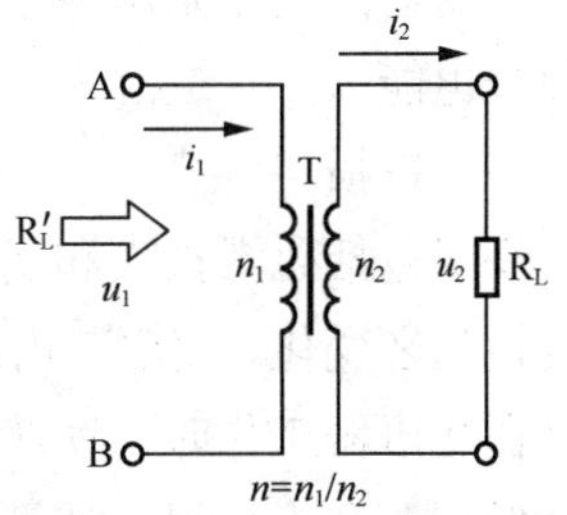

图3-14　变压器阻抗变换示意图

图中，变压器的次级线圈所接负载为 R_L，次级线圈的等效负载阻抗即从变压器 AB 端看进去的等效负载阻抗 R'_L。

经推算：

$$R_L' = n^2 R_L$$

理论证明：电子电路输入端阻抗与信号源内阻相等时（$R_L=r_s$），信号源可把信号功率最大限度地传送给电路。同样，当负载阻抗与电子线路的输出阻抗相等时，负载上得到的功率为最大，这种情况称作“阻抗匹配”。然而在实际电路中，信号源和负载的阻抗并不都匹配，需要匹配元件或电路插在两者之间，以实现阻抗匹配，变压器的阻抗变化功能正好可以实现这种连接。当然在实际应用中，为了获得较好的电压传输效率或减少信号波形失真，应用变压器主要是为了实现合理的阻抗变换而非“完全匹配”。

3.2.3　变压器的主要参数

描述变压器质量的参数比较多，但不同用途的变压器，对各种参数的要求不一样。例如，对音频变压器而言，频率响应是很重要的一个参数，但对电源变压器则不考虑该项指标。

下面简单叙述一下各种变压器比较通用的几项参数的意义。

1. 变压比 n

变压器的变压比由下式确定：

$$n = \frac{u_2}{u_1} = \frac{i_1}{i_2} = \frac{n_2}{n_1}$$

实际应用的变压器由于存在着各种损耗，所以初、次级绕组间的电压、电流关系不完全满足上式，但差别不大（变压器的损耗越少，差别越小），故上述两式仍可作一般估算用。

2. 效率 η

在额定负载时，变压器的输出功率 P_2 与其输入功率 P_1 之比，称为变压器的效率 η。

$$\eta = \frac{P_2}{P_1} \times 100\%$$

η 总是小于 100%，原因有以下两个方面。

（1）铜损

变压器的绕组是用漆包线绕制的，由于导体存在着电阻，电流通过时就会因发热而损耗一部分电能。

（2）铁损

铁损包括磁滞损失和涡流损失。变压器通电后，由于电流的大小和方向不断地变化，磁力线也随之变化，使铁芯内部分子相互摩擦产生热量，从而影响磁力线的变化，即产生磁滞。而且在变压器工作时，铁芯中有磁力线通过，因此就在磁力线平面垂直的方向上产生感应电流，像一个个小旋涡，使铁芯发热，消耗电能，这便是涡流损失。

为了减少铁损，变压器的铁芯采用磁导率高（容易磁化）而磁滞小的软磁性材料制作，如含 3%～4%硅的硅钢片、坡莫合金等。同时将这些材料做成薄片叠成铁芯，并使它们之间绝缘，切断涡流，以减少涡流损失。

变压器的效率与变压器的功率等级也有密切关系，功率越大，效率也越高。

3. 频率响应

频率响应是音频变压器的一项重要指标，通常要求音频变压器对不同频率的音频信号电压，都能按一定的变压比做不失真的传输。实际上，由于变压器初级电感和漏感及分布电容的影响，不能实现这一点。初级电感越小，低频信号电压失真越大；漏感和分布电容越大，对高频信号电压的失真越大。

3.2.4 电源变压器和隔离变压器

1. 电源变压器

电源变压器是一种最为常见的铁芯变压器，图 3-15 所示是一些小型电源变压器的外形图。它由铁芯、线圈（绕组）、线圈骨架、绝缘物等组成。

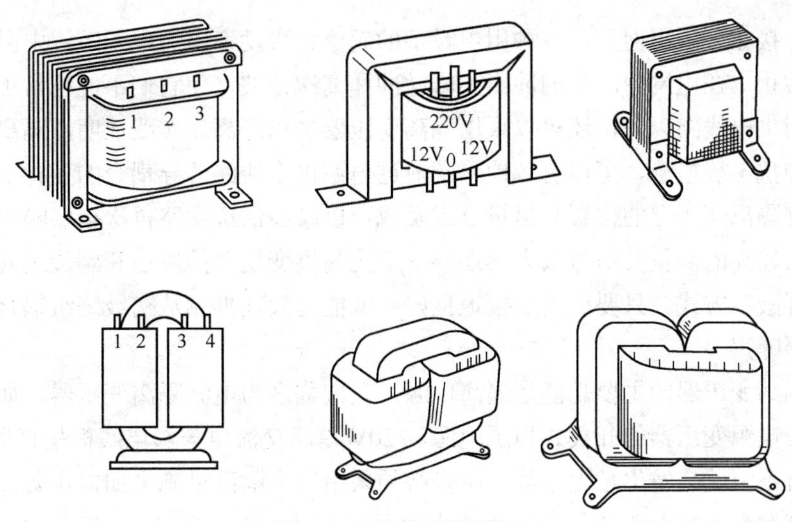

图3-15　电源变压器的外形

变压器的铁芯常见是“E”型、“斜 E”型、“口”型、“C”型等，如图 3-16 所示。

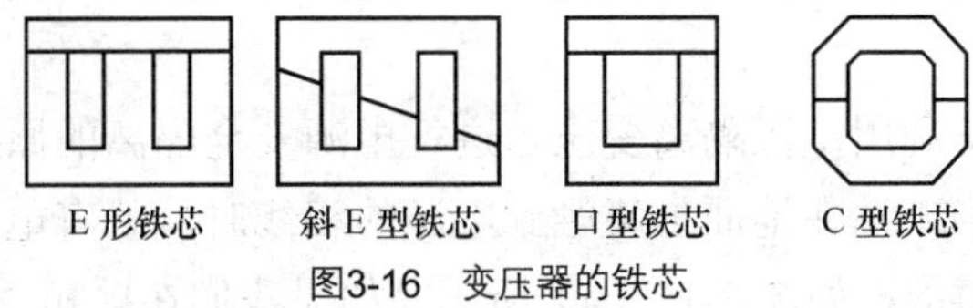

图3-16　变压器的铁芯

“口”型铁芯用在大功率的变压器中。

“C”型铁芯采用新型材料，具有体积小、重量轻、质量高的优点，但制作要求高。

“E”型铁芯是使用较多的铁芯，自制变压器一般也采用这种铁芯，用这种铁芯制成的变压器，铁芯对绕组能形成保护外壳，另外铁芯散热表面也较大，组装铁芯时，要将硅钢片的开口处交替地分置在两边，这样能减少接口处的磁阻。

变压器的线圈又称为绕组，要用表面有绝缘层的漆包铜线来绕制。绕组一般由一组初级绕组（工作时与输入电源相接的绕组叫初级绕组）和几组次级绕组（与负载相接的绕组叫次级绕组）组成。通常变压器的初、次级绕组间加有静电屏蔽层。

2. 隔离变压器

隔离变压器是变压器家族中的一个分支。顾名思义，它的功能主要是“隔离”，因而与一般的变压器有较大区别。普通变压器主要用来实现电能或信号的传输和分配，其功能是变换电压和电流，实现阻抗匹配，因此它的初级和次级绕组匝数不相等，变比均大于或小于 1；隔离变压器的功能是隔离电源、切断干扰源的耦合通路和传输通道，它的初级和次级绕组匝数比为 1 或近似为 1（考虑原、副边绕组的磁通及电压损耗时）。隔离变压器根据用途的不同，一般可分为两大类。

一类广泛用于电子电路中，作为一种抑制噪声干扰的有效措施，扮演“干扰隔离”的角色，称为干扰隔离变压器。它可使两个互有联系的电路相互独立，不能形成回路，从而有效地切断了干扰信号从一个电路进入另一个电路的噪声通路，还可用来断开共地环路、抑制噪声磁场的影响、切断公共阻抗耦合干扰通道。如模拟电子仪表、数字电子仪表、工业控制计算机等，由于接在公用电网上，各种用电设备的起停、大功率电力电子装置中晶闸管元件的快速导通与截止，在电网中产生的冲击尖峰脉冲和高次谐波，使它们不能正常工作。对此除了可敷设专用供电线路以外，还可以采用隔离变压器加以隔离。实践证明，隔离变压器是一种简便易行的抗干扰措施，可以有效地隔断通过电源供电线路传导耦合的各种工业干扰。在使用中，干扰隔离变压器的位置应尽量靠近负载，以减少次级回路再次拾取噪声的可能。一些对质量要求较高的测量及信号放大器还要求干扰隔离变压器的原边和副边之间分别加屏蔽层的“三重屏蔽”方式。只要屏蔽层接地良好，就能有效地抑制从初级绕组耦合到次级绕组的电容性耦合噪声。

另一类隔离变压器的主要功能是隔离电源，我们称之为电源隔离变压器。如许多彩色电视机使用不带电源变压器的开关式稳压电源，220V 单相交流电与彩电底板呈直通状态。在维修过程中稍有不慎就会发生触电事故，所以必须采用安全隔离措施来加以预防。使用电源隔离变压器就能起到“安全隔离”的作用。它的匝数比（变比）为 1:1，但在大多数情况下，考虑到变压器中存在着各种损耗，故常将次级匝数设计得比初级匝数多 3%～5%。初级绕组与次级绕组之间绝缘要良好，不漏电，使初、次级间无电气上的直接联系，从而起到安全隔离的作用。

下面简单地介绍一下利用电源隔离变压器进行电源安全隔离的原理。我们知道，电源的零线是与大地相接的，当人站在地面上碰触到电源的相线时，就有电流通过人体流入大地形成回路，从而造成触电事故，如图 3-17（a）所示。如果我们在单相 220V 交流电源与家用电器之间接入一个隔离变压器，就使得变压器次级两端都不接地而呈“悬浮”供电状态。此时即使人体偶尔触及变压器次级的任意一端，也不会形成闭合回路，人体上没有电流通过，所以不会发生触电事故，如图 3-17（b）所示。这种变压器又称之为安全隔离变压器。必须注意的是，在这种情况下，人体不能同时触及变压器次级的两个接线端，否则仍会发生触电事故。用于单台家用电器的隔离变压器，容量一般为 100～150W，如多台家电合用，其隔离变压器的功率应大于家电功率之和。

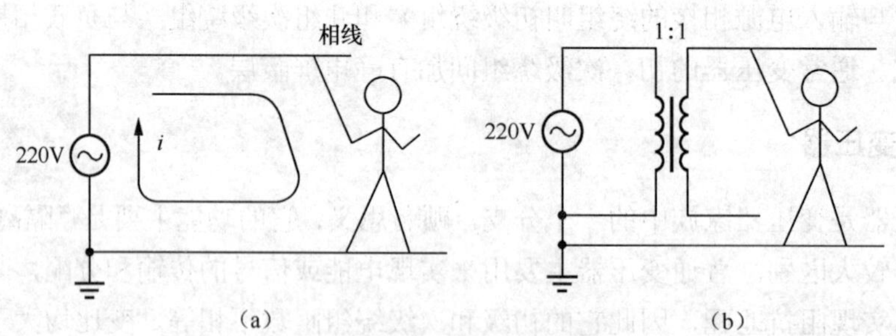

图3-17 隔离变压器的隔离原理

由上述可知，干扰隔离变压器具有“干扰隔离”的作用，而电源隔离变压器具有“安全隔离”的作用。一般而言，不论何种变压器均具有“隔离”的作用。如电力变换器除了变换电压、电流，实现阻抗匹配以外，还具有将高低压电网相互隔离的功能。电子设备及广播通信中的线间变压器，除了实现阻抗匹配、有效传递交流信号之外，还能隔离各级的静态直流工作状态，避免它们相互影响，同时线间变压器还使负载（扬声器）与信号传输线相互隔离，起到减小直流静态损耗的作用。只不过这些变压器的“隔离”作用在其主要用途中处于次要的地位上，是一种附加功能。在实际情况下，往往要求变压器具备多种功能，一个好的变压器，既能隔离电源，又能变换电压或电流，完成阻抗匹配，还能起到抑制干扰、有效传输工作信号的作用。在工作和生活中，我们可以根据需要加以选用。

3.2.5　电源变压器的检测

无论是购到的电源变压器还是自行绕制的电源变压器或者是经过修理的旧变压器，为了保证各项性能满足指标要求，都需要进行检查测试。检测时主要包括以下几项。

1. 外观检查

主要是通过仔细观察变压器的外貌来检查其是否有明显异常现象。如线圈引线是否断裂、脱焊、绝缘材料是否有烧焦痕迹、铁芯紧固螺杆是否有松动、硅钢片有无锈蚀、绕组线圈是否有外露等。

2. 绝缘性能检测

用万用表 R×10k 挡分别测量铁芯与初级，初级与各次级，铁芯与各次级，静电屏蔽层与初、次级，次级各绕组间的电阻值，万用表指针均应指在无穷大位置不动。否则，说明变压器绝缘性能不良。

有绝缘性能不良故障的电源变压器，轻者会影响电路的正常工作，重者将导致变压器烧毁或使电路中元件损坏。通常各绕组（包括静电屏蔽层）间、各绕组与铁芯间的绝缘电阻只要有一处低于 10MΩ，就应确认变压器绝缘性能不良。当测得的绝缘电阻小于几百欧到几千欧时，往往表明已经出现组间短路或铁芯与绕组间的短路故障了，这种故障极易造成变压器自身或相关电路元件被烧坏。

3. 检测线圈通断

将万用表置于 R×1 挡，分别测量变压器初、次级各个绕组线圈的电阻值。一般初级线圈电阻值应为几十至几百欧，变压器功率越小（通常相对体积也小），则电阻值越大；次级线圈电阻值一般为几至几十欧，电压较高的次级线圈电阻值较大些。测试中，若某个绕组的电阻值为无穷大，则说明此绕组有断路性故障。

4. 判别初、次级线圈

电源变压器初级引脚和次级引脚一般都是分别从两侧引出的，并且初级绕组多标有 220V 字样，次级绕组则标出额定电压值，如 15V、24V、35V 等，可根据这些标记进行识别。但有的电源变压器没有任何标记或者标记符号已经模糊不清。这时便需要正确将初级和次级绕组区分开。通常，电源变压器的初级绕组所用漆包线的线径是比较细的，且匝数较多，而次级绕组所用线径都比较粗，且匝数较少，所以，初级绕组的直流铜阻要比次级绕组的直流铜阻大得多。根据这一特点，可通过用万用表电阻挡测量变压器各绕组的电阻值的大小来辨别初、次级线圈。

注意，有些电源变压器带有升压绕组，升压绕组所用的线径比初级绕组所用线径更细，铜阻值更大，测试时要注意正确区分。

5. 检测空载电流

将次级所有绕组全部开路，把万用表置于交流电流挡（500mA），串入初级绕组。当初级绕组的插头插入 220V 交流市电时，万用表所指示的便是空载电流值。此值不应大于变压器满载电流的 10%～20%。一般常见电子设备的电源变压器的正常空载电流应在 100mA 左右。如果超出太多，则说明变压器有短路性故障。

测试时应注意，当把插头插入 220V 插座时，要认真观察万用表指针向右摆动情况，若发现指针指示值超出万用表量程（打表）说明变压器空载电流过大，应迅速将插头拔下，以防止烧坏表头。并查找变压器空载电流过大的原因。

测试空载电流时，也可采用串联电阻的方法进行测量。即在变压器的初级绕组中串联一个 10Ω/5W 的电阻，次级仍全部空载。把万用表拨至交流电压挡。加电后，用两表笔测出电阻两端的电压降，然后用欧姆定律算出空载电流。

6. 检测空载电压

将电源变压器的初级接 220V 市电，用万用表交流电压挡依次测出次级各绕组的空载电压值，应符合要求值，允许误差范围一般为：高压绕组≤±10%，低压绕组≤±5%，带中心抽头的两组对称绕组的电压差应≤±2%。

测空载电压时需要注意的是，初级输入电压应确定为 220V，不能过高或过低。因为初级输入电压的大小将直接影响到次级输出的电压。若初级加入的 220V 电压偏差太大，将使次级电压偏离正常值，容易造成误判。

7. 检测温升

将变压器的次级空载，在初级输入 220V 额定电压，加电半小时后，用手试摸变压器的铁心和绕组，正常时，应基本察觉不到温度有所升高。变压器次级绕组加上额定负载时，一般小功率电源变压器允许温升为 40～50℃，如果所用绝缘材料质量较好，允许温升还可提高。

8. 检测判别各绕组的同名端

在使用电源变压器时，有时为了得到所需的次级电压，可将两个或多个次级绕组按图 3-18 所示的方法串联起来使用。

采用串联法使用电源变压器时，参加串联的各绕组的同名端必须正确连接，不能搞错。否则，变压器将不能正常工作。下面介绍检测判别电源变压器各绕组同名端的实用方法。

测试电路如图 3-19 所示。

这里仅以测试次级绕组 A 为例加以叙述。图中，E 为 1.5V 干电池，经测试开关 S 与变压器 T 的初级绕组相接。将万用表置于直流 2.5V 挡（或直流 0.5mA 挡）。假定电池 E 正极接变压器初级线圈 a 端，负极接 b 端，万用表的红表笔接 c 端，黑表笔接 d 端。当开关 S 接通的瞬间，变压器初级线圈的电流变化，将引起铁芯的磁通量发生变化。根据电磁感应原理，次级线圈将产生感应电压，此感应电压使接在次级线圈两端的万用表的指针迅速摆动后又返回零位。因此，观察万用表指针的摆动方向，就能判别出变压器各绕组的同名端：若指针向右摆，说明 a 与 c 为同名端，b 与 d 也是同名端；反之，若万用表指针向左摆，则说明 a 与 d 是同名端，而 b 与 c 也是同名端。用此法可依次将其他各绕组的同名端准确地判别出来。

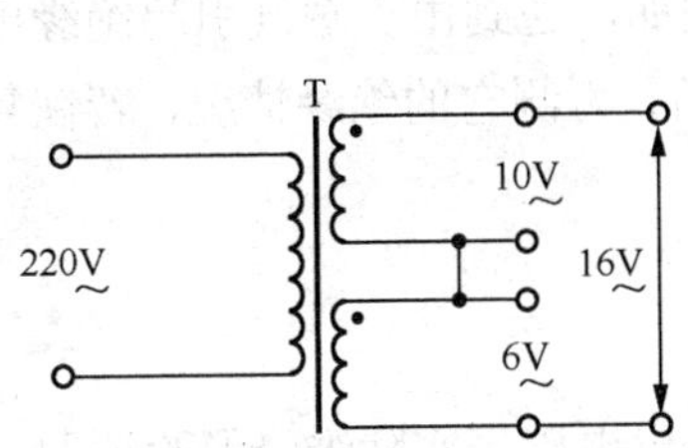

图3-18　变压器次级绕组串联的方法

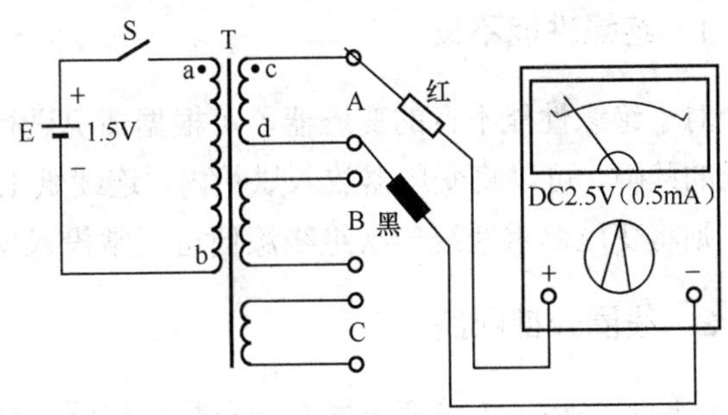

图3-19　判别变压器同名端的方法

检测判别时需要注意以下几点。

（1）在测试各次级绕组的整个操作过程中，干电池 E 的正、负极与初级绕组的连接应始终保持同一种接法，即不能在测次级绕组 A 时将初级绕组的 a 端接电池 E 的正极，b 端接电池 E 的负极，而测次级绕组 B 时，又将初级的 a 端接电池 E 的负极，b 端接电池 E 的正极。正确的操作方法是，无论测哪一个次级绕组，初级绕组和电池的接法不变。否则，将会产生误判。

（2）若待测的电源变压器为升压变压器（即次级电压高于初级电压），通常则把电池 E 接在次级绕组上，而把万用表接在初级绕组上进行检测。

（3）接通电源的瞬间，万用表指针要向某一方向偏转，但断开电源时，由于自感作用，指针要向相反的方向倒转，如果接通和断开电源的时间间隔太短，很可能只观察到断开时指针的偏转方向，这样会将测量结果搞错。所以，接通电源后要间隔几秒钟再断开，或者干脆多测几次，以保证测量结果的准确可靠。

9. 电源变压器短路故障的检测判别

电源变压器发生短路性故障后的主要症状是发热严重和次级绕组输出电压失常。通常，线圈内部匝间短路点越多，短路电流就越大，而变压器发热就越严重。检测判断电源变压器是否有短路性故障的简单方法是测量空载电流。存在短路故障的变压器，其空载电流值将远大于满载电流的 10%。当短路严重时，变压器在空载加电后几十秒钟之内便会迅速发热，用手触摸铁心会有烫手的感觉。此时不用测量空载电流便可断定变压器有短路点存在。

在查出变压器有短路性故障后，还应该确定故障具体发生在哪个绕组中，这样才便于修复。一般常采用测量各次级绕组的空载电压的方法来查找短路故障的所在部位。当短路点发生在初级绕组中时，测得的各次级绕组的空载电压值均会不同程度地高于正常值；当某组次级绕组发生短路现象时，该次级绕组的空载电压就会较正常值低甚至为零，而其他无短路的次级绕组的空载电压则基本正常；若测得的各次级绕组的空载电压均基本正常，但变压器仍发热严重，则很可能是静电屏蔽层有短路点。

3.2.6 电源变压器的修理

经过全面的检测，当确实查明电源变压器存在故障时，可根据不同情况进行适当修理。

1. 绝缘性能不良

对于绝缘性能不良的变压器，可根据情况进行处理。例如，遇到由于潮气引起绝缘电阻降低的故障，可以将变压器放入烘箱内，连续烘 12 小时以后，再测它的绝缘情况，若恢复正常，则将变压器重新浸一次绝缘漆便可正常投入使用。

2. 线圈外部断路

线圈断路后，无论变压器有无负载，线圈两端都没有输出电压。实际维修经验证明，变压器经常出现断线的地方是在引出线的根部，遇到这种情况时，可先将变压器在火上进行适当烘烤，使断头处的绝缘漆老化，再用钢针将断头挑出，重新焊上一根引出线。焊好引线后再将撬开处进行补纸、涂漆处理即可。

3. 电源变压器的拆卸

对于发生在线圈内部的绝缘不良、断线、短路等故障，确实需要拆卸变压器进行修理时，可参照下列方法步骤来完成。

（1）拆卸铁芯

目前市售的绝大多数电源变压器均是连铁芯一起用绝缘漆浸渍过的，各片硅钢片都牢牢地互相粘在一起，在常温下是无法拆卸的。为此应先把变压器放入汽油中浸泡 1～2 小时，也可把变压器放在火炉上进行烘烤，将铁心加热到 80℃～90℃（摸上去烫手，绝缘漆微微冒烟），待铁心间的绝缘漆软化后，用电工刀具将硅钢片逐片划开，在整个操作过程中，注意不要用力过猛，以免打坏铁芯。如果铁心采用的为“斜 E”型对插的硅钢片，拆卸时会更困难些。通常要把变压器放在汽油中多浸泡些时间，待绝缘漆充分软化以后，再用改锥插进硅钢片窗口两边缘与线包交界的空隙处，用力将硅钢片撬出，如果实在难以将硅钢片撬出，就只有用钢锯将线包锯断后再取出硅钢片。

（2）拆卸线圈

取出铁芯后，先对线包作一次外观检查，看骨架有无损坏，然后再次用万用表电阻挡检查故障究竟发生在哪一个线圈，以便进行针对性地拆卸。

拆卸线包时，也需要先将线圈加热，使线包的绝缘层软化，然后再一层一层拆卸，并尽量保持绝缘层的完整。同时应注意将层间绝缘、导线直径、每层匝数、层数及各线头出头位置一一记录下来。特别是有些为灯丝供电的次级绕组的圈数一定要记准，以免重绕时因圈数偏差造成灯丝电压偏高或偏低，影响正常使用。此外，初级绕组的匝数也必须记准，因为它直接影响到其他绕组的电压值。对用于高压电路的次级绕组，可以只记层数，重绕时即使匝数有些出入，也不会影响正常使用。拆卸绕组线圈的一种既方便又实用的方法是将被拆线圈套在绕线机轴上夹紧，将上面的漆包线一圈一圈地拉下，随着绕线机轴的转动，计数器就记下了拆下的圈数。在拆卸线圈的过程中，要注意认真查找故障部位。当查到变压器的故障实际部位以后，要视情况进行修理或重新绕制。重绕时最好按原来的参数进行，这样既简便又可靠。在修复或重绕后，要对变压器进行全面检测，各项指标符合要求时，才可继续使用。

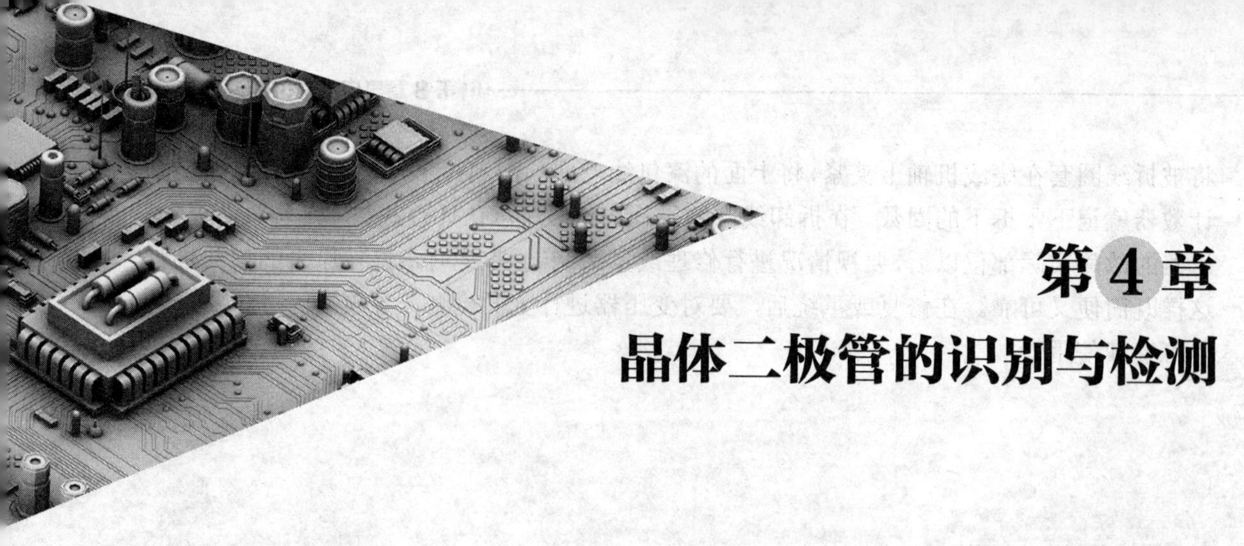

第4章 晶体二极管的识别与检测

晶体二极管是晶体管的主要种类之一，它是采用半导体晶体材料（如硅、锗、砷化镓等），制成的，在电子产品中应用十分广泛。本章从二极管的分类、识别、检测等多个方面，对常用二极管进行了较为详细和系统的分析。

|4.1 晶体二极管的分类及特性|

4.1.1 晶体二极管的分类

晶体二极管是内部具有一个 PN 结，外部具有两个电极的一种半导体器件。如图 4-1 所示。P 型区的引出线称为正极或阳极，N 型区的引出线称为负极或阴极。

晶体二极管种类繁多，具体分类情况如图 4-2 所示。

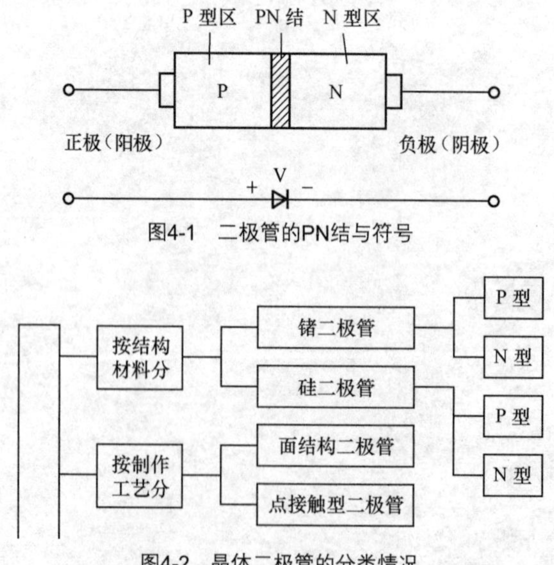

图4-1 二极管的PN结与符号

图4-2 晶体二极管的分类情况

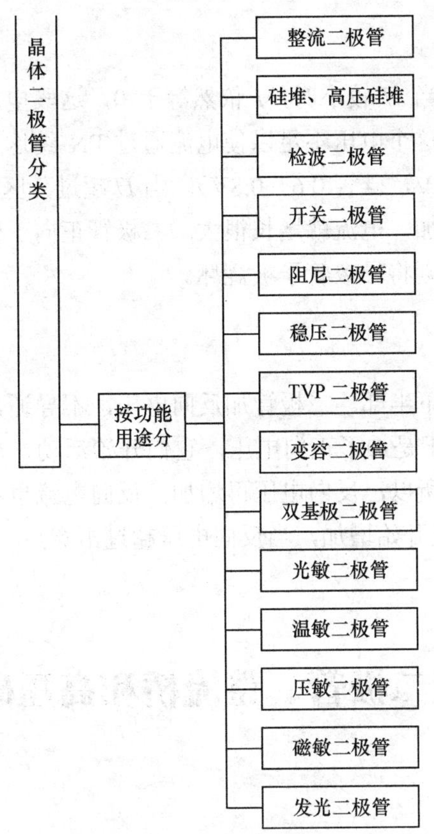

图4-2　晶体二极管的分类情况（续）

4.1.2　晶体二极管的特性

二极管的特性是单向导电性，如同一个门，正向可打开，反向打不开，即正向导通，反向截止。这个特性可用 V-A 特性曲线来表示（即加在二极管两端的电压与流过二极管的电流之间的关系），如图 4-3 所示，二极管的伏安特性可分成 3 部分。

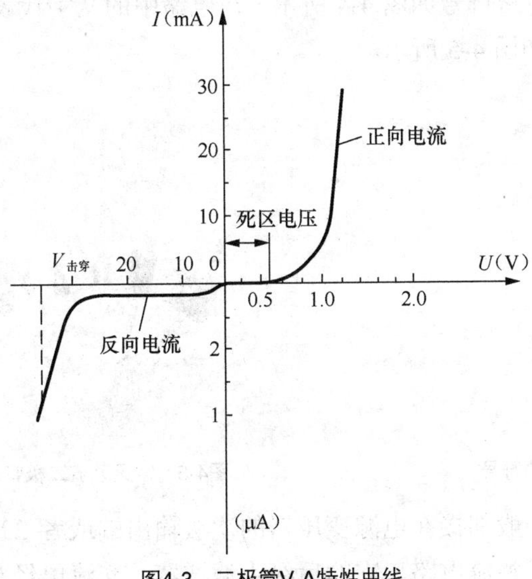

图4-3　二极管V-A特性曲线

1. 正向特性

正向特性见图的右上半部，当 U 较小时，I 依然等于 0，这段电压叫死区电压，也就是说，二极管上虽然加了电压，但这个电压不足以使电流通过 PN 结这个阻挡层，所以依然无电流。（死区电压：锗管 0.2～0.4V，硅管 0.6～0.8V）。当 U 超过死区电压以后，I 随 U 的上升而上升，此后，U 只要小量增加，电流就增长很大。二极管正向工作时，应特别注意不能使其正向电流超过其允许值，否则将导致管子被烧坏。

2. 反向特性

二极管的反向特性见图的左下半部。二极管加反向电压，不导通，称为截止状态。对于 P、N 两区的少数载流子就相当于是加了正向电压，它们开始活动，形成一个小小的反向电流，因为少数载流子个数有限，所以，反向电压再增加，反向电流也不增大。但当反向电压增大到一定程度（击穿点），电流开始增加，当反向电压超过击穿点，整个 PN 结就会烧穿，反向电流急剧增大，穿透 PN 结。

4.2 整流二极管、整流桥和高压硅堆

4.2.1 整流二极管

1. 整流二极管的特性

整流二极管一般选用硅或锗材料面接触型的二极管，它的特点是：工作频率低、允许通过的正向电流大、反向击穿电压高、允许的工作温度高。整流二极管的作用是将交流电变成直流电。国产的整流二极管的型号有 2DZ 系列等。常见的进口整流二极管有 1N4001、1N5401 等型号。整流二极管的电路符号如图 4-4 所示。在电路中的文字代表符号为“D”、“VD”等。常见整流二极管的外观如图 4-5 所示。

图4-4 整流二极管的符号

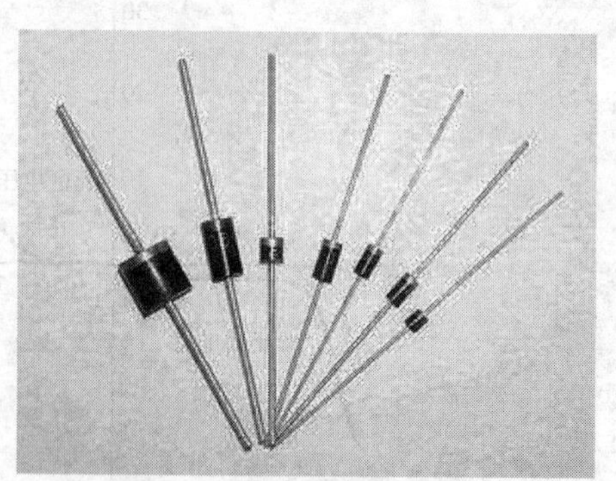

图4-5 常见整流二极管的外观

二极管整流电路，一般都接在电源变压器的次级输出端或者 220V 的交流市电，通常是用 4 个二极管组成的桥式整流电路。它的后级为滤波器，交流电经整流后，要求将交流成分

滤得越干净越好，所以滤波电容器都是用大容量的电解电容器，一般容量为几百至几千微法。整流电路工作频率较低，而通过二极管的电流较大，所以都用硅材料面接触型整流二极管。

整流二极管不仅有硅管和锗管之分，而且还有低频和高频、大功率和小（中）功率之分。硅管具有良好的温度特性及耐压性能，因此在现在的电子装置中应用远比锗管多，选用整流二极管时，若无特殊需要，一般以选硅二极管为宜。

低频整流管亦称普通整流管，主要用在市电 50Hz 电源、100Hz 电源（全波）整流电路及频率低于几百赫兹的低频电路中。高频整流管亦称快恢复整流管，主要用在频率较高的电路（如电视机行输出和开关电源电路）中。

2. 整流二极管的主要参数

（1）最大整流电流（I_F）

二极管在长时间连续使用时，允许通过的最大正向电流，称为最大整流电流。在使用时不允许超过这个数值，否则将会烧坏二极管。

（2）最高反向工作电压（V_{RM}）

在正常工作时不允许进入击穿状态，所以对整流二极管（包括其他二极管）都规定了最高反向工作电压（峰值），使用时绝对不允许超过此值。

（3）反向电流（I_R）

此参数是在规定的反向电压和环境温度下测得的，此电流值越小，表明二极管的单向导电特性越好。

（4）正向压降（V_R）

当有正向电流流过二极管时，管子两端就会产生正向压降，在一定的正向电流下，二极管的正向压降越小越好。

（5）最高工作频率（f_M）

此参数直接给出了整流二极管工作频率的最大值，在更换工作在高频条件下的整流二极管时应特别注意这个参数。

3. 整流二极管的检测

（1）判别正、负极

判别正负极一般采用以下几种方法。

一是观察外壳上的符号标记。有些整流二极管的外壳上，标有二极管的符号，带有三角形箭头的一端为正极，另一端则是负极。如图 4-6 所示。

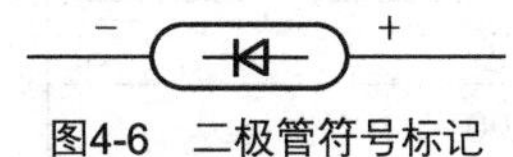

图4-6　二极管符号标记

二是观察外壳上的色环。在整流二极管的外壳上，通常标有白色的色环，带色环的一端为负极。

三是用万用表测量判别二极管的正负极。将万用表置于 R×00 或者 R×1k 挡，先用红、黑表笔任意测量二极管两引脚间的电阻值，然后交换表笔再测量一次。如果二极管是好的，两次测量结果必定出现一大一小。以阻值较小的一次测量为准，黑表笔所接的一端为正极，红表笔所接的一端则为负极。

（2）鉴别质量好坏

整流二极管由于工作电流大。因此，在用万用表检测时，可按下述方法步骤进行。

先将万用表置于 R×1k 挡，黑表笔接二极管正极，红表笔接负极，检查被测管的单向导电性。由于 R×1k 挡提供的测试电流较小，所以测出的正向电阻应为几千欧至十几千欧。然后交换表笔，测量被测管的反向电阻，正常时应为无穷大。

再将万用表置于 R×1 挡，对管子进行一次复测。R×1 挡所提供的测试电流比较大，所测得的正向电阻应为几至几十欧，反向电阻仍为无穷大。因为整流二极管的 I_F 一般大于 1A，而 R×1 挡的最大测试电流仅几十至一百多毫安，所以测量时不会烧坏被测二极管。

若测得的二极管正向电阻太大或反向电阻太小，都表明二极管的整流效率不高。如果测得正向电阻为无穷大（万用表指针不动），说明二极管的内部断路；若测得的反向电阻接近于零，则表明二极管已经击穿。

（3）检测最高工作频率 f_M

用万用表 R×1k 挡进行测试，一般正向电阻小于 1kΩ 的多为高频管，大于 1kΩ 的多为低频管。

（4）检测最高反向击穿电压 V_{RM}

对于交流电来说，因为电流正、反向不断变化，因此最高反向工作电压也就是二极管承受的交流峰值电压。需要指出的是，最高反向工作电压并不是二极管的击穿电压。一般情况下，二极管的击穿电压要比最高反向工作电压高得多（约高一倍）。检测二极管反向击穿电压的方法是：用万用表 R×1k 挡测量一下二极管的反向电阻，若万用表指针微动或不动，则一般被测管的反向击穿电压能达 150V 以上。反向电阻越小，管子的耐压越低。这是一种粗略的检测方法。

4. 常见整流二极管介绍

近年来，1N 系列二极管在各种电子产品中得到了广泛的应用，这类管子的突出特点是体积小、价格低，性能优良。1N 系列塑封硅整流二极管的典型产品有 1N4001～1N4007（1A）、1N5391～1N5399（1.5A）、1N5400～1N5408（3A）。主要技术指标如表 4-1 所示。

表 4-1　　硅整流二极管主要技术指标

型号	最高反向工作电压（V）	额定整流电流（A）
1N4001	50	1.0
1N4002	100	
1N4003	200	
1N4004	400	
1N4005	600	
1N4006	800	
1N4007	1000	

（续表）

型号	最高反向工作电压（V）	额定整流电流（A）
1N5391	50	1.5
1N5392	100	
1N5393	200	
1N5394	300	
1N5395	400	
1N5396	500	
1N5397	600	
1N5398	800	
1N5399	1000	
1N5400	50	3.0
1N5401	100	
1N5402	200	
1N5403	300	
1N5404	400	
1N5405	500	
1N5406	600	
1N5407	800	
1N5408	1000	

4.2.2　整流桥组件

整流桥组件是由几只整流二极管组合在一起的二极管组件，主要分为全桥组件和半桥组件两种。

1. 全桥组件

（1）全桥组件的结构

全桥组件是一种把四只整流二极管按全波桥式整流电路连接方式封装在一起的整流组合件，内部电路和电路符号如图 4-7 所示。

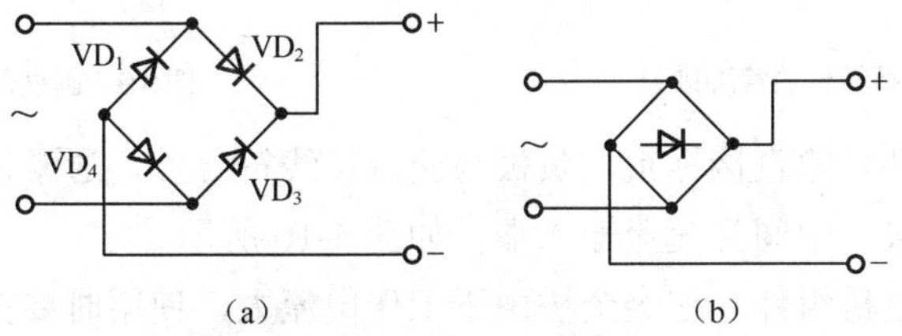

图4-7　全桥组件的内部电路和电路符号

全桥组件的优点是使用方便，它的外部只有 4 条引线。不足之处是全桥组件内部若有一只二极管损坏，则会影响整个组件的工作。

（2）全桥组件的主要参数

由于整流全桥组件是由二极管组成的，因而选用全桥组件时可参照二极管的参数。它的主要参数有两项：额定正向整流电流 I_0 和反向峰值电压 U_{RM}。常见国产全桥的正向电流为 0.05～100A，反向峰压为 25～1000V。

下面简要介绍这两项参数的标注方法。

——直接用数字标注

例如，QL1A/100 或者 QL1A100，表示正向电流为 1A，反向峰压为 100V 的全桥。

——用字母表示 U_{RM}，数字直标 I_0 值

有些全桥组件的型号中，I_0 值用数字标明，U_{RM} 不直接用数字表示，而用英文字母 A～M 代替，如表 4-2 所示。

表 4-2　U_{RM} 的字母表示法

字母	A	B	C	D	E	F	G	H	J	K	L	M
电压（V）	25	50	100	200	300	400	500	600	700	800	900	1000

例如，QL2AF 则表示一个电流为 2A、峰压为 400V 的全桥。

——字母表示 U_{RM}，数字码代表 I_0

不少型号的全桥组件只标电压的代表字母，而不表明具体的电流值，这些全桥可以去查产品手册。例如，QL2B 查手册后知道是 0. 1A、50V 的全桥。

此外，市场上还有大量进口的全桥组件。其中有些可从它们的型号上直接读出 U_{RM} 和 I_0 数值。例如，RB156 为 1.5A、600V 全桥。对于型号较为复杂的全桥组件，选用时应查阅相关的产品手册。

（3）全桥组件的引脚排列规律

——长方体全桥组件。输入、输出端直接标注在面上，如图 4-8 所示。“～”为交流输入端，“+”、“–”为直流输出端。

——圆柱体全桥组件。它的表面若只标“+”，那么在“+”的对面是“－”极端，余下两脚“～”便是交流输入端～，如图 4-9 所示。

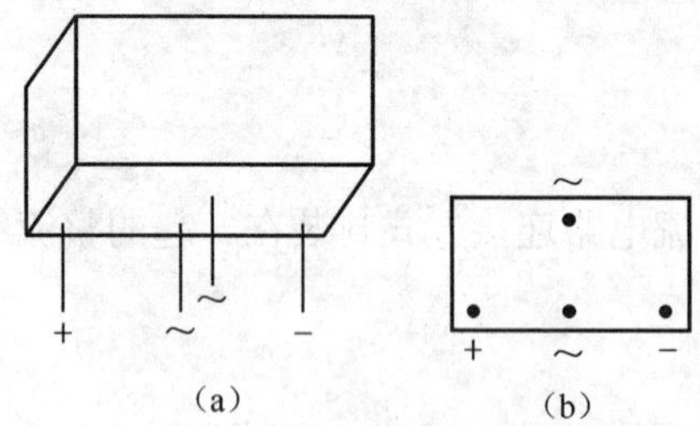

图4-8　长形体全桥组件的管脚排列

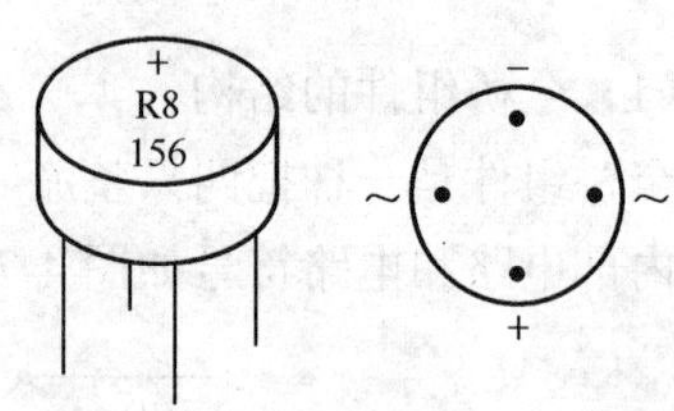

图4-9　圆柱形全桥组件的管脚排列

——扁形全桥组件。除直接标正、负极与交流接线符号外，通常以靠近缺角端的引脚为正（部分国产为负）极，中间为交流输入端，如图 4-10 所示。

——大功率方形全桥组件。这类全桥由于工作电流大，使用时要另外加散热器。散热器可由中间圆孔加以固定。此类产品一般不印型号和极性，可在侧面边上寻找正极标记，如图 4-11 所示。正极的对角线上的引脚是负极端，余下两引脚接交流端。

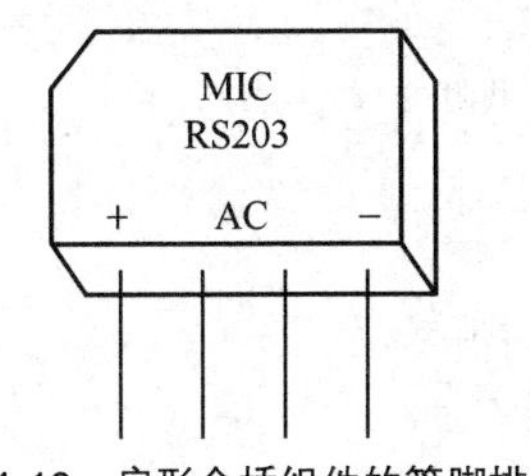

图4-10　扁形全桥组件的管脚排列

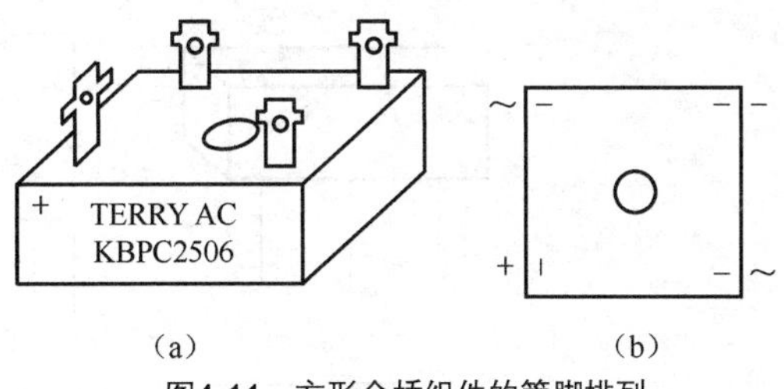

图4-11　方形全桥组件的管脚排列

（4）全桥组件的检测方法

——判别极性

若全桥组件的极性未标注或标记不清，可用万用表进行判断，将万用表置于 R×1k 挡，黑表笔任意接全桥组件的某个引脚，用红表笔分别测量其余三个引脚，如果测得的阻值都为无穷大，则此时黑表笔所接的引脚为全桥组件的直流输出正极；如果测得的阻值都为 4～10kΩ，则此时黑表笔所接的引脚为全桥组件的直流输出负极，剩下的两个引脚就是全桥组件的交流输入脚。

——判定好坏

根据全桥组件的内部结构图（如图 4-12 所示），可用万用表方便地进行判断。

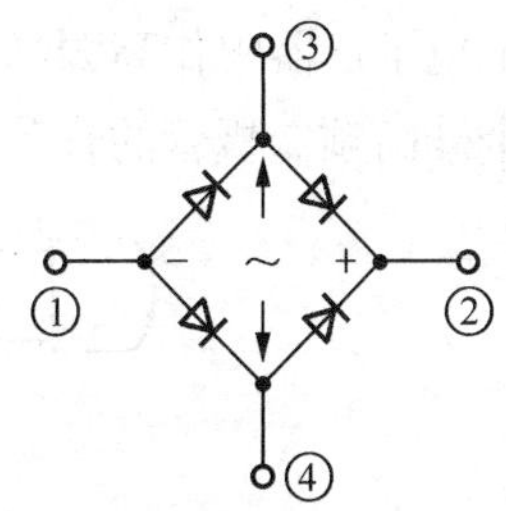

图4-12　全桥组件的内部结构图

首先将万用表置于 R×10k 挡，测量一下全桥组件交流电源输入端③、④脚的正、反向电阻值。由图可以看出，无论红、黑表笔怎样交换测量，由于左右每边的两个二极管都有一个处于反向接法，所以良好的全桥组件③、④脚之间的电阻值都应为无穷大。当 4 个二极管之中有一个击穿或漏电时，都会导致③、④脚之间的电阻值变小。因此，当测得③、④脚之间的电阻值不是无穷大时，说明全桥组件中的四个二极管中必定有一个或多个漏电；当测得的阻值只有几千欧时，说明全桥组件中有个别二极管已经击穿。只测③、④脚之间的电阻值，对于全桥组件中的开路性故障和正向电阻变大等性能不良的故障还检查不出来。因此，在测完③、④脚的电阻值以后，还需要测量①、②脚之间的正向电阻加以判断。用万用表 R×1k 挡进行测试，①、②脚之间的正向电阻值一般在 8～10kΩ，如果测得①、②脚之间的正向电阻值小于 6kΩ，说明四个二极管中有一个或两个已经损坏；如果测得①、②脚间的正向电阻值大于 10kΩ，则说明全桥组件中的二极管存在正向电阻变大或开路性故障。

2. 半桥组件

半桥组件是把两只整流二极管按一定方式连接起来并封装在一起的整流器件，半桥组件的外形和内部结构如图 4-13 所示。不要把它误当作全桥组件来使用。

在电路中，可用 1 个半桥堆组成全波整流电路或用 2 个半桥堆组成全波桥式整流电路。半桥组件的检测可根据其内部结构按二极管的检测方法进行。

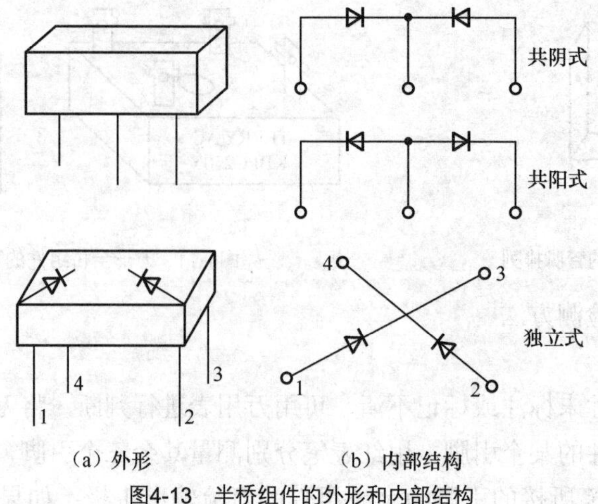

（a）外形　　（b）内部结构

图4-13　半桥组件的外形和内部结构

4.2.3　高压硅堆

高压硅堆又叫硅柱。它是一种硅高频高压整流二极管，工作电压在几千至几万伏之间，常用于电子仪器中作高频高压整流用。它之所以能有如此高的耐压本领，是因为它的内部是由若干个硅高频二极管的管芯串联起来组合而成的，外面用高频陶瓷进行封装，如图 4-14 所示。

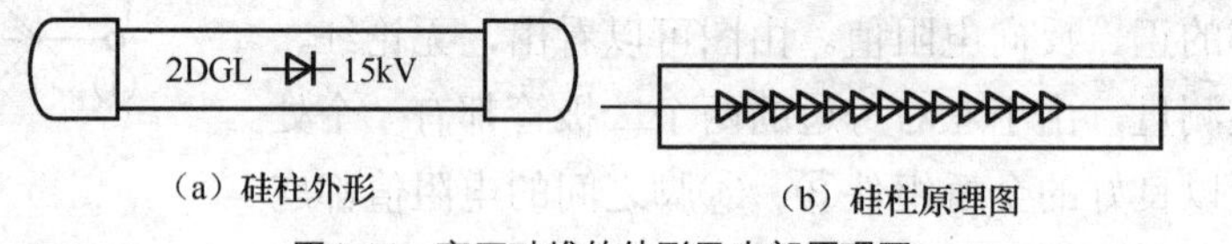

（a）硅柱外形　　（b）硅柱原理图

图4-14　高压硅堆的外形及内部原理图

高压硅堆的反向峰值电压，取决于管芯的个数与每个管芯的反向峰值电压。常见型号有 2DGL 和 2CGL 系列。如硅柱 2DGL 封装面上标上 15kV，表示它的最高反向峰值电压为 15 千伏。判断硅堆好坏及正、负极性，必须用万用表 R×10k 挡，测其正向电阻时，表针略有摆动，大约为几百千欧；测其反向电阻为∞，表针应不动。

4.3　快恢复/超快恢复、开关和肖特基二极管

4.3.1　快恢复/超快恢复二极管

1. 快恢复/超快恢复二极管的特性

快恢复二极管（FRD）、超快恢复二极管（SRD）是近年来面市的半导体器件，它具有开关特性好、反向恢复时间短、正向电流大、体积较小、安装简便等优点。可作高频、大电流的整流、续流二极管，在开关电源、脉宽调制器（PWM）、不间断电源（UPS）、高频加热、交流电机变频调速等电子设备中得到了广泛的应用。

快恢复、超快恢复二极管的一个重要参数是反向恢复时间 t_{rr}，其定义是：电流流过零点由正向转换成反向，再由反向转换到规定的值 I_{rr} 时的时间间隔，它是衡量高频续流、整流器件性能的重要技术参数，t_{rr} 的定义可由图 4-15 所示的反向恢复电流的波形加以说明。

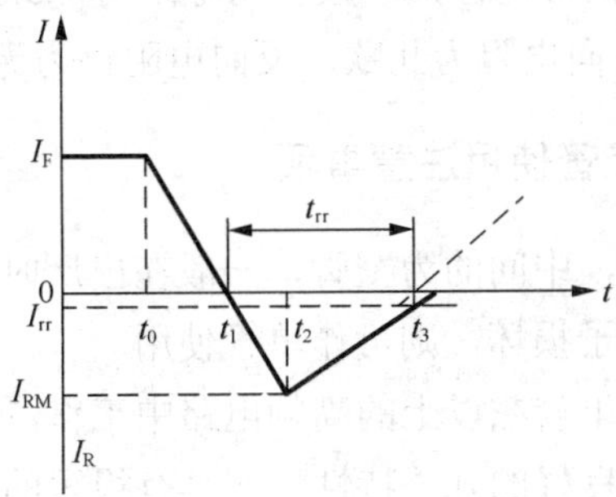

图4-15　反向恢复电流波形

图中，I_F 为正向电流，I_{RM} 为最大反向恢复电流，I_{rr} 是反向恢复电流。通常规定 $I_{rr}=0.1I_{RM}$。当 $t=t_0$ 时，正向电流 $I=I_F$，当 $t>t_0$ 时，由于整流器件上的正向电压突然变成反向电压，因此正向电流迅速降低，并在 $t=t_1$ 时刻，$I=0$。然后整流器件上流过反向电流 I_R，并且 I_R 逐渐增大，在 $t=t_2$ 时刻达到最大反向恢复电流 I_{RM} 值，此后受正向电压的作用，反向电流逐渐减小，在 $t=t_3$ 时刻达到规定值 I_{rr}。从 t_2 到 t_3 的反向恢复过程与电容器的放电过程比较相似。快恢复二极管的反向恢复时间 t_{rr} 一般为几百纳秒，正向压降约 0.6V，正向电流达几安至几千安，反向峰值电压为几百到几千伏。超快恢复二极管反向恢复时间更短，可低至几十纳秒。

2. 快恢复/超快恢复二极管的外形及符号

20～30A 以下的快恢复/超快恢复二极管大多采用 TO-220 封装。30A 以上的管子一般采用 TO-3P 金属壳封装，更大容量的管子（几百安至几千安）的管子则采用螺栓形或平板形封装。从内部结构看，可分成单管、对管（亦称双管）两种，在对管内部包含两只快恢复二极管，根据两管接法的不同，又有共阴对管、共阳对管之分。

图 4-16（a）是 C20-04 型快恢复二极管（单管）的外形及符号。图 4-16（b）、（c）、（d）分别是 C92-02（共阴对管）、MUR1680A（共阳对管）、MUR3040PT（共阴对管，管顶带小散热板）超快恢复二极管外形与符号。它们均采用 TO-220 塑料封装。

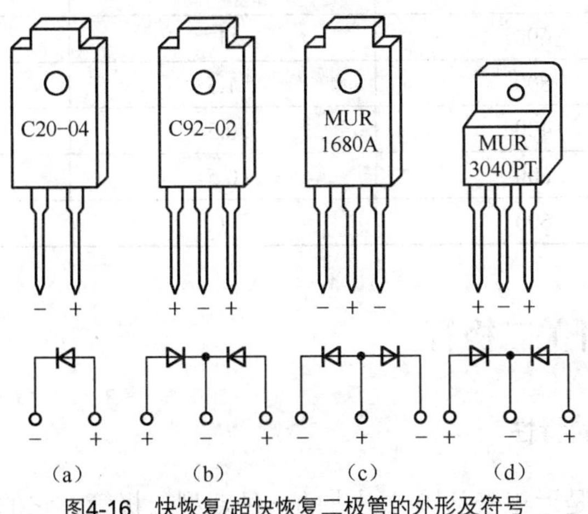

图4-16　快恢复/超快恢复二极管的外形及符号

3. 快恢复/超快恢复二极管的检测

用万用表检测快恢复/超快恢复二极管的方法基本与检测塑封硅整流二极管的方法相同，即先用 R×1k 挡检测一下其单向导电性，一般正向电阻为 4.5kΩ 左右，反向电阻为无穷大；再用 R×1 挡复测一次，一般正向电阻为几欧，反向电阻仍为无穷大。

4. 快恢复/超快恢复二极管使用注意事项

（1）有些单管有 3 个管脚，中间的为空脚，一般在出厂时剪掉，但也有不剪的。

（2）若在对管中有一只管子损坏，则可作单管使用。

（3）有些电子设备在几十千赫兹以上的高频电路中工作，电路不仅要求二极管有足够的耐压，而且还要求二极管具有良好的开关特性，即具有很短的反向恢复时间，因此必须使用快恢复/超快恢复二极管。如果采用普通整流二极管，由于此类二极管的反向恢复时间太长，当某一周期的脉冲正向导通后，二极管还来不及反向截止，反向脉冲部分就已经涌来了，这势必给此类二极管造成较大的反向电流，使二极管结间温度上升。结间温度上升又会使反向电流增大、耐压降低，最终导致二极管击穿。因此，不宜采用普通整流二极管代换快恢复二极管。

5. 常见快恢复/超快恢复二极管介绍

常见快恢复/超快恢复二极管主要技术指标如表 4-3 所示。

表 4-3　快恢复/超快恢复二极管主要技术指标

型号	最高反向工作电压（V）	平均整流电流（A）	反向恢复时间（μs）
ES1A	400	0.75	1.5
EU1	400	0.35	0.4
EU01A	600	0.35	0.4
EU2	400	1	0.3
EU2Z	200	1	0.3
EU3A	600	1.5	0.4
RC2	600	1	0.4
RU2	600	1	0.4
RU3	800	1.5	0.4
S5295G	400	0.5	0.4
S5295J	600	0.5	0.4
RGP10	600	1	0.4

4.3.2　硅高速开关二极管

1. 硅高速二极管的特性

硅高速开关二极管是近年来从国外引进的一种新型二极管，它的突出特点是具有良好的高频开关特性，其反向恢复时间 t_{rr} 仅几纳秒。由于它的体积非常小，价格又非常便宜，所以很快在国内电子领域得到了推广和应用，目前，这种二极管已被广泛应用于电视机、各种仪器仪表、控制电路以及各类高频电路中。

表 4-4 列出了硅高速开关二极管的典型产品 1N4148 和 1N4448 的主要参数。

表 4-4　　硅高速开关二极管的技术指标

型号	最高反向工作电压（V）	平均整流电流（A）	反向恢复时间（ns）
1N4148	75	0.15	4
1N4448	75	0.15	4

2. 硅高速二极管的检测

检测硅高速开关二极管的方法与检测普通二极管的方法相同。但值得注意的是，这种管子的正向电阻较大。用 R×1k 电阻挡测量，一般正向电阻值为 5～10kΩ，反向电阻值为无穷大。

1N4148 和 1N4448 硅高速开关二极管可代替国产 2CK43、2CK44、2CK70～2CK73、2CK77、2CK83 等型号的开关二极管。但使用时必须要注意，因 1N4148、1N4448 型硅高速开关二极管的平均电流只有 150mA，所以仅适于在高频小电流的工作条件下使用，绝对不能用在开关稳压电源等高频大电流的电路中，否则，会导致电路不能正常工作或将管子烧毁。

4.3.3 肖特基二极管

1. 肖特基二极管的特性

肖特基（Schottkv）二极管属于低功耗、大电流、超高速半导体器件，其反向恢复时间可小到几个纳秒，正向导通压降仅 0.4V 左右，而整流电流却可达到几千安。

典型肖特基二极管的内部结构如图 4-17 所示。

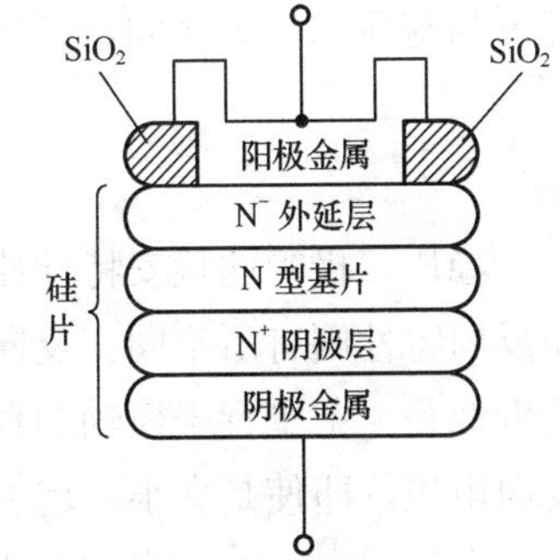

图4-17　肖特基二极管的结构

它以 N 型半导体为基片，在上面形成用砷作掺杂剂的 N^-外延层。阳极（阻挡层）金属材料是钼。二氧化硅（SiO_2）用来消除边缘区域的电场，提高管子的耐压值，N 型基片掺杂浓度比 N^-层高 100 倍，具有很小的通态电阻。基片下部的 N^+阴极层用以减小阴极的接触电阻，通过调整结构参数，可在基片与阳极金属之间形成合适的肖特基势垒。

重点提示：肖特基二极管与 PN 结二极管在构造原理上有很大区别，这种管子的缺点是反向耐压较低，一般不超过 100V，适宜在低电压、大电流的条件下工作，电脑主机电源的输出整流二极管就采用了肖特基二极管。

2. 肖特基二极管的检测

图 4-18 是一只待测肖特基二极管，要判断出该管三只脚的功能，可按以下方法进行检测。测试时，将万用表置于 R×1 挡。

（1）测量①、③脚正、反向电阻值均为无穷大，说明这两个电极无单向导电性。

（2）黑表笔接①脚，红表笔接②脚，测得的阻值为无穷大；红、黑表笔对调后测得阻值为几欧，说明②、①两脚具有单向导电特性，且②脚为正，①脚为负。

（3）将黑表笔接③脚，红表笔接②脚，测得阻值为无穷大，调换红、黑表笔后测得阻值为几欧，说明②、③两脚具有单向导电特性，且②脚为正，③脚为负。

根据上述三步测量结果，可知待测管内部结构如图 4-19 所示，可见，该管为一只共阳对管，②脚为公共阳极，①、③脚为两个阴极。

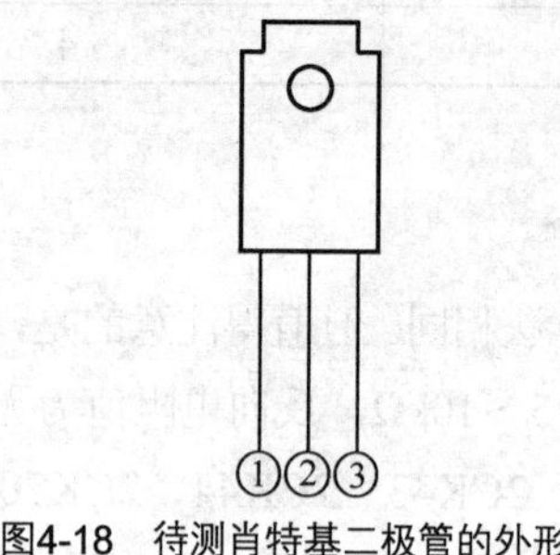

图4-18　待测肖特基二极管的外形

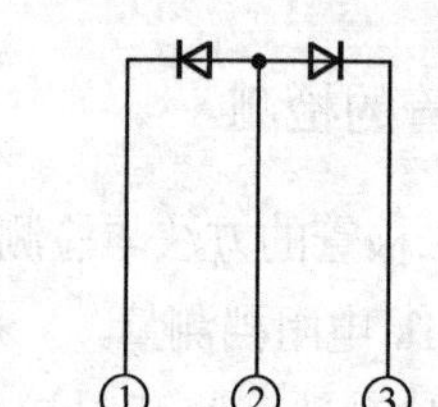

图4-19　待测肖特基二极管的内部电路

4.4　稳压二极管

4.4.1　稳压管的特性

稳压二极管又称齐纳二极管，是一种用于稳压（或限压）、工作于反向击穿状态的特殊二极管，而整流二极管一般不能工作在反向击穿区，但稳压管却工作在反向击穿区，稳压管的外形与整流二极管相同，在电路中常用字母 ZD 表示，电路符号如图 4-20 所示。

− +

图4-20　稳压管的电路符号

稳压二极管的伏安特性曲线如图 4-21 所示。由图可见，其正向特性和普通二极管相似，而反向特性则有所不同。反向电压从零到 U_Z 这一段，稳压管的反向电流接近于零，特性曲线近似是一条平行于横轴的直线；当反向电压升高到 U_Z 时，管子开始击穿。如果继续增大反向电压，即使是微小的增加，稳压管的反向电流也急剧增加（在图中由 A 点经 B 点向 C 点方向），在特性曲线的 BC 段，虽然流过稳压管的电流变化很大，但对应的电压变化却很小。也就是说，当稳压管在 BC 段工作时，不管电流如何变化，稳压管两端的电压基本维持不变。稳压管就是利用反向击穿区的这一特性进行稳压的。只要击穿电流限制在一定范围内，稳压管虽然被击穿，却并不损坏。

由于硅管的热稳定性好，所以一般稳压二极管都用硅材料做成。

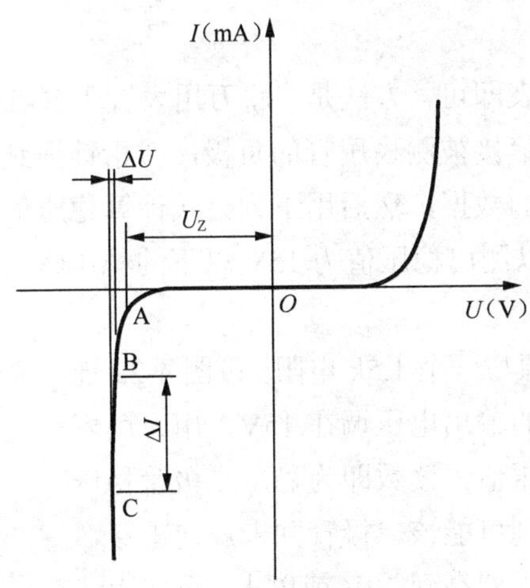

图4-21　稳压管的伏安特性曲线

4.4.2　稳压二极管的检测

1. 判断电极

判别稳压二极管正、负电极的方法，与判别普通二极管电极的方法基本相同，即用万用表 R×1k 挡，先将红、黑两表笔任接稳压管的两端，测出一个电阻值，然后交换表笔再测出一个阻值，两次测得的阻值应该是一大一小。所测阻值较小的一次，即为正向接法，此时，黑表笔所接一端为稳压二极管的正极，红表笔所接的一端则为负极。好的稳压管，一般正向电阻为 10kΩ 左右，反向电阻为无穷大。

2. 稳压二极管与普通二极管的鉴别

常用稳压二极管的外形与普通小功率整流二极管的外形基本相似，当其壳体上的型号标记清楚时，可根据型号加以鉴别，当其型号标志脱落时，可使用万用表电阻挡很准确地将稳压二极管与普通整流二极管区别开来，具体方法如下。

首先把被测管的正、负电极判断出来。然后将万用表拨至 R×10k 挡上，黑表笔接被测管的负极，红表笔接被测管的正极，若此时测得的反向电阻值比用 R×1k 挡测量的反向电阻小很多，说明被测管为稳压管；反之，如果测得的反向电阻值仍很大，说明该管为整流二极管或检波二极管。

这种判别方法的原理是：万用表 R×1k 挡内部使用的电池电压为 1.5V，一般不会将被测管反向击穿，所以测出的反向电阻值比较大。而 R×10k 挡测量时，万用表内部电池的电压一般都在 9V 以上，当被测管为稳压管，且稳压值低于电池电压值时，即被反向击穿，使测得的电阻值大大减小。但如果被测管是一般整流或检波二极管时，则无论用 R×1k 挡测量还是用 R×10k 挡测量，所得阻值将不会相差很大。注意，当被测稳压二极管的稳压值高于万用表 R×10k 挡的电压值时，用这种方法是无法进行区分鉴别的。

3. 稳压二极管稳压值的检测

由于稳压二极管是工作于反向击穿状态下，所以，用万用表是可以测出其稳压值大小的。常用方法有两种。

（1）简易测试法

这种方法只需一块万用表即可，方法是：将万用表置于 R×10k 挡，并准确调零。红表笔接被测稳压管的正极，黑表笔接被测稳压管的负极，待指针摆到一定位置时，从万用表直流 10V 电压刻度上读出其稳定的数据，然后用下列公式计算稳压值：被测稳压值（V）=（10V－读数值）×1.5。用此法可以测出稳压值为 15V 以下的稳压管。

（2）外接电源测试法

用一台 0～30V 稳压电源与一个 1.5k 电阻，按图 4-22 连接。测量时，先将稳压电源的输出电压调在 15V，用万用表电压挡直接测量 ZD 两端电压值，读数即为稳压二极管稳压值。若测得的数值为 15V，则可能该二极管并未反向击穿，这时可将稳压电源的输出电压调高到 20V 或以上，再按上述方法测量。

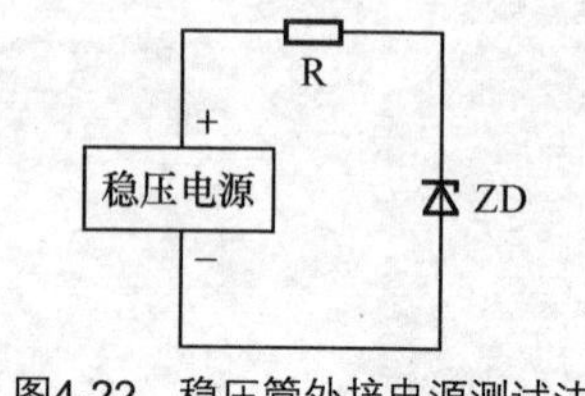

图4-22　稳压管外接电源测试法

4.4.3　常见稳压二极管介绍

常见稳压二极管主要技术指标如表 4-5 所示。

表 4-5　　稳压二极管主要技术指标

型号	最大消耗功率（W）	稳定电压（V）	最大工作电流（mA）
1N4729	1	3.6	252
1N4730	1	3.9	234
1N4731	1	4.3	217
1N4732	1	4.7	193
1N4733	1	5.1	179
1N4734	1	5.6	162
1N4735	1	6.2	146
1N4736	1	6.8	138
1N4737	1	7.5	121
1N4738	1	8.2	110
1N4739	1	9.1	100
1N4740	1	9.4	91
1N4741	1	11	83
1N4742	1	12	76
1N4743	1	13	69
1N4744	1	15	61
1N4745	1	16	57
1N4746	1	18	50
1N4747	1	20	45
1N4748	1	22	41

（续表）

型号	最大消耗功率（W）	稳定电压（V）	最大工作电流（mA）
1N4749	1	24	38
1N4750	1	27	34
1N4751	1	30	30
1N4752	1	33	27
1N4753	1	36	26
R2M		130	

4.5　变容二极管

4.5.1　变容二极管的特性

变容二极管是利用 PN 结电容可变原理制成的一种半导体二极管，可作为可变电容使用。图 4-23 是常用变容二极管的外形实物，变容二极管的电路符号和 C-V 特性曲线如图 4-24 所示。

图4-23　变容二极管实物

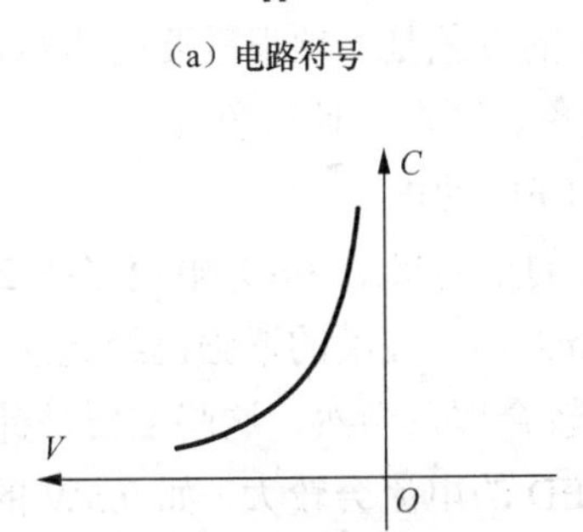

（a）电路符号

（b）C-V 特性曲线

图4-24　变容二极管的电路符号和C-V特性曲线

由图可见，变容二极管结电容的大小与其 PN 结上的反向偏压大小有关。反向偏压越高，结电容越小，且这种关系是呈非线性的。

变容二极管是一个电压控制元件，通常用于振荡电路，与其他元件一起构成 VCO（压控振荡器）。在 VCO 电路中，主要利用它的结电容随反向偏压变化而变化的特性，通过改变变容二极管两端的电压便可改变变容二极管电容的大小，从而改变振荡频率。

4.5.2　变容二极管的检测

将万用表置于 R×10k 挡，黑表笔接正极，红表笔接负极，所得阻值应为几千欧至 200 千欧（此值为被测管的正向电阻，且随管子型号不同而异）；调换表笔测量（测量管子的反向电阻），其阻值应为∞，若指针略有偏转，说明管子反向漏电，质量不佳或已损坏。如测得的正反向电阻均为∞，则说明被测管已击穿或已开路损坏。

4.6 LED 发光二极管

4.6.1 LED 介绍

1. 什么是 LED

所谓 LED，就是发光二极管（light emitting diode），顾名思义，发光二极管是一种可以将电能转化为光能的电子器件，具有二极管的特性。基本结构为一块电致发光的半导体模块，封装在环氧树脂中，通过针脚作为正负电极并起到支撑作用。

发光二极管的结构主要由 PN 结芯片、电极和光学系统组成，在 LED 的两端加上正向电压，电流从 LED 阳极流向阴极时，半导体晶体就发出从紫外到红外不同颜色的光线。

2. LED 主要性能指标

LED 主要性能指标如下。

（1）LED 的颜色

LED 的颜色是一项很重要的指标，目前 LED 的颜色主要有红色、绿色、蓝色、青色、黄色、白色、暖白、琥珀色等。

（2）LED 的电流

LED 的正向极限（I_F）电流多在 20mA，LED 的发光强度仅在一定范围内与 I_F 成正比，当 I_F>20 mA 时，亮度的增强已经无法用肉眼区分出来，因此 LED 的工作电流一般选在 17～19mA 比较合理，当然，这些主要是针对普通小功率（0.04～0.08W）的 LED 而言，一些大功率的 LED 的电流会较大，如 0.5W 的 LED，其 I_F=150mA；1W 的 LED，其 I_F=350mA；3W 的 LED，其 I_F=750mA，还有其他更多的规格，这里不一一进行介绍，读者可以自己去查 LED 手册。

（3）LED 的正向电压

LED 的正向电压是指正向导通时加在 LED 两端的电压（U_F），LED 正向电压与颜色有关，红、黄、黄绿的电压是 1.8～2.4V；白、蓝、翠绿的电压是 3.0～3.6V。另外，即使是同一批的 LED，电压也会有一些差异，在外界温度升高时，U_F 将下降。

（4）LED 的最大反向电压

LED 反向工作时（LED 负极电压比正极高），不宜超过最大反向电压，超过此值，LED 可能被击穿损坏。

（5）发光强度

光源在给定方向的单位立体角中发射的光通量定义为光源在该方向的发光强度，单位是坎德拉，即 cd。发光强度描述的是光源到底有多亮。

（6）LED 光通量

光源在单位时间内发射出的光量称为光源的光通量，单位流明，即 lm。光通量描述的是光源发光总量的大小，与光功率等价。光源的光通量越大，则发出的光线越多。

与力学的单位比较，光通量相当于压力，而发光强度相当于压强。要想被照射点看起来更亮，我们不仅要提高光通量，而且要增大汇聚的手段，实际上就是减少面积，这样才能得到更大的强度。

（7）LED 的使用寿命

LED 的使用寿命一般在 50000 小时以上，LED 会随着时间的流逝而逐渐退化，有预测表明，高质量 LED 在经过 50000 小时的持续运作后，还能维持初始灯光亮度的 60%以上。假定 LED 已达到其额定的使用寿命，实际上它可能还在发光，只不过灯光非常微弱罢了。要想延长 LED 的使用寿命，就有必要降低或完全驱散 LED 芯片产生的热能，热能是 LED 停止运作的主要原因。

（8）LED 发光角度

LED 发光角度也就是其光线散射角度，主要靠二极管生产时加散射剂来控制，有 3 大类。

一是高指向性。一般为尖头环氧封装，或是带金属反射腔封装，且不加散射剂。发光角度 5°～20°或更小，具有很高的指向性，可作局部照明光源用，或与光检出器联用以组成自动检测系统。

二是标准型。通常作指示灯用，其发光角度为 20°～45°。

三是散射型。这是视角较大的指示灯，发光角度为 45°～90°或更大，散射剂的量较大。

3. LED 的分类

（1）根据发光管发光颜色分类

根据发光管发光颜色的不同，可分成红光、橙光、绿光（又细分黄绿、标准绿和纯绿）、蓝光等。另外，有的发光二极管中包含 2 种或 3 种颜色的芯片。

根据发光二极管出光处掺或不掺散射剂、有色还是无色，上述各种颜色的发光二极管还可分成有色透明、无色透明、有色散射和无色散射 4 种类型。

（2）根据发光管出光面特征分类

根据发光管出光面特征的不同，可分为圆灯、方灯、矩形、面发光管、侧向管、表面安装用微型管等。其中圆形灯按直径又分为ϕ2mm、ϕ4.4mm、ϕ5mm、ϕ8mm、ϕ10mm、ϕ20mm 等。

（3）根据发光二极管的结构分类

根据发光二极管的结构，可分为全环氧包封、金属底座环氧封装、陶瓷底座环氧封装、玻璃封装等。

（4）根据发光强度分类

根据发光强度和工作电流，可分为普通亮度 LED（发光强度<10mcd）、高亮度 LED（10～100mcd）和超高亮度 LED（发光强度>100mcd）。

（5）按功率分类

按功率大小不同，分为小功率 LED（0.04～0.08W）、中功率 LED（0.1～0.5W）和大功率 LED（1～500W），随着技术的不断发展，LED 的功率越做越大。

4. LED 的驱动

LED 驱动简单地来讲就是给 LED 提供正常工作条件（包括电压、电流等条件）的一种电路，也是 LED 能工作必不可少的条件，好的驱动电路还能随时保护 LED。LED 驱动通常分为 3 种。

（1）电阻限流驱动

电阻限流驱动就是在 LED 的回路中串接电阻，通过调节电阻的阻值，可以改变 LED 的驱动电流。电阻的阻值计算公式为：

R=（电源电压－LED 电压）/要设定的 LED 电流

（2）恒流驱动

顾名思义，恒流驱动就是保持 LED 的电流一直不变，让 LED 在恒定电流的条件下工作，要想提高 LED 的发光效率和稳定度，恒流驱动是最好的选择，大功率 LED 都是采用恒流驱动方式。

（3）恒压驱动

恒压驱动就是保持 LED 两端的电压不变，因为每一种颜色的 LED 的电压都不一样，所以很少用恒压的方式来驱动 LED。

5. LED 应用范围

LED 的应用很广，下面简要进行说明。

（1）汽车部分：汽车仪表板、音箱等指示灯，以及汽车刹车灯、左右尾灯、方向灯等，大都采用高亮度 LED。

（2）背光源部分：LED 背光在手机、数码相机、MP4 等小尺寸液晶面板背光市场中，已经获得了广泛的应用，而其在笔记本电脑和液晶电视中的应用也基本普及。

（3）电子设备与照明：LED 以其功耗低、体积小、寿命长的特点，成为各种电子设备指示灯的首选，目前几乎所有的电子设备都有 LED 的身影。

（4）特殊工作照明和军事运用：由于 LED 光源具有抗震性、耐候性、密封性好、热辐射低、体积小、便于携带等特点，可广泛应用于防爆、野外作业、矿山、军事行动等特殊工作场所或恶劣工作环境之中。

6. LED 使用注意事项

LED 有着独特的优势，但 LED 是一种脆弱性的半导体产品，所以我们在用 LED 产品的时候要格外小心。

（1）应使用直流电源供电

有些生产厂家为了降低产品成本采用“阻容降压”方式给 LED 产品供电，这样会直接影响 LED 产品的寿命。采用专用开关电源（最好是恒流源）给 LED 产品供电就不会影响产品的使用寿命，但产品成本相对较高。

（2）需做好防静电措施

LED 产品在加工生产的过程中要采用一定的防静电措施，如工作台要接地，带防静电环、带防静电手套等。

（3）LED 的温度

温度的升高会使 LED 内阻变小，当外界环境温度升高后，LED 光源内阻会减小，若使用稳压电源供电会造成 LED 工作电流升高，当超过其额定工作电流后，会影响 LED 产品的使用寿命，严重的将使 LED 光源“烧坏”，因此最好选用恒流源供电，以保证 LED 的工作电流不受外界温度的影响。

（4）LED 产品的密封

不管是什么 LED 产品，只要应用于室外，都面临着防水、防潮的密封问题，如果处理不当就会直接影响 LED 产品的使用寿命。

（5）LED 的电流

LED 的电流不能超过 LED 的最大工作电流，过流的工作会使 LED 寿命很快下降，如果超出过多，LED 就会立即烧坏。

4.6.2　常见 LED 的检测

目前，市场上常见的发光二极管主要有单色发光二极管、变色发光二极管、闪烁发光二极管、电压型发光二极管、激光二极管、白光 LED 等。

1. 单色发光二极管

（1）单色发光二极管的外形及符号

单色发光二极管（LED）是一种将电能转化为光能的半导体器件，其电路图形符号和外形如图 4-25 所示。

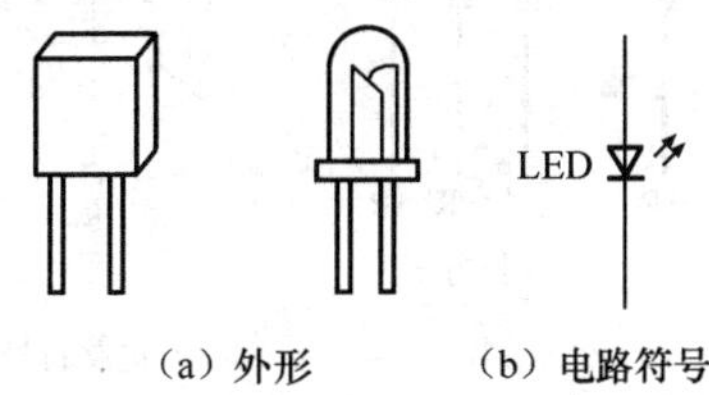

（a）外形　　（b）电路符号

图4-25　单色发光管的外形及电路符号

单色发光二极管的内部结构也是一个 PN 结，其 V-A 特性与普通二极管相似，只是死区电压比普通二极管要大，约 2V。它除了具有普通二极管的单向导电性外．还具有发光能力。当给 LED 加上一定电压后，就会有电流流过管子，同时向外释放光子。根据半导体材料的不同，发出不同颜色的光来。比如，磷化稼 LED 发出绿色、黄色光，砷化镓 LED 发出红色光等。

一般情况下，LED 的正向电流为 10～20mA，当电流在 3～10mA 时，其亮度与电流基本成正比，但当电流超过 25mA 后，随电流的增加，亮度几乎不再加强。超过 30mA 后，就有可能烧坏发光管。

（2）单色发光二极管正负极的判断

——目测法

发光二极管的管体一般都是用透明塑料制成的，所以可以用眼睛观察来区分它的正、负电极。将管子拿起置较明亮处，从侧面仔细观察两条引出线在管体内的形状，较小的一端便是正极，较大的一端则是负极。

——万用表测量法

发光二极管的开启电压为 2V，而万用表置于 R×1k 挡及其以下各电阻挡时，表内电池电压仅为 1.5V，比发光二极管的开启电压低，管子不能导通，因此，用万用表检测发光二极管时，必须要使用 R×10k 挡。置此挡时，表内接有 9V 或 15V 高压电池，测试电压高于管子的开启电压，当正向接入时，能使发光二极管导通。检测时，将两表笔分别与发光二极管的两管脚相接，如果万用表指针向右偏转过半，同时管子能发出一微弱光点，表明发光二极管是正向接入，此时黑表笔所接的是正极，而红表笔所接的是负极。接着再将红、黑表笔对调后与管子的两管脚相接，这时为反向接入，万用表指针应指在无穷大位置不动。如果不管正向接入还是反向接入，万用表指针都偏转某一角度甚至为零，或者都不偏转，则表明被测发光二极管已经损坏。

2. 变色发光二极管

（1）变色发光二极管的外形及符号

能发出不同颜色光的发光二极管称为变色发光二极管，国产变色发光二极管的典型产品有：红—绿—橙、红—黄—桔红、黄—纯绿—浅绿等。红—绿—橙变色发光二极管的外形及符号如图 4-26 所示。

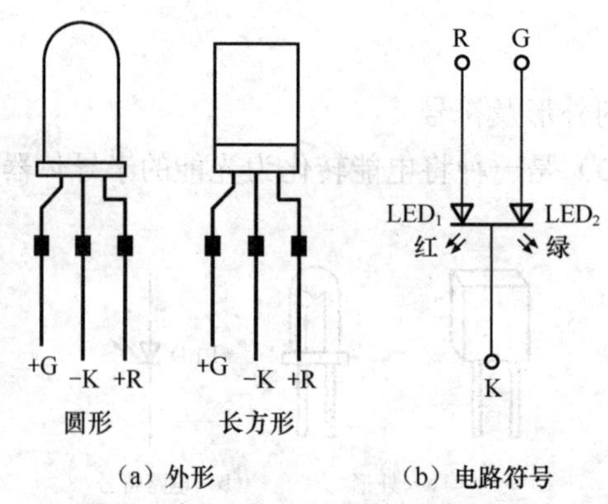

图4-26 变色发光二极管的外形及符号

（2）变色发光二极管的检测

检测电路如图 4-27 所示。将万用表置于 R×10 挡，在黑表笔上串接一只 1.5V 的电池，将红表笔接 K，黑表笔接 R，管子应发出红色光；将红表笔接 K，黑表笔接 G，管子应发出绿色光；将红表笔接 K，黑表笔接 R 和 G，管子应发出橙色复合光。在测试过程中，若发现某次测量时发光二极管不亮，表明其已经损坏。

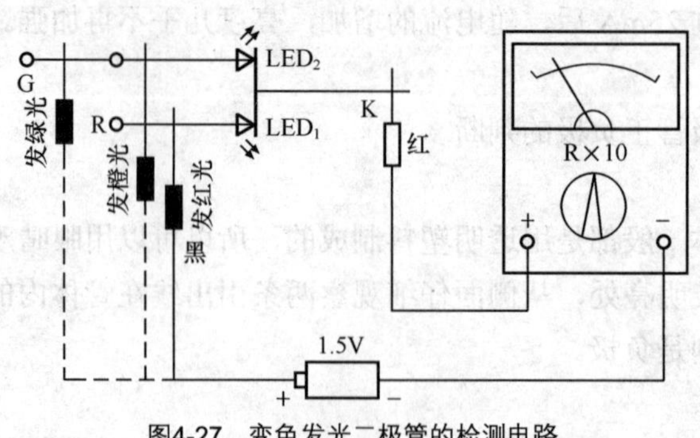

图4-27 变色发光二极管的检测电路

3. 闪烁发光二极管

（1）闪烁发光二极管的外形及符号

闪烁发光二极管（BTS）是一种特殊的二极管，主要用于作故障过程的控制报警及显示器件用。闪烁发光二极管外形与普通发光二极管相同，但从侧面可看到管芯上还有一条短黑带。这类管子有两种引出方式，一种是长引线为正极，另一种的短引线为正极。电源电压一般为 3～5V（也有的为 3～4.5V），闪烁发光二极管的外形及电路符号如图 4-28 所示。

闪烁发光二极管由一块 IC 电路和一只发光二极管相联，然后用环氧树脂全包封而成，图 4-29 是闪烁发光二极管的内部框图。

其工作原理是：振荡器产生一个频率为 f_0 的信号，经过分频器分频后，获得一个频率为 1.3～5.2Hz 范围中的某一固定频率，再由缓冲驱动器进行电流放大，输出一个足够大的驱动电流，使得闪烁发光二极管处于工作状态。

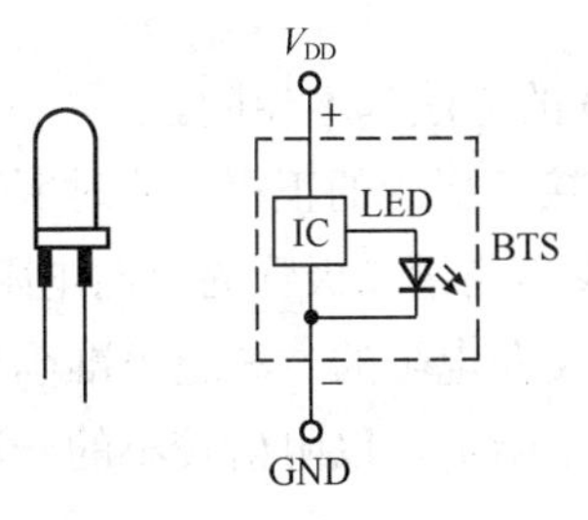

图4-28　闪烁发光二极管的外形及电路符号

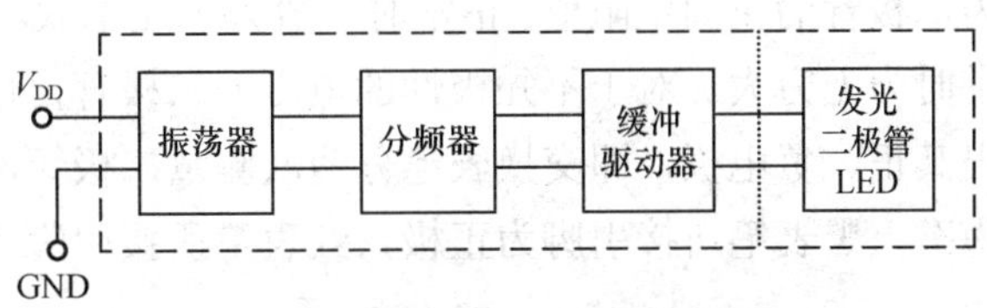

图4-29　闪烁发光二极管内部框图

闪烁发光二极管使用时无需外接任何元件，只要在两只引出脚上加一定电压，即可自行产生闪烁光，其闪烁频率为 1.3～5.2Hz。使用时要分清闪烁发光二极管的正、负极性，不能接反。

（2）闪烁发光二极管的检测

将万用表置于 R×1k 挡，交换表笔两次接触闪烁发光二极管的两个引脚，仔细观察万用表指针的摆动情况。其中必有一次，指针先向右摆动一个角度，然后在此位置上开始轻微的抖动（振荡），摆幅在一小格左右。这种现象是由于闪烁发光二极管内部的集成电路在万用表内部 1.5V 电池电压的作用下开始起振工作，输出的脉冲电流使指针产生的抖动，只是因为电压过低，还观察不到发光二极管的闪烁发光，但此现象说明万用表红、黑表笔的接法是正确的，即黑表笔所接的引脚为正极，红表笔所接的引脚为负极。

若在检测过程中观察不到以上现象，说明闪烁发光二极管不良。

4. 电压型发光二极管

（1）电压型发光二极管的外形及内部结构

我们知道，一般的发光二极管属于电流型控制器件，使用时必须加限流电阻才能正常发光，这给设计与安装带来不便。最近国内研制出电压型发光二极管，成功地解决了上述问题。

电压型发光二极管的外形与普通二极管相同，外形及内部结构如图 4-30 所示，但在其管壳内除发光二极管之外，还要集成一个限流电阻，然后与发光二极管串联，引出两个电极。

改变半导体材料中硼杂质的含量，可把限流电阻控制在最佳阻值。使用时只要加上额定电压，即可正常发光。

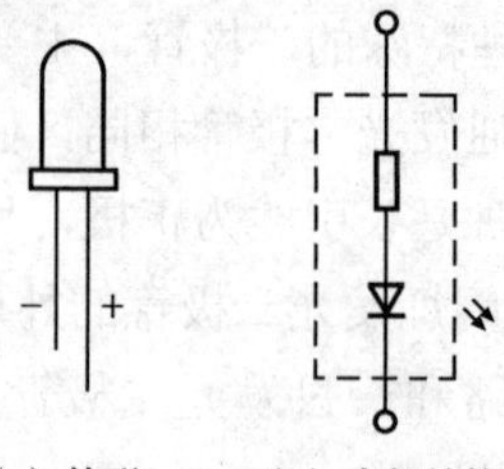

（a）外形　　（b）内部结构

图4-30　电压型发光二极管的外形及内部结构

电压型发光二极管系列产品共有 6 种标称电压：5V、9V、12V、15V、18V、24V。发光颜色有红、黄、绿色。

（2）电压型发光二极管的检测

检测电压型发光二极管的方法与检测普通发光二极管 LED 的方法基本相同。

将万用表置于 R×10k 挡，红表笔接二极管的负极，黑表笔接二极管的正极，此时所测阻值为二极管的正向电阻值，正常时一般为十几千欧。然后调换表笔测量二极管的反向电阻值，正常时为无穷大。对于不知极性的电压型二极管，用测量正、反向电阻的方法也可准确地判别出其正、负电极，即交换表笔分两次测量二极管两引脚间的电阻值，以阻值较小的一次测量为准，黑表笔所接引脚为正极，红表笔所接引脚为负极。

5. 激光二极管

（1）激光二极管的特性

激光二极管是激光头中的核心器件，目前，在 CD、DVD 中使用的激光二极管大多是采用镓铝砷三元化合物半导体激光二极管。它是一种近红外激光管，波长在 780nm（CD）或 650nm（DVD）左右，这种激光二极管具有体积小、重量轻、功耗低、驱动电路简单、调制方便、耐机械冲击、抗震动等优点。但对过电压、过电流、静电干扰极为敏感，在使用中如果不加注意，容易使谐振腔局部受损而损坏。

（2）激光二极管及其检测

普通激光二极管主要应用于索尼激光头中，激光二极管主要由半导体激光器、光电二极管、散热器、管帽、管座、透镜及引脚组成。如图 4-31 所示。

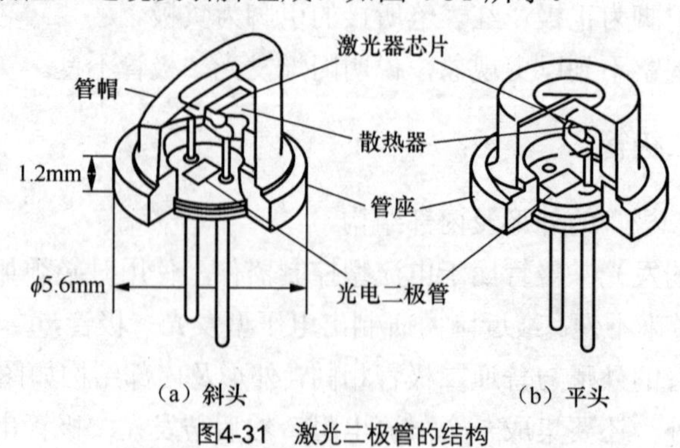

（a）斜头　　（b）平头

图4-31　激光二极管的结构

普通二极管又分为两种：一种是发射窗为斜面，俗称“斜头”；另一种是发射窗为平面，俗称“平头”。在管壳底板上的边缘各有一“V”形缺口和一“凹”形缺口作为定位标记。激光二极管的直径较小，一般为 5.6mm。

半导体激光器置于管内中央的顶端，激光发射面垂直于透镜与光电二极管接收面，其阳极用引脚 A1 引出管座外，阴极通过散热器与管座相连，并用管座上的引脚 K 引出，如图 4-32（a）所示。在管壳顶端安装有透镜，用于补偿激光器的像散，只要在 A_1、K 上加上规定的电压（一般为 2V 左右），激光器便产生激光，穿过透镜面发射出激光。半导体激光器振荡时会产生很大的热量，因此，必须在激光二极管上加上散热器。在激光二极管的管座面上装有光电二极管，其接受面朝向半导体激光器，并与激光发射面垂直，阳极用引脚 A_2 引出管座外，阴极直接与管座相连，半导体激光器的光束从两端面输出，其中一个端面输出的光束由光电二极管接受，用于监测激光器光输出的变化，并将这一变化反馈到 APC（激光功率自动控制）电路，去控制半导体激光器的驱动电流，使输出光功率保持恒定。普通激光二极管的封装形式有 M、P、N3 种，如图 4-32（b）所示，其中，M 型较常用。

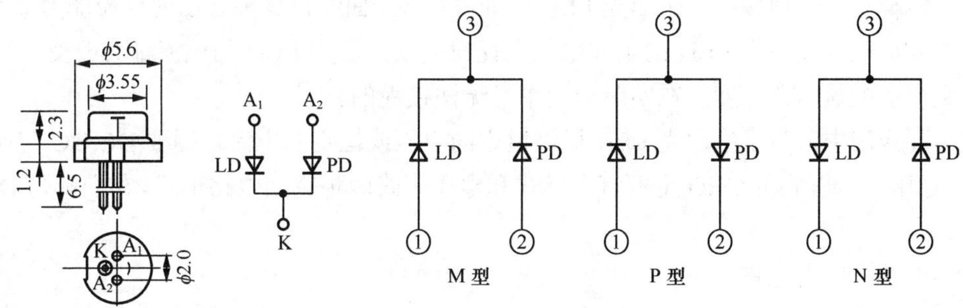

（a）激光二极管引脚及其等效电路　　（b）封装形式

图4-32　激光二极管的封装形式

判断激光二极管是否损坏，可采用以下两种方法。

一是电流法。用万用表监测激光二极管驱动电路中负载电路中的压降，或用电流挡串于电路中，估算或测出激光二极管中的电流。正常情况下，此电流应为 35～60mA，当此电流超过 100mA，调节激光功率电位器电流不变化时，可判断激光头中的激光二极管已老化，若出现电流剧增且不可控制，则说明光学谐振腔损坏。

二是电阻法。在断电的情况下测量激光二极管的正反向电阻。正常时反向电阻为无穷大，正向电阻为 20～36kΩ（使用不同的万用表，所测正向电阻会有所出入），若正向电阻大于 50kΩ 则性能下降，当大于 90kΩ 时，已不能使用。

6. 白光 LED

（1）白光 LED 介绍

前面介绍的都是普通的 LED 灯（除激光二极管外），发光强度较弱，如果把这种光源作为手机或液晶彩电显示屏的背光源，不但会使显示出的色彩发生变化，而且亮度也达不到要求。因此，在液晶显示屏背光源中，需要使用一种发光强度较大的白色背光源。传统方案采用冷阴极荧光灯 CCFL 和电致发光（EL）板，但这些光源存在尺寸大、价格贵、复杂程度高等问题。目前，利用先进的LED技术已经能够生产出发射白光的LED。白光LED与传统的LED相比，具有发光强度大、尺寸小、成本低、可靠性高等特点。白光LED已成为手机、液晶彩电背光源的最佳选择。

白光LED是1998年研制成功的，它的诞生是LED发光器件的一个重要突破。近年来，随着白光LED性能的提高，它不仅用于小尺寸的手机彩屏上，而且已用于GPS、液晶显示器、液晶彩电的显示屏上。另外，白光LED除用作背光照明外，近年来逐步用作照明灯，如已开发的手电筒、应急灯、节能灯、闪光灯、频闪设备等。白色LED也从小功率（电流几十毫安）发展到中功率（电流上百毫安）及大功率（电流达1000mA），具有十分广阔的发展前景。

（2）白光LED驱动电路的形式

驱动器可以看作是向白光LED供电的特殊电源，白光LED正向电压的典型值约为3.5V±10%，因此，驱动器只需为器件提供正向偏置电压即可得到白色光。图4-33是成本最低的驱动电路，它将白光LED串联一个限流电阻，再在电路的两端加上工作电源。这种方法虽然简单，但缺点十分明显，一是白光LED的非线性V-I曲线让这种方法的稳流能力非常差；二是只要外加电压或白光LED的正向电压有任何变动，白光LED的电流都会改变。可见，这种方案会影响显示器亮度，在实际应用中是无法接受的。

在实际应用中，为了给白光LED提供恒定的电压或恒定的电流，需要DC/DC变换器进行升压、稳压。目前，白光LED主要有电感式和电荷泵式两种驱动电路形式，它们都是DC/DC变换器。

——电感式驱动电路

电感式驱动电路为恒流输出，输出电压较高，对白光LED采用串联驱动。

图4-34是采用NCP5005的电感式白光LED驱动电路。

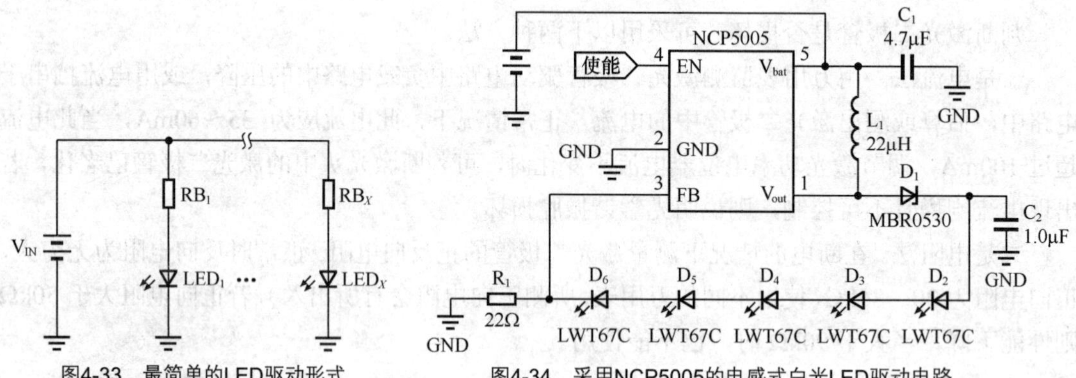

图4-33　最简单的LED驱动形式

图4-34　采用NCP5005的电感式白光LED驱动电路

——电荷泵式（电容式）驱动电路

电荷泵式驱动电路按其输出形式，可分为恒压输出、恒流输出；按其对LED驱动的方法分有并联恒压驱动、单个恒流驱动、串联恒流驱动。

图4-35为采用AAT3114的电荷泵单个恒流驱动电路。该电路具有32级调光功能。

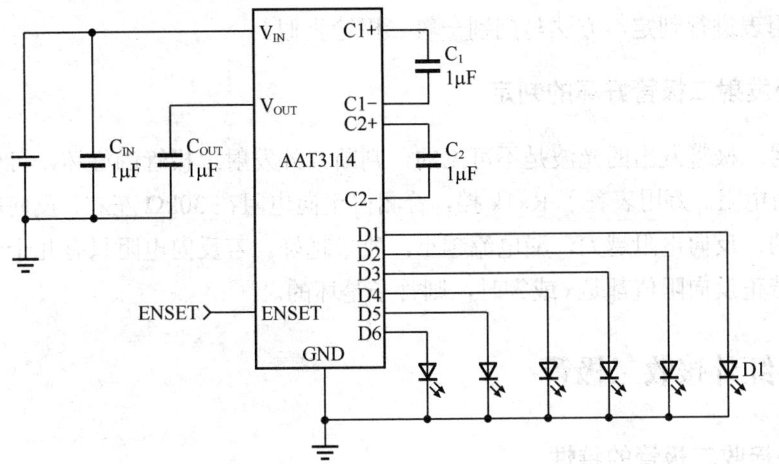

图4-35　采用AAT3114的电荷泵并联恒压驱动电路

4.7　红外发射和接收二极管

4.7.1　红外发射二极管

1. 红外发射二极管的特性

红外发射二极管是一种能把电能直接转换成红外光能的发光器件，因其在电路中的作用是将红外光辐射到空间中去，所以也称为红外发射二极管；这种管子是用砷化镓（GaAs）材料制成的，也具有半导体 PN 结。其制造工艺和结构形式有多种。通常使用折射率较大的环氧树脂封装，目的是为了提高发光效率。红外发射二极管的峰值波长为 950nm 左右，属于红外波段，其特点是电流与光输出特性的线性较好，生产和使用都较简便，适合于在短距离、小容量和模拟调制系统中使用，被广泛应用于红外线遥控系统中的发射电路。常见红外发射二极管的外形及电路符号如图 4-36 所示。

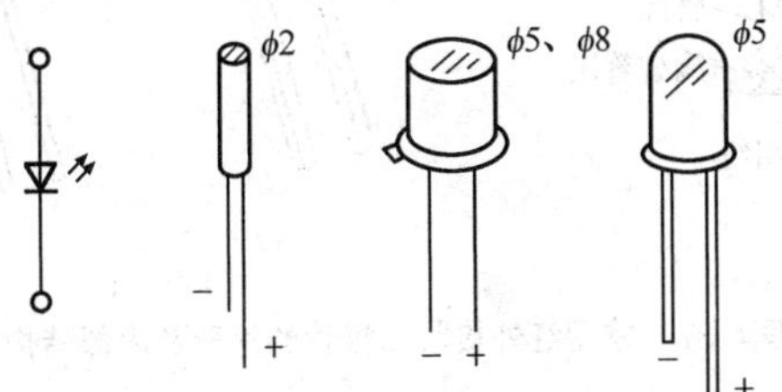

图4-36　常见红外发射二极管的外形及电路符号

2. 红外发射二极管的正负极的判断

通常长引脚为正极，短引脚为负极。因红外发射二极管呈透明状，所以管壳内的电极清晰可见，内部电极较宽较大的一个为负极，而较窄且小的一个为正极。全塑封装管的侧向呈一小平面，靠近小平面的引脚为负极，另一端引脚则为正极。红外发射二极管的正负极也可方便地用万用表进行判定，方法与判别一般二极管类似。

3. 红外发射二极管好坏的判定

红外发射二极管发出的光波是不可见的，判断红外发射二极管的好坏，可使用万用表测量其正、反向电阻。万用表置于 R×1k 挡，若测得正向电阻在 30kΩ 左右，反向电阻在 500kΩ 以上者是好的，反向电阻越大，漏电流越小，质量越好。若反向电阻只有几十千欧，这种管子质量差；若正反向阻值都是∞或零时，则管子是坏的。

4.7.2 红外接收二极管

1. 红外接收二极管的特性

红外接收二极管亦称红外光电二极管，是一种特殊的光电 PIN 二极管，被广泛应用于家用电器的的遥控接收器中。这种二极管在红外光线的激励下能产生一定的电流，其内阻的大小由入射的红外光来决定。不受红外光时，内阻较大，为几兆欧以上，受红外光照射后内阻减小到几千欧。由于红外接收二极管的输出阻抗非常高（约 1MΩ），所以在用于遥控接收器中时，要使它同接口的集成电路及其他元件的阻抗实现良好匹配，并要合理配置元器件的安装位置及布线。这样才能防止受到空间杂散电波的影响，保证遥控接收器的正常工作。

红外接收二极管的灵敏点是在 940nm 附近，这与红外发射二极管的最强波长正好是相对应的，而对波长更长和更短的光线的响应则是急剧下降的。这一点是靠红外接收二极管具有较小的结电容来实现的。此外，红外接收二极管的接收指向范围较宽，且具有良好的分光灵敏度，能滤除外来无用光信号的干扰。

常用红外接收二极管的外形及内部结构如图 4-37 所示。

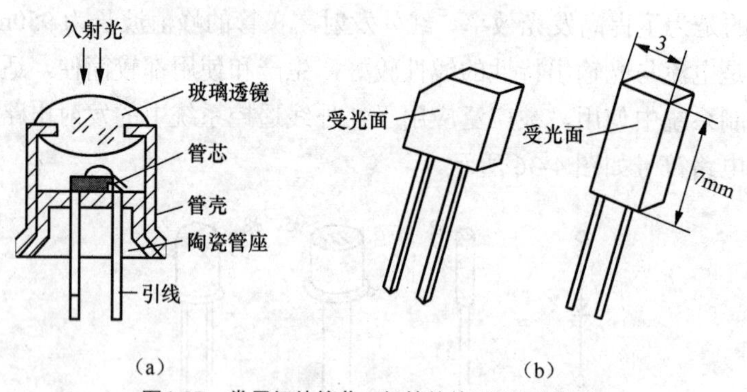

图4-37 常用红外接收二极管的外形及内部结构

2. 红外接收二极管管脚极性的识别

（1）从外观上识别

常见的红外接收二极管外观颜色呈黑色。识别引脚时，面对受光窗口，从左至右，分别为正极和负极。另外，在红外接收二极管的管体顶端有一个小斜切平面，通常带有此斜切平面一端的引脚为负极，另一端则为正极。

（2）用万用表电阻挡测试

将万用表置于 R×1k 挡，交换红、黑表笔两次测量管子两引脚间的电阻值，正常时，所得阻值应为一大一小。以阻值较小的一次为准，红表笔所接的管脚为负极，黑表笔所接的管脚为正极。

3. 红外接收二极管性能好坏的判断

判别红外接收二极管的好坏，通常采用以下两种方法。

（1）用万用表电阻挡测量红外接收二极管正、反向电阻，根据正、反向电阻值的大小，即可初步判定红外接收二极管的好坏。将万用表置于 R×1k 挡，正常时，红外接收二极管的正向电阻为 3～4kΩ，反向电阻应大于 500kΩ。否则，说明管子性能不良。

（2）将万用表置于 R×1k 挡，红表笔接被测红外接收二极管的正极，黑表笔接负极。此时，电阻为 500kΩ 以上。用一个好的彩电遥控器正对着红外接收二极管的受光窗口，距离为 5～10mm。当按下遥控器上的按键时，若红外接收二极管性能良好，一般万用表指示的电阻值应由 500kΩ 以上减小到 50～100kΩ，被测管子的灵敏度越高，阻值会越小。用这种方法挑选性能优良的红外接收二极管十分方便，且准确可靠。

用此法也可以方便地区分出发光二极管和接收二极管。

4.8 其他二极管

4.8.1 检波二极管

检波二极管的作用是把原来调制在高频无线电电波中的低频信号取出来。检波也叫解调。检波一般是对高频小信号而言，也是利用二极管的单向导电特性进行的。检波二极管广泛应用于收音机、电视机及通信设备中。

检波二极管因工作频率较高，处理信号幅度较弱，因此要求结电容小、频率特性好、正向压降小、效率高，通常多用锗材料点接触式结构，常用国产检波二极管型号主要是 2AP×、2AP××、2AP×××等，均为锗二极管，常用进口检波二极管有 1N60 等型号。

4.8.2 瞬态电压抑制二极管（TVS）

1. 瞬态电压抑制二极管的特性

瞬态电压抑制二极管，是一种安全保护器件。这种器件应用在电路系统中，如电话交换机、仪器电源电路中，对电路中瞬间出现的浪涌电压脉冲起到分流、箝位作用，可以有效地降低由于雷电、电路中开关通断时感性元件产生的高压脉冲，避免高压脉冲损坏仪器设备，保障人和财产的安全。

瞬态电压抑制二极管主要由芯片、引线电极、管体 3 部分组成，外形和内部结构如图 4-38 所示。芯片是核心，它是由半导体硅材料扩散而成的，芯片有单极型和双极型两种结构。单极型有一个 PN 结，如图 4-39（a）所示；双极型有两个 PN 结，如图 4-39（b）所示。

瞬态电压抑制二极管的工作原理是利用 PN 结的齐纳击穿特性而工作的，每一个 PN 结都有自己的反向击穿电压 U_B。如 U_B 为 200V，当施加到 PN 结的反向电压小于 200V 时，电流不导通，而当施加到 PN 结的反向电压高于 200V 时，PN 结快速进入击穿状态，有大电流通过 PN 结，而 U_B 电压限制在 200V 附近。根据这个道理，瞬态电压抑制二极管在电路中有浪涌电压产生时，可将高压脉冲限制在安全范围，而允许瞬间大电流旁路。因此瞬态电压抑制二极管可用于电路过压保护。双极型的芯片从结构上讲它不是简单由两个背对背的单极芯片串连而成，而是利用现代半导体加工技术在同一硅片的正反两个面上制作两个背对背的 PN 结，它用于双向过压保护。瞬态电压抑制二极管的芯片的 PN 结经过玻璃钝化保护，管体由改性环氧树脂模塑而成。它具有体积小、峰值功率大、抗浪涌电压的能力强、击穿电压特性曲线好、齐纳阻抗低、双向电压对称性好、反向漏电流小、对脉冲的响应时间快等特点，适合在恶劣环境条件下工作，是一种理想的防雷电保护器件。

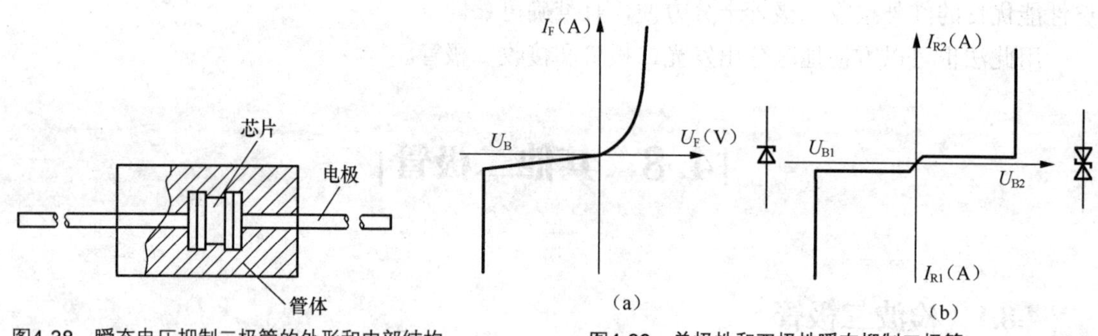

图4-38　瞬态电压抑制二极管的外形和内部结构

图4-39　单极性和双极性瞬态抑制二极管

2. 瞬态电压抑制二极管的检测

对于单极性的瞬态电压抑制二极管，按照测量普通二极管的方法可测出其正、反向阻值，一般正向阻值为 4kΩ 左右，反向阻值为无穷大。若测得的正、反向阻值均为零若均为无穷大，则表明管子已经损坏。

对于双极性瞬态电压抑制二极管，任意调换红、黑表笔，测量其两引脚的电阻值均应为无穷大。否则说明管子性能不良或已经损坏，但这种方法对管子内部断极或开路的故障是不能判断的。

4.8.3　双向触发二极管

1. 双向触发二极管的特性

双向触发二极管简称 DIAC，是一种两端交流器件，它与双向晶闸管同时问世，具有结构简单、价格低廉等优点。

双向触发二极管的结构、电路符号、等效电路以及伏安特性如图 4-40 所示。

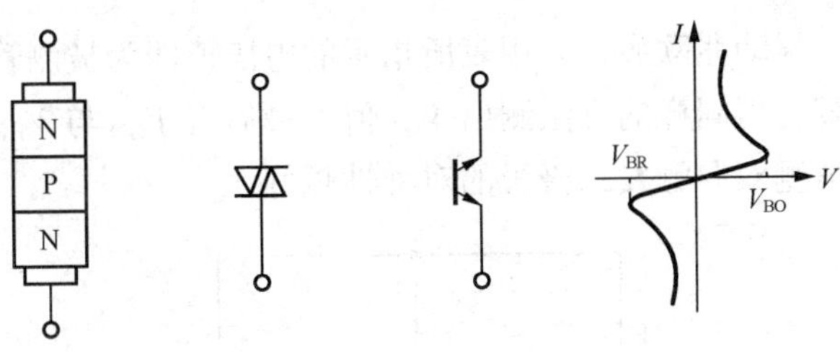

图4-40　双向触发二极管的结构、电路符号、等效电路及伏安特性

双向触发二极管属于三层二端半导体器件，具有对称性质，可等效于基极开路、发射极与集电极对称的 NPN 晶体管。其正、反向伏安特性完全对称，当器件两端的电压 V 小于正向转折电压 V_{BO} 时，管子呈高阻状态；当 $V>V_{BO}$ 时进入负阻区。同理，当 V 超过反向转折电压 V_{BR} 时，管子也能进入负阻区。转折电压的对称性用 ΔV_B 表示，$\Delta V_B=V_{BO}-|V_{BR}|$。一般要求 $\Delta V_B<2V$。常见的双向触发二极管的耐压值（V_{BO}）大致分为 3 个等级：20～60V、100～150V、200～250V。

2. 双向触发二极管的应用电路

双向触发二极管的用途很广，除可用来触发双向晶闸管之外，还可组成定时器、移相电路、过压保护电路等。

图 4-41 是由双向触发二极管与双向晶闸管构成的过压保护电路。

当瞬态电压 V_i 超过双向触发二极管的转折电压时，双向触发二极管导通，并触发双向晶闸管使之也导通，将瞬态峰值电压箝位，从而保护负载免受过压损害。

图 4-42 是由双向触发二极管构成的台灯调光电路图。EL 代表白炽灯泡。双向触发二极管与双向晶闸管的门极相连。通过调节电位器 R_P，可以改变双向晶闸管的导通角，进而改变流过白炽灯泡的平均电流值，实现连续调光的效果。此电路还可作为 500W 以下的电熨斗或电热褥的温度调节电路使用。应用时，双向晶闸管要加装合适的散热器，以免管子过热损坏。

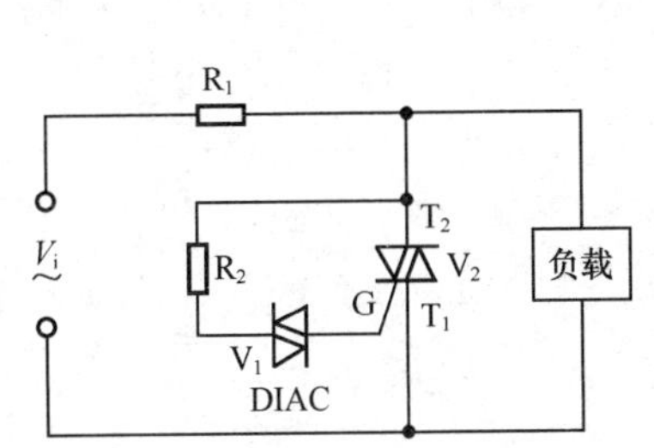

图4-41　双向二极管构成的过压保护电路

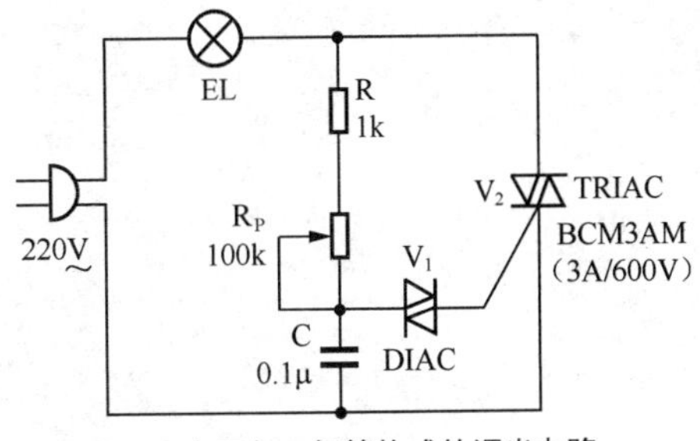

图4-42　由双向二极管构成的调光电路

3. 双向触发二极管的检测

（1）将万用表置于 R×1k 挡，测量双向触发二极管的正、反向电阻值，正常时，都应为无穷大。若交换表笔进行测量，万用表指针向右摆动，说明被测管有漏电性故障。

（2）按图 4-43 所示电路进行连接。

将万用表置于相应的直流电压挡（视双向触发二极管的具体转折电压而定）。测试电压由兆欧表提供。测试时，摇动兆欧表，万用表所指示的电压值即为被测管子的 V_{BO} 值。然后调换被测管子的两个引脚，用同样的方法测出 V_{GT} 值。最后将 V_{BO} 与 V_{BR} 进行比较，两者的绝对值之差越小，说明被测双向触发二极管的对称性越好。

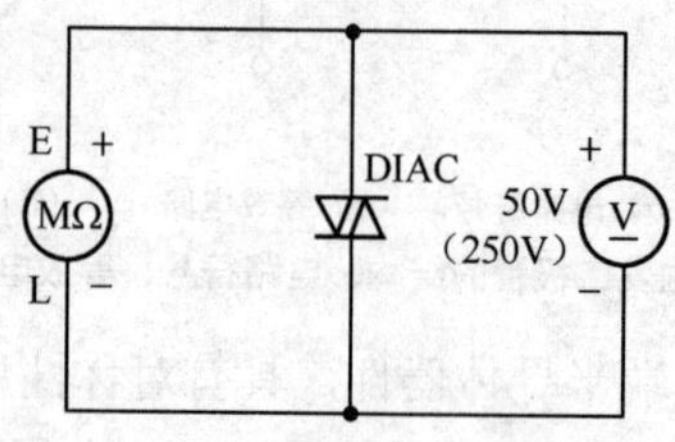

图4-43　双向触发二极管检测电路

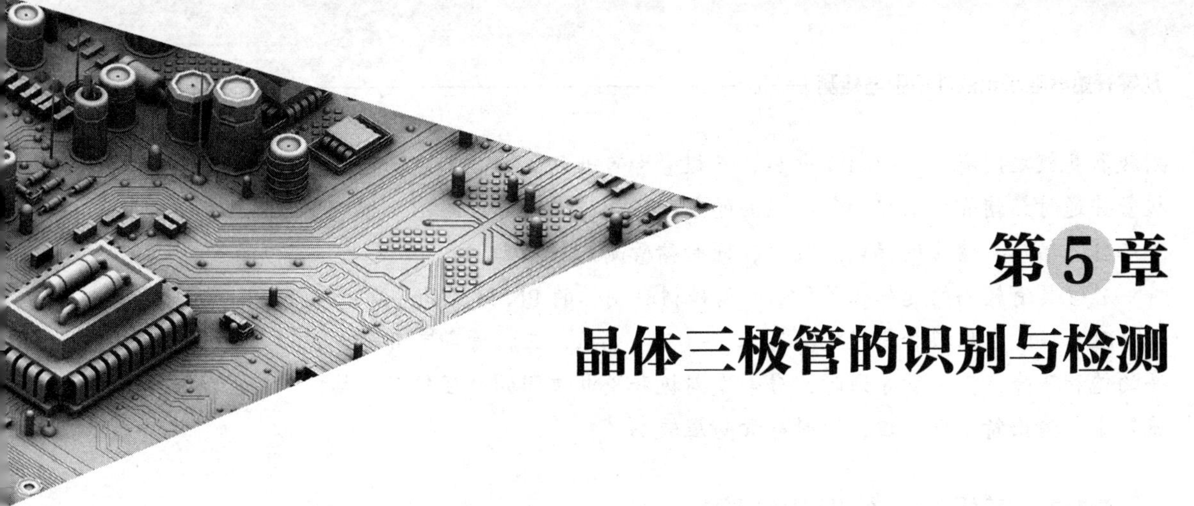

第5章 晶体三极管的识别与检测

晶体三极管通常称为晶体管或三极管，是各种电子设备的关键元件，在电子电路中能够起放大、振荡、调制等多种作用，且具有体积小、重量轻、使用寿命长、耗电省等优点，因此得到了广泛的应用，本章从三极管的分类、识别、检测等多个方面，对常用三极管进行了较为详细和系统的分析。

5.1 晶体三极管概述

5.1.1 三极管的分类

三极管在电子技术中扮演着极其重要的角色：利用它可以放大微弱的电信号；利用它可以作为无触点开关元件；利用它可以产生各种频率的电振荡；利用它可以代替可变电阻……。三极管还是集成电路中的核心元件。因此，三极管应用极为广泛。电子电路中常用的三极管，种类很多，按照频率分有高频管（3MHz 以上）、低频管（3MHz 以下）；按照功率分有小功率管、中功率管和大功率管；按半导体材料分有硅管、锗管；按用途分有放大管、开关管、低噪声管、高反压管等。三极管的具体分类情况如图 5-1 所示。

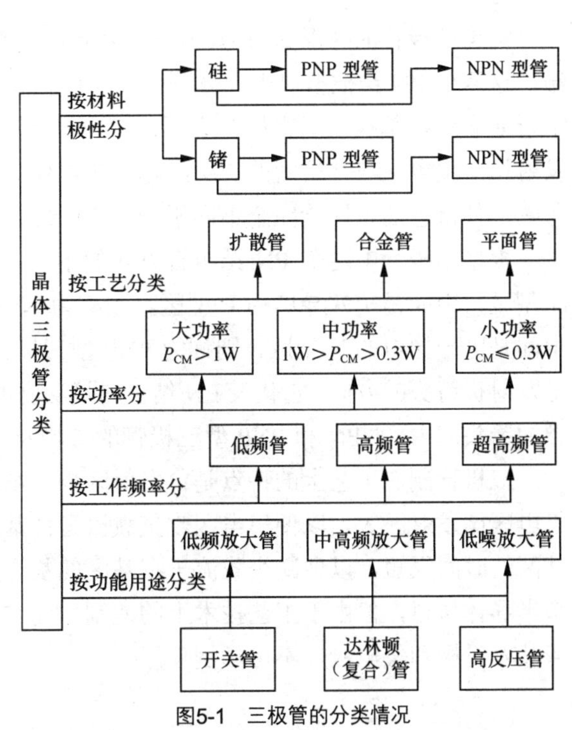

图5-1 三极管的分类情况

重点提示：锗管具有较低的起始工作电压。用锗材料制作的 PN 结的正向导通电压为 0.2～0.3V，如果锗三极管发射极和基极之间有 0.2～0.3V 电压，三极管即可开始工作。其次，锗管的饱和压降较低。三极管导通时，锗管发射极和集电极间的电压较低，在实际电路中，锗管更容易满足在低电压下工作。第三，锗管的漏电流较大，同时锗管耐压较低。

硅管具有较高的起始工作电压。用硅材料制作的 PN 结正向导通电压为 0.6～0.7V，所以如果硅三极管发射极和基极之间有 0.6～0.7V 电压，三极管即可开始工作。其次，硅管有较高的饱和压降，三极管导通时，硅管发射极和集电极间的电压较高。第三，硅管的反向漏电流较小，输出特性更平坦，同时硅管耐压较高。

5.1.2 三极管的外形和结构

从它的外形来看，三极管通常有 3 个极，常见外形如图 5-2 所示。

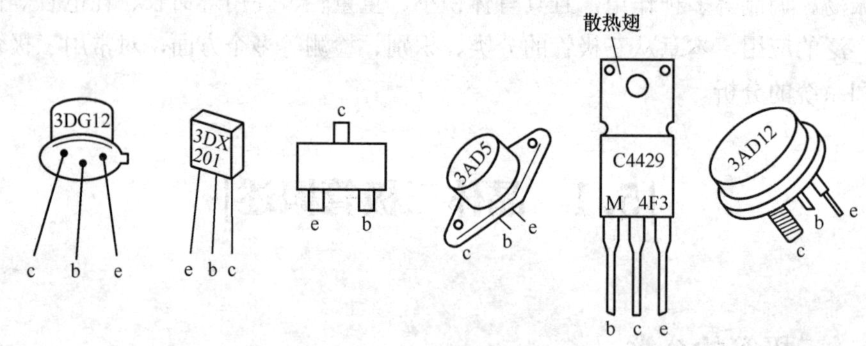

图5-2 常见三极管的外形

不论三极管的外形如何，其内部的基本结构都是在一块半导体上制造两个距离很近的 PN 结，这两个 PN 结把整块半导体分为 3 个区，由这 3 个区引出的电极分别称为：发射极，用字母 e 表示；基极，用字母 b 表示；集电极，用字母 c 表示。发射极与基极间的 PN 结称为发射结；集电极与基极间的 PN 结称为集电结。三极管的两个 PN 结之间相互联系并且相互影响，使得它的电性能完全不同于一个 PN 结的二极管。

根据三极管中两个 PN 结组合方式的不同，可以分成两种类型：如果两边是电子导电的 N 型区，中间是空穴导电的 P 型区，则称为 NPN 型三极管；若两边是空穴导电的 P 型区，中间是电子导电的 N 型区，则称为 PNP 型三极管。NPN 型和 PNP 型三极管在符号上的区别是发射极箭头的方向，它代表 PN 结正向接法时的电流方向，NPN 型的发射极箭头向外，PNP 型的箭头向内，NPN 和 PNP 型三极管的结构及电路符号如图 5-3 所示。

三极管制造工艺上的特点是：发射区掺杂浓度大于基区掺杂浓度，以利于发射载流子；集电区比发射区大，以便集电区收集载流子；基区做得很薄，杂质也掺得少，使载流子通过基区的时间很短，以便减少载流子在基区的复合。所以，发射区和集电区虽然同是 P 型或 N 型半导体材料，但由于工艺技术上的差别，使它们的功能不同，因而在使用三极管时，要分清其发射极和集电极，不可颠倒使用。

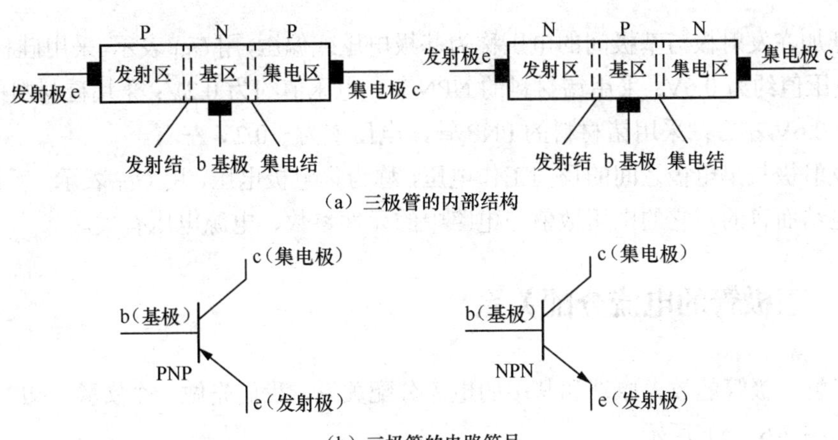

（a）三极管的内部结构

（b）三极管的电路符号

图5-3　NPN和PNP型三极管的结构及电路符号

5.1.3　三极管的工作电压

前已述及，三极管在制造工艺上做了特殊设计，这为三极管的放大功能提供了内部条件，但是，仅靠这些还不能放大信号，还必须具备一定的外部条件才能实现放大功能。具体地说，就是需要加上一定的工作电压给三极管，如果电源极性接错，或提供的电压不正常，尽管这时三极管本身是好的，也照样不能工作，甚至还可能损坏三极管。

要使三极管能够起放大作用，其工作电源的接法必须是：三极管的发射结加正向电压，集电结加反向电压，并且反向电压要高于正向电压两倍以上。根据上述原则，PNP 型三极管和 NPN 型三极管电源供电的连接方法如图 5-4 所示。

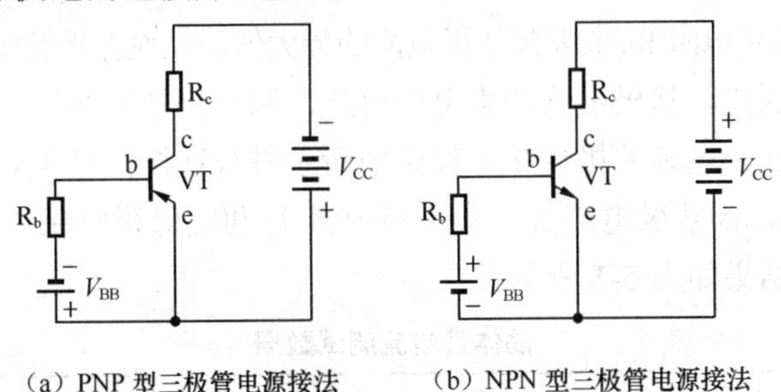

（a）PNP 型三极管电源接法　（b）NPN 型三极管电源接法

图5-4　PNP和NPN三极管电源的接法

考虑到设置两个电源不方便，实际电路中，一般采用如图 5-5 所示的电路。为满足上述供电条件，图中的 R_b 必须大于 R_c。

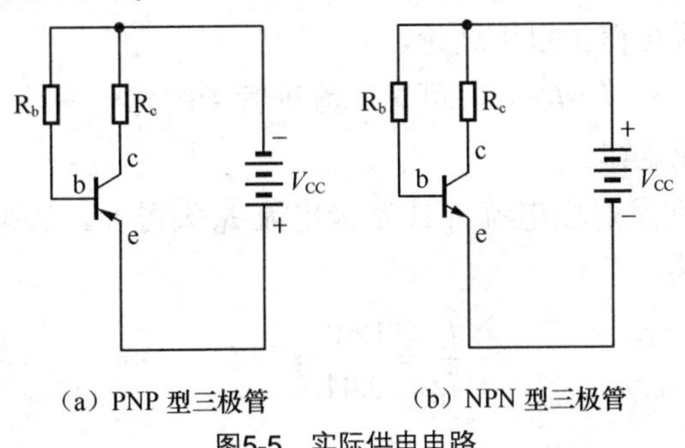

（a）PNP 型三极管　（b）NPN 型三极管

图5-5　实际供电电路

通常把加在发射极与基极间的电压称为基极电压或偏压，用 U_{BE} 表示。采用硅材料的 NPN 管，这个电压值约为 0.6V；采用锗材料的 NPN 管，电压值约为 0.2V；采用硅材料的 PNP 管，电压值为－0.6V 左右；采用锗材料的 PNP 管，电压值为－0.2V 左右。

加在发射极与集电极之间的反向工作电压，称为集电极电压，用 U_{CE} 表示，所谓“反向”，是针对集电结而言的，它的电压数值与电路中的元件参数、电源电压有关。

5.1.4 三极管的电流分配关系

为了了解三极管的放大原理和其中的电流分配关系，我们先做一个实验，NPN 型三极管实验电路如图 5-6（a）所示。

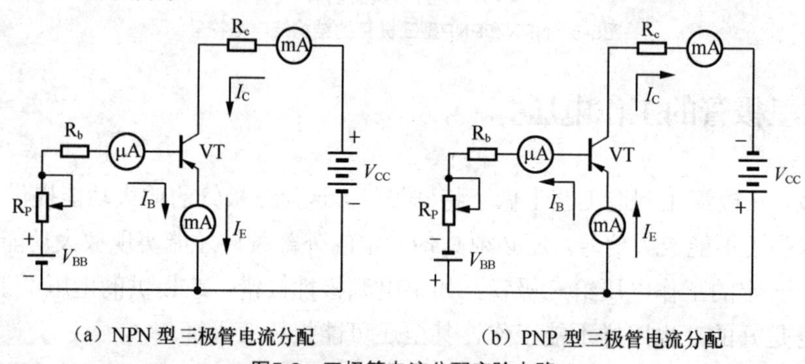

（a）NPN 型三极管电流分配　　（b）PNP 型三极管电流分配

图5-6　三极管电流分配实验电路

图中，I_B 表示基极电流，I_C 表示集电极电流，I_E 表示发射极电流，调整可变电阻 R_P 的阻值，便可改变基极电流 I_B，为了防止因 R_P 值调得太小而引起过大的基极电流烧坏管子的发射结，在基极回路中串接一个固定电阻 R_b 来限制基极电流的最大值，从而保护管子不致因过流损坏。

测试电路有两个回路，基极电路和集电极电路，发射极是公共端，因此，这种接法称为晶体管的共发射极接法，电源的极性必须按图中所示进行连接，且 V_{CC} 大于 V_{BB}。

改变可变电阻 R_P，则基极电流 I_B、集电极电流 I_C 和发射极电流 I_E 都发生变化，电流方向如图中所示，测量结果如表 5-1 所示。

表 5-1　　晶体管电流测试数据

I_B（mA）	−0.01	0	0.02	0.04	0.06	0.08	0.10
I_C（mA）	0.01	0.01	0.70	1.50	2.30	3.10	3.95
I_E（mA）	0	0.01	0.72	1.54	2.36	3.18	4.05

由此实验及测量结果可得出以下结论。

（1）任何一列数据都有 $I_E=I_C+I_B$。可见，流进管子的总电流等于流出管子的总电流，这一结果符合基尔霍夫电流定律。

（2）集电极电流 I_C 和发射极电流 I_E 比基极电流 I_B 大得多。从第 4 列和第 5 列的数据可知，I_C 与 I_B 的比值分别为：

$$\frac{I_C}{I_B}=\frac{1.50}{0.04}=37.5$$

$$\frac{I_C}{I_B}=\frac{2.30}{0.06}=38.3$$

这就是三极管的电流放大作用，电流放大作用还体现在基极电流的少量变化ΔI_B上，可以引进集电极电流较大的变化ΔI_C。还是比较第 4 列与第 5 列的数据，可得出：

$$\frac{\Delta I_C}{\Delta I_B}=\frac{2.30-1.50}{0.06-0.04}=\frac{0.08}{0.02}=40$$

可见，当基极电流有一微小的变化时，可引起集电极电流较大的变化，一般我们把ΔI_C与ΔI_B的比值用β表示，即$\beta=\frac{\Delta I_C}{\Delta I_B}$，称为三极管的电流放大倍数。

重点提示：当 I_B从 0mA 变化到 0.02mA 时，I_C由 0.01mA 变化到 0.70mA，根据电流放大倍数的公式可得，电流放大倍数β为 34.5；当 I_B从 0.02mA 变化到 0.04mA 时，I_C由 0.70mA 变化到 1.50mA，此时，电流放大倍数β为 40。由此可见，该三极管的β值与三极管的工作电流有关，I_C增大时，三极管的β值也随着增大，通常，我们称这类三极管为具有反向 AGC 特性的三极管。实际上，在半导体器件中还有其他两类的三极管：一类是具有正向 AGC 特性的（当三极管 I_C增大时，三极管的β值会减小）；另一类是没有 AGC 特性的（当三极管 I_C在很大范围内变化时，其β值基本不变）。因此，在检修电子产品时，若确认某三极管不良，在没有同型号三极管替换时，除考虑三极管其他参数外，还必须根据管子的上述特性，选择相对应的三极管。

（3）当 I_B=0 时，即基极开路时，I_C=I_E，我们称此时的 I_C 值为穿透电流，记作 I_{CEO}，通常 I_{CEO}越小，说明晶体二极管的热稳定性越好。

（4）当 I_E=0 时，即发射极开路时，I_C=I_{CBO}，称为反向饱和电流，表中，I_{CBO}=0.01mA。为什么称为反向呢？因为此时集电结处于反向偏置状态，I_{CBO}是由 N 区流向 P 区。

上述实验是以 NPN 型管为例的。如果采用图 5-6（b）所示的 PNP 型三极管电路，同样能得到上述结果，不同的是 PNP 型三极管的电流方向与 NPN 型三极管相反。

5.1.5　三极管的输入输出特性曲线

三极管的特性曲线是内部载流子运动的外部表现，它反映出三极管的性能，是分析放大电路的重要依据。最常用的是共发射极接法时的输入特性曲线和输出特性曲线。这些特性曲线可用晶体管特性图示仪直观地显示出来，也可以通过图 5-7 所示的实验电路进行测绘。

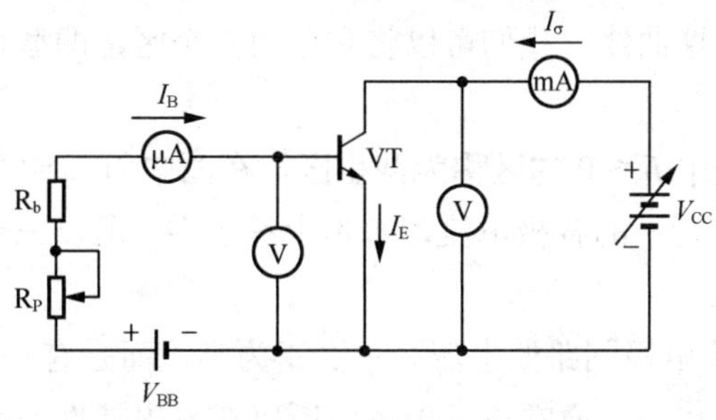

图5-7　测量三极管特性的实验电路

1. 输入特性曲线

输入特性曲线是指当集电极电压 U_{CE} 为常数时，基极电流 I_B 与基极电压 U_{BE} 之间的关系曲线。因为三极管的发射结是一个 PN 结，且正向连接，所以晶体三极管的输入特性曲线与二极管的正向特性曲线是一样的，如图 5-8 所示。

图中输入特性曲线是在三极管集电极电压取某个值时测定的，若集电极电压取不同固定值，输入特性曲线仅是左右稍微移动一点，其形态基本不变，另外，当温度升高时，U_{BE} 将会降低，反映在输入特性上，表现为整个曲线随温度升高而向左移。

从曲线上可以看出，输入特性曲线可分为非线性区与线性区两部分，在线性区输入电压 U_{BE}，微小变化会引起基极电流 I_B 较大幅度地作线性变化，因此，若将三极管作为线性放大元件使用时（例如用作中频放大管、低频放大管），必须通过调整 I_B 或 U_{BE}，使三极管输入端工作在这个区。

重点提示：输入特性曲线表明：三极管正常工作时，U_{BE} 变化范围较小，硅管 0.5～0.7V，锗管 0.2～0.3V。对于硅管，当 $U_{BE}<0.5V$ 时，$I_B=0$，称为管子的“死区”。另外，基极和发射极之间也不能加过高的正向电压，否则将因 I_B 的剧增而导致管子的损坏。

2. 输出特性曲线

三极管的输出特性曲线是指当基极电流 I_B 为常数时，输出电路（集电极电路）中的集电极电流 I_C 与集电极电压 U_{CE} 之间的关系曲线。在不同的 I_B 下，可得到不同的曲线，所以，三极管的输出特性曲线是一组曲线，如图 5-9 所示。

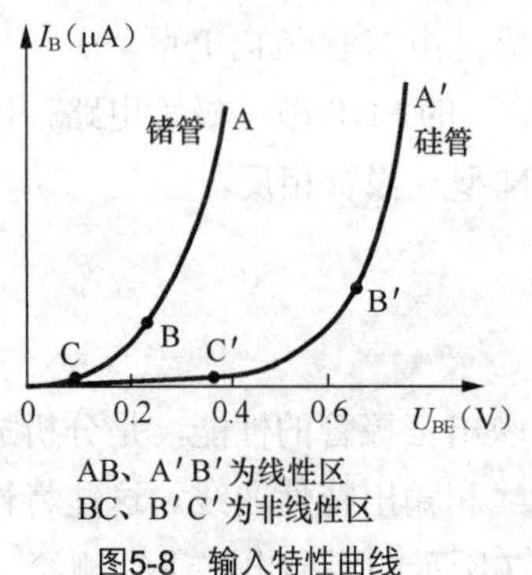

图5-8 输入特性曲线

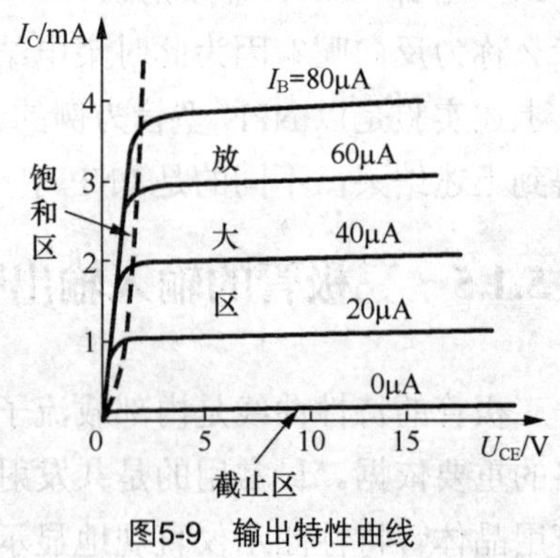

图5-9 输出特性曲线

分析三极管的输出特性曲线，我们可以将它分为 3 个区，即截止区、放大区和饱和区。

（1）截止区

一般将输出特性曲线中 $I_B \leqslant 0$ 的区称为截止区，在图中为 $I_B=0$ 的那条曲线以下的部分，此时 I_C 也近似为零。由于管子的各极电流都基本上等于零，所以三极管处于截止状态，没有放大作用。

其实，当 $I_B=0$ 时，集电极回路的电流并不真正为零，而是有一个较小的穿透电流 I_{CEO}。一般硅三极管的穿透电流较小，通常小于 1μA，所以在输出特性曲线上无法表示出来。锗三极管的穿透电流较大，为几十到几百微安。可以认为当发射结反向偏置时，发射区不再向基区注入电子，则三极管处于截止状态，所以，在截止区，三极管的发射结和集电结都处于反向偏置状态，对于 NPN 型三极管来说，此时 $U_{BE}<0$，$U_{BC}<0$。

重点提示：在三极管放大电路中，为了防止三极管工作在截止区，必须给三极管适当基极电流，使之工作在放大区。

（2）放大区

在放大区内，各条输出特性曲线比较平坦，近似为水平的直线，表示当 I_B 一定时，I_C 的值基本上不随 U_{CE} 而变化。而当基极电流有一个微小的变化量 ΔI_B 时，相应的集电极电流将产生较大的变化量 ΔI_C，比 ΔI_B 放大 β 倍，即：

$$\Delta I_C=\beta\Delta I_B$$

这个表达式体现了三极管的电流放大作用。

在放大区，三极管的发射结正向偏置，集电结反向偏置。对于 NPN 型三极管来说，$U_{BE}>0$。而 $U_{BC}<0$。

重点提示：在三极管组成的放大电路中，三极管必须工作在这个区才能放大信号，对于共射极放大器，输入信号由基极输入，从集电极得到放大了的输出信号。

（3）饱和区

图中纵坐标附近虚线以左的部分属于三极管的饱和区，在这个区域，不同 I_B 值的各条特性曲线几乎重叠在一起，十分密集。也就是说，当 U_{CE} 较小时，管子的集电极电流 I_C 基本上不随基极电流 I_B 而变化，这种现象称为饱和。在饱和区，三极管失去了放大作用，此时不能用放大区中的 β 来描述 I_C 和 I_B 的关系。

一般认为，当 $U_{CE}=U_{BE}$，即 $U_{CB}=0$ 时，三极管达到临界饱和状态。当 $U_{CE}<U_{BE}$ 时称为过饱和。三极管饱和时的管压降用 U_{CES} 表示，一般小功率硅三极管的饱和管压降 $U_{CES}<0.4V$。

三极管工作在饱和区时，发射结和集电结都处于正向偏置状态。对于 NPN 型三极管来说，$U_{BE}>0$，$U_{BC}>0$。

重点提示：三极管组成的放大电路中，要适当选择三极管外围元件，防止三极管工作在饱和区。值得注意的是，三极管工作在饱和区并不是三极管本身不具备放大能力，而是外围条件使三极管不能发挥其放大作用。

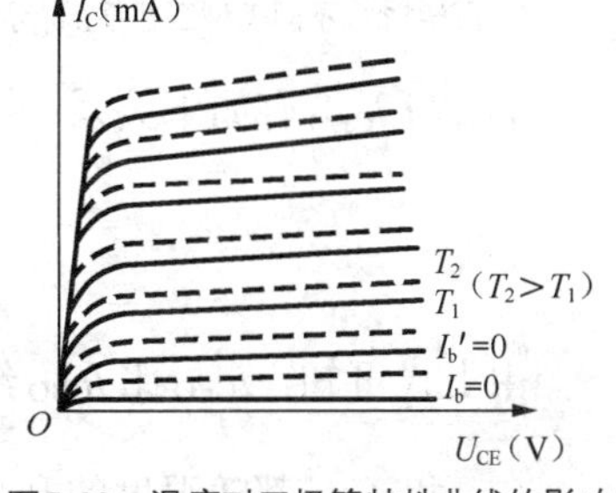

图5-10 温度对三极管特性曲线的影响

需要说明的是，温度对半导体器件的影响也很大，图 5-10 是当环境温度从 T_1 变化到 T_2 时，三极管输出特性曲线的变化情况，其中实线为 T_1 时的，虚线为 T_2 时的。从输出特性曲线可以看出，温度的变化将导致三极管工作不稳定，所以在实际电路中，常采用各种措施来消除这种影响。

5.1.6 晶体三极管的主要技术参数

晶体三极管的参数主要分为 3 类，下面分别介绍。

1. 直流参数

（1）共发射极直流放大倍数 $\overline{\beta}$（h_{FE}）

$\overline{\beta}$ 是三极管的直流电流放大系数，是指在共发射极电路中，无变化信号输入的情况下，

三极管 I_C 与 I_B 的比值，即 $\overline{\beta}=I_C/I_B$。共发射极直流放大倍数 $\overline{\beta}$ 是衡量三极管直流放大能力的一个重要参数，对于同一个三极管而言，在不同的集电极电流下有不同的 $\overline{\beta}$。

三极管的 $\overline{\beta}$ 值可通过数字万用表的 h_{FE} 挡测出，只要将三极管的 b、c、e 对应插入 h_{FE} 的测试插孔，便可直接从表盘上读出该管的 $\overline{\beta}$ 值。

（2）集电极反向截止电流 I_{CBO}

I_{CBO} 是指三极管发射极开路时，在三极管的集电结上加上规定的反向偏置电压，此时的集电极电流称为集电极反向截止电流。I_{CBO} 又称为集电极反向饱和电流，这是因为在集电结反向偏置状态下，在一定的室温范围内再增大反向偏置电压，I_{CBO} 也不再增大了，所以称为反向饱和电流。一般小功率锗三极管的 I_{CBO} 为几微安到几十微安，硅三极管的 I_{CBO} 要小得多，有的可以达到纳安数量级。

集电极反向截止电流 I_{CBO} 对于不同类型的三极管其方向是不同的，如图 5-11 所示。

（3）集电极—发射极反向截止电流 I_{CEO}

前已述及，I_{CEO} 是指三极管基极开路情况下，给发射结加上正向偏置电压、给集电结加上反向偏置电压时的集电极电流，俗称穿透电流。集电极—发射极反向截止电流 I_{CEO} 对于不同类型的三极管其方向是不同的，如图 5-12 所示。

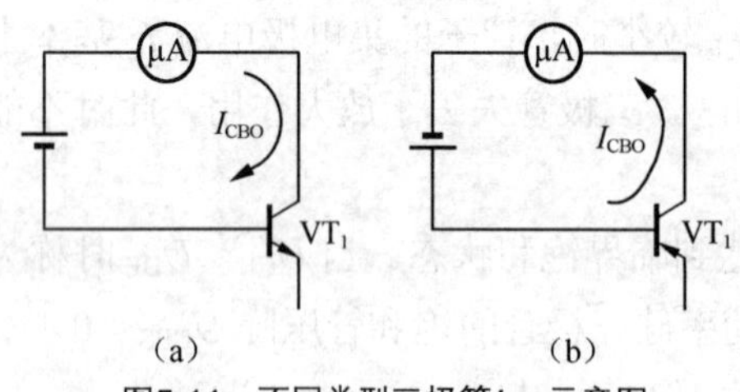

图5-11　不同类型三极管 I_{CBO} 示意图

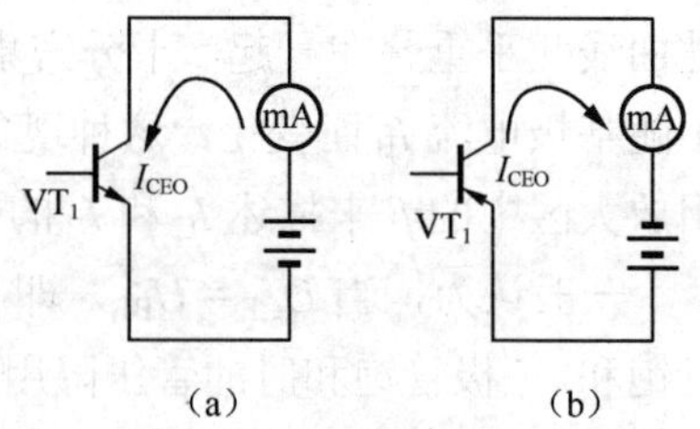

图5-12　不同类型三极管 I_{CEO} 示意图

I_{CEO} 与 I_{CBO} 有如下关系：

$$I_{CEO}=(1+\overline{\beta})I_{CBO}$$

由上式可知，I_{CEO} 比 I_{CBO} 约大 $\overline{\beta}$ 倍。

I_{CEO} 和 I_{CBO} 都随温度的升高而增大，特别是锗管受温度影响更大，这两个反向截止电流反映了三极管的热稳定性，反向电流小，三极管的热稳定性就好。

2. 交流参数

（1）共发射极电流放大倍数 β

β 是指将三极管接成共发射极电路时的交流放大倍数，β 等于集电极电流 I_C 变化量 ΔI_C 与基极电流 ΔI_B 两者之比，即 $\beta=\Delta I_C/\Delta I_B$。

β 与直流放大倍数 $\overline{\beta}$ 含义是不同的，但是，对于大多数三极管来说，β 与 $\overline{\beta}$ 却相差不大，所以，在以后的计算中，常常不将它们严格地区分。

（2）共基极电流放大倍数 α

α 是指将三极管接成共基极电路时的交流放大倍数，α 等于集电极电流 I_c 变化量 ΔI_c 与发射极电流变化量 ΔI_E 之比，即 $\alpha=\Delta I_C/\Delta I_E$。

根据 α 和 β 的定义，以及三极管中 3 个电流的关系，可得：

$$\alpha = \frac{\Delta I_C}{\Delta I_E} = \frac{\Delta I_C}{\Delta I_B + \Delta I_C} = \frac{\Delta I_C / \Delta I_B}{(\Delta I_B + \Delta I_C)/\Delta I_B} = \frac{\beta}{1+\beta}$$

也可写成：

$$\beta = \frac{\alpha}{1-\alpha}$$

（3）截止频率 f_α、f_β 与特征频率 f_T 以及最高振荡频率 f_m

当三极管工作在高频状态时，就要考虑其频率参数，三极管的频率参数主要有截止频率 f_α、f_β 与特征频率 f_T 以及最高振荡频率 f_m。

f_α 称为共基极截止频率或 α 截止频率，在共基极电路中，电流放大倍数 α 值在工作频率较低时基本为一常数，当工作频率超过某一值时，α 值开始下降，当 α 值下降至低频值 α_0（例如 f 为 1kHz）的 $\frac{1}{\sqrt{2}}$（即 0.707 倍）时所对应的频率为 f_α。

f_β 称为发射极截止频率或 β 截止频率，在发射极电路中，电流放大倍数 β 值下降至低频值 β_0 的 $\frac{1}{\sqrt{2}}$ 时所对应的频率为 f_β。

上述两个截止频率的物理意义是相同的，即 α 和 β 值下降至低频值的 $\frac{1}{\sqrt{2}}$ 时的频率，区别在于晶体管在电路中的连接方式不同，因而频率特性也有所不同。

理论和实践都证明，同一只晶体管的 f_β 值远比 f_α 值要小，这两个参数有如下关系：

$$f_\alpha \approx \beta f_\beta$$

重点提示：在实际使用中，工作频率等于 f_β 或 f_α，说明管子“截止”，这时管子仍可有相当高的放大能力。如某晶体管 β 在 1kHz 时测试为 100（即 β_0=100），当 $f=f_\beta$ 时，β=100×70.7%=70.7，这就说明晶体管在 $f=f_\beta$ 工作时仍有相当高的放大倍数。另外，由于 α 值在较宽的频率范围内比较均匀，且 f_α 远大于 f_β，所以高频宽带放大器和一些高频、超高频、甚高频振荡器常用共基极接法。一般规定，f_α<3MHz 称为低频管，f_α≥3MHz 称为高频管。

f_T 称为特征频率，晶体管工作频率超过一定值时，β 值开始下降，当 β 下降为 1 时，所对应的频率就叫做特征频率 f_T。当 $f=f_T$ 时，晶体管就完全失去了电流放大功能。有时也称为增益带宽乘积（f_T 等于三极管的频率 f 与放大系数 β 的乘积）。

f_m 称为最高振荡频率，定义为三极管功率增益等于 1 时的频率。其意义即是晶体管电路在这个频率下振荡时，输出端全部功率反馈到输入端时刚好可以维持振荡工作状态，频率再高一点即停止振荡。

三极管的频率参数也是选用三极管的重要依据之一，通常，在高频放大电路中，应该选用高频管，即频率参数较高的三极管，如对频率没有特殊要求，可选用低频管，一般低频小功率三极管的 f_α 值为几十至几百千赫，高频小功率三极管的 f_T 为几十至几百兆赫，一般可在器件手册上查到三极管的 f_α、f_β 和 f_T。

3. 极限参数

加在三极管上的电压或电流是有一定限度的，当三极管工作时的电压或电流超过这一限制时，轻则影响三极管正常工作，严重时将损坏三极管。三极管的极限参数主要有以下几项。

（1）集电极最大电流 I_{CM}

集电极电流 I_C 超过一定数值时，三极管的 β 值要下降，β 值下降到正常 β 值的三分之二时的集电极电流，称为集电极最大允许电流 I_{CM}。当 I_C 超过 I_{CM} 不多时，虽然不致损坏管子，但 β 值显著下降，影响电路的性能。如果三极管工作时 I_C 超过 I_{CM} 过多，这将导致三极管过流损坏。

（2）集电极最大允许功耗 P_{CM}

当三极管工作时，管子两端的压降为 U_{CE}，流过集电极的电流为 I_C，因损耗的功率为 $P_C=I_CU_{CE}$，集电极消耗的电能将转化为热能使管子的温度升高。当 P_C 的数值超过某个数值时，三极管将因 PN 结升温过高而击穿损坏，这个数值即称为最大允许功耗 P_{CM}。

使用三极管时，实际功耗不允许超过 P_{CM}，通常还应留有较大余量，因为功耗过大往往是三极管烧坏的主要原因。

由于 P_{CM} 与管子散热条件极相关，如果三极管加散热片，三极管散热快，允许最大功耗 P_{CM} 可大大提高。因此，在家用电器中有些三极管装有散热片，其道理就在这里。

（3）反向击穿电压

当三极管 PN 结受到较高反向电压时，PN 结就会反向击穿，结电阻突然下降，结电流立即上升，三极管极易损坏。三极管击穿电压不仅与三极管自身特性有关，而且还取决于外部电路的接法。

击穿电压用符号 BU 表示，BU 的下角标表示击穿电压的电极和第三电极的状态，常用的如下所示。

——集电极—发射极击穿电压 BU_{CEO}

BU_{CEO} 是指三极管基极开路时，允许加在集电极和发射极之间的最高电压。通常情况下，ce 极间电压不能超过 BU_{CEO}，否则会引起管子击穿或使其特性变坏。下标中的“O”表示基极开路。

——集电极—基极击穿电压 BU_{CBO}

BU_{CBO} 是指三极管发射极开路时，允许加在集电极和基极之间的最高电压。通常情况下，集电极和基极的反向电压不能超过 BU_{CBO}。下标中的“O”表示发射极开路。三极管的 BU_{CBO} 要大于 BU_{CEO}，这是器件的属性，初学者应该记住。

5.1.7 晶体三极管的代换原则

在选择和代换三极管时，应掌握以下原则。

1. 类型相同

（1）材料相同：即锗管置换锗管，硅管置换硅管。

（2）极性相同：即 NPN 型管置换 NPN 型管，PNP 型管置换 PNP 型管。

2. 特性相近

用于置换的晶体管应与原晶体管的特性相近，它们的主要参数及特性曲线应相差不多。晶体管的主要参数近 20 个，要求所有这些参数都相近，不但困难，而且没有必要。一般来说，只要下述主要参数相近，即可满足置换要求。

（1）集电极最大允许功耗 P_{CM}：一般要求用 P_{CM} 与原管相等或较大的晶体管进行置换。但经过计算或测试，如果原晶体管在整机电路中实际直流耗散功率远小于其 P_{CM}，则可以用 P_{CM} 较小的晶体管置换。

（2）集电极最大电流 I_{CM}：一般要求用 I_{CM} 与原管相等或较大的晶体管进行置换。

（3）击穿电压：用于置换的晶体管，必须能够在整机中安全地承受最高工作电压。晶体管的击穿电压参数主要有 BV_{CEO}、BV_{CBO}，一般来说，同一晶体管 $BV_{CBO}>BV_{CEO}$，通常要求用于置换的三极管，其上述二个击穿电压应不小于原晶体管对应的二个击穿电压。

（4）频率特性：在置换三极管时，主要考虑 f_T，置换的三极管，其 f_T 应不小于原晶体管对应的 f_T。特别是工作在带宽较宽电路中的三极管，其损坏后，绝不能轻易用普通三极管进行代换，以免引进后患。

（5）其他参数：除以上主要参数外，对于一些特殊的晶体管，在置换时还应考虑其放大系数，如电源电路中的脉宽调制控制管，如放大系数小，则易出现输出电压失控的故障现象。

3. 外形相似

小功率三极管一般外形均相似，只要各个电极引出线标志明确，且引出线排列顺序与待换管一致，即可进行更换。大功率三极管的外形差异较大，置换时应选择外形相似、安装尺寸相同的三极管，以便安装和保持正常的散热条件。

5.2 中小功率三极管

5.2.1 中小功率三极管的性能

通常把最大集电极电流 $I_{CM}<1A$ 或最大集电极耗散功率 $P_{CM}<1W$ 的三极管统称为中小功率三极管。其主要特点是功率小、工作电流小。中小功率三极管的种类很多，体积有大有小，外形尺寸也各不相同。常见外形如图 5-13 所示。

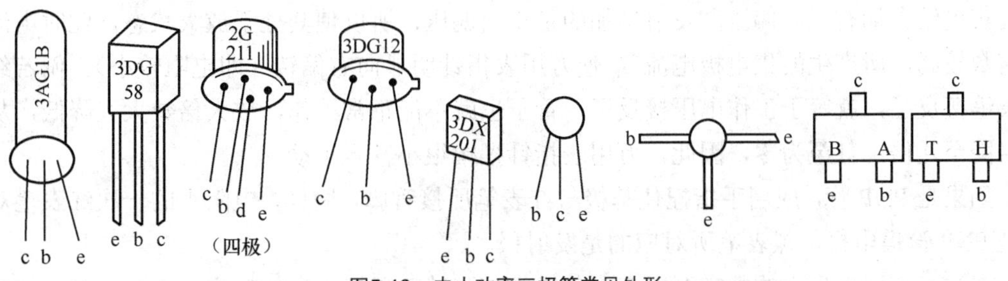

图5-13　中小功率三极管常见外形

5.2.2 中小功率三极管的检测

1. 管脚的判别

（1）判断基极 b

将万用表置于电阻 R×1k 挡，用黑表笔接三极管的某一管脚（假设作为基极），再用红表笔分别接另外两个管脚。如果表针指示的两次都很大，该管便是 PNP 管，其中黑表笔所接的那一管脚是基极；若表针指示的两个阻值均很小，则说明这是一只 NPN 管，黑表笔所接的那一管脚是基极；如果指针指示的阻值一个很大，一个很小，那么黑表笔所接的管脚就不是三极管的基极，再另换一个管脚进行类似测试，直至找到基极。

（2）判断集电极 c 和发射极 e

方法一：对于 PNP 管，将万用表置于 R×1k 挡，红表笔接基极，用黑表笔分别接触另外两个管脚时，所测得的两个电阻值会是一大一小。在阻值小的一次测量中，黑表笔所接管脚为集电极；在阻值较大的一次测量中，黑表笔所接管脚为发射极。

对于 NPN 管，要将黑表笔固定接基极，用红表笔去接触其余两管脚进行测量，在阻值较小的一次测量中，红表笔所接管脚为集电极；在阻值较大的一次测量中，红表笔所接的管脚为发射极。

方法二：将万用表置于 R×1k 挡，两表笔分别接除基极之外的两电极，如果是 NPN 型管，用手指捏住基极与黑表笔所接管脚，可测得一电阻值，然后将两表笔交换，同样用手捏住基极和黑表所接管脚，又测得一电阻值，两次测量中阻值小的一次，黑表笔所对应的是 NPN 管集电极，红表笔所对应的是发射极。测试方法和检测原理如图 5-14 所示。

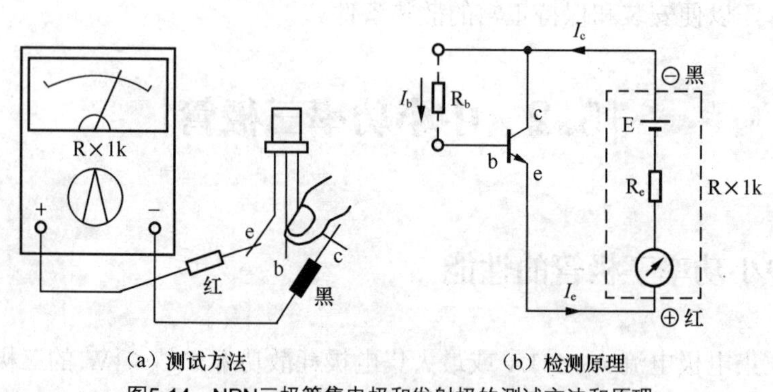

（a）测试方法　　（b）检测原理

图5-14　NPN三极管集电极和发射极的测试方法和原理

用此种方法判定 c、e 电极的原理是：基极偏置电阻 R_b 是用手指来代替的。由于被测管子的集电结上加有反向偏压，发射结加的是正向偏压，所以使其处于放大状态，此时电流放大倍数较高，所产生的集电极电流 I_c 使万用表指针明显向右偏转（即电阻较小）。倘若红、黑表笔接反了，就等于工作电压接反了，管子也就不能正常工作，放大倍数大大降低，从几十倍降至几倍，甚至为零，因此，万用表指针摆幅很小甚至不动。

如果是 PNP 管，应用手指捏住基极与红表笔所接管脚，同样，电阻小的一次红表笔对应的是 PNP 管集电极，黑表笔所对应的是发射极。

方法三：现在生产的数字万用表，一般都有测试三极管 h_{FE} 的挡位，用此法测试三极管的集电极和发射极十分方便，方法是：先将管子的基极测出，并且测出管子是 NPN 型还是 PNP 型，然后将万用表置于 h_{FE} 挡，其余两脚分别插入发射极孔和集电极孔，此时从显示屏上读出 h_{FE} 值，对调一次发射极与集电极，再测一次 h_{FE}，数值较大的一次为正确，从而确定三极管的发射极和集电极。

2. 锗管和硅管的判别

判别三极管是锗管还是硅管，既可用指针万用表，也可用数字万用表，方法如下。

方法一：用指针万用表测量时，测试电路如图 5-15 所示。

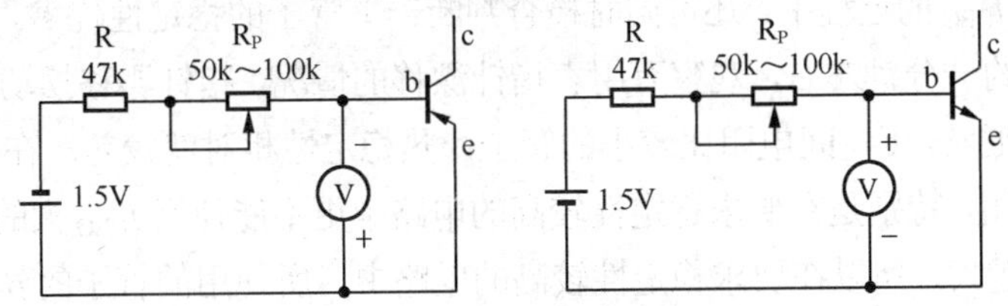

图5-15　判别锗管和硅管测试电路

测试时还需要一节 1.5V 干电池、一只 47kΩ 的电阻和一只 50～100kΩ 的电位器。将万用表置于直流 2.5V 挡。电路接通以后，万用表所指示的便是被测管子的发射结正向压降。若是锗管，该电压值为 0.2～0.3V；若是硅管，该电压值则为 0.5～0.8V。

方法二：判别三极管是锗管还是硅管，用数字万用表较为方便，方法是：用数字万用表测量管子基极和发射极 PN 结的正向压降，硅管的正向压降一般为 0.5～0.8V，锗管正向压降一般为 0.2～0.3V。

3. 高频管与低频管的判别

高频管的截止频率大于 3MHz，而低频管的截止频率则小于 3MHz，一般情况下，二者是不能互换使用的。由于高、低频管的型号不同，所以，当它们的标志清楚时，可以查有关手册较容易地直接加以区分。当它们的标志型号不清时，可利用其 BV_{ebo} 的不同用万用表测量发射结的反向电阻，将高、低频管区分开。具体可采用下述两种方法进行判别。

方法一：以 NPN 管为例，将万用表置于 R×1k 挡，黑表笔接管子的发射极 e，红表笔接管子的基极 b，此时电阻值一般在几百 kΩ 以上。接着将万用表拨至 R×10k 高阻挡，红、黑表笔接法不变，重新测量一次 e、b 间的电阻值，若所测阻值与第一次测得的阻值变化不大，可基本断定被测管为低频管；若阻值变化较大，可基本判定被测管为高频管。

方法二：用一台晶体管收音机，将被测管代替收音机上的混频管或振荡管，若此时收音机仍能收到电台广播，即可断定该管为高频管；若换上被测管后收不到电台广播或只能听到一点微弱的个别当地电台的广播声，可断定该管为低频管。

4. 三极管穿透电流 I_{CEO} 的测试

三极管的穿透电流 I_{CEO} 的数值近似等于管子的放大倍数 β 和集电结的反向饱和电流 I_{CBO} 的乘积。I_{CBO} 随着环境温度的升高而增长很快，I_{CBO} 的增加必然造成 I_{CEO} 增大。而 I_{CEO} 的增大将直接影响管子工作的稳定性，所以在使用中应尽量选用 I_{CEO} 小的管子。

通过用万用表电阻挡测量三极管 e-c 极之间的电阻的方法，可间接估计 I_{CEO} 的大小，方法如下。

对于 NPN 管，黑表笔接管子的 c 极，红表笔接管子的 e 极；对于 PNP 管，黑表笔接管子的 e 极，红表笔接管子的 c 极。将万用表置于电阻挡，量程一般选用 R×1k 挡，要求测得的电阻值越大越好。e-c 间的阻值越大，说明管子的 I_{CEO} 越小；反之，所测阻值越小，说明被测管的 I_{CEO} 越大。一般说来，中小功率硅管、锗材料高频管及锗材料低频管，其阻值应分别在几百千欧及十几千欧以上；如果阻值很小或测试时万用表指针来回晃动，则表明 I_{CEO} 很大，管子的性能不稳定。

在测量三极管 I_{CEO} 的过程中，还可同时检查判断一下管子的稳定性优劣。具体方法是：测量时，用手捏住管壳约一分钟左右，观察万用表指针漂移的情况，指针漂移摆动速度越快，说明管子的稳定性越差。通常，e-c 间电阻比较小的管子，热稳定性相对就较差。在使用中，稳定性不佳的管子应尽量不用，特别是在要求稳定性较高的电路中更不能使用 I_{CEO} 大的管子。另外，管子的 β 值越大，I_{CEO} 越大，所以在要求稳定性较高的电路中，所使用的管子的 β 值不要太高。

5.3 大功率三极管

5.3.1 大功率晶体三极管的特性

通常把最大集电极电流 I_{CM}＞1A 或最大集电极耗散功率 P_{CM}＞1W 的晶体三极管称为大功率三极管。其主要特点是功率大、工作电流大，多数大功率三极管的耐压也较高。大功率三极管多用于大电流、高电压的电路，如彩电、显示器的开关电源、功放输出等电路中。大功率三极管在工作时，极易因过压、过流、功耗过大或使用不当而损坏，因此，正确选用和检测大功率三极管对维修人员十分重要。

大功率三极管一般分为金属壳封装和塑料封装两种，常见外形及管脚排列如图 5-16 所示。

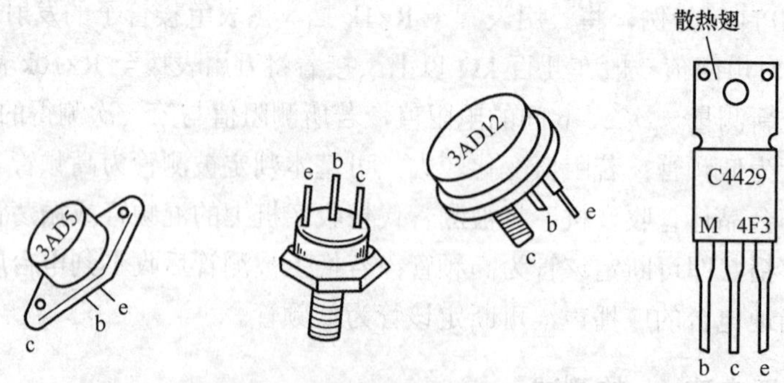

图5-16 大功率三极管的外形及管脚排列

对于金属壳封装方式的管子，通常金属外壳即为集电极 C，而对于塑封形式的管子，其集电极 C 通常与自带的散热片相通。因大功率三极管工作在大电流状态下，所以使用时应按要求加适当的散热片。

5.3.2　大功率晶体三极管的检测

利用万用表检测中小功率三极管的极性、管型及性能的各种方法，对检测大功率三极管来说，原则上也是适用的。但是，由于大功率三极管的工作电流比较大，因而其 PN 结的面积也较大。PN 结较大，其反向饱和电流也必然增大。所以，测量时若使用万用表的 R×1k 挡，会使测得的电阻值较小，容易造成误判，而万用表的 R×10 或 R×1 挡满度电流较大，所以应选用这两挡来测量大功率三极管。

另外，由于大功率管多用作功率放大，其饱和压降 BV_{CES} 的大小对电路的影响很大，通常晶体管的 BV_{CES} 约 0.5V，锗管比硅管更小一些。测试电路如图 5-17 所示。

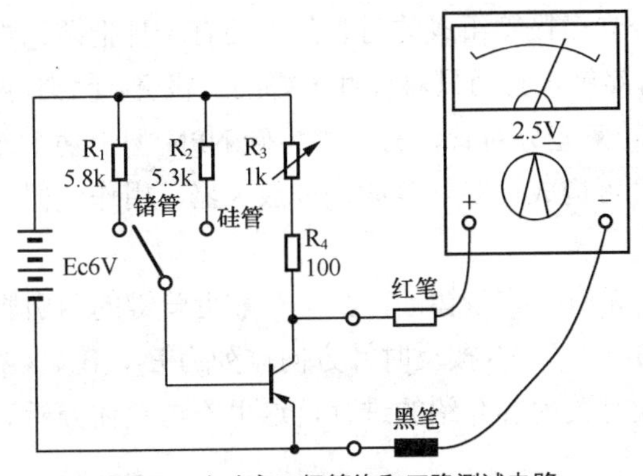

图5-17　大功率三极管饱和压降测试电路

当电路按以上电路接好后，万用表的指示值即为 BV_{CES}，若测得的 BV_{CES} 太大，应检测管子是否进入了饱和状态。其标志为管子的发射结和集电结均为正向偏置，对饱和压降大的管子，不宜作末级功率输出用。

5.4　对管

为了提高功率放大器的功率、效率和减小失真，通常采用推挽式功率放大电路，即一个完整的正弦波，它的正、负半周分别由两个管子一“推”一“拉”（挽）共同来完成放大任务。这两个管子的工作性能必须一样，事先要进行挑选“配对”，这种管子称为“对管”。

对管有同极性对管和异极性对管。同极性对管指两个管子均用 PNP 型或 NPN 型三极管，但在电路输入端，必须要有一个变压器构成倒相电路，把输入信号变为两个大小相等、相位相反的信号，供对管来放大，这在早期半导体收音机中较常见。异极性对管是指两个管子中一个采用 PNP 型，另一个采用 NPN 型管，它可以省去倒相及输出变压器，即常称的 OTL 电路。两个管子又叫互补对管，例如，2SA1015 和 2SC1815、2N5401 和 2N5551、2SA1301 和 2SC3280 等均可组成互补对管，它们的主要技术参数如表 5-2 所示，其中 A1015、Cl815 为小功率对管，可作音频放大器或激励、驱动级用；2N5401、2N5551 为高反压中功率对管；A1301、C3280 为高反压大功率对管，比较理想输出功率为 80W，极限功率为 120W。

表 5-2　　功放对管主要技术参数

型号	BV_{CBO}（V）	I_{CM}（A）	P_{CM}（W）
A1015 C1815	50	0.15	0.4
2N5401 2N5551	60	0.6	0.6
A1301 C3280	160	12	120

挑选对管时，不管是同极性对管还是异极性对管，它们的材料（锗或硅）应相同，这样可以减小因温度变化造成管子参数变化的不一致，如 9012 和 9013、8050 和 8550 等均是同一硅材料的异极性对管。另外，作为对管还要求两管子的参数尽可能一样，如耐压、集电极最大允许电流和最大允许耗散功率、电流放大倍数等。

除以上介绍的两只分立三极管组成的对管外，还有一种把两只性能一致的三极管封装成一体的复合对管，它的内部包含有两只对称性很好的三极管，此类对管一般有两种结构类型，一种为硅 PNP 型高频小功率差分对管，另一种为硅 NPN 型小功率差分对管，引脚排列如图 5-18 所示，利用差分对管可构成性能优良的差分放大器，用作仪器仪表的输入级和前置放大级，使用起来十分方便。

差分对管的管脚排列是有一定规律的，其中，靠近管键的两引脚分别为 E_1 和 E_2，V_1 按顺时针方向排列为 E_1、B_1、C_1，V_2 按反时针方向排列为 E_2、B_2、C_2。

对管的检测可按前面有关内容介绍的进行，这里不再具体分析。

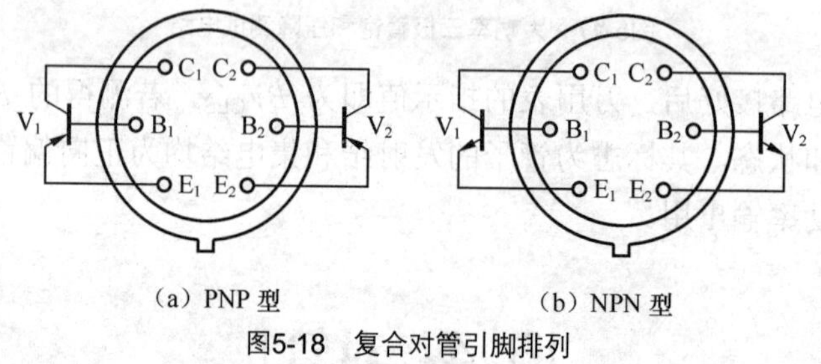

（a）PNP 型　　（b）NPN 型

图5-18　复合对管引脚排列

5.5 达林顿管

达林顿管采用复合连接方式，将两只或更多只晶体管的集电极连在一起，而将第一只晶体管的发射极直接耦合到第二只晶体管的基极，依次级连而成，最后引出 E、B、C 三个电极。达林顿管的放大倍数是各三极管放大倍数的乘积，因此其放大倍数可达几千。达林顿管主要分为两种类型，一种是普通达林顿管，另一种是大功率达林顿管，下面分别介绍。

5.5.1 普通达林顿管

普通达林顿管内部无保护电路，功率通常在 2W 以下。内部电路和外形如图 5-19 所示。

用万用表对普通达林顿管的检测包括识别电极、区分 PNP 和 NPN 类型、估测放大能力等。因为达林顿管的 E-B 极之间包含多个发射结，所以应该使用万用表能提供较高电压的

R×10k 挡进行测量。

下面以检测图 5-20 所示的达林顿管为例进行说明，为了叙述方便，从左至右依次标为①、②、③脚。

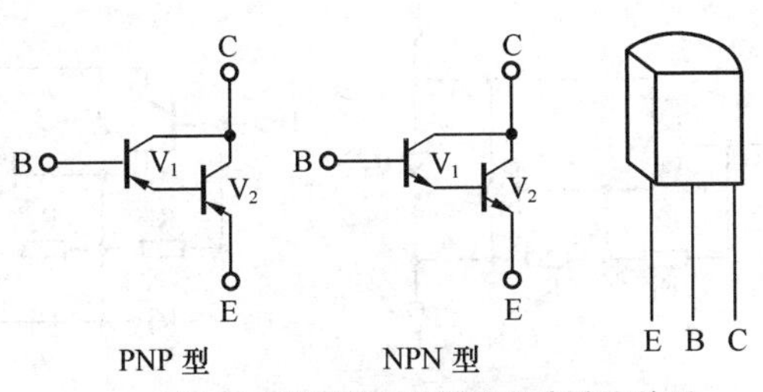

图5-19　普通达林顿管内部电路和外形

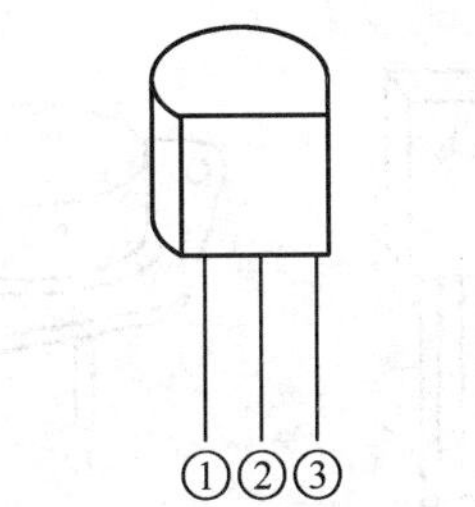

图5-20　被测达林顿管外形

1. 识别基极 B 及管子类型

将万用表置于 R×10k 挡，红表笔接②脚，黑表笔接①脚，测得电阻值为 11kΩ，调换表笔再测阻值为无穷大；将红表笔接②脚，黑表笔接③脚，测得的电阻值为 5.2kΩ，调换表笔测得阻值为无穷大；将红表笔接①脚，黑表笔接③脚，测得的电阻值为 250kΩ，调换表笔测得电阻值为 900kΩ。由上述测试结果便可以判定②脚为基极，且被测管为 PNP 型达林顿管。

2. 判别管子集电极 C、发射极 E 和检测放大能力

首先将红表笔接③脚，黑表笔接①脚，电阻值为 900kΩ，然后保持两表笔与相应管脚接触不变，用舌尖去舔基极引脚②，此时万用表指针大幅度向右摆动到 30kΩ 位置。最后将红、黑表笔对调，即将红表笔接①脚，黑表笔接③脚，万用表指示为 250kΩ。保持表笔位置不动，并再次用舌尖去舔基极引脚②，此时万用表指针保持原位不动。由此判定被测达林顿管的①脚为发射极 E，③脚为集电极 C。测试过程还表明管子的放大能力很强。测试时需要注意：因 R×1k 挡电池电压仅为 1.5V，所以不宜使用此挡检测达林顿管的放大能力。

5.5.2　大功率达林顿管

1. 大功率达林顿管的特性

普通型达林顿管具有明显的缺点：由于其电流增益极高，当温度升高时，前级二极管的基极漏电流将被逐级放大，造成整体热稳定性能变差。当环境温度较高、漏电严重时，有时易使管子出现误导通现象，为了克服这种不足，大功率达林顿管在普通达林顿管的基础上均增加了保护功能，从而适应了在高温条件下工作时功率输出的需求。大功率达林顿管的外形如图 5-21 所示。内部结构原理图如图 5-22 所示。

由原理图可见，这类管子在 C 和 E 之间反向并接了一只起过压保护作用的续流二极管 V_3，当感性负载（如继电器线圈）突然断电时，通过 V_3 可将反向尖峰电压泄放掉，从而保护内部晶体三极管不被击穿损坏。另外，在晶体三极管 V_1 和 V_2 的发射结上还分别并入了电阻 R_1 和 R_2，R_1 和 R_2 的作用是为漏电流提供泄放支路，因而称之为泄放电阻。因 V_1 的基极漏电流比较小，所

以R_1的阻值通常取得较大些；V_1的漏电流经放大后加到V_2的基极上，加之V_2自身存在的漏电流，使得V_2基极漏电流比较大，因此R_2的阻值通常取得较小。一般在设计大功率达林顿管时，R_1常取几千欧，而R_2则取几十欧，这样可使两者之间满足$R_2 \ll R_1$的关系。

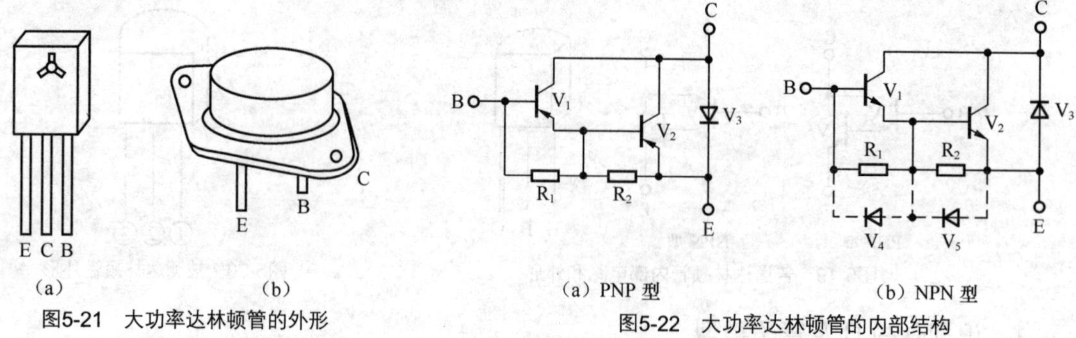

图5-21　大功率达林顿管的外形　　图5-22　大功率达林顿管的内部结构

大功率达林顿管中的保护元件 V_3以及泄放电阻 R_1、R_2，均集成在管心上，再用塑料或金属外壳进行封装，并引出相应电极。

2. 大功率达林顿管的检测

检测大功率达林顿管的方法与检测普通型达林顿管基本相同。但由于大功率达林顿管内部设置了V_3、R_1、R_2等保护和泄放漏电流元件，所以在检测时应将这些元件对测量数据的影响加以区分，以免造成误判。具体可按下述几个步骤进行。

（1）用万用表 R×10k 挡测量 B、C 之间 PN 结电阻值，应明显测出具有单向导电性能，正、反向电阻值应有较大差异。

（2）在大功率达林顿管 B-E 之间有两个 PN 结，并且接有电阻R_1和R_2。用万用表电阻挡检测时，当正向测量时，测到的阻值是B-E结正向电阻值与R_1、R_2阻值并联的结果；当反向测量时，发射结截止，测出的则是（R_1+R_2）电阻之和，大约为几千欧，且阻值固定，不随电阻挡位的变换而改变。但需要注意的是，有些大功率达林顿管在R_1、R_2上还分别并有二极管V_4和V_5，因此当B-E之间加上反向电压（即红表笔接B，黑表笔接E）时，所测得的则不是（R_1+R_2）之和，而是（R_1+R_2）与两只二极管正向电阻之和的并联电阻值。

（3）大功率达林顿管的E-C之间并联有二极管V_3，所以，对于NPN型管，当黑表笔接E，红表笔接C时，二极管应导通，所测得的阻值即是二极管V_3的正向电阻值；对于PNP型管，则红、黑表笔对调，所测阻值为V_3的正向电阻值。

（4）检测大功率达林顿管放大能力的方法与检测普通达林顿管的操作方法相同，可参照进行。

5.6　带阻三极管

5.6.1　带阻三极管的特性

带阻三极管主要品种是小功率管，通常以塑封及片状形式为多见，在家用电器和其他电子装置中主要用作电子开关及反相器。这类管子最常见的品种为内含两个等值电阻的单晶体管，其中一个电阻串接在基极中，另一个电阻并接在基极与发射极间，如图 5-23 所示。

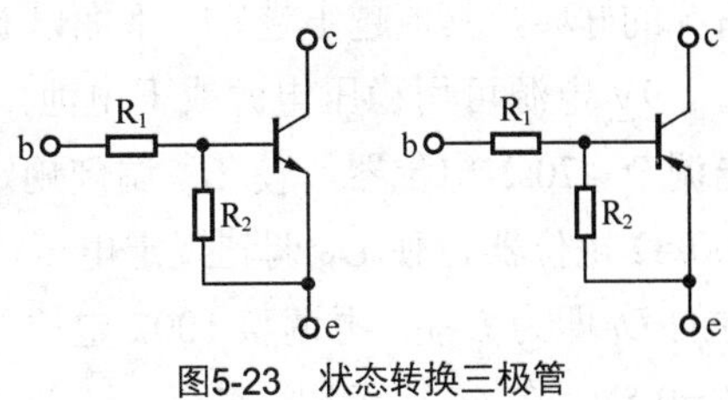

图5-23　状态转换三极管

带阻三极管的电路符号及字母代号较杂乱，尤其是国外及合资产品电路图中更是如此，图 5-24 给出了几种常见电路符号供参考。带阻管代号一般用 QR 表示。

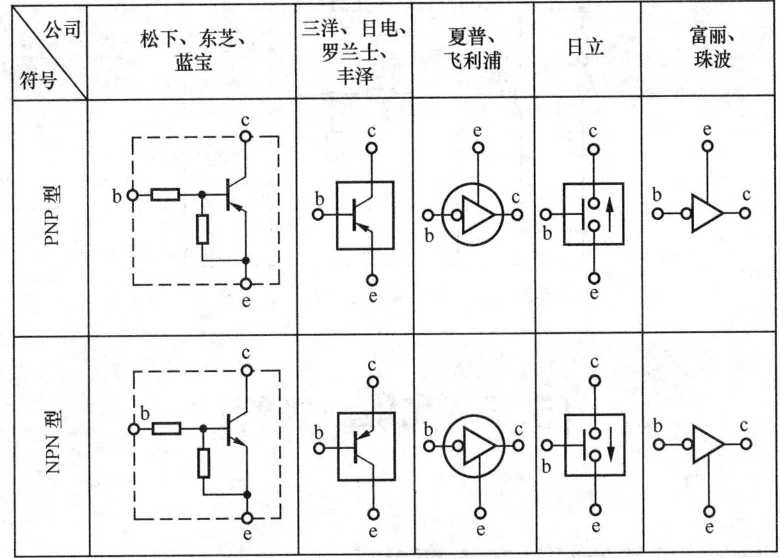

图5-24　带阻三极管的电路符号

带阻三极管在电路中使用时相当于一个开关电路，当状态转换三极管饱和导通时 I_c 很大，ce 间输出电压很低；当状态转换三极管截止时，I_c 很小，ce 间输出电压很高，相当于 V_{CC}（供电电压）。管子中的 R_1 决定了管子的饱和深度，R_1 越小，管子饱和越深，I_c 电流越大，ce 间输出电压越低，抗干扰能力越强，但 R_1 不能太小，否则会影响开关速度。R_2 的作用是为了减小管子截止时集电极反向电流，并可减小整机的电源消耗。

5.6.2　带阻三极管的检测

1. 判别带阻三极管的极性与电极

带阻三极管是由一个晶体管芯及两个内接电阻组成的，所以带阻三极管的极性与各电极的判别方法与普通三极管相同，所不同的是，在判别时应考虑内电路的电阻。

2. 测试带阻三极管的 U_{OH}、U_{OL}

U_{OH} 称为带阻三极管的输出高电位值，它表征了带阻三极管在规定的低电位输入下，集电极输出处于关闭状况的好坏，其电压值越接近 U_{cc} 越好。

U_{OL} 称为输出低电位值，它表征了带阻三极管在规定的高电位输入下，集电极输出的导通情况的好坏，其值越小越好。下面以 NPN 型带阻三极管为例说明，测试电路如图 5-25 所示。

9V 电源可用稳压电源或干电池，测试前，两个电位器 R_{P1}、R_{P2} 均调到零。合上开关 S，先调节 470Ω 电位器，使 U_{cc} 调到规定测试条件。例如，某管选 $U_{cc}=5V$，R_L 选 1kΩ；再调 100kΩ 电位器，使 U_B 调到规定电压，如 U_B=0.5V，用万用表测定集电极输出端电压 U_0，此时的 U_0 即为 U_{OH}。再调整 100k 电位器使 U_B 逐步上调，一直调到规定值。例如，上述的某管 U_B=0.5V。在 U_B 上调时，U_0 下降，当 U_B 达到规定值时，U_0 就相当小了，此时 U_0 也就是 U_{0L}。

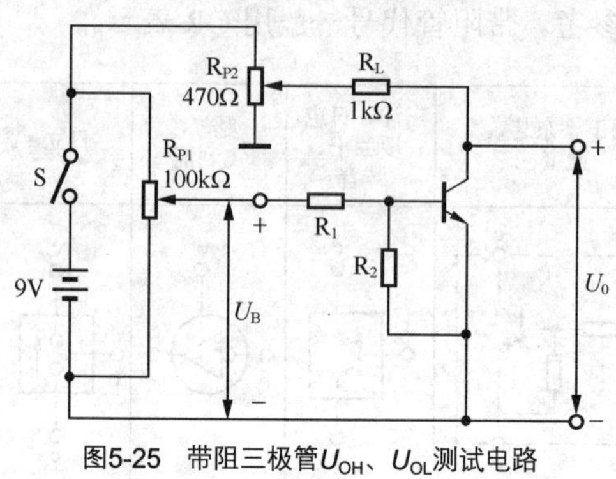

图5-25 带阻三极管 U_{OH}、U_{OL} 测试电路

5.7 光敏三极管

5.7.1 光敏三极管的特性和主要参数

光敏三极管是在光敏二极管的基础上发展起来的一种光敏元件。它不但能实现光电转换，而且还具有放大功能，因而被广泛应用在光控电路中。

1. 光敏三极管的特性

光敏三极管有 PNP 和 NPN 两种类型，且有普通型和达林顿型之分。其文字符号与普通三极管相同，也用 V 表示。其电路图形符号和外形如图 5-26 所示。

光敏三极管的工作原理可等效为光敏二极管和普通三极管的组合元件，如图 5-27 所示。

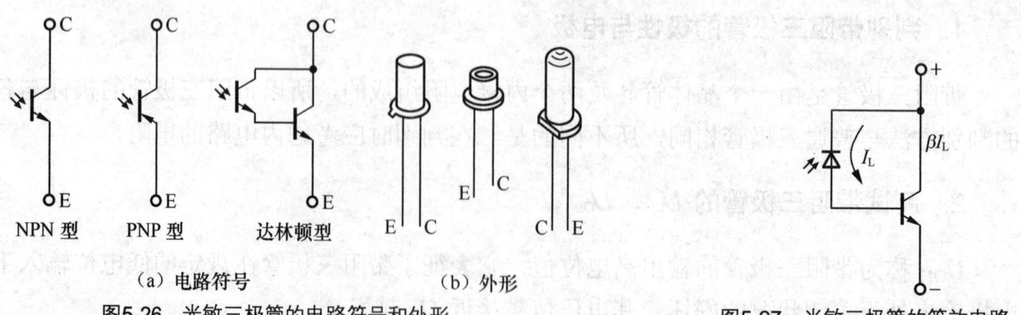

图5-26 光敏三极管的电路符号和外形

图5-27 光敏三极管的等效电路

其基—集 PN 结就相当于一个光敏二极管，在光照下产生的光电流 I_L 输入到三极管的基

极进行放大，所以在三极管的集电极输出的光电流可达β倍的I_L。由于光敏三极管的基极输入的是光信号，因此它通常只有两个管脚，即发射极E和集电极C。

重点提示：光敏二极管、光敏三极管是电子电路中广泛采用的光敏器件。光敏二极管和普通二极管一样具有一个PN结，不同之处在于光敏二极管的外壳上有一个透明的窗口以接收光线照射，实现光电转换，在电路图中文字符号一般为VD。光敏三极管除具有光电转换的功能外，还具有放大功能，在电路图中文字符号一般为V_T。光敏三极管因输入信号为光信号，所以通常只有集电极和发射极两个引脚线。同光敏二极管一样，光敏三极管外壳也有一个透明窗口，以接收光线照射。

2. 光敏三极管的主要参数

光敏三极管有如下几个主要参数。

（1）最高工作电压（V_{CEO}）

最高工作电压是指在无光照状态下，E、C极之间漏电流不超过规定值（约0.5μA）时，光敏三极管所允许施加的最高工作电压，一般为10～50V。

（2）暗电流I_D

暗电流是指在无光照时，光敏三极管E、C极之间的漏电流，一般小于1μA。

（3）光电流I_L

光电流是指在受到一定光照时，光敏三极管的集电极电流，通常可达几mA。

（4）最大允许功耗P_{CM}

最大允许功耗是指光敏三极管在不损坏的前提下所能承受的最大功耗。

5.7.2 光敏三极管的检测

1. 光敏三极管的管脚识别

一般而言，比较长的管脚为发射极E，较短的管脚为集电极C。另外，对于达林顿型光敏三极管，封装缺圆的一侧则为集电极C。

2. 检测光敏三极管的暗电阻

将光敏三极管的受光窗口用黑纸片遮住，万用表置于R×1k挡，红、黑表笔分别接光敏三极管的一个引脚，此时所测得的阻值应为无穷大。然后将红、黑表笔对调再测量一次，阻值也应为无穷大。测试时，如果万用表指针向右偏转指示出阻值，说明被测光敏三极管漏电。

3. 检测光敏三极管的亮电阻

万用表仍使用R×1k挡，将红表笔接发射极E，黑表笔接集电极C，然后将遮光黑纸片从光敏三极管的受光窗口处移开，并使受光窗口朝向某一光源（如白炽灯泡），这时万用表指针应向右偏转。通常电阻值应为15～30kΩ。指针向右偏转角度越大，说明被测光敏三极管的灵敏度越高。如果受光后，光敏三极管的阻值较大，即万用表指针向右摆动幅度很小，则说明灵敏度低或已损坏。

5.8 晶体管阵列器件

把几只晶体三极管封装在一起，外形像一块集成电路的器件就叫作晶体管阵列器件，简称晶体管阵列或阵列晶体管。

晶体管阵列器件的优点首先是便于在许多设计场合中使用，例如，在许多情况下晶体管的发射极都是要接地的（共发射极放大器）或是集电极都要接电源正端（共集电极放大器或射极跟随器），此时如使用阵列晶体管就会使印刷电路板的排列紧凑而简化，焊点也可相应减少。

其次是电路性能的一致性得到改善。这是因为阵列器件制造时工艺条件一致性较好，因封装在一起，当环境（例如温度、湿度等）变化时，引起的参数波动较为一致。

第三，由于阵列器件有一定程度的集成化功能，所以可做出较为复杂的复合晶体管阵列，如达林顿型阵列、大功率管阵列、双管二级放大器型阵列等，因此可以简化外电路设计。

常见的晶体管阵列结构如图 5-28 所示，其相应外形如图 5-29 所示，结构和外形对照如表 5-3 所示。

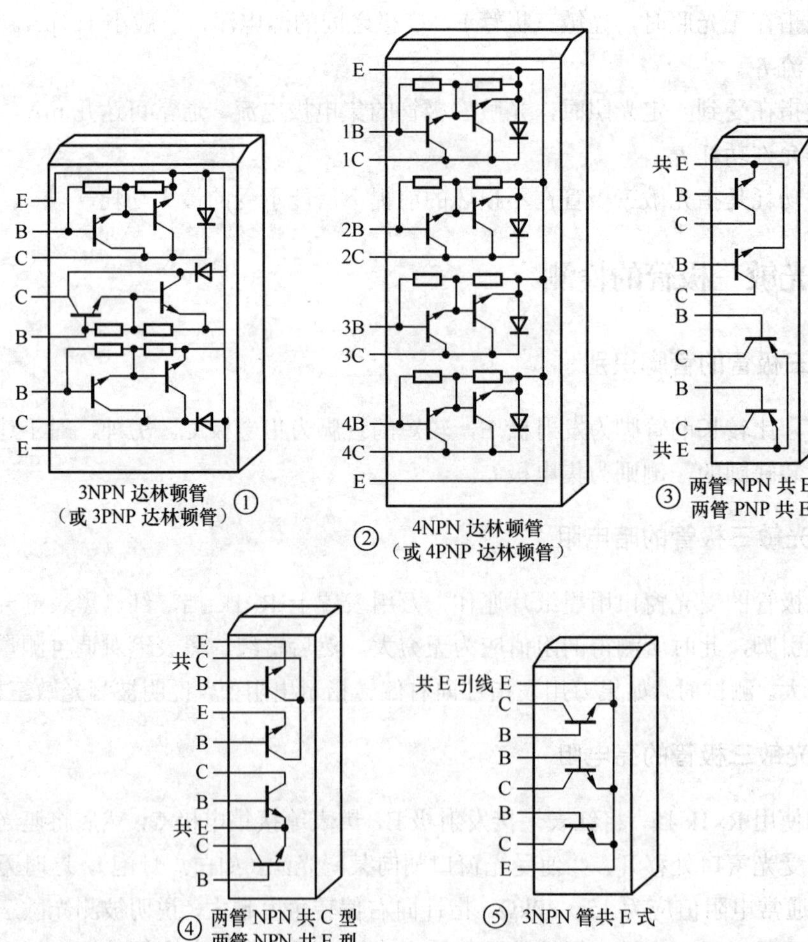

图5-28 常见晶体管阵列的结构

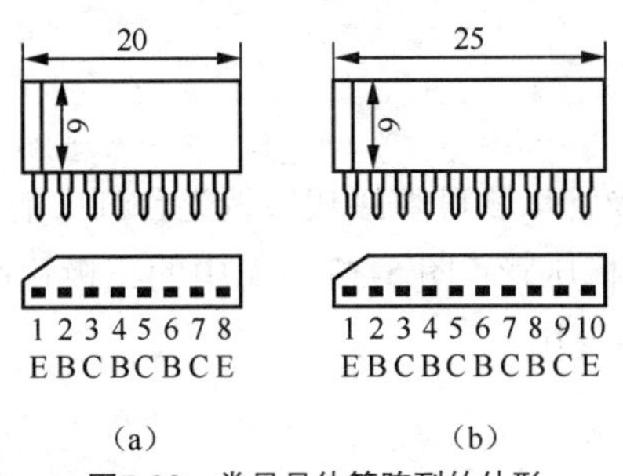

图5-29　常见晶体管阵列的外形

表 5-3　常见晶体管阵列器件

型号	阵列结构	阵列外形
ST301A	3NPN 达林顿，见图 5-28①	见图 5-29（a）
ST302A	3PNP 达林顿	
ST401A	4NPN 达林顿，见图 5-28②	见图 5-29（b）
ST402A	4PNP 达林顿	
ST431A	2NPN 共 E、2PNP 共 E，见图 5-28③	
ST441C	2NPN 共 C，2NPN 共 E，见图 5-28④	
ST342M	3NPN 共 E，见图 5-28⑤	见图 5-29（a）

5.9　三极管的特殊用途

5.9.1　扩流

把一只小功率可控硅和一只大功率三极管组合，就可得到一只大功率可控硅，其最大输出电流由大功率三极管的特性决定，如图 5-30 所示。

图 5-31 为电容容量扩大电路。利用三极管的电流放大作用，将电容容量扩大若干倍。这种等效电容和一般电容器一样，适用于在长延时电路中作定时电容。

用稳压二极管构成的稳压电路虽具有简单、元件少、制作经济方便的优点，但由于稳压二极管稳定电流一般只有数十毫安，因而决定了它只能用在负载电流不太大的场合。图 5-32 可使原稳压二极管的稳定电流及动态电阻范围得到较大的扩展，稳定性可得到较大的改善。

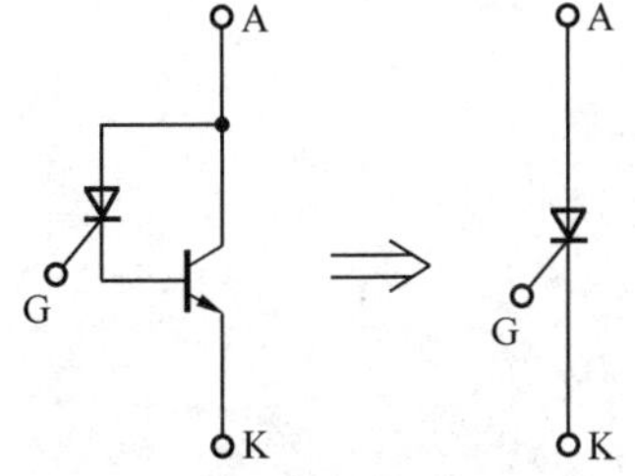

图5-30　小功率可控制硅和三极管的组合

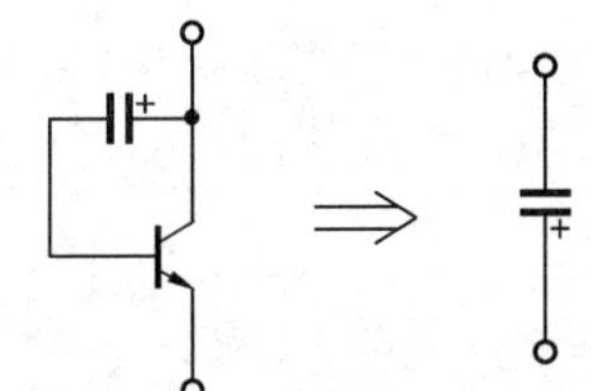

图5-31　电容和三极管的组合

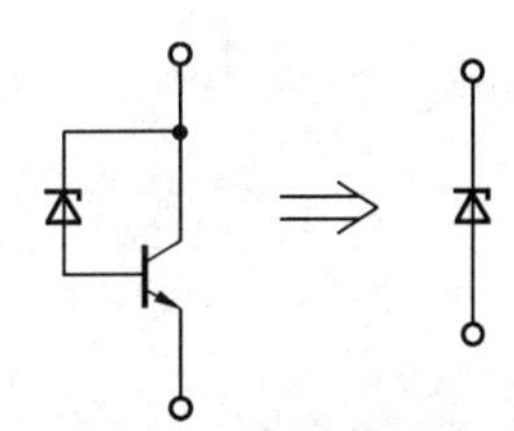

图5-32　稳压管和三极管的组合

5.9.2 代换

图 5-33（a）中的两只三极管串联可直接代换调光台灯中的双向触发二极管；图 5-33（b）中的三极管可代用 8V 左右的稳压管；图 5-33（c）中的三极管可代用 30V 左右的稳压管。上述应用时，三极管的基极均不使用。

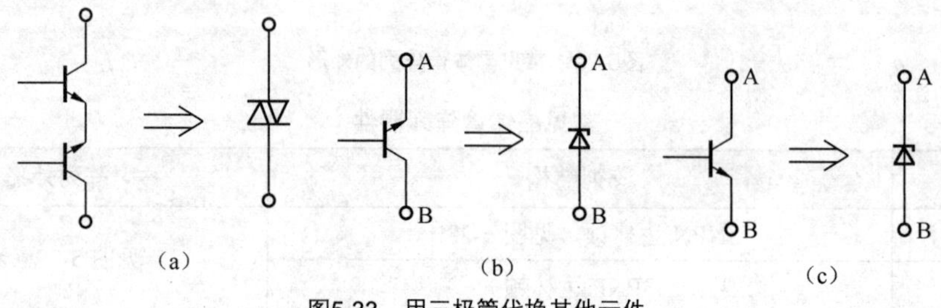

图5-33　用三极管代换其他元件

5.9.3 模拟

用三极管构成的电路还可以模拟其他元器件。大功率可变电阻价贵难觅，图 5-34 电路可作模拟品，调节 510 电阻的阻值，即可调节三极管 c、e 两极之间的阻抗，此阻抗变化即可代替可变电阻使用。

图 5-35 为用三极管模拟的稳压管，其稳压原理是：当加到 A、B 两端的输入电压上升时，经 R_1、R_2 分压后，使 R_2 两端压降上升，因三极管的 b、e 结压降基本不变，故经过 R_2 的电流上升，三极管发射结正偏增强，其导通性也增强，c、e 极间呈现的等效电阻减小，压降降低，从而使 AB 端的输入电压下降。调节 R_2 即可调节此模拟稳压管的稳压值，等效为稳压管。

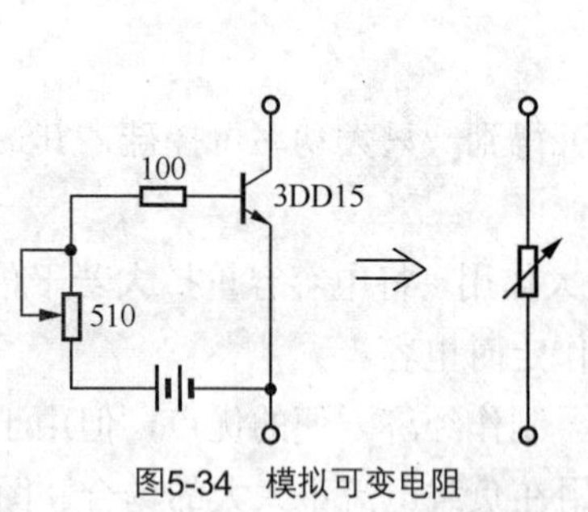

图5-34　模拟可变电阻

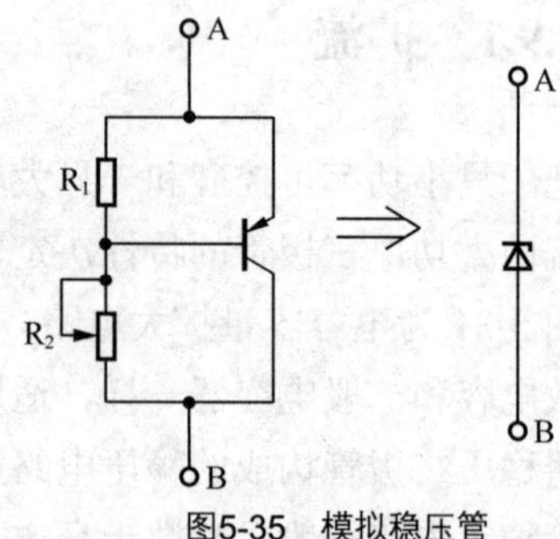

图5-35　模拟稳压管

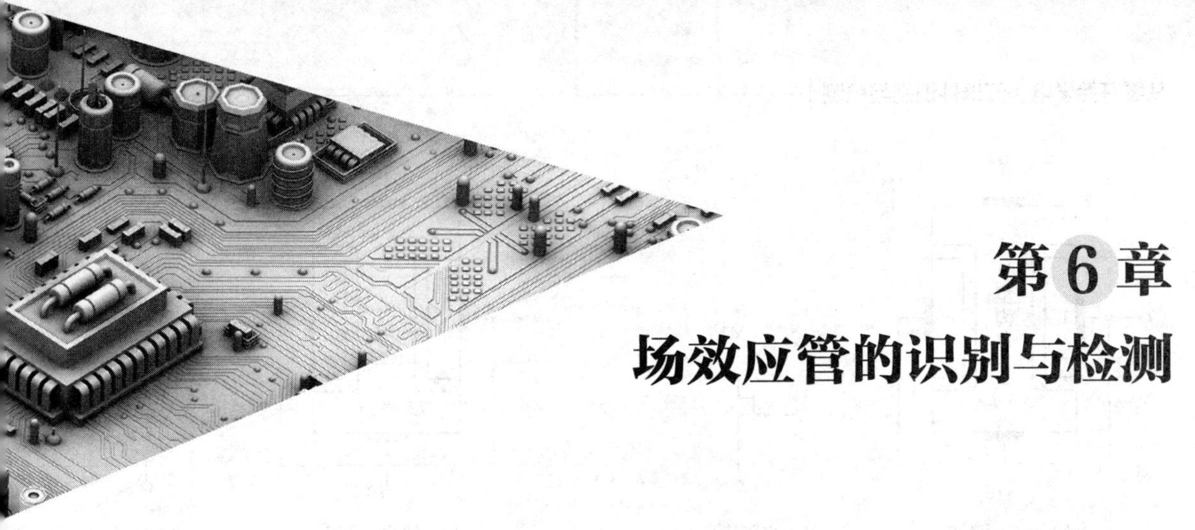

第 6 章 场效应管的识别与检测

场效应管（英文简称 FET）是一种利用电场效应来控制电流的管子，因为参与导电的只有一种极性的载流子，所以场效应管也称为单极性三极管。场效应管可分为两大类，一类是结型场效应管（J-FET），另一类是绝缘栅型场效应管（MOS-FET）。本章重点介绍这两种场效应管的特性、识别、检测等内容。

6.1 结型场效应管

场效应管英文称 FET，可分为结型（J-FET）和绝缘栅型（MOS-FET）两种。其外形与三极管相似，也有三个电极，即源极 S（对应于三极管的 E 极）、栅极 G（对应于三极管的 B 极）和漏极 D（对应三极管的 C 极）。但二者的控制特性却截然不同，三极管是电流控制元件，通过控制基极电流达到控制集电极电流或发射极电流的目的，即需要信号源提供一定的电流才能工作，因此，它的输入电阻较低；场效应管则是电压控制元件，它的输出电流决定于输入电压的大小，基本上不需要信号源提供电流，所以，它的输入阻抗很高，此外，场效应管还具有开关速度快、高频特性好、热稳定性好、功率增益大、噪声小等优点，因此在电子设备电路中得到了广泛的应用，本章重点介绍场效应管的特性、识别、检测等内容。

6.1.1 结型场效应管的结构和原理

结型场效应管（J-FET）是利用加在 PN 结上的反向电压的大小控制 PN 结的厚度，从而改变导电沟道的宽窄，实现对漏极电流的控制作用。结型场效应管可分为 N 沟道结型场效应管和 P 沟道结型场效应管。

图 6-1（a）绘出了结型场效应管的结构示意图和电路符号。在两个 P 区中间夹着一层 N 型区，形成了两个 PN 结。从 N 区两端引出两个电极，分别称为漏极 D 和源极 S；两个 P 区连接起来后引出一个电极，叫做栅极 G，很薄的 N 区作为电流的通路．称为导电沟道。栅极 G 是用来控制流过沟道的电流大小的，这种结构的场效应管叫 N 沟道结型场效应管，其电路符号如图 6-1（b）所示。

此外，还有一种 P 沟道结型场效应管，其工作原理与 N 型相同，使用上的唯一区别是外接电源的极性相反，其结构及电路符号如图 6-2 所示。

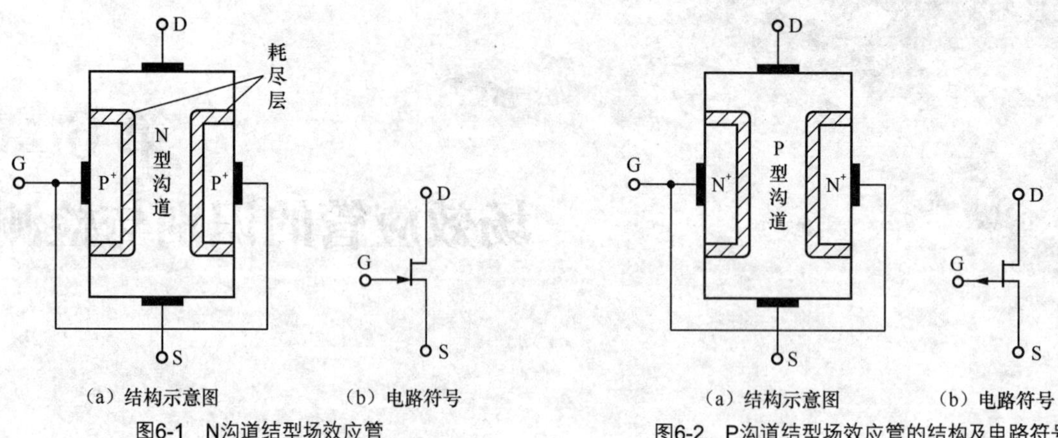

（a）结构示意图　（b）电路符号

图6-1　N沟道结型场效应管

（a）结构示意图　（b）电路符号

图6-2　P沟道结型场效应管的结构及电路符号

从结型场效应管的结构可以看出，在栅极和导电沟道之间存在一个 PN 结。假设在栅极和源极之间加上反向电压 U_{GS}，使 PN 结反向偏置，则可以通过改变 U_{GS} 的大小来改变耗尽层的宽度。例如，当反向电压的值 U_{GS} 变大时，耗尽层将变宽，导电沟道的宽度相应地减小，使沟道本身的电阻值增大，于是漏极电流 I_D 将减小。所以，通过改变 U_{GS} 的大小，即可控制漏极电流 I_D 的值。

重点提示：场效应管是利用栅极和源极之间的电压 U_{GS} 来改变 PN 结中的电场，然后控制漏极电流 I_D，对于结型场效应管来说，总是在栅极和源极之间加上个反向偏置电压，使 PN 结反向偏置，此时可以认为栅极基本上不取电流，因此，场效应管的输入电阻很高，可达 $10^7\Omega$ 以上。

6.1.2　结型场效应管的特性曲线和参数

1．结型场效应管的特性曲线

和半导体三极管类似，结型场效应管的特性曲线也有两种，即转移特性曲线和漏极特性曲线。在一定的漏源电压下，栅源极电压 U_{GS} 和漏源电流 I_{DS} 的相互关系，叫做转移特性。在一定的栅源电压下，漏源电压 U_{DS} 和漏源电流 I_{DS} 的关系称为漏极特性或输出特性。结型场效应管的特性曲线如图 6-3 所示。

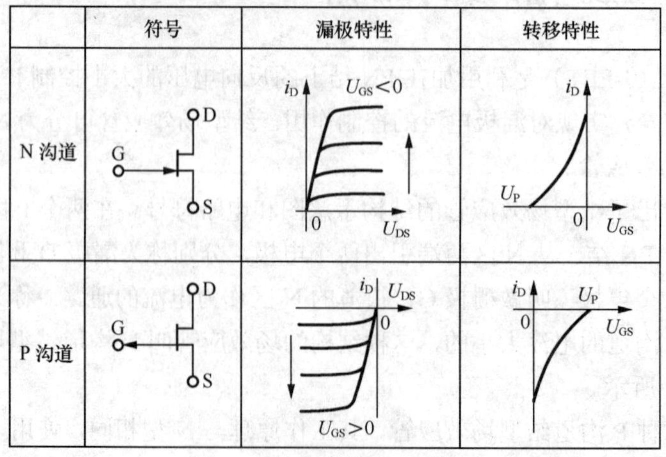

图6-3　结型场效应管的特性曲线

2. 结型场效应管的参数

结型场效应管的主要参数有以下几个。

（1）饱和漏源电流 I_{DSS}

在一定的漏源电压下，当栅压 U_{GS}=0 时（栅源两极短路）的漏源电流称为饱和漏源电流 I_{DSS}。

（2）夹断电压 V_P

在一定的漏源电压下，使漏源电流 I_{DS}=0 或小于某一小电流值时的栅源偏压值称为夹断电压 V_P。

（3）直流输入电阻 R_{GS}

在栅源极之间加一定电压的情况下，栅源极之间的直流电阻称为直流输入电阻 R_{GS}。因为栅源极之间的 PN 结是反向偏置，所以好像二极管的反向电阻一样，R_{GS} 是很大的。

（4）输出电阻 R_D

当栅源电压 U_{GS} 为某一定值时，漏源电压的变化与其对应的漏极电流的变化之比称为输出电阻 R_D。

（5）跨导 g_m

在一定的漏源电压下，漏源电流的变化量与引起这个变化的相应的栅压的变化量的比值称为跨导 g_m，单位为 μA/V，即 $\mu\Omega^{-1}$。这个数值是衡量场效应管栅极电压对漏源电流控制能力的一个参数，也是衡量场效应管放大能力的重要参数。

（6）漏源击穿电压 U_{DSS}

使 I_D 开始剧增的 U_{DS} 为漏源击穿电压 U_{DSS}。

（7）栅源击穿电压 U_{GSS}

反向饱和电流急剧增加的栅源电压为栅源击穿电压 U_{GSS}。

6.1.3 结型场效管的检测

1. 判别电极及沟道类型

将万用表置于 R×100 挡，用黑表笔接触任一管脚，并假定为栅极 G 管脚，然后用红表笔分别接触另两个管脚。若阻值均比较小（几百欧至 1 千欧），再将红、黑表笔交换测量一次。如阻值均很大，属 N 沟道管，且黑表笔接触的管脚为栅极 G，说明原先的假定是正确的。同样也可以判别出 P 沟道的结型场效应管。

由于结型场效应管的源极和漏极在结构上具有对称性，所以一般可以互换使用，通常两个电极不必再进一步进行区分，当用万用表测量源极 S 和漏极 D 之间的电阻时，正反向电阻均相同，正常时为几千欧左右。

2. 检测放大能力

下面以 N 沟道结型场效应管为例说明，测试电路如图 6-4 所示。

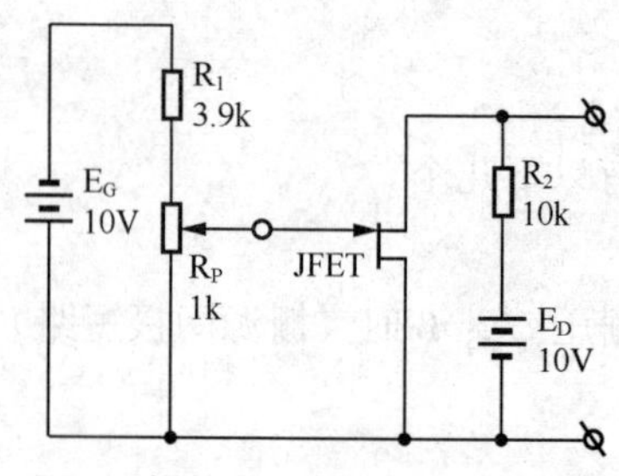

图6-4 检测结型场效应管的放大能力

将万用表置于直流 10V 挡，红、黑表笔分别接漏极和源极。测试时，调节 R_P，万用表指示的电压值应按下述规律变化：R_P 向上调，万用表指示电压值升高；R_P 向下调，万用表指示电压值降低，这种变化说明管子有放大能力。在调节 R_P 过程中，万用表指示的电压值变化越大，说明管子的放大能力越强。如果在调节 R_P 时，万用表指示变化不明显或根本无变化，说明管子放大能力很小或已经失去放大能力。

3. 检测夹断电压 V_P

下面以 N 沟道结型场效应管为例说明，准备一只 220μF/16V 的电解电容，将万用表置于 R×10k 挡，先将黑表笔接电解电容正极，红表笔接电解电容负极，对电容充电 8～10s 后脱开表笔；再将万用表拨至直流 50V 挡，迅速测出电解电容上的电压，并记下此值；然后按图 6-5 进行测试。

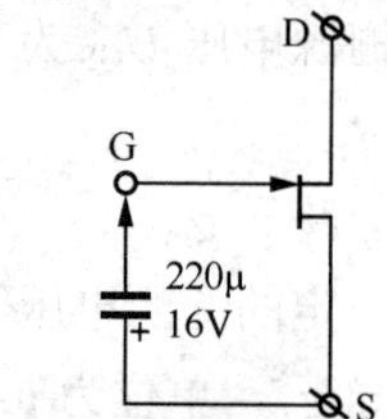

图6-5 检测结型场效应管的夹断电压

将万用表拨回至 R×10k 挡，黑表笔接漏极 D，红表笔接源极 S，这时指针应向右旋转，指示基本为满度；将已充好电的电解电容正极接源极 S，用负极去接触栅极 G，这时指针应向左回转，一般指针退回至 10～200kΩ 时，电解电容上所充的电压值即为 JFET 的夹断电压 V_P。

注意事项：测试过程中应注意，如果电容上所充的电压太高，会使 JFET 完全夹断，万用表指针可能退回至无穷大。遇到这种情况，可用直流电压 10V 挡将电解电容适当进行放电，直到使电解电容接至栅极 G 和源极 S 后量出的电阻值在 10～200kΩ 范围内为止。

6.2 绝缘栅场效应管

6.2.1 绝缘栅场效应管的结构和原理

结型场效应管（J-FET）的输入电阻是 PN 结的反向电阻，可达 $10^7\Omega$ 以上，为进一步提高其输入电阻，研制了一种 G 极与 D、S 完全绝缘的场效应管，称为绝缘栅场效应管，又因它是由金属（M）作电极，氧化物（O）作绝缘层和半导体（S）组成的金属—氧化物—半导体场效应管，所以，称之为 MOS 管。

绝缘栅场效应管的栅极由于被绝缘层隔离，因此其输入电阻很高，可达 10^9～$10^{15}\Omega$。绝缘栅场效应管制作工艺简单，温度稳定性好，特别适合做成大规模集成电路，应用十分广泛。

从导电沟道来分，绝缘栅场效应管也有 N 沟道和 P 沟道两种类型。无论 N 沟道或 P 沟道，又都可以分为增强型和耗尽型两种。

绝缘栅场效应管与结型的有所不同。结型场效应管是利用 U_{GS} 来控制 PN 结耗尽层的宽窄，从而改变导电沟道的宽度，以控制漏极电流 I_D；而绝缘栅场效应管则是利用 U_{GS} 来控制“感应电荷”的多少，以改变由这些“感应电荷”形成的导电沟道的状况，然后达到控制漏极电流的目的。若 U_{GS}=0 时漏源之间已经存在导电沟道，称为耗尽型场效应管。如果当 U_{GS}=0 时不存在导电沟道，则称之为增强型场效应管。

1. N 沟道增强型 MOS 场效应管的结构与原理

N 沟道增强型 MOS 场效应管的结构示意图和电路符号如图 6-6 所示，用一块掺杂浓度较低的 P 型硅片作为衬底，在其表面上覆盖一层二氧化硅（SiO_2）的绝缘层，再在二氧化硅层上刻出两个窗口，通过扩散形成两个高掺杂的 N 区（用 N^+表示），分别引出源极 S 和漏极 D，然后在源极和漏极之间的二氧化硅上面引出栅极 G，栅极与其他电极之间是绝缘的。衬底也引出一根引线，用 B 表示，通常情况下将它与源极在管子内部连接在一起。由图 6-6 可见，这种场效应管由金属、氧化物和半导体组成。

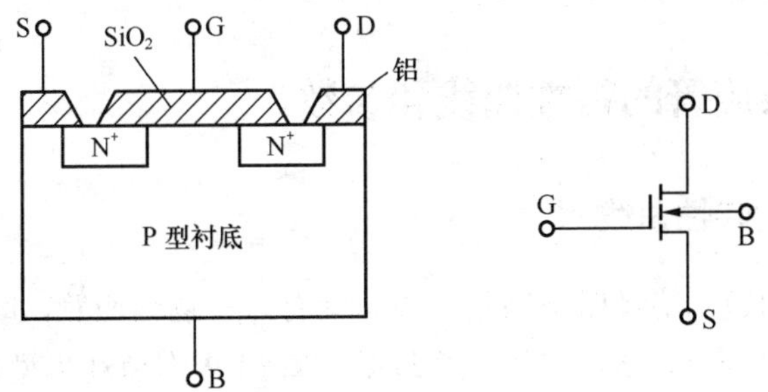

（a）N 沟道增强型 MOS 管结构　　（b）N 沟道增强型 MOS 管电路符号

图6-6　N沟道增强型MOS场效应管的结构和符号

从上图可见，N^+型漏区和 N^+型源区之间被 P 型衬底隔开，漏极和源极之间好像是两个背靠背的 PN 结，当 $U_{GS}=0$ 时，不管漏极和源极间所加电压的极性如何，其中总有一个 PN 结是反向偏置的，反向电阻很大，漏极电流 I_D 近似为零，即不具有原始导电沟道。

如果在栅极和源极之间加正向电压 U_{GS}，情况就会发生变化，在 U_{GS} 的作用下，产生了垂直于衬底表面的电场。由于二氧化硅绝缘层很薄，因此即使 U_{GS} 很小（如只有几伏），也能产生很强的电场强度。栅极附近硅片中的空穴被排斥，而硅片与 N^+区中的电子被吸引，形成一个电子薄层。这个薄层就成为漏极与源极之间的导电沟道，被称为 N 型沟道。在漏源电压 U_{DS} 作用下，由于 N 型沟道导通，就形成了漏极电流 I_D，通常把开始导电时的 U_{GS} 称为开启电压，用 U_T 表示。U_{GS} 越正，感应的电子越多，N 型导电沟道越宽，沟道电阻就越小，漏极电流 I_D 就越大。

2. N 沟道耗尽型 MOS 场效应管的结构与原理

N 沟道耗尽型 MOS 场效应管的结构示意图和电路符号如图 6-7 所示，耗尽型的 MOS 场效应管在制造过程中预先在二氧化硅的绝缘层中掺入了大量的正离子，因此，即使栅极不加电压（U_{GS}=0），由于静电感应，这些正离子产生的电场也能在 P 型衬底中“感应”出足够多的负电荷，形成“反型层”，从而产生 N 型的导电沟道。此时，给栅极加上正电压（U_{GS}>0），沟道变宽，I_D 增大；反之，栅极加上负电压（U_{GS}<0）时．沟道变窄，I_D 减小。当栅极负电压大到一定数值 U_P（夹断电压）时，会使反型层消失，I_D＝0。

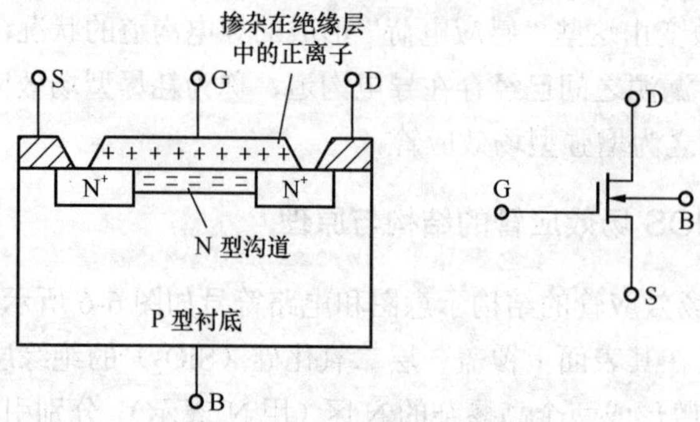

（a）N 沟道耗尽型 MOS 管的结构示意图　（b）N 沟道耗尽型 MOS 管电路符号

图6-7　N沟道耗尽型MOS场效应管的结构和符号

重点提示：P 沟道 MOS 场效应管也可分为增强型和耗尽型两种，它与 N 沟道 MOS 管的原理相同，只是在使用时，U_{GS}、U_{DS} 的极性与 N 沟道相反。

6.2.2　绝缘栅场效应管的特性曲线和参数

1. 绝缘栅场效应管的特性曲线

根据前面介绍，我们知道，绝缘栅型场效应管总共有 4 种场效应管，即 N 沟道增强型场效应管、N 沟道耗尽型场效应管、P 沟道增强型场效应管和 P 沟道耗尽型场效应管。4 种绝缘栅场效应管的符号及特性曲线如图 6-8 所示。

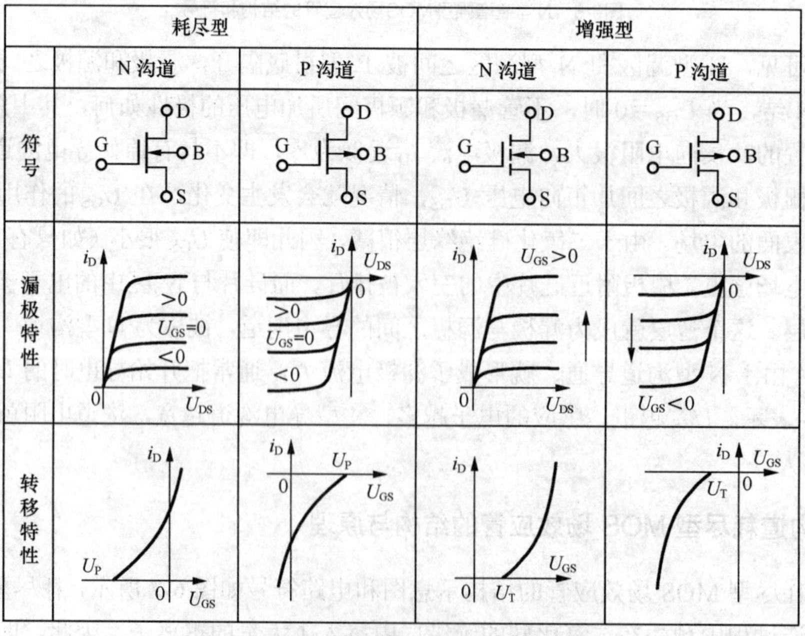

	耗尽型		增强型	
	N 沟道	P 沟道	N 沟道	P 沟道
符号	D G B S	D G B S	D G B S	D G B S
漏极特性	i_D >0 U_{GS}=0 <0 0 U_{DS}	i_D U_{DS} 0 >0 U_{GS}=0 <0	i_D U_{GS}>0 0 U_{DS}	i_D U_{DS} 0 U_{GS}<0
转移特性	i_D U_P 0 U_{GS}	i_D 0 U_P U_{GS}	i_D 0 U_T U_{GS}	i_D U_{GS} U_T

图6-8　4种绝缘栅场效应管的符号及特性曲线

下面以 N 沟道增强型和耗尽型 MOS 管来说明其转移特性曲线。

N 沟道增强型转移特性曲线位于坐标轴右侧，说明当 $U_{GS}\leqslant 0$ 时，即使加上 U_{DS}，也没有 I_D 通过，必须 $U_{GS}>0$ 时，管子才能正常工作，且只有当 $U_{GS}>V_T$（开启电压）时，I_D 才受 U_{GS} 控制，随着 U_{GS} 的增加而急剧增加，而在 $0<U_{GS}<V_T$ 时，I_D 几乎为零，相当于是三极管的死区电压。

N 沟道耗尽型场效应管不论 G-S 间电压 U_{GS} 是正、负还是零，都能控制漏极电流 I_D，即管子都能正常工作，所以使用起来非常灵活。

2. 绝缘栅场效应管的参数

绝缘栅场效应管的主要参数有以下几项。

（1）夹断电压和开启电压

耗尽型绝缘栅场效应管，在一定的漏源 U_{DS} 电压下，使漏源电流 I_{DS}=0 或小于某一小电流值时的栅源偏压值称为夹断电压 V_P。

增强型绝缘栅场效应管，在一定的漏源 U_{DS} 电压下，使沟道可以将漏源极连接起来的最小 U_{GS} 即为开启电压 V_T。

（2）饱和漏源电流 I_{DSS}

耗尽型绝缘栅场效应管，在一定的漏源电压 U_{DS} 下，当栅压 U_{GS}=0 时（栅源两极短路）的漏源电流称为饱和漏源电流 I_{DSS}。

（3）直流输入电阻 R_{GS}

在栅源极之间加一定电压的情况下，栅源极之间的直流电阻称为直流输入电阻 R_{GS}。

（4）输出电阻 R_D

当栅源电压 U_{GS} 为某一定值时，漏源电压的变化与其对应的漏极电流的变化之比称为输出电阻 R_D。

（5）跨导 g_m

在一定的漏源电压下，漏源电流的变化量与引起这个变化的相应的栅压的变化量的比值称为跨导 g_m。

（6）栅源击穿电压 U_{GSS}

反向饱和电流急剧增加的栅源电压为栅源击穿电压 U_{GSS}。从结构特点可知，MOS 管内部栅、源之间是一层很薄的 SiO_2 膜，因此栅、源之间的耐压不是很高，对于功率型 MOS 管，一般为 30～50V。每只管子的 U_{GSS} 具体是多少，在业余条件下是不能测量的。应注意的是，栅、源之间一旦击穿，将造成器件的永久性损坏。所以在使用中，加在栅、源间的电压不应超过 20V，一般电路中多控制在 10V 以下。为了保护栅、源间不被击穿，有的管子在内部已装有保护二极管。对于无内藏保护二极管的管子，使用时应如图 6-9 所示，在栅、源间并联一只限压保护二极管 V。二极管的稳压值可选在 10V 左右。

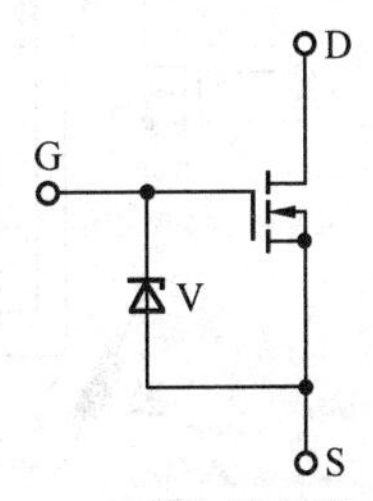

图6-9　MOS管加装保护二极管

（7）漏源击穿电压 U_{DSS}

一般规定，使 I_D 开始剧增的 U_{DS} 为漏源击穿电压 U_{DSS}，在使用 MOS 管时，漏、源间所加工作电压的峰值应小于 U_{DSS}。

6.2.3 绝缘栅场效应管的检测

下面以应用较多的功率型绝缘栅和双栅场效应管为例说明其检测的方法。

1. 功率型绝缘栅场效应管的检测

功率型场效应管又称为 VMOS 场效应管，它不仅具有输入阻抗高、驱动电流小的优点，而且还具有耐压高（最高耐压达 1200V）、工作电流大（1.5～100A）、输入功率大（1～250W），跨导线性好、开关速度快等优点。近年来，在各种电子领域中得到了广泛的应用。

（1）判别管脚

判定栅极 G：将万用表置于 R×1k 挡，分别测量三个管脚之间的电阻，如果测得某管脚与其余两管脚间的电阻值均为无穷大，且对换表笔测量时阻值仍为无穷大，则证明此脚是栅极 G。从结构上看，栅极 G 与其余两脚是绝缘的。但要注意，此种测量法仅对管内无保护二极管的 VMO5 管适用。

判定源极 S 和漏极 D：由 VMO5 管结构可知，在源—漏极之间有一个 PN 结，根据 PN 结正、反向电阻存在差异的特性，可准确识别源极 S 和漏极 D。将万用表置于 R×1k 挡，先用一表笔将被测 VMOS 管三个电极短接一下，然后用交换表笔的方法测两次电阻，如果管子是好的，必然会测得阻值为一大一小。其中，阻值较大的一次测量中，黑表笔所接的为漏极 D，红表笔所接的为源极 S，而阻值较小的一次测量中，红表笔所接的为漏极 D，黑表笔所接的为源极 S，这种规律还证明，被测管为 N 沟道管。如果被测管子为 P 沟道管，则所测阻值的大小规律正好相反。

（2）好坏的判别

用万用表 R×1k 挡去测量场效应管任意两引脚之间的正、反向电阻值。如果出现两次及两次以上电阻值较小（几乎为 0Ω），则该场效应管损坏；如果仅出现一次电阻值较小（一般为数百欧），其余各次测量电阻值均为无穷大，还需作进一步判断（注意，以上测量方法适用于内部无保护二极管的 VMOS 管）。以 N 沟道管为例，可依次做下述测量，以判定管子是否良好。

——将万用表置于 R×1k 挡。先将被测 VMOS 管的栅极 G 与源极 S 用镊子短接一下，然后将红表笔接漏极 D，黑表笔接源极 S ，所测阻值应为数千欧。具体操作如图 6-10 所示。

——先用导线短接 G 与 S，将万用表置于 R×10k 挡，红表笔接 S，黑表笔接 D，阻值应接近无穷大，否则说明 VMOS 管内部 PN 结的反向特性比较差。具体操作参见图 6-11 所示。

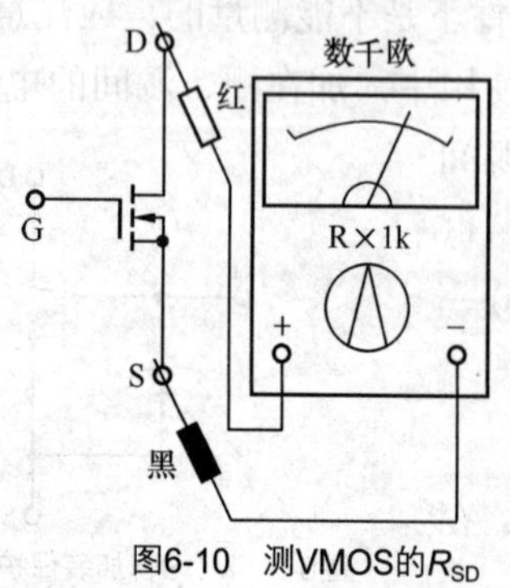

图6-10　测VMOS的R_{SD}

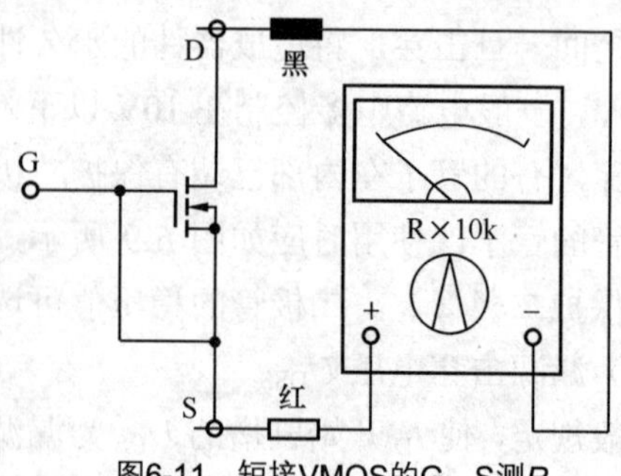

图6-11　短接VMOS的G、S测R_{DS}

——紧接着上述测量，将 G 与 S 间短路线去掉，表笔位置不动，将 D 与 G 短接一下再断开，相当于给栅极注入了电荷，此时阻值应大幅度减小并稳定在某一阻值，此阻值越小说明跨导值越高，管子的性能越好。如果万用表指针向右摆幅很小，说明管子的跨导值较小。具体操作如图 6-12 所示。

此步测试时需要注意的是，万用表的电阻挡一定要选用 R×10k 的高阻挡，这时表内电压较高，阻值变化比较明显。如果使用 R×1k 或 R×100 挡，会因表内电压较低而不能正常进行测试。

——紧接着上述操作，表笔不动，电阻值维持在某一数值，用镊子等导电物将 G 与 S 短接一下，给栅极放电，万用表指针应立即向左转至无穷大。具体操作如图 6-13 所示。

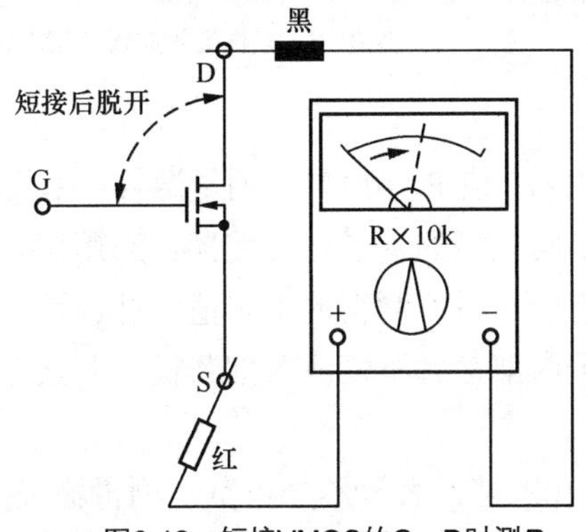

图6-12　短接VMOS的G、D时测R_{DS}

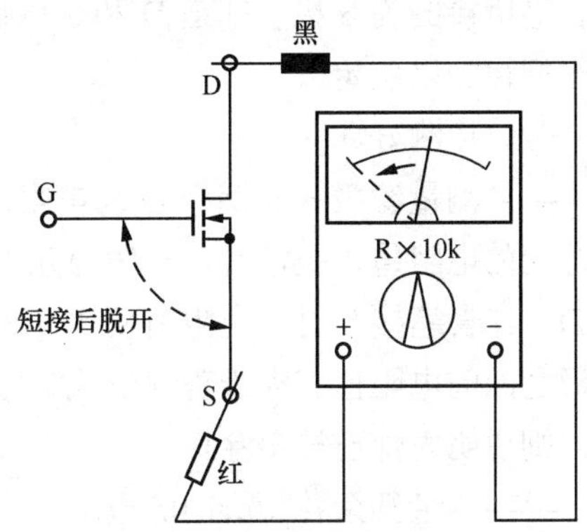

图6-13　短接VMOS的G、S时的测试

以上述测量方法是针对 N 沟道 VMOS 场效应管而言，若测量 P 沟道管，则应将两表笔位置调换。

重点提示：有些功率场效应管内部在漏、源极之间并接了一个二极管或肖特基二极管，如图 6-14 所示。这是在接电感负载时防止反电动势损坏 MOSFET。

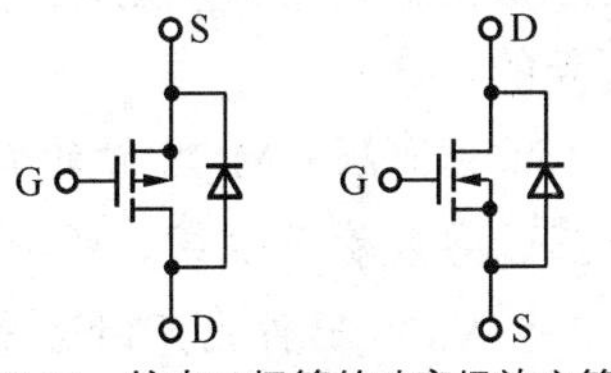

图6-14　接有二极管的功率场效应管

2. 双栅 MOS 场效应管的检测

双栅绝缘栅场效应管的结构及符号如图 6-15 所示。

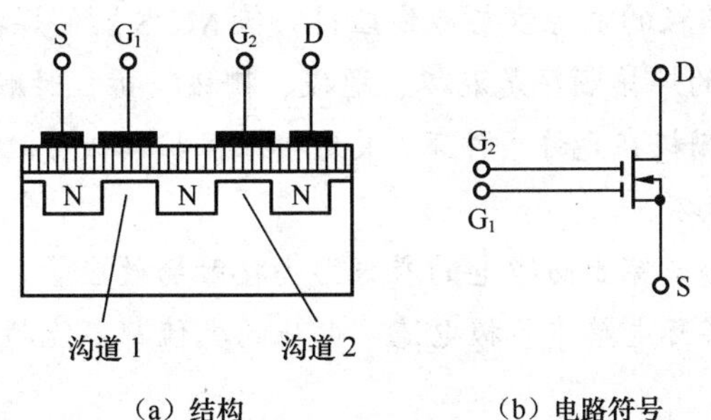

（a）结构　　（b）电路符号

图6-15　双栅绝缘栅场效应管的结构及符号

这种场效应管有两个串联的沟道，两个栅极都能控制沟道电流的大小，靠近源极 S 的栅极 G_1 是信号栅，靠近漏极 D 的栅极 G_2 是控制栅，通常加 AGC 电压，这种场效应管在彩电高频头的高放电路中应用较多。

（1）判别管脚电极

目前，日本、欧洲各国生产的 MOS 场效应管的管脚位置排列顺序基本是相同的，即从管子的底部看去，按逆时针方向依次是 D、S、G_1、G_2，如图 6-16 所示。所以，只要用万用表电阻挡测出漏极 D 和源极 S 两脚，就可以将各管脚确定。

检测时将万用表置于 R×100 挡，用红、黑表笔依次轮换测量各管脚间的电阻值，只有 S 和 D 两极间的电阻值为几十欧至几千欧，其余各电极间的电阻值均为无穷大。这样找到 S 和 D 极以后，再交换表笔测量这两个电极间的电阻值，其中，在测得阻值较大的一次测量中，黑表笔所接的为 D 极，红表笔所接的为 S 极。知道 D 和 S 以后，G_1 和 G_2 便可根据排列规律加以确定。

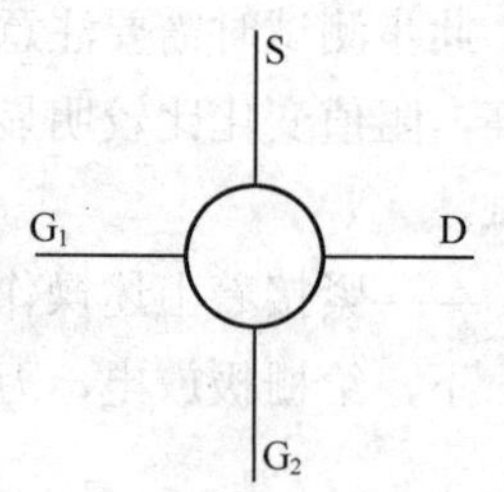

图6-16　双栅场效应管管脚排列

（2）检测好坏

——测量源极 S 和漏极 D 间电阻：将万用表置于 R×10 或 R×100 挡，测量源极 S 和漏极 D 之间的电阻值，正常时，一般为几十欧至几千欧，不同型号的管子略有差异。当用黑表笔接 D、红表笔接 S 时，电阻值要比红表笔接 D、黑表笔接 S 时所测得的电阻值大些。这两个电极之间的电阻值若大于正常值或为无穷大，说明管子内部接触不良或内部断极；若接近于零，则说明内部已被击穿。

——测量其余各管脚间的电阻：将万用表置于 R×10k 挡，表笔不分正负，测量栅极 G_1 和 G_2 之间、栅极与源极之间、栅极与漏极之间的电阻值。正常时，这些电阻值均应为无穷大。若阻值不是无穷大，则证明管子已经损坏。注意，这种方法对于内部电极开路性故障是无法判断的。

注意事项：MOS 管的输入阻抗很高，即使是极小的电流，甚至是静电，都会产生很高的电压，导致管子烧穿。所以，使用时要注意以下几点。

1. MOS 器件出厂时通常装在黑色的导电泡沫塑料袋中，切勿自行随便拿个塑料袋装，也可用细铜线把各个引脚连接在一起，或用锡纸包装。
2. 取出的 MOS 器件不能在塑料板上滑动，应用金属盘来盛放待用器件。
3. 焊接用的电烙铁必须良好接地。
4. 在焊接前应把电路板的电源线与地线短接，待 MOS 器件焊接完成后再分开。
5. MOS 器件各引脚的焊接顺序是漏极、源极、栅极。拆机时顺序相反。
6. MOS 场效应管的栅极在允许条件下，最好接入保护二极管。在检修电路时应注意查证原有的保护二极管是否损坏。
7. 最好带防静电手套或穿上防净电的衣服再去接触场效应管。
8. 选管时，要注意实际电路中各极电流、电压的数值都不能超过手册中规定的额定值。

6.3　场效应管的应用

场效应管应用很广，可以用于调制、放大、阻抗变换、稳流、限流、自动保护等电路中，下面以结型场效应管为例，简要介绍几种常用的应用电路。

6.3.1　直流小信号调制电路

在仪表中经常遇到直流信号放大的问题，一般采用大闭环负反馈和将直流信号调制成交流信号再进行交流放大的方法，如图 6-17 所示，这种方法可以克服温度漂移、提高线性精度，并能获得高放大倍数，图 6-18 是具体电路。

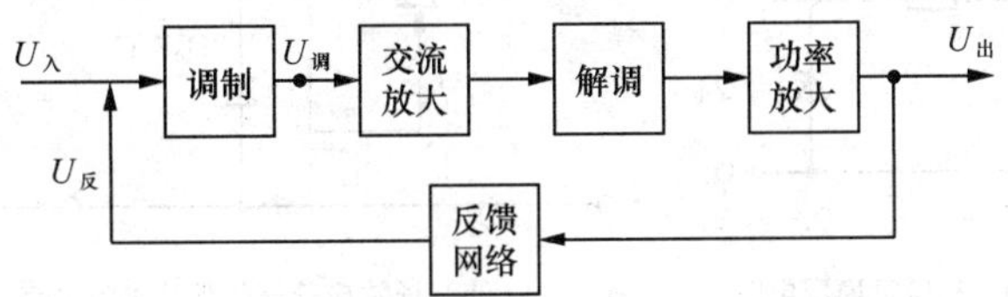

图6-17　直流小信号调制方框图

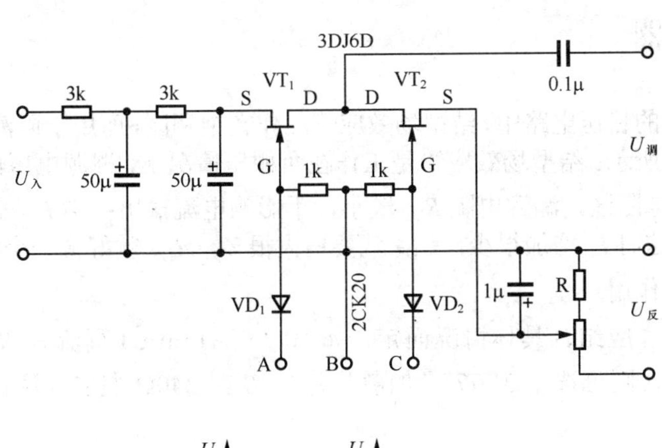

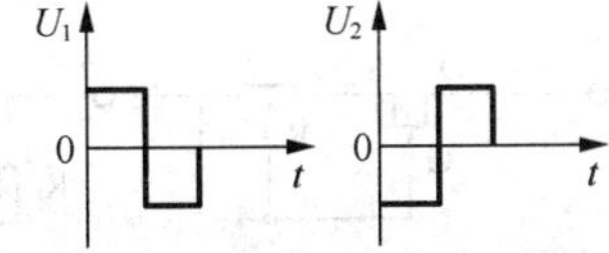

图6-18　直流小信号调制电路

图中，VT_1、VT_2 工作在可变电阻区，VD_1、VD_2 是防止栅压为正，这样可以消除调制噪声。3kΩ 电阻和 50μF 电容为输入滤波用。

用频率为 1000Hz、幅值为 7V 的方波电压 U_1、U_2 作为驱动电压，此两电压形状相同，相位相反，经 VD_1、VD_2 削去正半波后分别加在 VT_1、VT_2 的栅极，使 VT_1、VT_2 轮流导通、夹断，就好像并串联的单刀双掷开关一样。VT_1 导通时 VT_2 夹断，输入电压 $U_入$ 向 0.1μF 电容充电；VT_2 导通时 VT1 夹断，0.1μF 电容通过 VT2 向 R 放电，而 R 上有反馈电压 $U_反$，正好与放电电流方向相反，故达到 $U_入$ 与 $U_反$ 相减的目的。可以看出，经 0.1μF 电容输出的调制电压 $U_调$ 为频率与 U_1、U_2 频率相同的交变电压。

这种调制电路比绝缘栅场效应管调制电路焊接调整方便、工作可靠，比晶体管调制电路噪声小、漂移小、调整简单。注意 R 值不可太大，一般应在 100kΩ 以内。

6.3.2 代替限流电阻

一般用稳压管稳压的电路如图 6-19（a）所示，R 为限流电阻，现用一只结型场效应管代替，如图 6-19（b）所示。它是零栅压工作，由场效应管的输出特性曲线可知，当 U_{DS} 下降时，I_{DS} 变化并不多，仍能保证稳压管的工作电流不变，所以稳压精度提高。另外，采用场效应管后，它允许电源变动的范围也比采用限流电阻的稳压电路大得多。

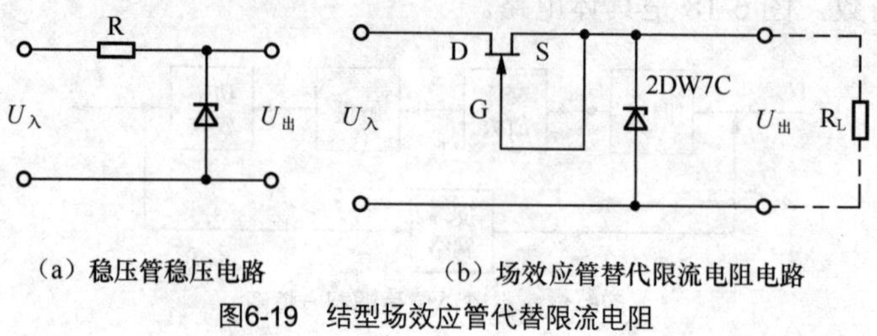

（a）稳压管稳压电路　　（b）场效应管替代限流电阻电路

图6-19　结型场效应管代替限流电阻

6.3.3 限流器

在图 6-19 所示的稳压电路中，结型场效应管工作在饱和区，而用于限流器时则有所不同，具体电路如图 6-20 所示。结型场效应管是工作在负栅压情况下，栅源电压值为 $-I_{入}R$。当 $I_{入}$ 小时它工作在可变电阻区，漏源电阻 R_{DS} 较小，不影响电流输出；当 $I_{入}$ 增大到一定数值时，它工作在饱和区，这时 $I_{入}$ 增加很少，U_{DS} 就要增大很多，R_{DS} 就好像一个阻值很大的可调电阻，对 $I_{入}$ 起了限流作用。

管型及参数选择应结合具体情况而定，如 $I_{入}=0$～15mA（直流），$R_L=0$～3kΩ，要求限流在 12mA 左右，则可选用 3DJ7J（加散热片），R 在 240Ω 左右。调整 R 数值可改变限流数值。

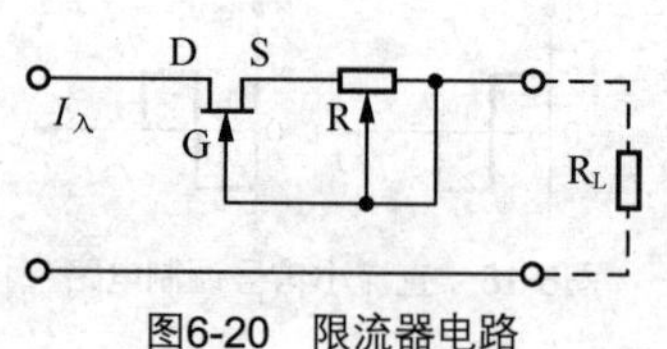

图6-20　限流器电路

第7章 晶闸管和IGBT的识别与检测

晶闸管也叫可控硅（SCR），是一种“以小控大”的功率（电流）型器件，它像闸门一样，能够控制大电流的流通，闸流管由此得名。晶闸管具有体积小、重量轻、功耗低、效率高、寿命长、使用方便等优点，应用领域十分广泛，在家用电器、电子测量仪器和工业自动化设备中都能见到它们的身影。在电子制作电路中，如交流无触点开关、调光、调速、调压、控温、控湿、稳压等也采用了晶闸管。本章全面分析了各种晶闸管的识别与检测，然后对IGBT进行了简要介绍。

7.1 晶闸管概述

7.1.1 晶闸管的种类

晶闸管一般按以下方法进行分类。

1. 按控制方式分类

晶闸管按其控制方式可分为普通晶闸管、双向晶闸管、逆导晶闸管、可关断晶闸管（GTO）、BTG晶闸管、温控晶闸管、光控晶闸管等多种。

2. 按封装形式分类

晶闸管按其封装形式可分为金属封装晶闸管、塑封晶闸管和陶瓷封装晶闸管3种类型。其中，金属封装晶闸管又分为螺栓型、平板型、圆壳型等多种；塑封晶闸管又分为带散热片型和不带散热片型两种。

3. 按电流容量分类

晶闸管按电流容量可分为大功率晶闸管、中功率晶闸管和小功率晶闸管3种。通常，大功率晶闸管多采用金属壳封装，而中、小功率晶闸管多采用塑封或陶瓷封装。

4. 按关断速度分类

晶闸管按其关断速度可分为普通晶闸管和高频（快速）晶闸管。

图 7-1 是晶闸管的分类图。

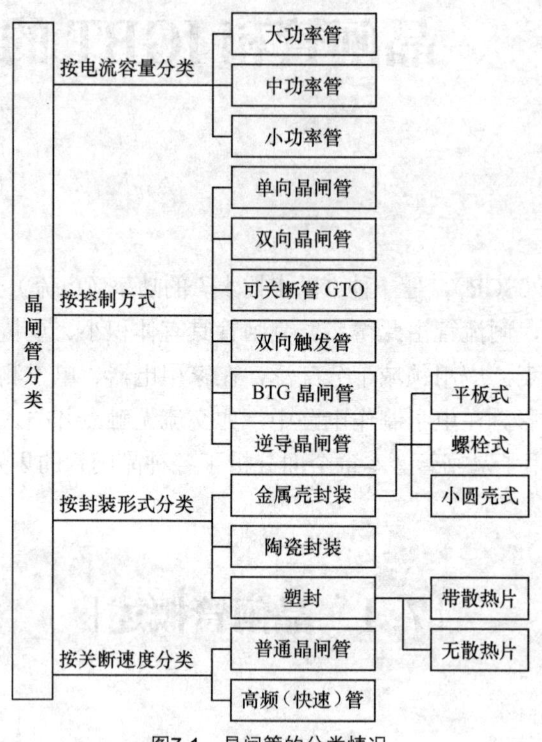

图7-1 晶闸管的分类情况

7.1.2 晶闸管的外形和命名

晶闸管的常见外形如图 7-2 所示。

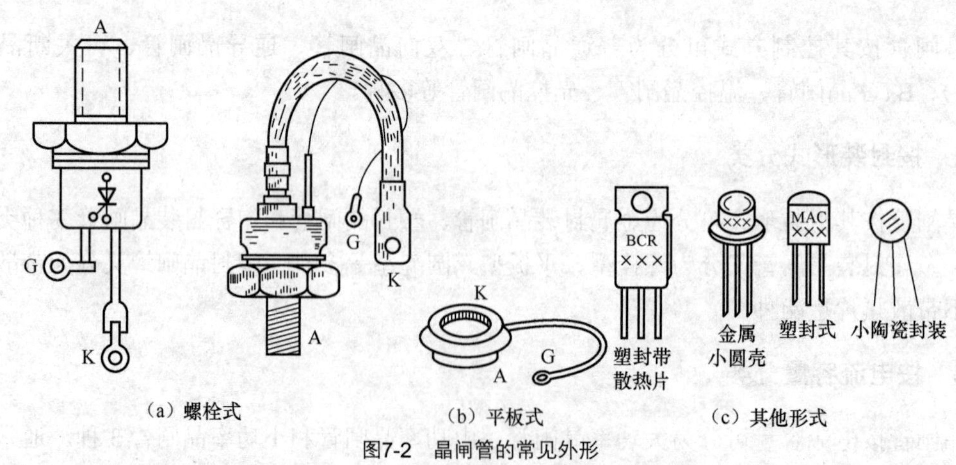

图7-2 晶闸管的常见外形

国产晶闸管的型号命名主要由 4 部分组成，各部分的含义如表 7-1 所示。

第 1 部分用字母“K”表示主称为晶闸管；第 2 部分用字母表示晶闸管的类别；第 3 部

分用数字表示晶闸管的额定通态电流值，第 4 部分用数字表示重复峰值电压级数。

表 7-1　　国产晶闸管的型号命名及含义

<table>
<tr><th colspan="2">第 1 部分：
主称</th><th colspan="2">第 2 部分：
类别</th><th colspan="2">第 3 部分：
额定通态电流</th><th colspan="2">第 4 部分：
重复峰值电压级数</th></tr>
<tr><th>字母</th><th>含义</th><th>字母</th><th>含义</th><th>数字</th><th>含义</th><th>数字</th><th>含义</th></tr>
<tr><td rowspan="12">K</td><td rowspan="12">晶闸管
（可控硅）</td><td rowspan="4">P</td><td rowspan="4">普通反向阻断型</td><td>1</td><td>1A</td><td>1</td><td>100V</td></tr>
<tr><td>5</td><td>5A</td><td>2</td><td>200V</td></tr>
<tr><td>10</td><td>10A</td><td>3</td><td>300V</td></tr>
<tr><td>20</td><td>20A</td><td>4</td><td>400V</td></tr>
<tr><td rowspan="4">K</td><td rowspan="4">快速反向阻断型</td><td>30</td><td>30A</td><td>5</td><td>500V</td></tr>
<tr><td>50</td><td>50A</td><td>6</td><td>600V</td></tr>
<tr><td>100</td><td>100A</td><td>7</td><td>700V</td></tr>
<tr><td>200</td><td>200A</td><td>8</td><td>800V</td></tr>
<tr><td rowspan="4">S</td><td rowspan="4">双向型</td><td>300</td><td>300A</td><td>9</td><td>900V</td></tr>
<tr><td>400</td><td>400A</td><td>10</td><td>1000V</td></tr>
<tr><td rowspan="2">500</td><td rowspan="2">500A</td><td>12</td><td>1200V</td></tr>
<tr><td>14</td><td>1400V</td></tr>
</table>

例如，KP1-2（1A/200V 普通反向阻断型晶闸管）

K——晶闸管

P——普通反向阻断型

1——通态电流 1A

2——重复峰值电压 200V

再如，KS5-4（5A/400V 双向晶闸管）

K——晶闸管

S——双向管

5——通态电流 5A

4——重复峰值电压 400V

国外晶闸管型号很多，大都按各公司自己的命名方式定型号，如单向晶闸管有 SFOR1、CR2AM、SF5 等，双向晶闸管有 BTA06、BCR6AM、MAC97A6。

7.1.3　晶闸管的主要参数

晶闸管的主要电参数有正向转折电压 V_{BO}、正向平均漏电流 I_{FL}、反向击穿电压 V_{BR}、反向漏电流 I_{RL}、断态重复峰值电压 V_{DRM}、反向重复峰值电压 V_{RRM}、正向平均压降 V_F、通态平均电流 I_T、门极触发电压 V_{GT}、门极触发电流 I_{GT}、门极反向电压、维持电流 I_H 等。

1. 正向转折电压 V_{BO}

晶闸管的正向转折电压 V_{BO} 是指在额定结温且门极（G）开路的条件下，在其阳极（A）与阴极（K）之间加正弦半波正向电压，使其由关断状态转变为导通状态时所对应的峰值电压。

2. 断态重复峰值电压 V_{DRM}

断态重复峰值电压 V_{DRM}，是指晶闸管在正向阻断时，允许加在 A、K（或 T_1、T_2）极间最大的峰值电压，此电压约为正向转折电压减去 100V 后的电压值。

3. 通态平均电流 I_T

通态平均电流 I_T，是指在规定环境温度和标准散热条件下，晶闸管正常工作时 A、K（或 T1、T2）极间所允许通过电流的平均值。

4. 反向击穿电压 V_{BR}

反向击穿电压是指在额定结温下，晶闸管阳极 A 与阴极 K 之间施加正弦半波反向电压，当其反向漏电电流急剧增加时对应的峰值电压。

5. 反向重复峰值电压 V_{RRM}

反向重复峰值电压 V_{RRM}，是指晶闸管在门极（G）断路时，允许加在 A、K 极间的最大反向峰值电压，此电压约为反向击穿电压减去 100V 后的峰值电压。

6. 正向平均电压降 V_F

正向平均电压降 V_F 也称通态平均电压或通态压降 V_T，是指在规定环境温度和标准散热条件下，当通过晶闸管的电流为额定电流时，其阳极 A 与阴极 K 之间电压降的平均值，通常为 0.4～1.2V。

7. 门极触发电压 V_{GT}

门极触发 V_{GT}，是指在规定的环境温度和晶闸管阳极 A 与阴极 K 之间为一定值正向电压的条件下，使晶闸管从阻断状态转变为导通状态所需要的最小门极直流电压，一般为 1.5V 左右。

8. 门极触发电流 I_{GT}

门极触发电流 I_{GT}，是指在规定环境温度和晶闸管阳极 A 与阴极 K 之间为一定值电压的条件下，使晶闸管从阻断状态转变为导通状态所需要的最小门极直流电流。

9. 门极反向电压

门极反向电压是指晶闸管门极上所加的额定电压，一般不超过 10V。

10. 维持电流 I_H

维持电流 I_H 是指维持晶闸管导通的最小电流，当正向电流小于 I_H 时，导通的晶闸管会自动关断。

11. 断态重复峰值电流 I_{DR}

断态重复峰值电流 I_{DR}，是指晶闸管在关断状态下的正向最大平均漏电电流值，一般小于 100μA。

12. 反向重复峰值电流 I_{RRM}

反向重复峰值电流 I_{RRM}，是指晶闸管在关断状态下的反向最大漏电电流值，一般小于 100μA。

7.1.4 晶闸管的选用

1. 选择晶闸管的类型

晶闸管有多种类型，应根据应用电路的具体要求合理选用。

若用于交/直流电压控制、可控整流、交流调压、逆变电源、开关电源保护电路等，可选用普通单向晶闸管。

若用于交流开关、交流调压、交流电动机线性调速、灯具线性调光及固态继电器、固态接触器等电路中，应选用双向晶闸管。

若用于交流电动机变频调速、斩波器、逆变电源、各种电子开关电路等，可选用门极关断晶闸管。

若用于锯齿波发生器、长时间延时器、过电压保护器、大功率晶体管触发电路等，可选用 BTG 晶闸管。

若用于电磁灶、电子镇流器、超声波电路、超导磁能储存系统、开关电源等电路，可选用逆导晶闸管。

若用于光电耦合器、光探测器、光报警器、光计数器、光电逻辑电路及自动生产线的运行监控电路，可选用光控晶闸管。

2. 选择晶闸管的主要参数

晶闸管的主要参数应根据应用电路的具体要求而定。

所选晶闸管应留有一定的功率裕量，其额定峰值电压和额定电流（通态平均电流）均应高于受控电路的最大工作电压和最大工作电流的 1.5～2 倍。

晶闸管的正向压降、门极触发电流、触发电压等参数应符合应用电路（指门极的控制电路）的各项要求，不能偏高或偏低，否则会影响晶闸管的正常工作。

7.2 单向晶闸管

7.2.1 单向晶闸管的特性

单向晶闸管简称 SCR，也叫单向可控硅。是一种三端器件，共有三个电极，控制极（门极）G、阳极 A 和阴极 K。单向晶闸管种类很多，按功率大小来区分，单向晶闸管有小功率、中功率和大功率 3 种规格，一般从外观上即可进行识别。小功率晶闸管多采用塑封或金属壳封装；中功率晶闸管的控制极引脚比阴极细，阳极带有螺栓；大功率晶闸管的控制极上带有金属编织套。常见单向晶闸管外形如图 7-3 所示。

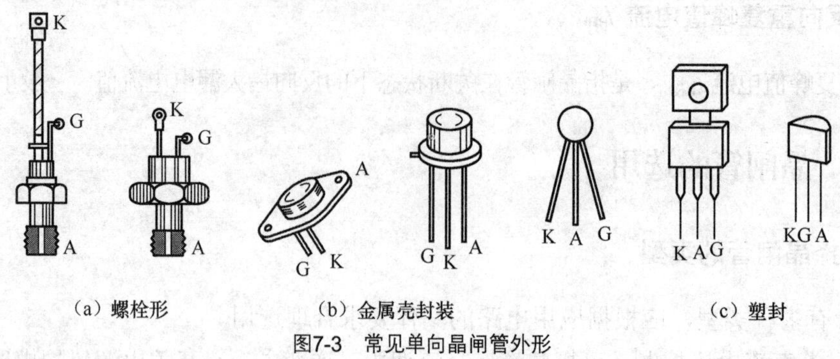

图7-3 常见单向晶闸管外形

目前，单向晶闸管已经被广泛用于可控整流、交流调压、逆变电源、开关电源等电路中，图 7-4 是单向晶闸管的结构、等效电路和电路符号。

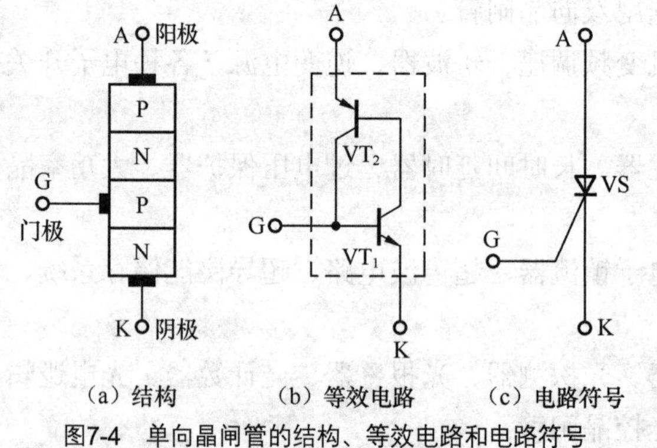

图7-4 单向晶闸管的结构、等效电路和电路符号

由结构图可见，单向晶闸管由 PNPN 4 层半导体构成。它的特性是，当阳极 A 和阴极 K 之间加上正极性电压时，A、K 还不能导通。只有当控制极 G 再加上一个正向触发信号时，A、K 之间才能进入深饱和导通状态。而 A、K 两电极一旦导通后，即使去掉 G 极上的正向触发信号，A、K 之间仍保持通态，只有使 A、K 之间的正向电压足够小或在两者间施以反向电压时，才能使其恢复截止状态。

晶闸管的以上特性可从其等效电路中得到解释：当晶闸管的阳极 A—阴极 K 间加上正电压后，等效三极管 VT_1、VT_2 便具备了电流放大条件，此时若在它的控制极 G 上加正向电压 U_G，由于正反馈的作用，使 VT_1、VT_2 进入饱和，晶闸管阳极 A—阴极 K 间流过较大的电流，管压降接近零，电源电压几乎全部降落在负载上。晶闸管导通后，由于 VT_1 的基极上始终有比最初的控制极电流大很多的电流流过，可以推知，此时即使去掉控制极电压 U_G，晶闸管仍然维持其导通状态。

晶闸管在下述 3 种情况下不导通：一是阳极 A 一阴极 K 间加负电压（阳负、阴正），此时等效的两只三极管均因反向偏置而不导通；二是阳极 A 一阴极 K 间加正电压，但没有最初的控制极触发电压 U_G，晶闸管因得不到最初的触发电流，不能形成正反馈放大过程，所以不导通；三是阳极 A 一阴极 K 间导通电流小于其维持电流，即不能维持其内部等效三极管的饱和状态，晶闸管因而也不导通。

一个性能良好的晶闸管，截止时其漏电流应很小，触发导通后其压降也应很小。这是对晶闸管进行性能检测的主要依据。

7.2.2　单向晶闸管的应用

单向晶闸管具有控制性能好、反应快，体积小、效率高等优点，常用于整流、无触点开关及变频电路中。单向晶闸管用于音乐控制的彩灯电路，如图 7-5 所示，扬声器两端的信号电压，通过变压器去触发晶闸管，当音乐有强有弱时，触发电流就有大有小，从而控制彩灯忽亮忽暗闪烁。

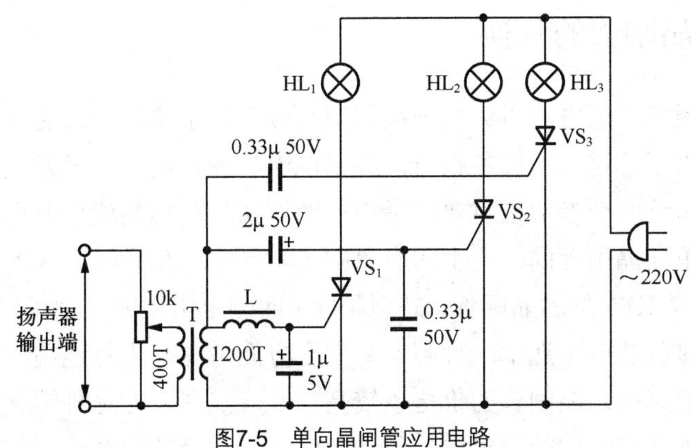

图7-5　单向晶闸管应用电路

7.2.3　单向晶闸管的检测

1. 判别各电极和好坏

由单向晶闸管的结构可知，控制极 G 和阴极 K 之间是一个 PN 结，由 PN 结的单向导电特性可知，其正、反电阻值相差很大。而控制极 G 和阳极 A 之间有两个反向串联的 PN 结，因此无论 A、G 两个电极的电位谁高谁低，两极间总是呈高阻值。所以用万用表可以很方便地测出其电极引脚。

将万用表打在 R×100 挡上分别测量可控硅任意两引脚间的电阻值。随两表笔的调换共进行 6 次测量，其中五次万用表的读数应为无穷大，一次读数为几十欧姆。读数为几十欧姆的那一次，黑表笔接的是控制极 G，红表笔接的是阴极 K，剩下的引脚便为阳极 A。若在测量中不符合以上规律，说明晶闸管损坏或不良。

重点提示：单向晶闸管也可以根据其封装形式来判断出各电极。例如，螺栓形晶闸管的螺栓一端为阳极 A，较细的引线端为门极 G，较粗的引线端为阴极 K；平板形晶闸管的引出线端为门极 G，平面端为阳极 A，另一端为阴极 K；金属壳封装（TO–3）的晶闸管，其外壳为阳极 A；塑封（TO–220）的晶闸管的中间引脚为阳极 A，且多与自带散热片相连。

2. 导通特性的测试

（1）10A 以下晶闸管导通特性的测试

万用表置于 R×1 挡，将黑表笔接阳极 A，红表笔接阴接 K，此时万用表指针不偏转。再将控制极 G 和阳极 A 瞬间短接，万用表的读数随即降到几十欧姆，说明可控硅能被触发并维持导通，它的基本性能是好的，否则不能用。

（2）10～100A 晶闸管导通特性的测试

对于 10～100A 大功率晶闸管，因其通态压降较大，并且 R×1 挡提供的电流低于维持电流，故晶闸管不能完全导通。为此可改用双表法，即把两块万用表的 R×1 挡串联起来使用（将第一块万用表的黑表笔与第二块万用表的红表笔短接），获得 3V 的电源电压，也可在万用表 R×1 挡的外部串联 1～2 节 1.5V 电池，将电源电压提升到 3～4.5V，以便检查 10～100A 的大功率晶闸管。

7.2.4 单向晶闸管的代换

晶闸管的参数很多，但电路设计时一般都留有较大的余量，所以更换晶闸管时只要几个主要参数相近就可以了。这些主要参数有：额定电流、额定电压、触发电流、触发电压等。额定电流与额定电压这两个参数最重要。最简单的方法是从实物或电路标注上查出晶闸管的型号和参数。如一单向晶闸管的外壳上印有“KP5”字样，表示它是 KP 型普通晶闸管，额定电流是 5A。同样是 KP5 型的晶闸管，外型相同，而额定电压的范围可以从最低的 100V 到最高的 3000V，这时究竟应该选哪一种呢？从安全方面考虑，当然选用额定电压高的晶闸管好，但是额定电压值越高，晶闸管的价格也较高，造成浪费。在这种情况下，我们就应该通过对电路进行估算来确定它们的额定电压值。为保证晶闸管的安全，它的额定电压参数一般要取最高工作电压的 1.5～2 倍。

注意事项：非标准型号晶闸管损坏，或者没有相同型号的晶闸管备用时，就要设法去找参数相近的晶闸管代用。代用时一般要注意以下几点。

（1）管子的外型要相同。因为外形不同，就无法安装。

（2）管子的开关速度要基本一致。如 KK 型快速晶闸管就不能用 KP 型或 3CT 型普通晶闸管代用，KP 型晶闸管则可以用 3CT 型普通管代用。

（3）选取代用管时，不管什么参数，都不必留有过大的余量，因为过大的余量不仅是一种浪费，有时反而起不好的作用。例如，选用额定电流是 30A 的晶闸管来代换 20A 的，虽然安全，但是 20A 晶闸管只需较小的电流就能触发导通，而 30A 的晶闸管则需要较大的电流才能触发导通，当把这个 30A 晶闸管更换到电路上去，可能会出现不触发或触发不灵敏的现象。

7.3 双向晶闸管

7.3.1 双向晶闸管的特性

单向晶闸管实质上属于直流控制器件，要控制交流负载，必须将两只晶闸管反极性并联，让每只晶闸管控制一个半波，为此需用两套独立的触发电路，使用不够方便。双向晶闸管是在普通晶闸管的基础上发展而成的，它不仅能代替两只反极性并联的单向晶闸管，而且只需一个触发电路，是目前比较理想的交流开关器件，其英文名称 TRIAC 即三端双向交流开关之意。

尽管从形式上可将双向晶闸管看成两只普通晶闸管的组合，但实际上它是由 7 只晶体管和多只电阻构成的功率集成器件。常见双向晶闸管外形如图 7-6 所示。

双向晶闸管的结构与电路符号如图 7-7 所示。

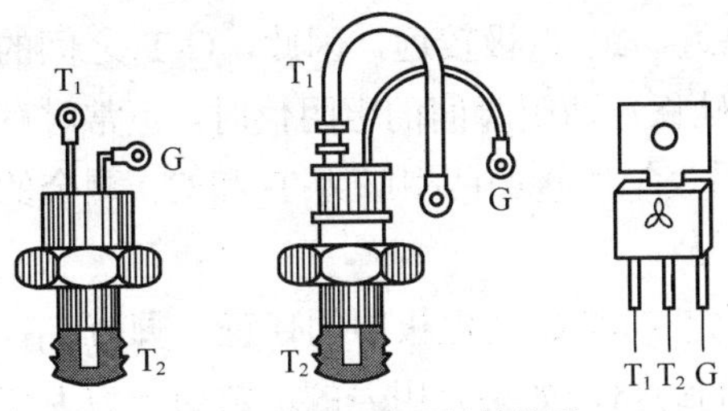

图7-6　常见双向晶闸管外形

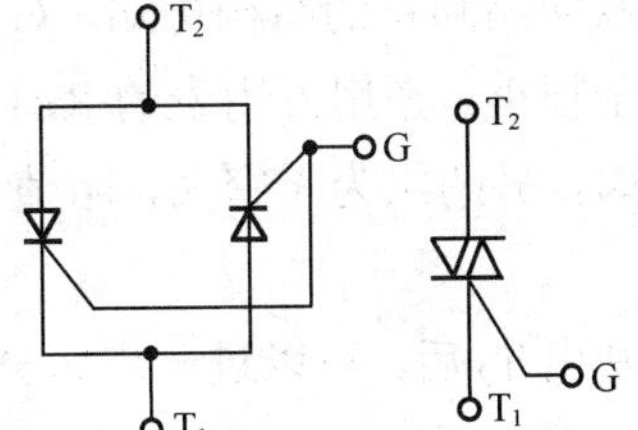

图7-7　双向晶闸管的结构与电路符号

双向晶闸管的 3 个电极分别是 T1、T2、G，与单向可控硅相比，主要是能双向导通，且具有 4 种触发状态，如图 7-8 所示。

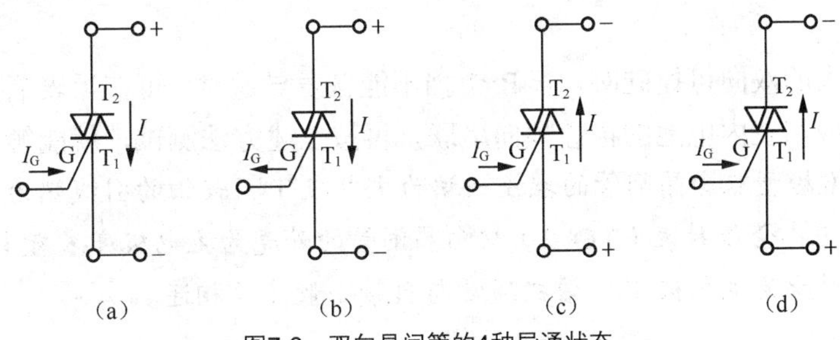

图7-8　双向晶闸管的4种导通状态

当 G 极和 T_2 相对于 T_1 的电压为正时，导通方向为 $T_2 \rightarrow T_1$，此时 T_2 为阳极，T_1 为阴极。

当 G 极和 T_1 相对于 T_2 的电压为负时，导通方向也为 $T_2 \rightarrow T_1$，T_2 为阳极，T_1 为阴极。当 G 极和 T_1 相对于 T_2 为正时，导通方向为 $T_1 \rightarrow T_2$，此时 T_1 变为阳极，T_2 变为阴极。

当 G 极和 T_2 相对于 T_1 为负时，导通方向仍为 $T_1 \rightarrow T_2$，T_1 为阳极，T_2 为阴极。

另外，双向可控硅也具有去掉触发电压后仍能导通的特性，只有当 T_1、T_2 间的电压降低到不足以维持导通或 T_1、T_2 间的电压改变极性时又恰逢没有触发电压可控硅才被阻断。

7.3.2　双向晶闸管的应用

双向晶闸管可用于工业、交通、家用电器等领域，实现交流调压、电机调速、交流开关、路灯自动开启与关闭、温度控制、台灯调光等多种功能，它还被用于固态继电器和固态接触器电路中。

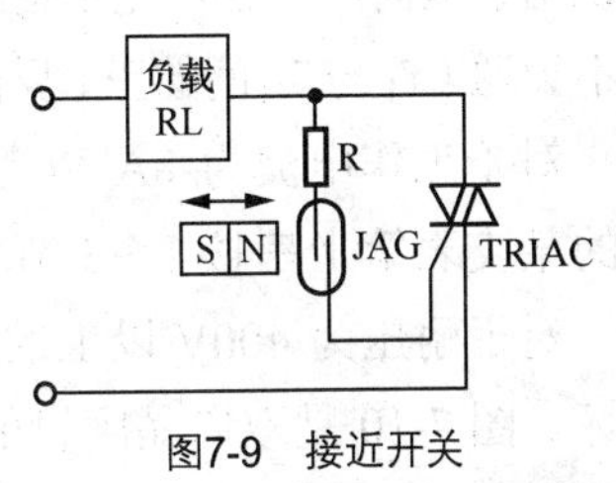

图7-9　接近开关

图 7-9 是由双向晶闸管构成的接近开关电路，R 为门极限流电阻，JAG 为干式舌簧管，平时 JAG 断开，双向晶闸管 TRIAC 也关断；仅当小磁铁移近时，JAG 吸合，使

双向晶闸管导通，将负载电源接通。由于通过干簧管的电流很小，时间仅几微秒，所以开关的寿命很长。

7.3.3 双向晶闸管的检测

1. 判别各电极

由双向晶闸管的结构可知，G 极与 T_1 极靠近，距 T_2 极较远，因此，G-T_1 之间的正、反向电阻都很小。在用万用表的 R×1 挡测量可控硅任意两引脚间的电阻值时，正常时有一组为几十欧姆，另两组为无穷大，阻值为几十欧姆时表笔所接的两引脚为 T_1 和 G，剩余的引脚是 T_2 极。

判别出 T_2 后，可以进一步区分 T_1 和 G。假定 T_1 和 G 两电极中的任意一脚为 T_1，用黑表笔接 T_1，红表笔接 T_2，将 T_2 与假定的 G 极瞬间短路，如果万用表的读数由无穷大变为几十欧姆，说明可控硅能被触发并维持导通。调换两表笔重复上面操作，结果相同时，说明假定正确。如果调换表笔操作时，万用表瞬间指示为几十欧姆又指示为无穷大，说明可控硅没有维持导通，说明原来的假定是错误的，原假定的 T_1 极实际上是 G 极，假定的 G 极实际上是 T_1 极。

当测功率稍大的双向可控硅时，若 R×1 挡不能触发导通时，可在黑表笔接线中串接一节干电池，干电池应和表内电池的极性顺向串联，再按上述方法测试，就能触发导通。

重点提示：螺栓型双向晶闸管的螺栓一端为主电极 T_2，较细的引线端为门极 G，较粗的引线端为主电极 T_1；金属封装（TO–3）双向晶闸管的外壳为主电极 T_2；塑封（TO–220）双向晶闸管的中间引脚为主电极 T_2，该极通常与自带小散热片相连。

2. 检测触发能力

对于工作电流为 8A 以下的小功率双向晶闸管，可用万用表 R×1 档直接测量。测量时先将黑表笔接主电极 T_2，红表笔接主电极 T_1，然后用镊子将 T_2 极与门极 G 短路，给 G 极加上正极性触发信号，若此时测得的电阻值由无穷大变为十几欧姆（Ω），则说明该晶闸管已被触发导通，导通方向为 $T_2 \rightarrow T_1$。

再将黑表笔接主电极 T_1，红表笔接主电极 T_2，用镊子将 T_2 极与门极 G 之间短路，给 G 极加上负极性触发信号时，测得的电阻值应由无穷大变为十几欧姆，则说明该晶闸管已被触发导通，导通方向为 $T_1 \rightarrow T_2$。

若在晶闸管被触发导通后断开 G 极，T_2、T_1 极间不能维持低阻导通状态而阻值变为无穷大，则说明该双向晶闸管性能不良或已经损坏。若给 G 极加上正（或负）极性触发信号后，晶闸管仍不导通（T_1 与 T_2 间的正、反向电阻值仍为无穷大），则说明该晶闸管已损坏，无触发导通能力。

对于工作电流为 8A 以上的中、大功率双向晶闸管，在测量其触发能力时，可先在万用表的某支表笔上串接 1～3 节 1.5V 干电池，然后再用 R×1 挡按上述方法测量。

对于耐压为 400V 以上的双向晶闸管，也可以用 220V 交流电压来测试其触发能力及性能好坏。图 7-10 是双向晶闸管的测试电路。电路中，EL 为 60W/220V 白炽灯泡，VS 为被测双向晶闸管，R 为 100Ω 限流电阻，S 为按钮。

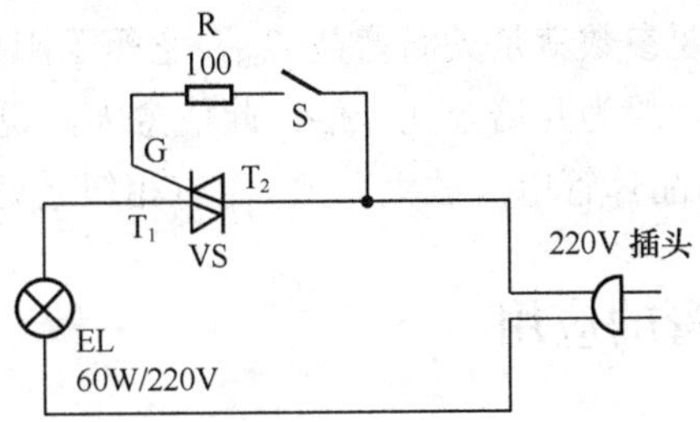

图7-10　测试耐压400V以上的双向晶闸管

将电源插头接入市电后，双向晶闸管处于截止状态，灯泡不亮（若此时灯泡正常发光，则说明被测晶闸管的 T_1、T_2 极之间已击穿短路；若灯泡微亮，则说明被测晶闸管漏电损坏）。按动一下按钮 S，为晶闸管的门极 G 提供触发电压信号，正常时晶闸管应立即被触发导通，灯泡正常发光；若灯泡不能发光，则说明被测晶闸管内部开路损坏；若按动按钮 S 时灯泡点亮，松手后灯泡又熄灭，则表明被测晶闸管的触发性能不良。

7.4　可关断晶闸管

7.4.1　可关断晶闸管的特性

可关断晶闸管（GTO）亦称门控晶闸管，主要特点是，当门极加负向触发信号时能自行关断。

我们知道，普通晶闸管靠门极正信号触发之后，撤掉信号亦能维持通态，欲使之关断，必须切断电源，使正向电流低于维持电流，或施以反向电压强迫关断。这就需要增加换向电路，不仅使设备的体积和重量增大，而且会降低效率，产生波形失真和噪声。可关断晶闸管克服了上述缺陷，它既保留了普通晶闸管耐压高、电流大等优点，又具有自关断能力，使用方便，是理想的高压、大电流开关器件。

可关断晶闸管也属于 PNPN 4 层三端器件，其结构及等效电路与普通晶闸管相同。图 7-11 是小功率可关断晶闸管的外形及符号，大功率可关断晶闸管多采用圆盘状或模块形式。它的 3 个电极分别为阳极 A、阴极 K、门极（亦称控制极）G。

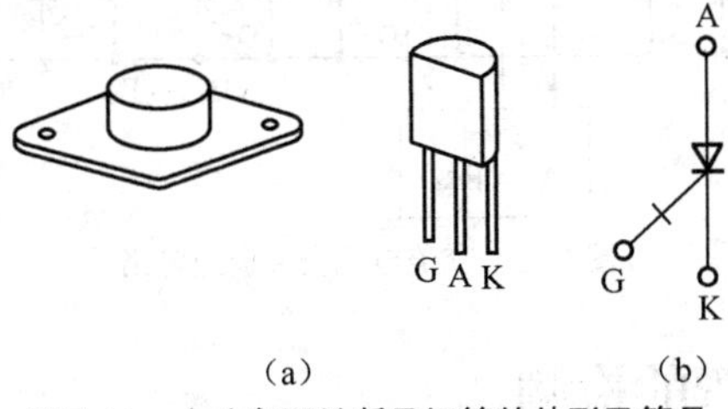

图7-11　小功率可关断晶闸管的外形及符号

尽管它与普通晶闸管的触发导通原理相同，但两者的关断原理及关断方式截然不同，这是由于普通晶闸管在导通之后即处于深度饱和状态，而可关断晶闸管导通后只能达到临界饱和，所以给门极加上负向触发信号即可关断。

可关断晶闸管有一个重要参数就是关断增益 β_{off}，它等于阳极最大可关断电流 I_{ATM} 与门极最大负向电流 I_{GM} 之比，一般为几倍至几十倍，此值愈大，说明门极电流对阳极电流的控制能力愈强。很显然，β_{off} 与晶体管电流放大系数 h_{FE} 有相似之处。

7.4.2 可关断晶闸管的应用

可关断晶闸管 VS 可广泛用于交流电机调速系统、逆变器、斩波器、电子开关等领域。

1. GTO 门极供电电路

VS 的门极供电电路如图 7-12 所示。E 为门极关断电源。当导通信号（高电平）加至晶体管 VT 的基极时，VT 导通，经过电容 C 触发 VS_2 导通。与此同时，E 还经过 R_1、VT 给电容 C 充电，U_c 可达几十伏。当关断信号（正脉冲）来到时，高频晶闸管 VS_1 导通，电容上储存的电量经 R_2、VS_1、VS_2（K-G）放电。由于电容两端压降不能突变，所以给 VS_2 的门极加上负向脉冲，使之关断。该电路的关断信号前沿很陡，并能避免产生雪崩电流，是较为理想的门极供电电路。

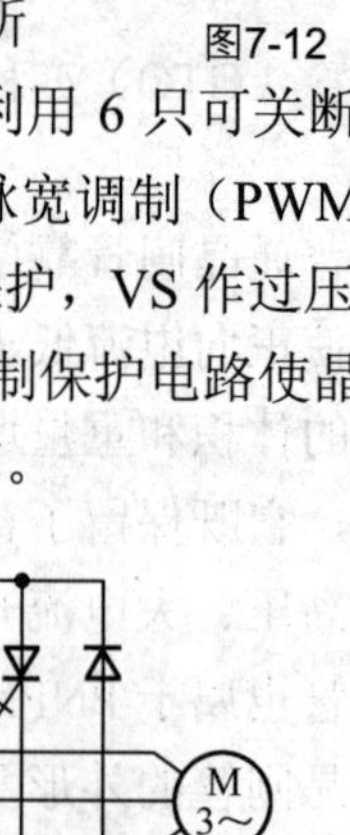

图7-12 门极供电电路

2. 交流电机变频调速电路

由 VS 构成的交流电机变频调速系统的主电路如图 7-13 所示，三相桥式整流电路由 VD_1～VD_6 组成，C 是滤波电容，利用 6 只可关断晶闸管（VS_{01}～VS_{06}）驱动三相交流电机 M，可关断晶闸管的门极分别加上脉宽调制（PWM）触发信号。图中，FU、TA、VS 构成保护电路。其中，熔断器 FU 作过流保护，VS 作过压保护，电流互感器 TA 用以检测直流电流，一旦发生过流现象，TA 就通过控制保护电路使晶闸管 VS 迅速导通，将故障电流旁路，并使 FU 熔断，从而保护 VS 不致损坏。

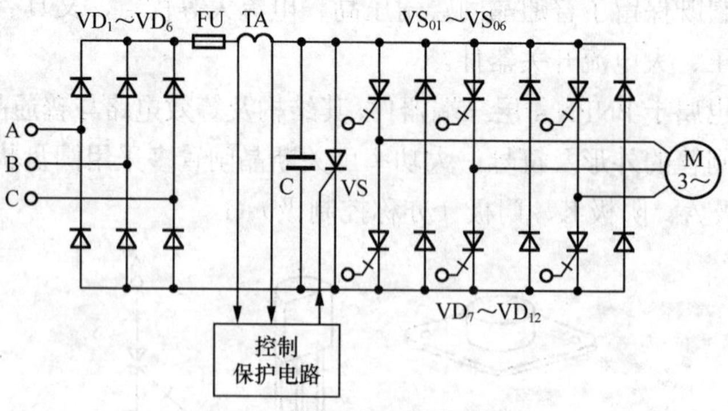

图7-13 交流电机变频调速电路

7.4.3 可关断晶闸管的检测

1. 判定电极

将万用表拨至 R×1 挡，测量任意两脚间的电阻，仅当黑表笔接门极 G，红表笔接阴极

K 时，电阻呈低阻值，其他情况下电阻值均为无穷大。由此可判定 G、K 极，剩下的就是阳极 A。

2. 检查触发能力

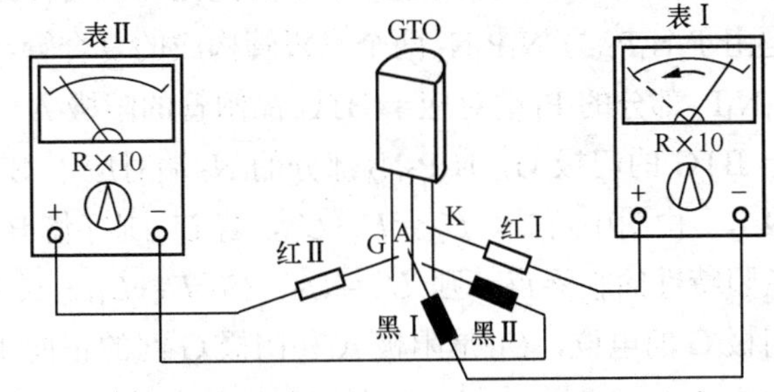

图7-14　双表法检测可关断晶闸管的关断能力

将万用表拨至 R×1 挡，黑表笔接 A 极，红表笔接 K 极，电阻为无穷大；用黑表笔同时接触 G 极，加上正向触发信号，表针向右偏转到低阻值，表明晶闸管已经导通；最后脱开 G 极，只要晶闸管维持通态，就证明被测管具有触发能力。

检测大功率可关断晶闸管时，可在 R×1 挡外面串联一节 1.5V 的电池，以提高测试电压，使晶闸管可靠地导通。

3. 检查关断能力

现采用双表法检查可关断晶闸管的关断能力，如图 7-14 所示。

将万用表Ⅰ拨至 R×1 挡，黑表笔接 A 极，红表笔接 K 极。将万用表Ⅱ拨至 R×10 挡，红表笔接 G 极，黑表笔接 K 极，施以负向触发信号，若表Ⅰ指针向左摆到无穷大，证明可关断晶闸管具有关断能力。

7.5　BTG 晶闸管

7.5.1　BTG 晶闸管的特性

BTG 晶闸管是 20 世纪 80 年代发展起来的一种半导体器件。由于它既可作为晶闸管使用，又可作为单结晶体管（双基极二极管）使用，所以，有的书籍也称其为程控单结晶体管（PUT）或可调式单结晶体管，BTG 晶闸管的外形如图 7-15 所示。

BTG 晶闸管的内部结构、等效电路和电路符号如图 7-16 所示。

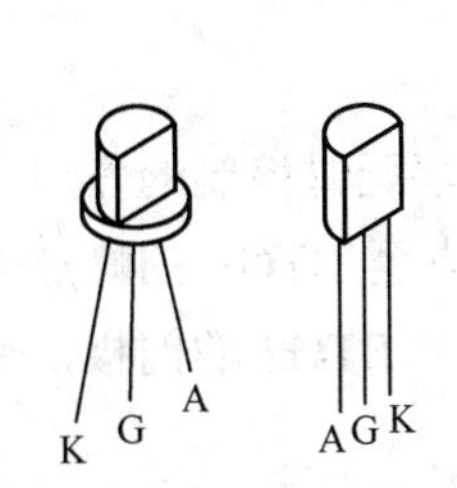

图7-15　BTG晶闸管的外形

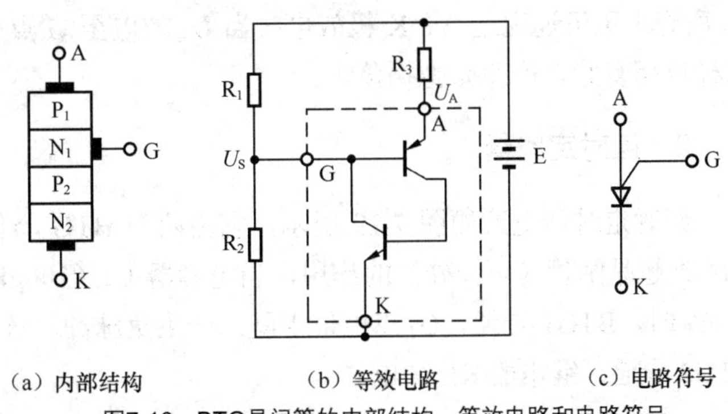

图7-16　BTG晶闸管的内部结构、等效电路和电路符号

从图中可以看出，BTG 晶闸管是一种四层三端逆阻型晶闸管，我们可以把四层三端平面钝化的 PNPN 结构看成是由 $P_1N_1P_2$ 与 $N_1P_2N_2$ 两个三极管构成的复合管，其中，$P_1N_1P_2$ 部分的 P_1 端对应于 BTG 晶闸管的阳极 A，N_1 对应于 BTG 的门极 G，$N_1P_2N_2$ 部分的 N_2 端对应于 BTG 的阴极 K。由图中可知，$U_A=U_S+U_D$，若 U_A 刚好使 BTG 处于负阻特性的临界点，则 $U_A=U_P$，$U_P=U_S+U_D$。式中 U_S 为门极 G 的电位，U_D 是阳极 A 和门极 G 间的正向压降，通常为 0.6～0.7V。由于 G 点的电位是由外接电阻 R_1 与及 R_2 的分压来决定的，因此调节 R_1 与 R_2 的分压比即可设定 U_S 值，通常要求 U_S 值大于 1.5V。

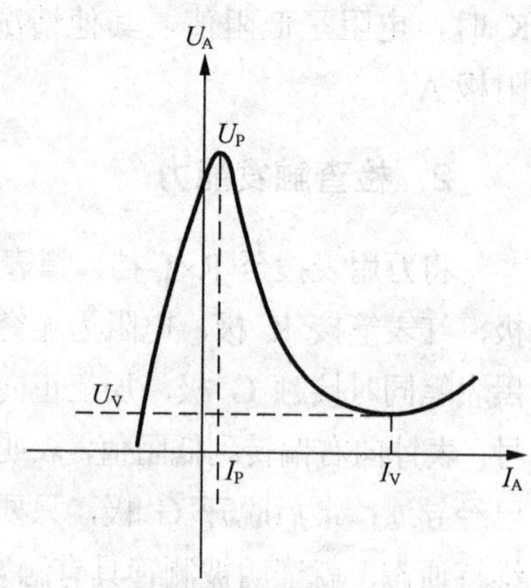

图7-17　BTG晶闸管的伏安特性

BTG 晶闸管的伏安特性如图 7-17 所示。

图中标示出了它的几个主要参数，U_P 为峰点电压，是 BTG 晶闸管开始出现负阻特性时阳极 A 与阴极 K 之间的电压。I_P 为峰点电流，是阳极 A 与阴极 K 之间电压达到 U_P 时的 A、K 之间的电流，I_P 值很小，通常为 1～2μA。U_V 是谷点电压，是 BTG 晶闸管由负阻区开始进入饱和区时阳极 A 与阴极 K 之间的电压。I_V 为谷点电流，是 A、K 之间电压达到 U_V 值时的阳极电流。

BTG 晶闸管具有参数可调、触发灵敏度高、脉冲上升时间短（约 60ns）、漏电流小、输出功率大等突出优点，被广泛用来构成可编程脉冲或锯齿波发生器、长延时器和过压保护器以及大功率晶体管的触发电路。

7.5.2　BTG 晶闸管的应用

下面举 2 个 BTG 的具体应用实例。

1. 张弛振荡器

图 7-18 是张弛振荡器电路原理图，图中 R_A 和 R_K 分别为阳极电阻和阴极电阻。门极 G 的电位由电源 E 经 R_1、R_2 分压而获得。当 U_A 低于 G 点电位 U_S 时，BTG 处于关断状态，电源通过 R_A 向电容 C_A 充电，U_A 随之上升，当 U_A 超过 U_S 大约 0.6V 时，BTG 由截止变为导通，C_A 所充电压迅速通过 A、K 极放电；当 U_A 放电至 G 点电位 U_S 时，BTG 由导通变回截止。这样周而复始，产生张弛振荡。

2. 延时定时器

延时定时器电路如图 7-19 所示，它由两个 BTG 器件构成，BTG1 起延时控制的作用，BTG2 起晶闸管（可控硅）的作用，当电容器 C_1（100μF）上的电压充电至 BTG1 的峰点电压 U_P 时，BTG1 导通，G_1 点电位下降，产生负脉冲。该负脉冲经 C_2 触发 BTG2 的门极，使 BTG2 导通，继电器 KL 加电。

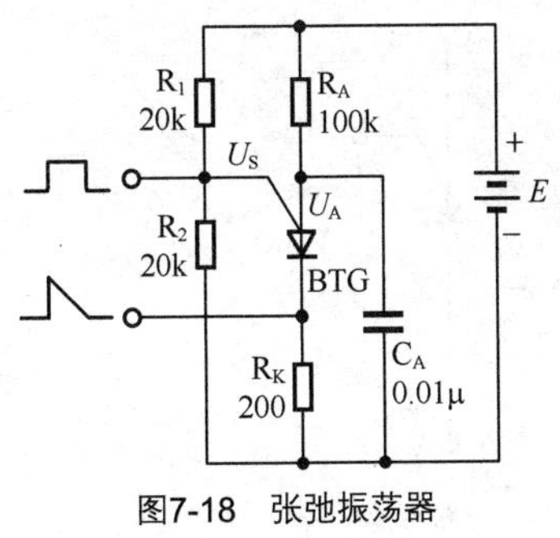

图7-18　张弛振荡器

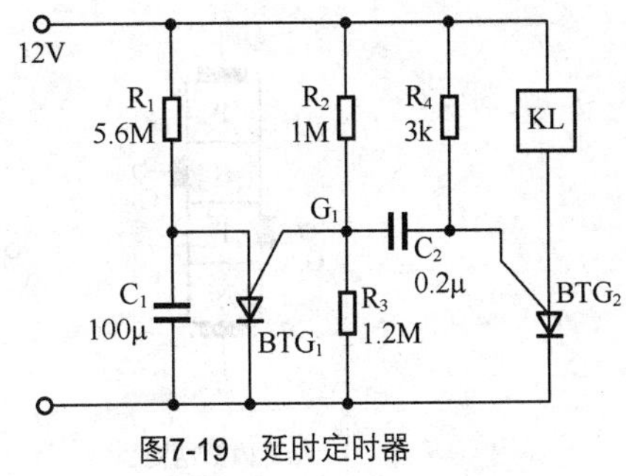

图7-19　延时定时器

7.5.3　BTG 晶闸管的检测

1. 判别电极和好坏

由 BTG 晶闸管的等效电原理图可知，BTG 晶闸管的 A-K、G-K 之间均包含有多个正反向串联的 PN 结，而在阳极 A 与门极 G 之间却仅有一个 PN 结，用万用表电阻挡可准确地测出 A、G 电极，余下的一脚便是阴极 K。具体方法是：将万用表置于 R×1k 挡，红、黑表笔轮换任接某一对电极，当测得某对引脚为低阻值时，证明所测即是 PN 结的正向电阻，此时黑表笔所接的便是阳极 A，红表笔所接的则是门极 G，另外一个引脚即是阴极 K。对于已知管脚排列的 BTG 晶闸管，用这种方法也可判断其性能好坏。测试过程中，G-A 之间的反向电阻趋于无穷大，A-K 之间电阻也总是无穷大，均不会出现低阻值的情况。否则，说明被测 BTG 晶闸管性能不佳或已损坏。

2. 检测触发能力

将万用表置于 R×1 挡，黑表笔接阳极 A，红表笔接阴极 K，此时读数应为无穷大，接着用手指触摸门极 G，此时人体的感应电压便可使管子导通，A-K 之间的电阻值应迅速降至数欧姆。由此说明管子能被正常触发导通，否则说明管子已经损坏，不能使用。

测试时需要注意的是，由于 BTG 晶闸管的触发灵敏度很高，即使是在开路状态下，只要门极 G 上存在感应电压，就有可能使 A-K 间处于导通状态。因此，在测试操作时，可先在阳极 A 与门极 G 之间用一根导线短路一下，以强行将 BTG 晶闸管关断，然后再进行触摸 G 极测试，这样可防止误判。

7.6　四端小功率晶闸管

7.6.1　四端小功率晶闸管的特性

四端小功率晶闸管也叫硅控制开关（SCS），是一种多功能半导体器件，内部结构、等效电路和电路符号如图 7-20 所示。

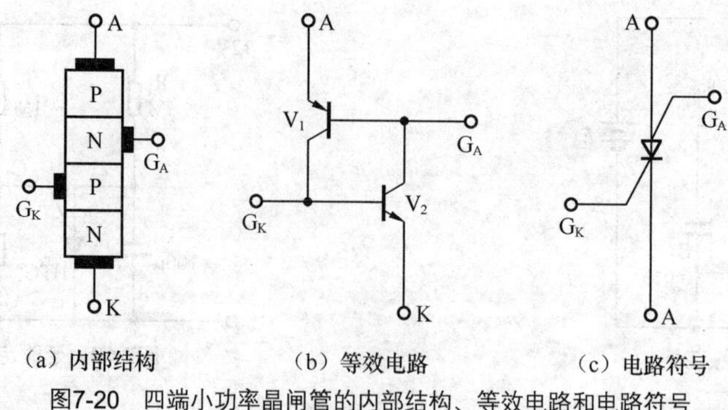

图7-20　四端小功率晶闸管的内部结构、等效电路和电路符号

由内部结构图可见，它是一种 PNPN 四层四端器件，4 个引出端分别是阳极 A、阳极门极 G_A、阴极 K 和阴极门极 G_K。

从等效电路可以看出，四端小功率晶闸管是由一只 PNP 晶体管 V_1 和一只 NPN 晶体管 V_2 组成，它的灵敏度极高，门极触发电流极小，仅几微安，开、关时间 t_{ON} 和 t_{OFF} 都极短。

7.6.2　四端小功率晶闸管的检测

1. 判别电极

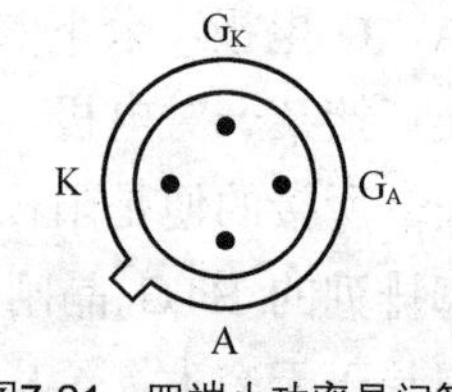

图7-21　四端小功率晶闸管管脚排列底视图

四端小功率晶闸管管脚排列底视图一般如图 7-21 所示。从管键开始，顺时针旋转，依次为阴极 K、阴极门极 G_K、阳极门极 G_A、阳极 A。

2. PN 结单向导电性能的检测

由四端小功率晶闸管的内部结构和等效电路原理图可知，它共有 3 个 PN 结可用万用表电阻挡检查这 3 个 PN 结的单向导电特性是否正常来判断器件的好坏。

检查时，将万用表置于 R×1k 挡，分别测量 A-G_A、G_K-G_A、G_K-K 之间的正、反向电阻，应符合表 7-2 所列阻值。若测得某对电极之间的正、反向电阻值均很小或均很大（即正、反向阻值差很小），则说明该 PN 结单向导电性能较差甚至已经击穿或烧断，这样的管子是不能使用的。

表 7-2　　四端小功率晶闸管各电极间的阻值

黑表笔	A	G_A	G_K	G_A	G_K	K
红表笔	G_A	A	G_A	G_K	K	G_K
电阻值（kΩ）	4～12	∞	2～10	∞	4～12	∞

3. 触发导通性能的检测

（1）检测 G_K 极触发能力

将万用表置于 R×1k 挡，黑表笔接 A 极，红表笔接 K 极，电阻应为无穷大，即管子为关断状态。用导线（或红表笔笔尖）将 K 极与 G_A 极短接一下（注意：红表笔要始终与 K 极接触），即相当于给 G_A 极加上负脉冲，此时若万用表指针大幅度向右摆动，阻值迅速减小，说明管子被触发导通，性能良好；若表针不动，则说明管子 G_A 极触发能力不正常。

（2）检测 G_K 极触发能力

将万用表置于 R×1k 挡，黑表笔接 A 极，红表笔接 K 极，此时电阻为无穷大，说明管子处于关断状态。用导线（或黑表笔笔尖）将 A 极与 G_K 极短接一下（注意：黑表笔要始终与 A 极接触），即相当于给 G_K 极加上了正脉冲，此时若万用表指针大幅度向右摆，阻值迅速减小，说明管子被触发导通，性能良好；若表针不动，则说明管子的 G_K 极触发能力不正常。

4. 关断性能的检测

（1）G_A 极加正脉冲检测关断能力

先按“检测 G_A 极触发能力”或“检测 G_K 极触发能力”的方法使管子处于导通状态，然后用导线或黑表笔笔尖将 A 极与 G_A 极短接一下并立即脱开(注意:黑表笔始终与 A 极接触)，这样相当于给 G_A 极加上了正向脉冲，此时，若万用表指针迅速向左回转至无穷大，证明管子被关断；否则，说明被测管子的关断性能不良。

（2）G_K 极加负脉冲检测关断能力

先按“检测 G_A 极触发能力”或“检测 G_K 极触发能力”的方法使管子处于导通状态。然后，用导线或红表笔笔尖将 K 极与 G_K 极短接一下并立即脱开（注意：红表笔要始终与 K 极接触），这样相当于给 G_K 极加上了负向脉冲，此时若万用表指针迅速向左回转至无穷大，证明管子被关断；否则，说明管子关断性能不良。

5. 逆导性的检测

所谓逆导性是指管子的反向导通特性。检测时，将 A 与 G_A、K 与 G_K 分别短接，此时，A 与 K 之间实质上只有两个并联的 PN 结，A 极接 PN 结的负极，K 极接 PN 结的正极。把万用表置于 R×1k 挡，先用红表笔接 A 极，黑表笔接 K 极，所得电阻值应为数千欧左右；再交换表笔位置进行测量，所得阻值应为无穷大。

7.7 光控晶闸管

7.7.1 光控晶闸管的结构与原理

光控晶闸管（LAT）俗称光控硅，它是一种利用光信号控制的开关器件，其伏安特性和普通晶闸管相似，只是用光触发代替了电触发。

光控晶闸管的内部结构、符号和外形如图 7-22 所示。

从内部结构上看，光控晶闸管与普通晶闸管基本相同，它也是由 P1N1P2N2 四层半导体叠合而成的，其中 N_1 和 P_2 构成的 PN 结 J_2 相当于一个光电二极管。不过，因为光控晶闸管是用光信号触发的，并不需要引出控制极，所以它是一个只有阳极（A）和阴极（K）的二端元件。另外，为了使 J_2 结能接受光照，在光控晶闸管管子的顶端开有一个玻璃窗。

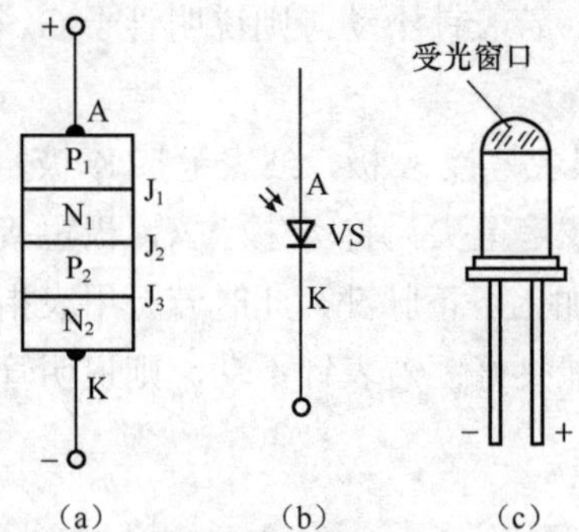

图7-22　光控晶闸管的结构、外形和符号

如果我们把光控硅接上正向电压（阳极为正，阴极为负），这时的 J_2 结处于反向偏置，整个光可控硅处于阻断状态。当一定照度的光信号通过玻璃窗照射到 J_2 处的光敏区时，在光能的激发下，J_2 附近产生大量的电子和空穴两种载流子，它们在外电压的作用下可以穿过 J_2 阻挡层，使光控硅从阻断状态变成导通状态。

图 7-23 所示是光控晶闸管的等效电路。

在没有光照的情况下，光电二极管 VD 处于截止状态，VT_1、VT_2 两个三极管都没有基极电流，所以尽管这时光控晶闸管上所加的是正向电压，整个电路仍然不通，也就是光控晶闸管处于阻断状态。当光信号照射到光电二极管 VD 时，VD 导通，并有光电流 I_g 通过。这个电流正是流入 VT_1 的基极电流，假设 VT_1 的电流放大倍数是 β_1，那么，I_g 经过放大后就会在 VT_1 的集电极中产生一个 $\beta_1 \cdot I_g$ 的电流。VT_1 中的这个集电极电流同时又是 VT_2 的基极电流，假设 V_{T2} 的电流放大倍数是 β_2，于是在 VT_2 的集电极中将会产生一个 $\beta_1 \cdot \beta_2 \cdot I_g$ 的电流。而这个新产生的电流又正好是 VT_1 的基极电流，在 VT_1 的集电极中又会产生被放大了 β_1 倍的集电极电流……如此循环不已，形成强烈的正反馈。于是，在极短的时间内使 VT_1、VT_2 饱和导通，光控晶闸管便迅速从阻断状态转入导通状态。

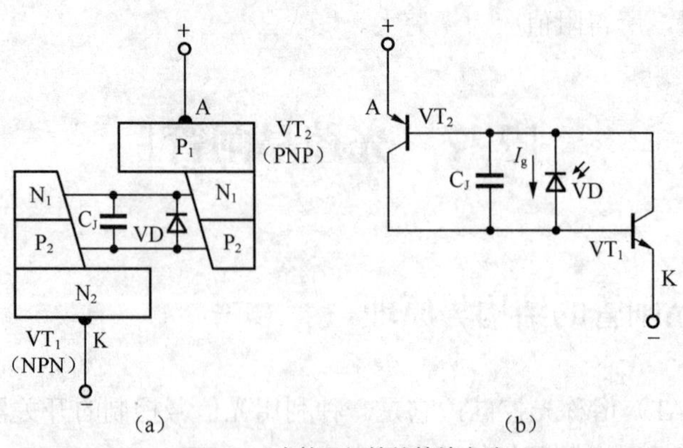

图7-23　光控晶闸管的等效电路

在光控晶闸管导通之后，即使去掉光信号，由于内部的正反馈过程已经形成，所以光控晶闸管仍然处于导通状态。这一个特点和普通的晶闸管在触发导通后即使去掉触发信号，晶闸管仍然导通的情形是一样的。要想使光控晶闸管重新变成阻断状态，必须去掉阳极和阴极

上所加的正向电压。

7.7.2　常见光控晶闸管

1. 光电两用晶闸管

在光控晶闸管中再引出一个控制极，就可以做成一个光、电两用的晶闸管，如图 7-24 所示。

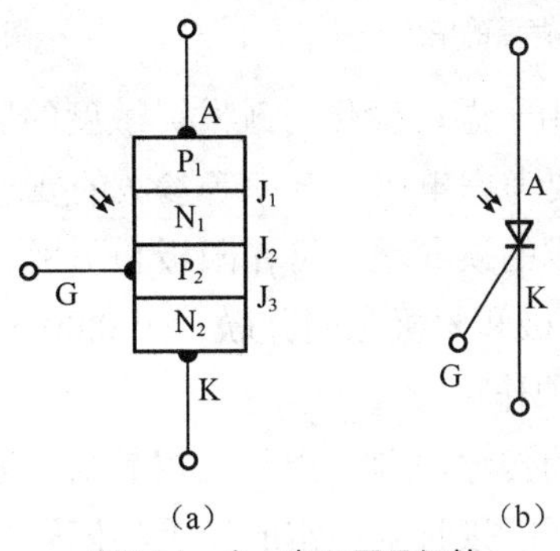

图7-24　光、电两用晶闸管

这种晶闸管在需要用光触发时，就使光信号照射到 J_2 结上；在需要电触发时，就将电信号接到控制极上。由于它有一个控制极，所以和普通晶闸管一样，也是三端元件。

2. 双向光控晶闸管

和普通晶闸管一样，光控晶闸管也可以作成双向的，即双向光控晶闸管。这种光控晶闸管是在一个硅片上，制成两个反向并联的光控晶闸管，硅片的两侧做成两个斜面，可以分别接受从两个不同方向的光照，为了防止两个光控晶闸管互相影响造成误动作，在它们中间有一个阻止载流子移动的隔离区。这种双向光控晶闸管在功能上相当于两个反向并联使用的光控晶闸管，由于它只需要一个散热器，所以体积可以大大减小，双向光控晶闸管在电路中的符号如图 7-25 所示。

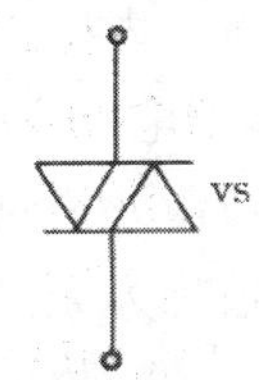

图7-25　双向光控晶闸管

7.7.3　光控晶闸管的使用

光控晶闸管有二端的和三端的两种，在使用不带控制极的二端光控晶闸管时，情况比较简单，可以像使用光电二极管那样，按照极性要求接入电路。图 7-26 就是使用二端光控晶闸管的自锁光控电路。

在没有光照时，光控晶闸管 VS 阻断，负载 R_L 中没有电流通过；当有光信号照射时，VS 导通，R_L 中有电流通过，而且在去掉光信号以后，VS 仍然是导通的，所以，这是一种自锁式光控电路。要想切断电路，必须按下开关 S，使 VS 失电而阻断。

在使用带控制极的三端光控晶闸管时，如果采用光信号控制的方式，这时控制极不用，但不能悬空，应该在控制极与阴极之间接上一个 2～100kΩ 的电阻 R，如图 7-27 所示。

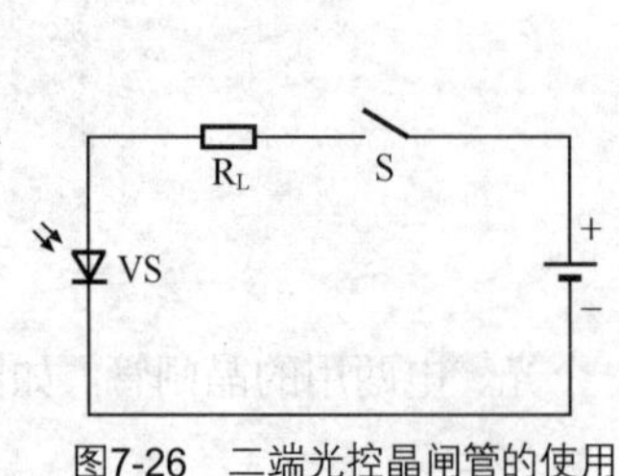

图7-26　二端光控晶闸管的使用

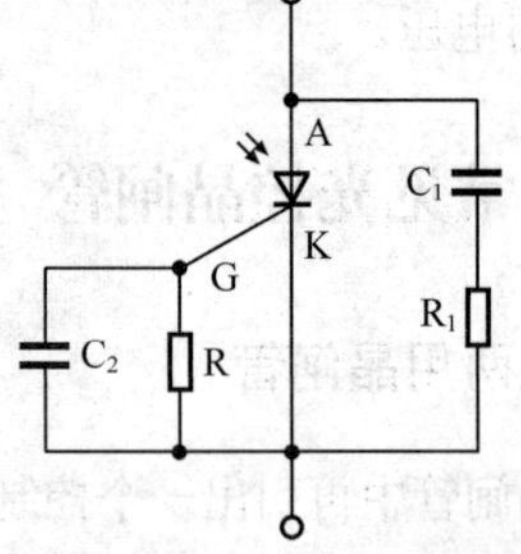

图7-27　三端光控晶闸管的使用

接上电阻 R 后，可以减轻由于温度变化对触发灵敏度的影响。此外，对这种三端光控晶闸管，与普通晶闸管一样，也要考虑电压上升率等参数的要求。例如，为了防止因电压上升率超过允许的电压上升率而造成的误导通，可在阳极和阴极之间接上一个 RC 吸收电路，如图中的 R、C_1；有时也可在控制极和阴极之间并联一个 0.001～0.01μF 的电容 C_2，图中的 R_1、C_1 还起着对晶闸管的过电压保护作用。

在使用中还要考虑光信号的传输问题。由于光控晶闸管是靠光的照射导通的，因此它的信号系统与晶闸管之间只要保证能接收到正常的光照，不需要电的连接。在近距离的情况下，光信号的传输可以用最简单的方式，就是使光源直接照射到光控晶闸管上。当距离较远时，就必须设置专用的光信号传输系统，例如，可以利用光导纤维传输，不仅方便，而且安全可靠，这也是光控晶闸管的突出优点。

7.7.4　光控晶闸管的检测

用万用表检测小功率光控晶闸管时，可将万用表置于 R×1 挡，在黑表笔上串接 1～3 节 1.5V 干电池，测量两引脚之间的正、反向电阻值，正常时均应为无穷大。然后再用小手电筒或激光笔照射光控晶闸管的受光窗口，此时应能测出一个较小的正向电阻值，但反向电阻值仍为无穷大。在较小电阻值的一次测量中，黑表笔接的是阳极 A，红表笔接的是阴极 K。

也可用图 7-28 中电路对光控晶闸管进行测量。按通电源开关 S，用手电筒照射晶闸管 VS 的受光窗口，为其加上触发光源（大功率光控晶闸管自带光源，只要将其光缆中的发光二极管或半导体激光器加上工作电压即可，不用外加光源）后，指示灯 EL 应点亮，撤离光源后指示灯 EL 应维持发光。

若接通电源开关 S 后（尚未加光源），指示灯 EL 即点亮，则说明被测晶闸管已击穿短路。若接通电源开关，并加上触发光源后，指示灯 EL 仍不亮，在被测晶闸管电极连接正确的情况下，则是该晶闸管内部损坏；若加上触发光源后，指示灯发光，但取消光源后指示灯即熄灭，则说明该晶闸管触发性能不良。

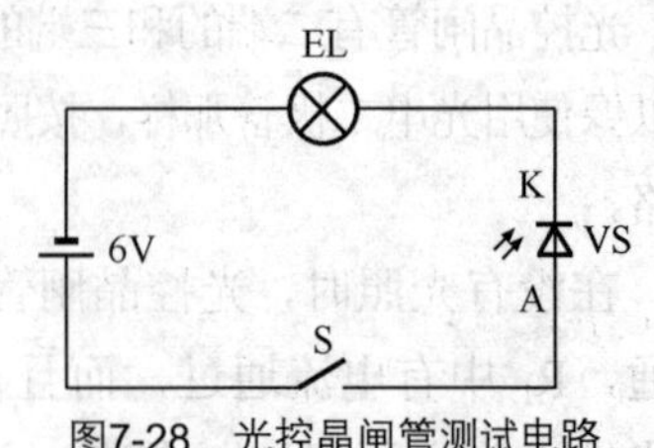

图7-28　光控晶闸管测试电路

7.8　其他晶闸管

7.8.1　逆导晶闸管

1. 逆导晶闸管的特性

逆导晶闸管（RCT）俗称逆导可控硅，它在普通晶闸管的阳极 A 与阴极 K 间反向并联了一只二极管（制作于同一管芯中）如图 7-29 所示。

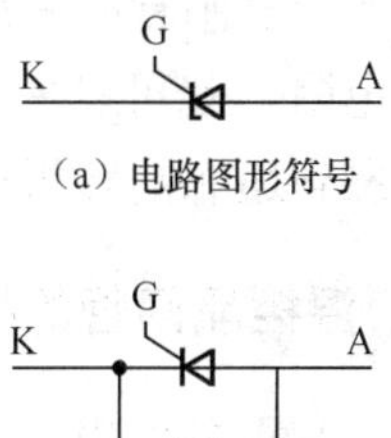

图7-29　逆导晶闸管的符号和等效电路

逆导晶闸管较普通晶闸管的工作频率高、关断时间短、误动作小，可广泛应用于超声波电路、电磁灶、开关电源、电子镇流器、超导磁能储存系统等领域。

2. 逆导晶闸管的检测

（1）判别各电极

根据逆导晶闸管内部结构可知，在阳极 A 与阴极 K 之间并接有一只二极管（正极接 K 极），而门极 G 与阴极 K 之间有一个 PN 结，阳极 A 与门极之间有多个反向串联有 PN 结。

用万用表 R×100 挡测量各电极之间的正、反向电阻值时，有一个电极与另外两个电极之间正、反向测量时均会有一个低阻值，这个电极就是阴极 K。将黑表笔接阴极 K，红表笔依次去触碰另外两个电极，显示为低阻值的一次测量中，红表笔接的是阳极 A。再将红表笔接阴极 K，黑表笔依次触碰另外两电极，显示低阻值的一次测量中，黑表笔接的便是门极 G。

（2）测量其好坏

用万用表 R×100 或 R×1k 挡测量反向导通晶闸管的阳极 A 与阴极 K 之间的正、反向电阻值，正常时，正向电阻值（黑表笔接 A 极）为无穷大，反向电阻值为几百欧姆至几千欧姆（用 R×1k 挡测量为 7kΩ 左右，用 R×100 挡测量为 900Ω 左右）。若正、反向电阻值均为无穷大，则说明晶闸管内部并接的二极管已开路损坏；若正反向电阻值为很小，则是晶闸管短路损坏。

正常时反向导通晶闸管的阳极 A 与门极 G 之间的正、反向电阻值均为无穷大。若测得 A、G 极之间的正、反向电阻值均很小，则说明晶闸管的 A、G 极之间击穿短路。

正常时反向导通晶闸管的门极 G 与阴极 K 之间的正向电阻值（黑表笔接 G 极）为几百欧姆至几千欧姆，反向电阻值为无穷大；若测得其正、反向电阻值均为无穷大或均很小，则说明该晶闸管 G、K 极间已开路或短路损坏。

（3）触发能力检测

用万用表 R×1 挡，黑表笔接阳极 A，红表笔接阴极 K（大功率晶闸管应在黑表笔或红表笔上串接 1～3 节 1.5V 干电池），将 A、G 极间瞬间短路，晶闸管即能被触发导通，万用表上的读数会由无穷大变为低阻值；若不能由无穷大变为低阻值，则说明被测晶闸管的触发能力不良。

7.8.2 温控晶闸管

1. 温控晶闸管的特性

温控晶闸管是一种新型温度敏感开关器件，它将温度传感器与控制电路结合为一体，输出驱动电流大，可直接驱动继电器等执行部件或直接带动小功率负荷。

温控晶闸管的结构与普通单向晶闸管的结构相似（电路图形符号也与普通晶闸管相同），也是由 PNPN 半导体材料制成的三端器件，但在制作时，温控晶闸管中间的 PN 结中注入了对温度极为敏感的成分（如氩离子），因此改变环境温度，即可改变其特性曲线。

在温控晶闸管的阳极 A 接上正电压，在阴极 K 接上负电压，在门极 G 和阳极 A 之间接入分流电阻，就可以使它在一定温度范围内（通常为–40～+130℃）起开关作用。温控晶闸管由断态到通态的转折电压随温度变化而改变，温度越高，转折电压值就越低。

2. 温控晶闸管的检测

（1）判别各电极

温控晶闸管的内部结构与单向晶闸管相似，因此也可以用判别普通晶闸管电极的方法来找出温控晶闸管的电极。

（2）性能检测

图 7-30 是温控晶闸管的测试电路。电路中，R 是分流电阻，用来设定晶闸管 VS 的开关温度，其阻值越小，开关温度设置值就越高。C 为抗干扰电容，可防止晶闸管 VS 误触发。HL 为 6.3V 指示灯（小电珠），S 为电源开关。

接通电源开关 S 后，晶闸管 VS 不导通，指示灯 HL 不亮。用电吹风“热风档”给晶闸管 VS 加温，当其温度达到设定温度值时，指示灯亮，说明晶闸管 VS 已被触发导通。若再用电吹风“冷风”档给晶闸管 VS 降温（或待其自然冷却）至一定温度值时，指示灯能熄灭，则说明该晶闸管性能良好。若接通电源开关后指示灯即亮或给晶闸管加温后指示灯不亮、或给晶闸管降温后指示灯不熄灭，则表示被测晶闸管击穿损坏或性能不良。

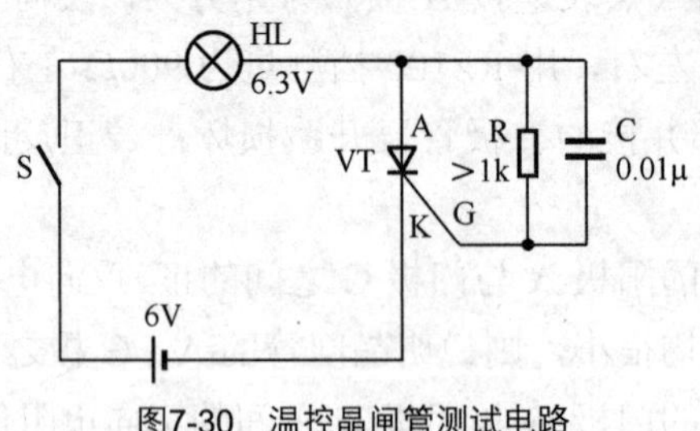

图7-30 温控晶闸管测试电路

7.8.3 晶闸管模块

随着电子技术的发展，大功率晶闸管模块已由原来辫状引线型发展为模块型。晶闸管模块具有体积小、重量轻、散热好、安装方便等优点，被广泛应用于电动机调速、无触点开关、交流调压、低压逆变、高压控制、整流、稳压等电子电路中。

大功率晶闸管模块的外形及内部电路如图 7-31 所示，它由两只参数一致的单向晶闸管正向串联起来，这样便于以此组成各种不同形式的控制电路。

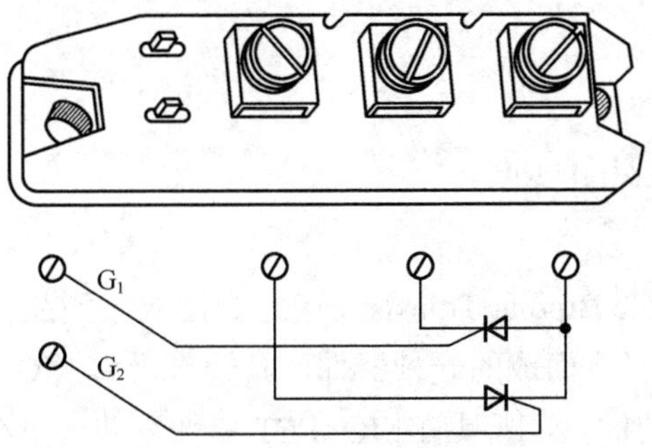

图7-31　大功率晶闸管模块的外形及内部电路

图 7-32 是几种常用的接法，其中图 7-32（a）连接成与门电路，图 7-32（b）为双向电路，图 7-32（c）为半桥控制电路，图 7-32（d）为全桥控制电路。

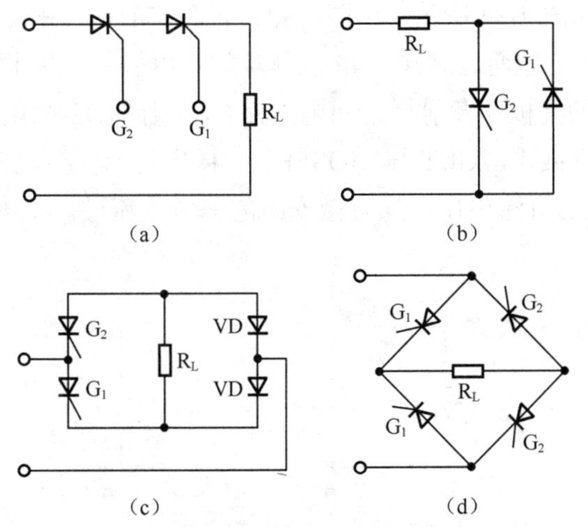

图7-32　晶闸管模块的几种接法

图 7-33 是一个舞台灯光调节器电路。晶闸管模块内部的两只单向晶闸管接为反向并联形式，等效成一只双向晶闸管，VT_1、VT_2 组成脉冲触发电路，调整图中的 300kΩ 电位器，可改变触发晶闸管的导通角，从而改变了灯光的亮度。

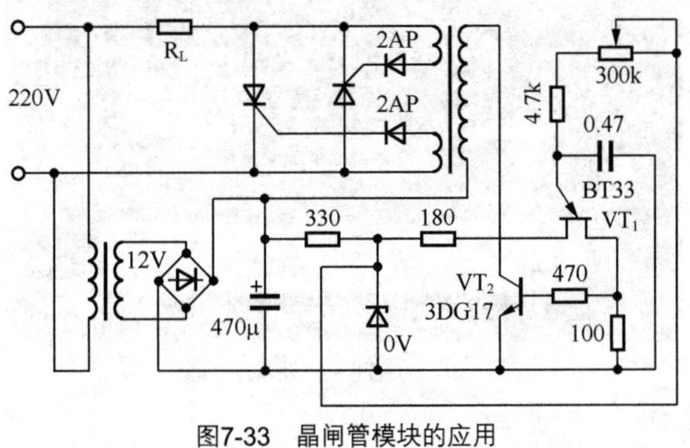

图7-33　晶闸管模块的应用

7.9 IGBT 模块

7.9.1 IGBT 模块的识别

IGBT 是 Insulated Gate Bipolar Transistor（绝缘栅双极型晶体管）的缩写，IGBT 是由 MOSFET 和双极型晶体管复合而成的一种器件，其输入极为 MOSFET，输出极为 PNP 晶体管，它融和了这两种器件的优点，既具有 MOSFET 器件驱动功率小和开关速度快的优点，又具有双极型器件饱和压降低而容量大的优点，其频率特性介于 MOSFET 与功率晶体管之间，可正常工作于几十千赫频率范围内，在现代电力电子技术中得到了越来越广泛的应用，在较高频率的大、中功率应用中占据了主导地位。

IGBT 的等效电路如图 7-34 所示，由图可知，若在 IGBT 的栅极 G 和发射极 E 之间加上驱动正电压，则 MOSFET 导通，这样 PNP 晶体管的集电极 C 与基极之间成低阻状态而使得晶体管导通；若 IGBT 的栅极和发射极之间电压为 0V，则 MOS 截止，切断 PNP 晶体管基极电流的供给，使得晶体管截止。IGBT 与 MOSFET 一样也是电压控制型器件，在它的栅极 G—发射极 E 间施加十几伏的直流电压，只有微安级的漏电流流过，基本上不消耗功率。

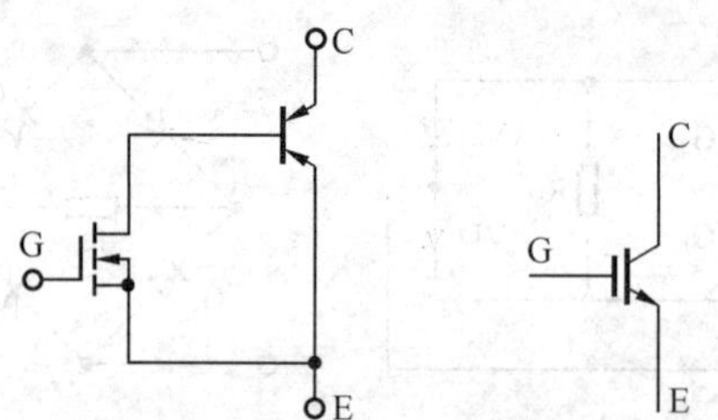

（a）IGBT 的等效电路　（b）IGBT 电气符号

图7-34　IGBT的等效电路和电气符号

图 7-35 是 IGBT 模块外观实物图。

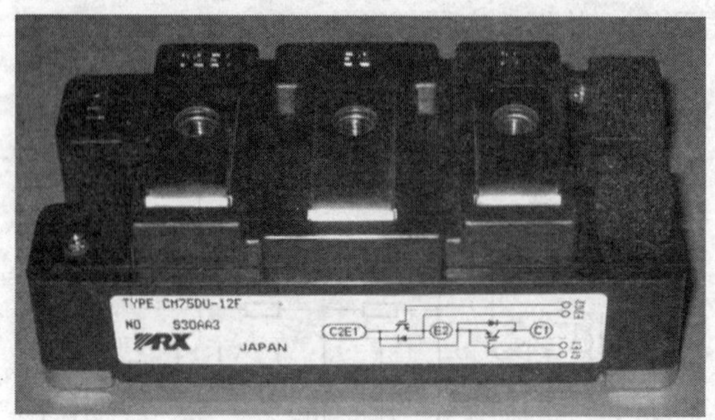

图7-35　IGBT模块外观实物图

7.9.2 IGBT 模块的检测

IGBT 的检测方法如下。

1. 判断极性

首先将万用表拨在 R×1k 挡，用万用表测量时，若某一极与其他两极阻值为无穷大，调换表笔后该极与其它两极的阻值仍为无穷大，则判断此极为栅极（G）。其余两极再用万用表测量，若测得阻值为无穷大，调换表笔后测量阻值较小。在测量阻值较小的一次中，则判断红表笔接的为集电极（C），黑表笔接的为发射极（E）。

2. 判断好坏

将万用表拨在 R×10k 挡，用黑表笔接 IGBT 的集电极（C），红表笔接 IGBT 的发射极（E），此时万用表的指针在零位。用手指同时触及一下栅极（G）和集电极（C），这时 IGBT 被触发导通，万用表的指针摆向阻值较小的方向，并能停住指示在某一位置。然后再用手指同时触及一下栅极（G）和发射极（E），这时 IGBT 被阻断，万用表的指针回零。此时即可判断 IGBT 是好的。

任何指针式万用表皆可用于检测 IGBT，注意判断 IGBT 好坏时，一定要将万用表拨在 R×10k 挡，因为 R×1k 挡以下各挡万用表内部电池电压太低，检测好坏时，不能使 IGBT 导通，而无法判断 IGBT 的好坏。

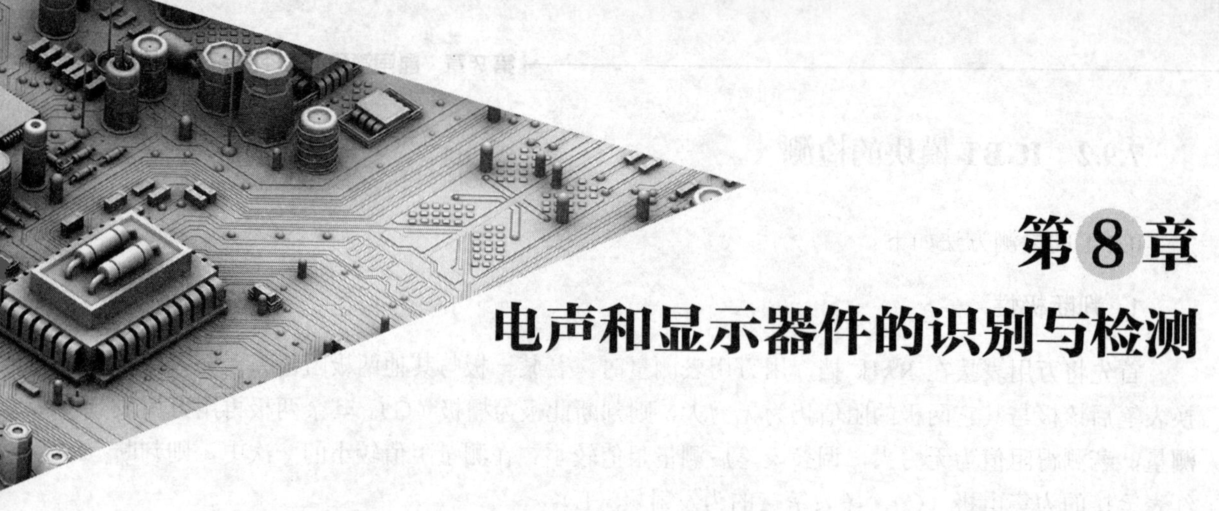

第8章 电声和显示器件的识别与检测

电声和显示器件是电子产品重要的组成部分，本章主要介绍了常用电声器件（如扬声器、耳机、压电陶瓷蜂鸣片和蜂鸣器、传声器）及常用显示器件（如LED数码管、LED点阵屏、液晶显示屏、OLED显示屏）的结构、原理识别与检测方法。

8.1 扬声器

8.1.1 扬声器的特性及种类

扬声器又称喇叭，是一种电声转换器件，它将模拟的话音电信号转化成声波，是收音机、音响设备中的重要元件，它的质量优劣直接影响音质和音响效果，扬声器在电路中用图 8-1 所示符号表示，代表字母为B或BL。

扬声器的品种较多，主要有以下几种。

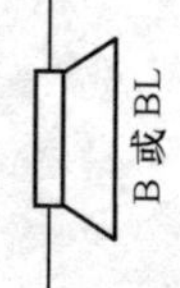

图8-1 扬声器的电路符号

1. 电动（动圈）扬声器

电动扬声器又称动圈扬声器，在电视机、收音机中应用十分广泛，它按其所采用的磁性材料来分，有永磁（铝镍钴合金）的和恒磁（钡铁氧体）的两种。

永磁式扬声器因磁铁可以做得小，所以常安装在内部，又称为内磁式。它的特点是漏磁小、体积小，但价格稍贵。

恒磁式扬声器往往要求磁体体积较大，所以安装在外部，又称为外磁式。此种扬声器特点是漏磁大、体积大，但价格便宜，常用于普通收音机。

电动式扬声器由纸盆、音圈、音圈支架、磁铁、盆架等组成，如图 8-2 所示，当音频电流通过音圈时，音圈产生随音频电流而变化的磁场，它的这一变化磁场与永久磁铁的磁场发生相吸或相斥作用，导致音圈产生机械振动，并且带动纸盆振动，从而发出声音。

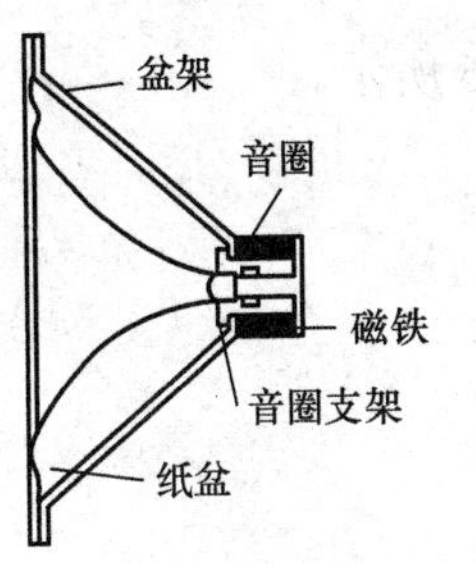

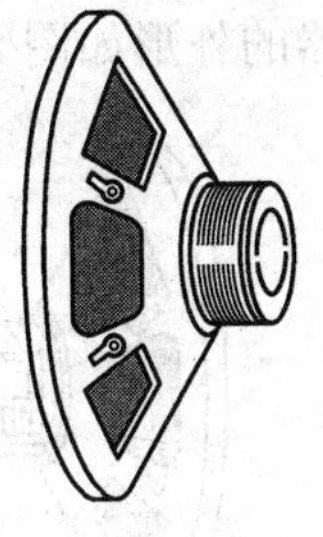

（a）恒磁式（外磁式）

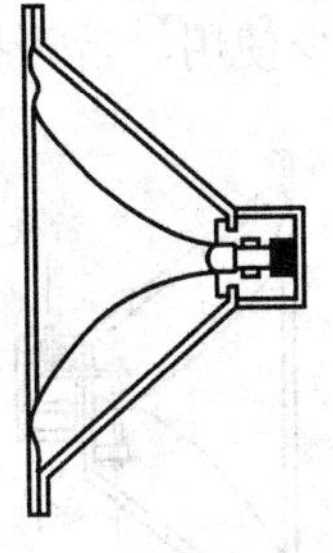
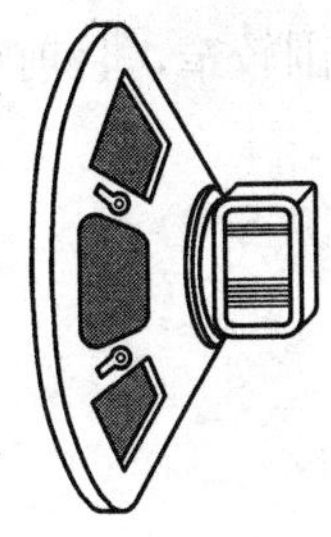

（b）永磁式（内磁式）

图8-2　电动式扬声器

2. 纸盆扬声器

纸盆扬声器是电动扬声器的典型结构之一，它是由振动系统、磁路系统和辅助系统 3 部分组成的。振动系统包括锥形纸盆、音圈、定心支片等；磁路系统包括永磁磁体、导磁板等；辅助系统包括盆架、接线板、压边、防尘盖等。现在生产的双纸盆扬声器将高、低音扬声器做在一起，大、小纸盆形成一个整体一起发声，频响宽，效果较好，双纸盆扬声器外形如图 8-3 所示。

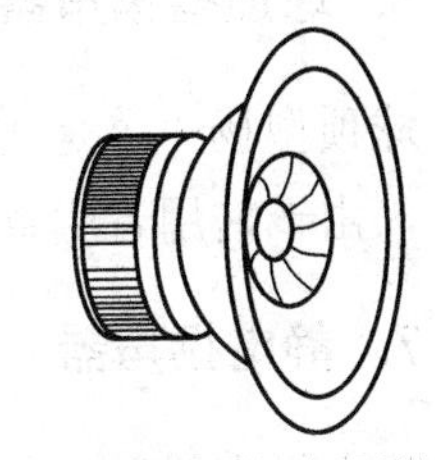

图8-3　双纸盆扬声器的外形

3. 号筒式扬声器

号筒式扬声器通常是应用电动原理制成的，它由振动系统（高音头）和号筒两部分构成。振动系统与电动纸盆扬声器相似，不同的是它的振膜为一球顶形膜片，而非纸盆。振膜的振动通过号筒与空气耦合而辐射声波。这类扬声器效率高、音量大，俗称高音喇叭，它适合于室外及广场使用，但频率范围较窄，单个使用音质较差，号筒式扬声器的外形如图 8-4 所示。

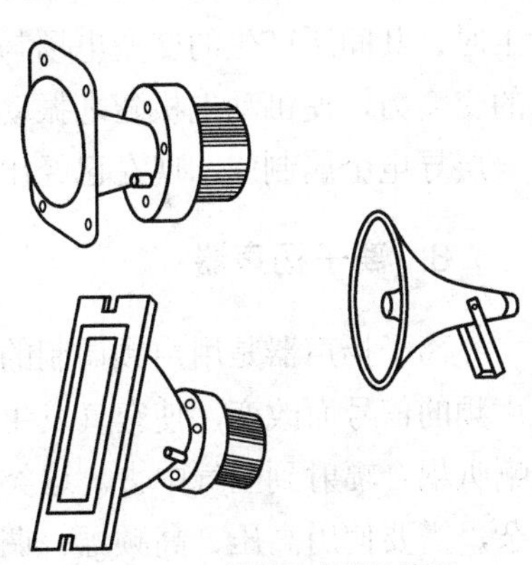

图8-4　号筒式扬声器的外形

4. 橡皮边扬声器

橡皮边扬声器是在纸盆扬声器的基础上发展起来的，它的折环是用橡皮制成的，目前也有用其他材料的，它的共振频率较一般扬声器要低得多，常用作组合扬声器的低音单元，尤其用在封闭箱中，可以使体积较小的箱子重放较低的频率，这种扬声器失真较小，瞬态特性亦较好，但效率较低，橡皮边扬声器的外形如图 8-5 所示。

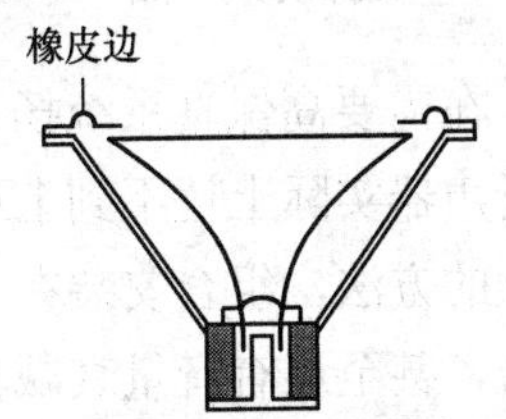

图8-5　橡皮边扬声器的外形

5. 舌簧扬声器

舌簧扬声器是应用电磁原理做成的扬声器，属于电磁扬声器的一种，主要由永久磁铁、线圈、衔铁（舌簧）构成。衔铁位于线圈内，并与纸盆相连接。利用纸盆的吸引力和排斥力，以衔铁作媒介，带动纸盆，把声波辐射到空间去。这种扬声器阻抗高、灵敏度高、工艺简便，但频率范围较窄，目前已很少使用。舌簧扬声器的外形如图 8-6 所示。

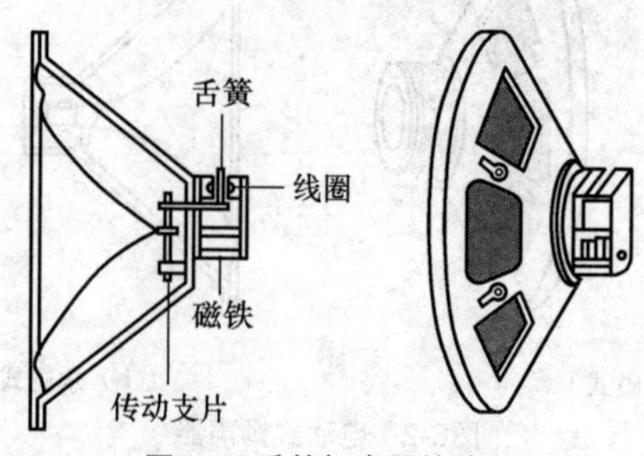

图8-6 舌簧扬声器的外形

6. 球顶型扬声器

球顶型扬声器是比较常见的高音扬声器，其外形如图 8-7 所示，由于它用音膜直接发音，使高音更加清晰洪亮。

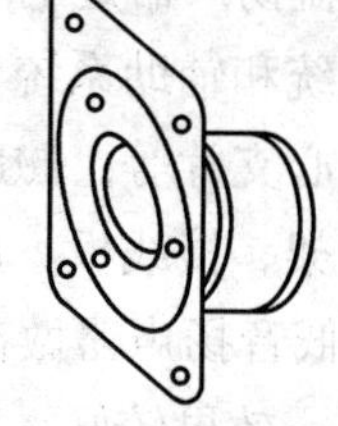
图8-7 球顶型扬声器的外形

7. 静电扬声器

静电扬声器又名电容扬声器，是应用静电场产生机械力的原理做成的扬声器，它是由一个固定电极和一个可动电极形成的电容器构成的，在两个电极间需要加一固定直流电压（即极化电压），使之产生一个固定静电场。当声频电压加到两电极上时，其间所产生的交变电场与固定静电场发生相互作用，电极间会有一个与声频电压相应的交变力，使可动电极随之振动，与空气耦合而辐射声波。可动电极一般是在塑料膜上喷镀一层导电金属制成，现在已经出现了省去极化电源而用薄膜驻极体做成的静电扬声器。

8. 离子扬声器

离子扬声器是用声频调制的高频信号，在一个特殊的装置里使空气电离，电离的强度随声频的信号而改变，使空气发生相应的膨胀和压缩，使设在装置中的喇叭喉部产生声波，由喇叭耦合辐射到空气中去。这类扬声器高频性能优良，失真小，但低频性能差，而且结构复杂，需要使用高压、高频源、调制器、屏蔽等装置，故应用受到限制。

9. 组合扬声器

在需要高保真系统扬声器的地方，一般要求具有能重放 20～20000Hz 的频率范围，用一个扬声器实际上达不到上述要求，因而需要用两个或几个不同频率范围的扬声器单元，通过分频的方法，组合安装在一个扬声器箱内。这种在一个扬声器箱内装有几个扬声器单元和分频器，甚至还有音量衰减器的放声系统，称为组合扬声器。

8.1.2 扬声器的主要技术参数

扬声器的主要技术参数有标称阻抗、额定功率、频率响应、灵敏度、谐振频率等。

1. 标称阻抗

标称阻抗又称额定阻抗，是制造厂所规定的扬声器（交流）阻抗值，在这个阻抗上，扬声器可获得最大的输出功率，额定阻抗一般印在磁钢上，是扬声器的重要指标。通常，口径小于 90mm 的扬声器的标称阻抗是用 1000Hz 的测试信号测出的，大于 90mm 的扬声器的标称阻抗则是用 400Hz 的测试频率测量出的。选用扬声器时，其标称阻抗一般应与音频功放器的输出阻抗相符。

2. 标称功率

标称功率又额定功率，是指扬声器能长时间正常工作的允许输入功率，扬声器在额定功率下工作是安全的，失真度也不会超出规定值。当然，实际上扬声器能承受的最大功率要比额定功率大，所以不必担心因音频信号幅度变化过大、瞬时或短时间内音频功率超出额定功率值而导致扬声器损坏，常用扬声器的功率有 0.1W、0.25W、1W、3W、5W、10W、60W、120W 等。

3. 频率响应

频率响应又称有效频率范围，是指扬声器重放音频的有效工作频率范围。扬声器的频率响应范围显然越宽越好，但受结构、工艺等因素的限制，一般不可能很宽，国产普通纸盆 130mm（5 英寸）扬声器的频率响应大多为 120～10000Hz，相同尺寸的优质发烧级同轴橡皮边或泡沫边扬声器则可达 55～21000Hz。

4. 特性灵敏度

特性灵敏度简称灵敏度，是指在规定的频率范围内，在自由场条件下，反馈给扬声器 1W 粉红噪声信号，在其参考轴上距参考点 1m 处能产生的声压，扬声器灵敏度越高，其电声转换效率就越高。

5. 谐振频率

谐振频率是指扬声器有效频率范围的下限值，通常谐振频率越低，扬声器的低音重放性能就越好，优秀的重低音扬声器的谐振频率多为 20～30Hz。

8.1.3 扬声器的检测

1. 估测阻抗和判断好坏

一般在扬声器磁体的商标上都标有阻抗值，但有时也可能遇到标记不清或标记脱落的情况。这时，可用下述方法进行估测。

将万用表置于 R×1 挡，调零后，测出扬声器音圈的直流电阻 R，然后用估算公式 $Z=1.17R$ 算出扬声器的阻抗。例如，测得一只无标记扬声器的直流电阻为 6.8Ω，则阻抗 $Z=1.17\times6.8=7.9$（Ω）。一般电动扬声器的实测电阻值为其标称阻抗的 80%～90%，例如，一只 8Ω 的扬声器，实测电阻值为 6.5～7.2Ω。

扬声器是否正常，除可用以上方法测其阻抗外，还可用以下方法进行简易判断。方法是：将万用表置于 R×1 挡，把任意一只表笔与扬声器的任一引出端相接，用另一只表笔断续触碰扬声器另一引出端，此时，扬声器应发出"喀喀"声，指针亦相应摆动。如触碰时扬声器不发声，指针也不摆动，说明扬声器内部音圈断路或引线断裂。

2. 判断相位

在制作安装组合音箱时，高低音扬声器的相位是不能接反的。有的扬声器在出厂时，厂家已在相应的引出端上注明了相位，但有许多扬声器上没注明相位，所以正确判断出扬声器的相位是很有用处的。判断相位的方法是：将万用表置于最低的直流电流挡，如 50μA 或 100μA 挡，用左手持红、黑表笔分别跨接在扬声器的两引出端，用右手食指尖快速地弹一下纸盆，同时仔细观察指针的摆动方向。若指针向右摆动，说明红表笔所接的一端为正端，而黑表笔所接的一端则为负端；若指针向左摆，则红表笔所接的为负端，而黑表笔所接的为正端。测试时应注意，在弹纸盆时不要用力过猛，切勿使纸盆破裂或变形将扬声器损坏，而且千万不要弹音圈的防尘保护罩，以防使之凹陷。

注意事项：扬声器是发声器件，直接影响到听音效果的好坏。因此，正确地使用扬声器是非常重要的。除了要选择灵敏度高、失真小、频响宽的扬声器之外，在使用中一定要使扬声器工作在最佳状态。在具体使用中应注意以下几点。

1. 注意防潮

扬声器应放置于干燥之处，因为潮气容易使扬声器的纸盆软化并变形，使音圈霉烂、位移，甚至与磁铁摩擦。

2. 注意防震

剧烈的震动和撞击，会引起扬声器磁铁失磁、变形和碎裂损坏。

3. 切忌超功率使用

在接入电路时，一定要注意加到扬声器的功率不得超过它的额定功率。否则将引起纸盆震破，音圈烧毁，导致其报废。

4. 远离高温，勿靠近热源

若扬声器长期受热容易引起退磁。

5. 阻抗匹配

每一种扬声器都有其一定的阻抗，如果阻抗失配，扬声器的最大效率就不能得以发挥，而且可能造成失真增大，甚至将扬声器烧坏的后果。

8.1.4 扬声器的更换

当扬声器损坏后，除简单故障可修复外，一般应进行更换，更换时，应注意以下几点。

1. 注意扬声器的口径及外形

代换时，新、旧扬声器口径要相同。例如，代换用于收录机的扬声器，要根据收录机机壳内的容积来选择扬声器。若扬声器的磁体太大，会使磁体刮碰电路板上的元器件；若磁体太高，则可能导致机壳的前、后盖合不上。对于固定孔位置与原固定位置不同的扬声器，可根据机壳前面板固定柱的位置，重新钻孔安装，或采用卡子来固定扬声器。

2. 注意扬声器的阻抗

现以 OTL 功率放大器为例说明扬声器阻抗的重要性。OTL 形式的功放级输出端的负载阻抗，虽然不像用输出变压器耦合方式的功放级对阻抗要求那么严格，但阻抗匹配也不能相差太大。例如，某 OTL 功放级输出端要求配接阻抗 8Ω 的负载，可以输出 2W 的功率，其输出音频电压为：

$$U=\sqrt{P\cdot R}=\sqrt{2\times 8}=4(\mathrm{V})$$

其输出音频电流为：

$$I=\frac{P}{U}=\frac{2}{4}=0.5(\mathrm{A})$$

式中，R 为负载阻抗（Ω），P 为输出功率（W）。

若配接阻抗为 4Ω 的负载，则输出功率为：

$$P=\frac{4^2}{4}=4(\mathrm{W})$$

输出音频电流为：

$$I=\frac{4}{4}=1(\mathrm{A})$$

通过以上对照可以看出，负载阻抗减小一半时，则输出功率就增加一倍，其输出电流也增大近一倍，这就要考虑到功放电路中某些晶体管的一些相关参数指标是否满足要求。例如，功率放大管的集电极最大电流 I_{CM} 值和耗散功率 P_{CM} 值是否够用。若功放管的上述参数指标不够用而随意降低其负载阻抗值，在放大器满功率输出时，势必将功放管烧毁。当然，这种情况也包括采用功放集成电路的功放级。

3. 注意扬声器的额定功率

为了增加保真度，一般功放级的输出功率均大于扬声器的额定功率的 2～3 倍或更多些。这种情况称之为功率储备，其目的是当音量电位器开得不太大时，失真度最小，而输出的声音已经足够响亮，从而获得最佳放音效果。从这个意义上来讲，代换扬声器时，不要选配额定功率太大的扬声器，否则的话，当音量电位器开小时，其输出功率没有足够力量推动纸盆振动或振动幅度太小，声音便显得无力、不好听；当音量电位器开足后，放大器失真度又相应地增大。但是，也不能使扬声器的额定功率小于放大器的输出功率太多，两者相差悬殊也容易将扬声器的音圈烧坏或使纸盆移位。

4. 注意扬声器的电性能指标

选配扬声器时，要求失真度小、频率特性好和灵敏度高。

8.2 耳机

8.2.1 耳机的特性

耳机也是一种电声转换器件，它们的结构与电动式扬声器相似，也是由磁铁、音圈、振动膜片等组成。但耳机的音圈大多是固定的，耳机的外形及电路符号如图 8-8 所示。

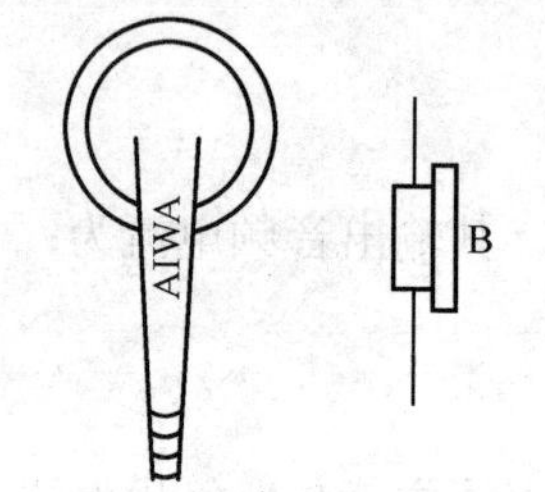

图8-8 耳机的外形及电路符号

耳机的主要技术参数有频率响应、阻抗、灵敏度、谐波失真等。随着音响技术的不断发展，耳机的发展也十分迅速，现代音响设备，如高级随身听、高音质立体声放音机等，都广泛采用了平膜动圈式耳机，其结构更类似于扬声器，且具有频率响应好、失真小等突出优点。平膜动圈式耳机多数为低阻抗类型，如 20Ω×2 和 30Ω×2。

8.2.2 耳机的检测

利用万用表可方便地检测出耳机的通断情况。目前，双声道耳机使用较多，耳机插头有三个引出点，一般插头后端的接触点为公共点，前端和中间接触点分别为左、右声道引出端。

检测时，将万用表置于 R×1 挡，任一表笔接在耳机插头的公共点上，然后用另一表笔分别触碰耳机插头的另外两个引出点，相应的左或右声道的耳机应发出“喀喀”声，指针应偏转，指示值分别为 20Ω 或 30Ω 左右，而且左、右声道的耳机阻值应对称。如果测量时无声，指针也不偏转，说明相应的耳机有引线断裂或内部焊点脱开的故障。若指针摆至零位附近，说明相应耳机内部引线或耳机插头处有短路的地方。若指针指示阻值正常，但发声很轻，一般是耳机振膜片与磁铁间的间隙不对造成的。

8.2.3 耳机的维修

下面以双声道耳机为例，介绍其修理方法。

1. 引线齐根折断

耳机由于佩带时经常弯折，很容易在耳机根部折断，造成接触时好时坏的现象。修理时，将耳机线齐根剪断，剥下外面的海绵套，用钟表起子在后盖引出线部分的下部轻轻向上撬，就可把后盖与耳机体脱开。然后取下后盖，可以看到内部有两个焊片，将残留的引线焊下，从后盖的引线孔中拉出，再用与线径差不多的钟表起子将引线孔清理一下，将剪断的引线通过孔穿进去，分别焊在两个焊片上。

2. 信号弱时无声，信号强时只有“喀喀”声

这一般是音圈与音膜脱离所致，修理时，可取下耳机的海绵套，就可看到耳机的正面为一多孔金属片，如图 8-9 所示。

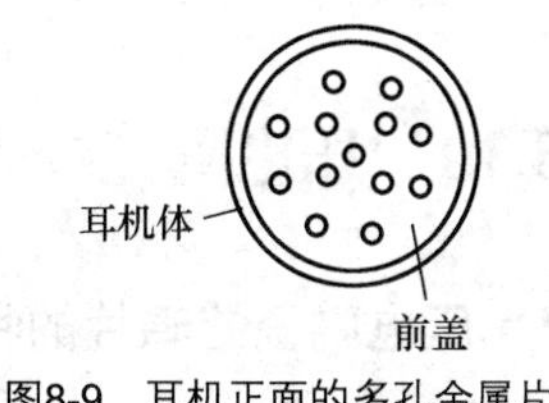

图8-9　耳机正面的多孔金属片

将钟表起子插入一个小孔里(注意插入的深度要适量，不要刺破下面的音膜)，轻轻向上挑，前盖便可卸下，这时可以看到耳机的音膜，如图 8-10 所示。

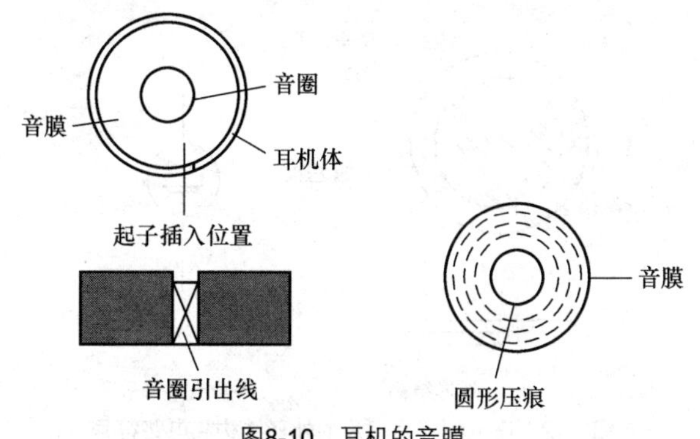

图8-10　耳机的音膜

按照图上的位置伸入一支钟表起子，顺着耳机的外沿转一圈，将音膜取下来（注意：不要损伤两根音圈引出线)，将耳机翻过来，轻轻拍打，音圈就会掉出来。然后用少许 502 胶涂在音膜中心的一个圆形压痕上，将音圈与圆形压痕对准放好，轻捏几下，放置一段时间后，装入耳机，再在耳机边缘上沿涂少许 502 胶，将多孔金属片盖好，压紧即可。

3. 耳机完全无声

耳机完全无声是由于音圈引出线断线所致，用万用表 R×100 挡测试时电阻为无穷大。对此，检修时可先按照前面的步骤将前、后盖都打开（注意：这时不必剪断耳机线，可以沿着耳机线把后盖推上去)，用镊子把音圈从音膜上取下，可以看到音圈上有两条引出线，如图 8-11 所示。用镊子将其拉出少许，用烙铁上锡后焊在耳机背面的焊片上，然后再将耳机装好即可。

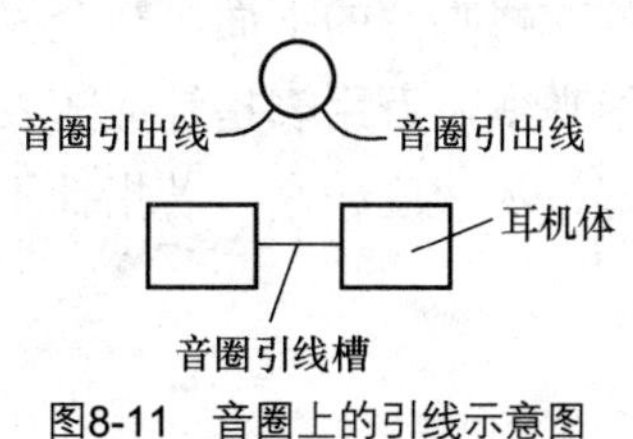

图8-11　音圈上的引线示意图

8.3 压电陶瓷蜂鸣片和蜂鸣器

8.3.1 压电陶瓷蜂鸣片

1. 压电陶瓷蜂鸣片的特性

压电陶瓷蜂鸣片的外形结构和电路符号如图 8-12 所示。

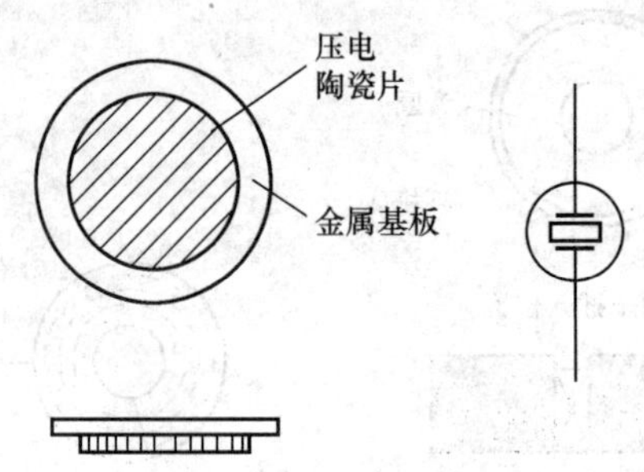

图8-12 压电陶瓷蜂鸣片的外形结构和电路符号

通常它是用锆钛酸铅或铌镁酸铅压电陶瓷材料制成，在陶瓷片的两面制备上银电极，经极化、老化后，用环氧树脂把它跟黄铜片（或不锈钢片）粘贴在一起成为发声元件。当在沿极化方向的两面施加振荡电压时，交变的电信号使压电陶瓷带动金属片一起产生弯曲振动，并随此发出响亮的声音。

压电陶瓷蜂鸣片的特点是：体积小、重量轻、厚度薄、耗电省、可靠性高；声响可达 120dB，且造价低廉。它适用于电子手表、袖珍计算器、玩具、门铃等各种电子用品上作讯响器。如果配上各种传感元件，还可做成开水沸点报讯、煤气检测报警等各种温度、湿度、嗅敏报警器。在工业自动控制设备或仪表中，还可作限位、定位、危险等报讯装置。

2. 压电陶瓷蜂鸣片的检测

将万用表拨至直流 2.5V 挡，将待测压电蜂鸣片平放于木制桌面上，压电陶瓷片的一面朝上。然后将万用表的一只表笔横放在蜂鸣片的下面，与金属片相接触，用另一表笔在压电蜂鸣片的陶瓷片上轻轻触、离。仔细观察，万用表指针应随表笔的触、离而摆动，摆动幅度越大，则说明压电蜂鸣片的性能越好，灵敏度越高；若指针不动，则说明被测蜂鸣片已损坏。

8.3.2 压电陶瓷蜂鸣器

1. 压电陶瓷蜂鸣器的特性

压电陶瓷蜂鸣器是一种一体化结构的电子讯响器，它主要由多谐振荡器和压电陶瓷蜂鸣片组成，并带有电感阻抗匹配器与微型共鸣箱，外部采用塑料壳封装，压电陶瓷蜂鸣器的工作原理方框图，如图 8-13 所示。

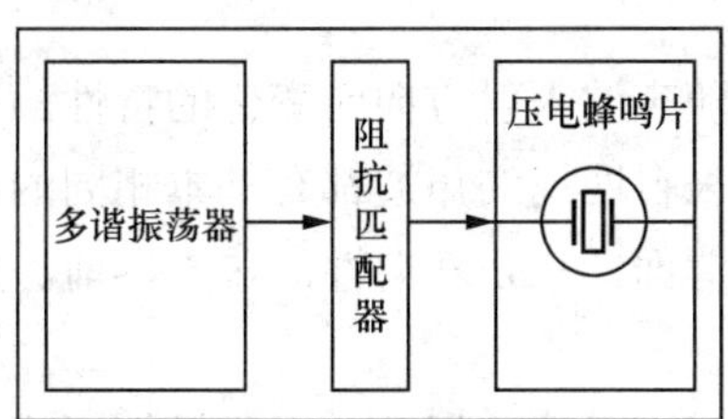

图8-13 压电陶瓷蜂鸣器的原理方框图

其中，多谐振荡器是由晶体管或集成电路构成，接通电源后，多谐振荡器起振，输出音频信号（一般为 1.5～2.5kHz），经阻抗匹配器推动压电蜂鸣片发声，国产压电蜂鸣器的工作电压一般为直流 6～15V，有正负极两个引出线。

2. 压电陶瓷蜂鸣器的检测

将一稳压直流电源的输出电压调到 6V 左右，把正、负极用导线引出，当正极接压电陶瓷蜂鸣器的正极，负极接压电陶瓷蜂鸣器负极时，若蜂鸣器发出悦耳的响声，说明器件工作正常，如果通电后蜂鸣器不发声，说明其内部有损坏元件或引线根部断线，应对内部振荡器和压电蜂鸣片进行检查修理。检测时应注意，不得使加在压电陶瓷蜂鸣器两端的电压超过规定的最高工作电压，以防止将压电陶瓷蜂鸣器烧坏。

8.4 传声器

8.4.1 传声器简介

传声器俗称话筒，其作用与扬声器相反，它是将声音信号转换为电信号的电声元件。传声器的文字符号过去用“S”、“M”、“MIC”等表示，新国标规定为“B”或“BM”，传声器的电路符号如图 8-14 所示。

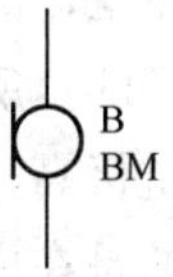

传声器的主要技术参数有灵敏度、频率响应、输出阻抗、指向性、固有噪声等。

B
BM

图8-14 传声器的电路符号

灵敏度是指传声器在自由场中，接受一定的外部声压而输出的信号电压(输出端开路时)。灵敏度的单位通常用 mV/Pa(毫伏/帕)或 dB(0dB=1000mV/Pa)表示，一般动圈式传声器的灵敏度多为 0.6～5mV/Pa(－64.4～－40dB)。

频率响应一般是指传声器在自由场中灵敏度和频率间的关系。频率响应好的传声器，其音质也好，但为适应某些需要，有的话筒在设计制造中有意压低或抬高某频段响应特性，如为提高语言清晰度，有的专用话筒将其低频响应压低等。普通传声器的频率响应多为 100～1000Hz，质量较优的为 40～15000Hz，更好的可达 20～20000Hz。

输出阻抗通常是在 1kHz 频率下测量的传声器输出阻抗。一般将输出阻抗小于 2kΩ 的称作低阻抗传声器，大于 2kΩ（大都在 10kΩ 以上）的称为高阻抗传声器，低阻抗传声器的应用较广。

指向性是指传声器灵敏度随声波入射方向而变化的特性。传声器的指向性主要有 3 种。一是全向性，全向性传声器对来自四周的声波都有基本相同的灵敏度。二是单向性，单向性传声器的正面灵敏度明显高于背面。三是双向性，传声器前、后两面灵敏度一样，两侧灵敏度较低。

固有噪声是在没有外界声音、风流、振动、电磁场等干扰的环境下测得的传声器输出电压有效值，一般传声器的固有噪声都很小，为微伏级电压。

家用电器中，常用的传声器有驻极体传声器和动圈式传声器。

8.4.2 驻极体话筒

1. 驻极体话筒的特性

驻极体话筒具有体积小、结构简单、电声性能好、价格低的特点，广泛用于盒式录音机、无线话筒、声控等电路中，驻极体话筒由声电转换和阻抗变换两部分组成，它的内部结构如图 8-15 所示。

图8-15 驻极体话筒的结构

声电转换的关键元件是驻极体振动膜，它是一片极薄的塑料膜片，在其中一面蒸发上一层纯金薄膜，然后再经过高压电场驻极后，两面分别驻有异性电荷，膜片的蒸金面向外，与金属外壳相连通，膜片的另一面与金属极板之间用薄的绝缘衬圈隔离开，这样，蒸金膜与金属极板之间就形成一个电容。当驻极体膜片遇到声波振动时，引起电容两端的电场发生变化，从而产生了随声波变化而变化的交变电压。驻极体膜片与金属极板之间的电容量比较小，一般为几十皮法，因而它的输出阻抗值很高，约几十兆欧。这样高的阻抗是不能直接与音频放大器相匹配的，所以在话筒内接入一只结型场效应晶体管来进行阻抗变换，场效应管的特点是输入阻抗极高、噪声系数低，普通场效应管有源极（S）、栅极（G）和漏极（D）3 个极，这里使用的是在内部源极和栅极间再复合一只二极管的专用场效应管，如图 8-16 所示。

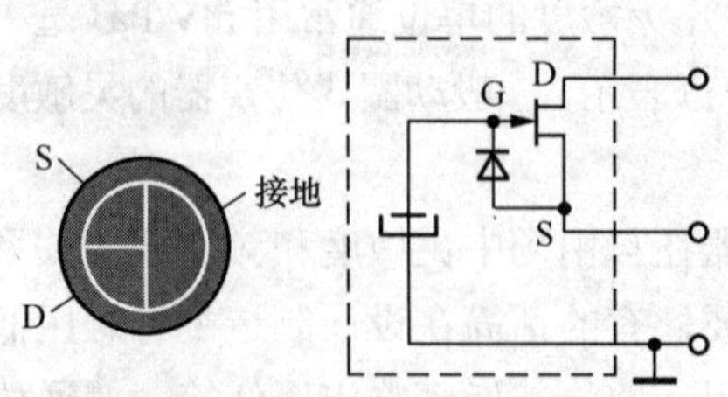

图8-16 驻极体话筒专用场效应管

接二极管的目的是在场效应管受强信号冲击时起保护作用，场效应管的栅极接金属极板，这样，驻极体话筒的输出线便有三根，即源极 S（一般用蓝色塑线）、漏极 D（一般用红色塑料线）和连接金属外壳的编织屏蔽线。

2. 与电路的连接

驻极体话筒与电路的接法有两种：源极输出与漏极输出，如图 8-17 所示。

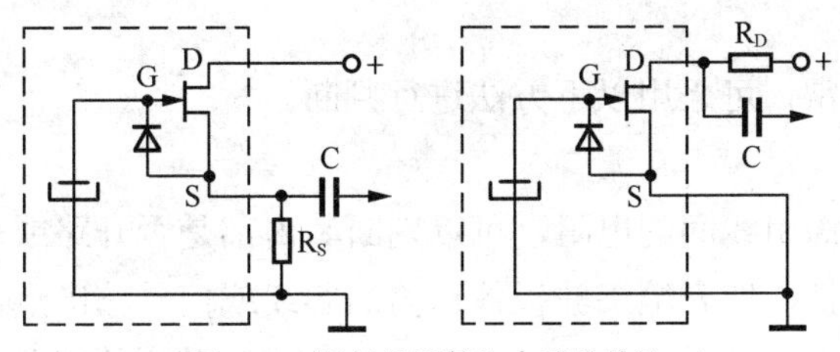

图8-17　驻极体话筒与电路的接法

源极输出类似晶体三极管的射极输出，需用三根引出线，漏极 D 接电源正极，源极 S 与地之间接一电阻 RS 来提供源极电压，信号由源极经电容 C 输出，编织线接地起屏蔽作用，源极输出的输出阻抗小于 2kΩ，电路比较稳定，动态范围大，但输出信号比漏极输出小。

漏极输出类似晶体三极管的共发射极放大器，只需两根引出线，漏极 D 与电源正极间接一漏极电阻 R_D，信号由漏极 D 经电容 C 输出，源极 S 与编织线一起接地，漏极输出有电压增益，因而话筒灵敏度比源极输出时要高，但电路动态范围略小。

R_S 和 R_D 的大小要根据电源电压大小来决定，一般为 2.2～5.1kΩ。例如，电源电压为 6V 时，R_S 为 4.7kΩ，R_D 为 2.2kΩ。

通常驻极体话筒有 4 种连接方式，如图 8-18 所示，对应的话筒引出端有三端式和两端式两种。

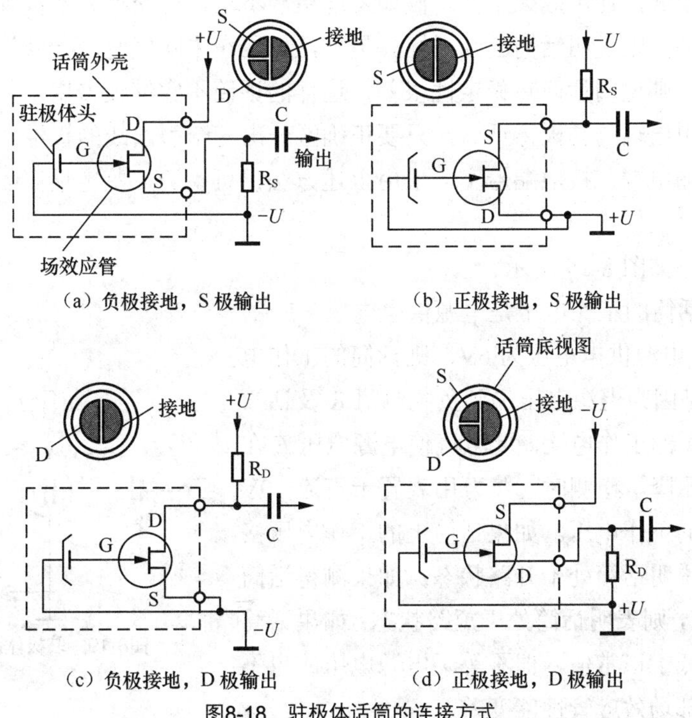

图8-18　驻极体话筒的连接方式

有些驻极体话筒内已设有偏置电阻，使用时不必再另外加偏压电阻了，采用此种接法的驻极体话筒，适用于高保真小信号放大场合，其缺点是在大信号下容易发生阻塞。另有少数驻极体话筒产品内部没有加装场效应管，两个输出接点可以任意接入电路，但最好把接外壳的一点接地，另一点接入由场效应管组成的高阻抗输入前置放大器。

应该指出的是，带场效应管的话筒不加偏压而直接加在音频放大器输入端是不能工作的。

3. 性能测量

驻极体话筒是否正常，可采用以下方法进行判断。

（1）电阻法

通过测量驻极体话筒引线间的电阻，可以判断其内部是否开路或短路。测量时，将万用表置于 R×100 或 R×1k 挡，红表笔接驻极体话筒的芯线或信号输出点，黑表笔接引线的金属外皮或话筒的金属外壳，一般所测阻值应为 500Ω～3kΩ。若所测阻值为无穷大，则说明话筒开路；若测得阻值接近零时，表明话筒有短路性故障；如果阻值比正常值小得多或大得多，都说明被测话筒性能变差或已经损坏。

注意事项：对有些带引线插头的话筒，可直接在插头处进行测量。但要注意，有的话筒上装有一个开关（ON/OFF），测试时要将此开关拨到“ON”的位置，而不要使开关处在“OFF”的位置。否则，将无法进行正常测试，以致造成误判。

（2）吹气法

将万用表置于 R×100 挡，将红表笔接话筒的引出线的芯线，黑表笔接话筒引出线的屏蔽层，此时，万用表指针应有一阻值，然后正对着话筒吹一口气，仔细观察指针，应有较大幅度的摆动。万用表指针摆动的幅度越大，说明话筒的灵敏度越高，若指针摆动幅度很小，则说明话筒灵敏度很低，使用效果不佳。假如发现指针不动，可交换表笔位置再次吹气试验，若指针仍然不摆动，则说明话筒已经损坏。另外，如果在未吹气时，指针指示的阻值便出现漂移不定的现象，则说明话筒热稳定性很差，这样的话筒不宜继续使用。

对于有三个引出端的驻极体话筒，只要正确区分出三个引出线的极性，将黑表笔接正电源端，红表笔接输出端，接地端悬空，采用上述方法仍可检测、鉴定话筒的性能优劣。

（3）电压法

此法测试电路如图 8-19 所示。

在正常时，话筒的工作电压是电源供电电压+E 的 1/3～1/2。例如，电源供电电压为 6V，则话筒的工作电压为 2～3V。这是因为电源电压加到负载电阻 R 及话筒上时，要有数 mA 的工作电流，此电流使电源电压 E 在 R 上产生一定的压降。检测时，将万用表置于直流 10V 挡，测量话筒上的工作电压。如果话筒上的工作电压接近于电源电压则说明话筒处于开路状态；如果测得话筒工作电压近于 0V，则表明话筒处于短路状态；如果话筒工作电压高于或低于正常值，但不等于电源电压或也不为零，则说明内部场效应管性能变差。

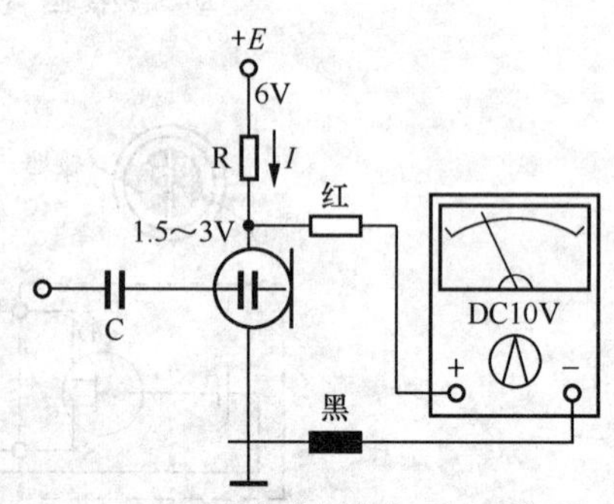

图8-19　驻极体话筒电压测量法

4. 驻极体话筒常见故障与检修

（1）断路和短路

话筒开路性故障多是由内部引线折断或内部场效应管电极烧断损坏而引起；短路性故障多是话筒内部引出线的芯线与外层的金属编织线相碰短路或内部场效应管击穿所造成的。排除断路和短路故障时，可先将话筒外部引线剪掉，只留下一小段，然后按前述的检测方法用万用表测量话筒残留引线间的阻值，检查是否还有断路或短路现象。如故障排除，则说明被剪掉的引线有问题，用其他软线重新接在残留引线两端即可；如故障依旧，则应检查内部场效应管是否异常。

（2）灵敏度低

话筒内部的场效应管性能变差，或话筒本身受剧烈振动使膜片发生位移，都会导致灵敏度降低，对这种故障一般采用换新的方法予以解决，换新时，可使用同型号的话筒更换。

8.4.3　动圈式话筒

1. 动圈式话筒的结构

动圈式话筒的结构如图 8-20 所示，它由永久磁铁、音膜、输出变压器等部件组成。

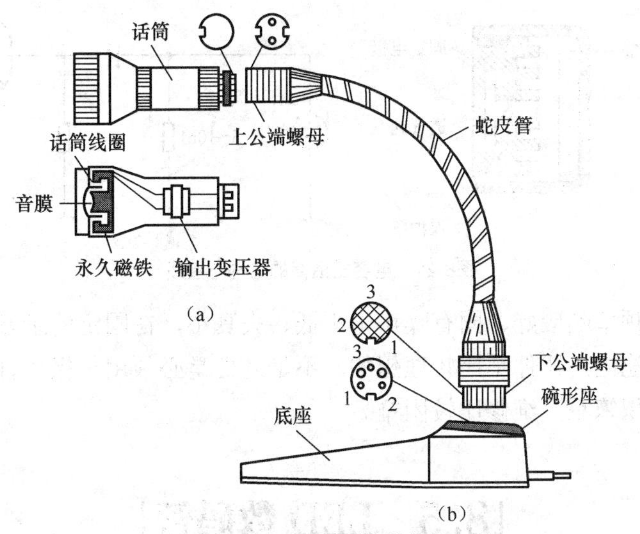

图8-20　动圈式话筒的结构

音膜的音圈套在永久磁铁的圆形磁隙中，当音膜受声波的作用力而振动时，音圈则切割磁力线而在两端产生感应电压。由于话筒的音圈圈数很少，它的输出电压和输出阻抗都很低。为了提高它的灵敏度和满足与扩音机输入阻抗相匹配，在话筒中还装有一只输出变压器。变压器有自耦和互感两种，根据初、次级圈数比不同，其输出阻抗有高阻和低阻两种。话筒的输出阻抗在 600Ω 以下的为低阻话筒；输出阻抗在 10000Ω 以上的为高阻话筒。目前国产的高阻话筒，其输出阻抗都是 20000Ω。有些话筒的输出变压器次级有两个抽头，它既有高阻输出，又有低阻输出，只要改变接头，就能改变其输出阻抗。

2. 动圈式话筒的检测和维修

动圈式话筒的常见故障是无声、音小、失真或时断时续。主要原因是音膜变形、音圈与磁铁相碰、音圈及输出变压器短路或断路、磁隙位置变动、磁力减小、插塞与插口接触不好或短接、话筒线短路或断路。

检查话筒是否正常，可利用万用表 R×10 挡来测量话筒的电阻值，如果话筒的音圈和变压器的初级电路正常，在测量电阻时，话筒会发出清脆的“喀喀”的声音。

8.4.4 电容式话筒

电容式话筒其实是一个平板形的半可变电容器，它由一固定电极与一膜片组成。极板与膜片的距离通常是 0.025～0.05mm，中间的介质是空气，膜片是由铝合金或不锈钢制成。电容式话筒的结构与接线如图 8-21 所示。使用时在两合金片间接 250V 左右的直流高压，并串入一个高阻值的电阻，平常，电容器呈充电状态，当声波传来时，膜片因受力而振动，使两片间的电容量发生变化，电路中充电的电流因电容量的变化而跟着变化，此变化的电流流过高阻值的电阻时，变成电压变化而输出。电容式话筒的输出阻抗很高，当话筒输出线较长时，极易捡拾外界噪声，因此话筒与电子管的连线越短越好。为了解决这个问题，常在话筒壳内装置一个放大器，使话筒输出线到放大器的连线缩至最短。

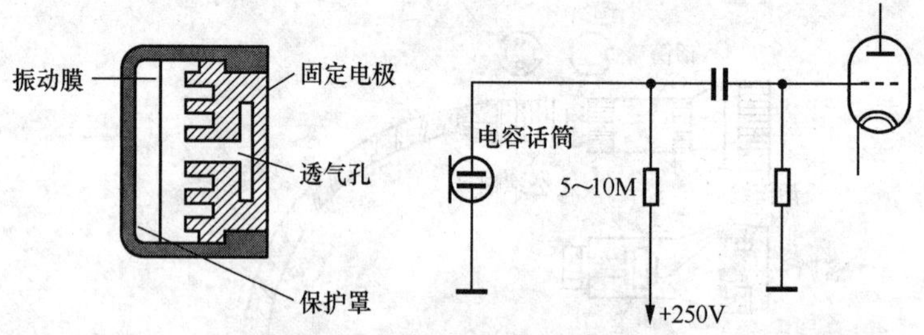

图8-21　电容式话筒的结构与接线

电容式话筒的频率响应好、固有噪声电平低、失真小，在固定的录音室和实验室中作为标准仪器来校准其他电声器件是比较理想的。不足之处是必须用一极化直流的高压，放大器装在话筒壳内，体积笨重，维修比较困难。

8.5 LED 数码管

8.5.1 LED 数码管的结构

将多个 LED 管排列好并封装在一起，就成为 LED 数码管。LED 数码管的结构示意图如图 8-22 所示。

图中，LED 数码管内部是 8 只发光二极管，a、b、c、d、e、f、g、h 是发光二极管的显示段位，除 h 制成圆形用以表示小数点外，其余 7 只全部制成条形，并排列成如图所示的“8”字形状。每只发光二极管都有一根电极引到外部引脚上，而另外一根电极全部连接在一起，引到外引脚，称为公共极（COM）。

LED 数码管分为共阳型和共阴型两种，共阳型 LED 数码管是把各个发光二极管的阳极都连在一起，从 COM 端引出，阴极分别从其它 8 根引脚引出，如图 8-23（a）所示；使用时，公共阳极接+5V，这样，阴极端输入低电平的发光二极管就导通点亮，而输入高电平的段则不能点亮。共阴型 LED 数码管是把各个发光二极管的阴极都接在一起，从 COM 端引出，阳极分别从其他 8 根引脚引出，如图 8-23（b）所示；使用时，公共阴极接地，这样，阳极端输入高电平的发光二极管就导通点亮，而输入低电平的段则不能点亮。在购买和使用 LED 数码管时，必须说明是共阴还是共阳结构。

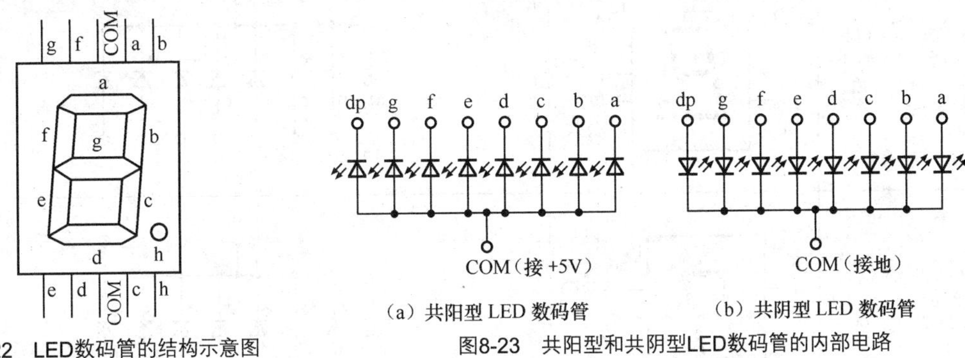

（a）共阳型 LED 数码管

（b）共阴型 LED 数码管

图8-22 LED数码管的结构示意图

图8-23 共阳型和共阴型LED数码管的内部电路

8.5.2 LED 数码管的识别

常用 LED 数码管有 1 位、2 位、3 位、4 位多种，外形实物如图 8-24 所示。

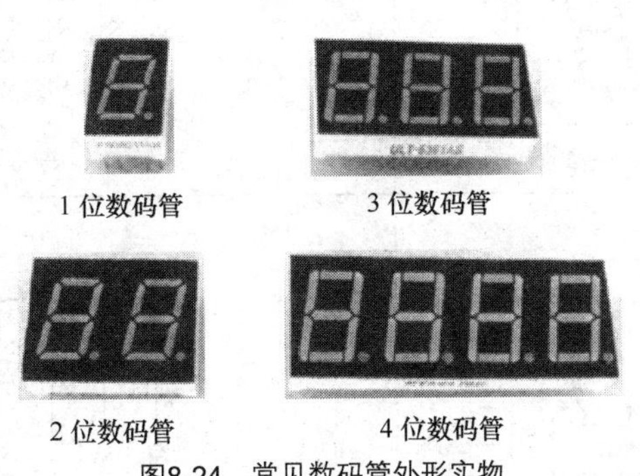
1 位数码管

3 位数码管

2 位数码管

4 位数码管

图8-24 常见数码管外形实物

LED 数码管的引脚排列均为双列 10 脚、12 脚、14 脚、16 脚、18 脚等，图 8-25 给出了 1 位及 2 位 LED 数码管的引脚排列图和内部电路图。

识别引脚排列时大致上有这样的规律：对于单个数码管来说，最常见的引脚为上、下双排列，通常它的第 3 脚和第 8 脚是连通的，为公共脚（COM）；如果引脚为左、右双排列，则它的第 1 脚和第 6 脚是连通的，为公共脚（COM）。但也有例外，必须具体型号具体对待。另外，多数 LED 数码管的“小数点”在内部是与公共脚接通的，但有些产品的”小数点”引脚却是独立引出来的。对于 2 位及以上的数码管，一般多是将内部各“8”字形字符的 a～h

这 8 根数据线对应连接在一起，而各字符的公共脚单独引出（称“动态数码管”），既减少了引脚数量，又为使用提供了方便。例如，4 位动态数码管有 4 个公共端，加上 a～h 引脚，一共才只有 12 个引脚。如果制成各“8”字形字符独立的“静态数码管”，则引脚可达到 40 脚。

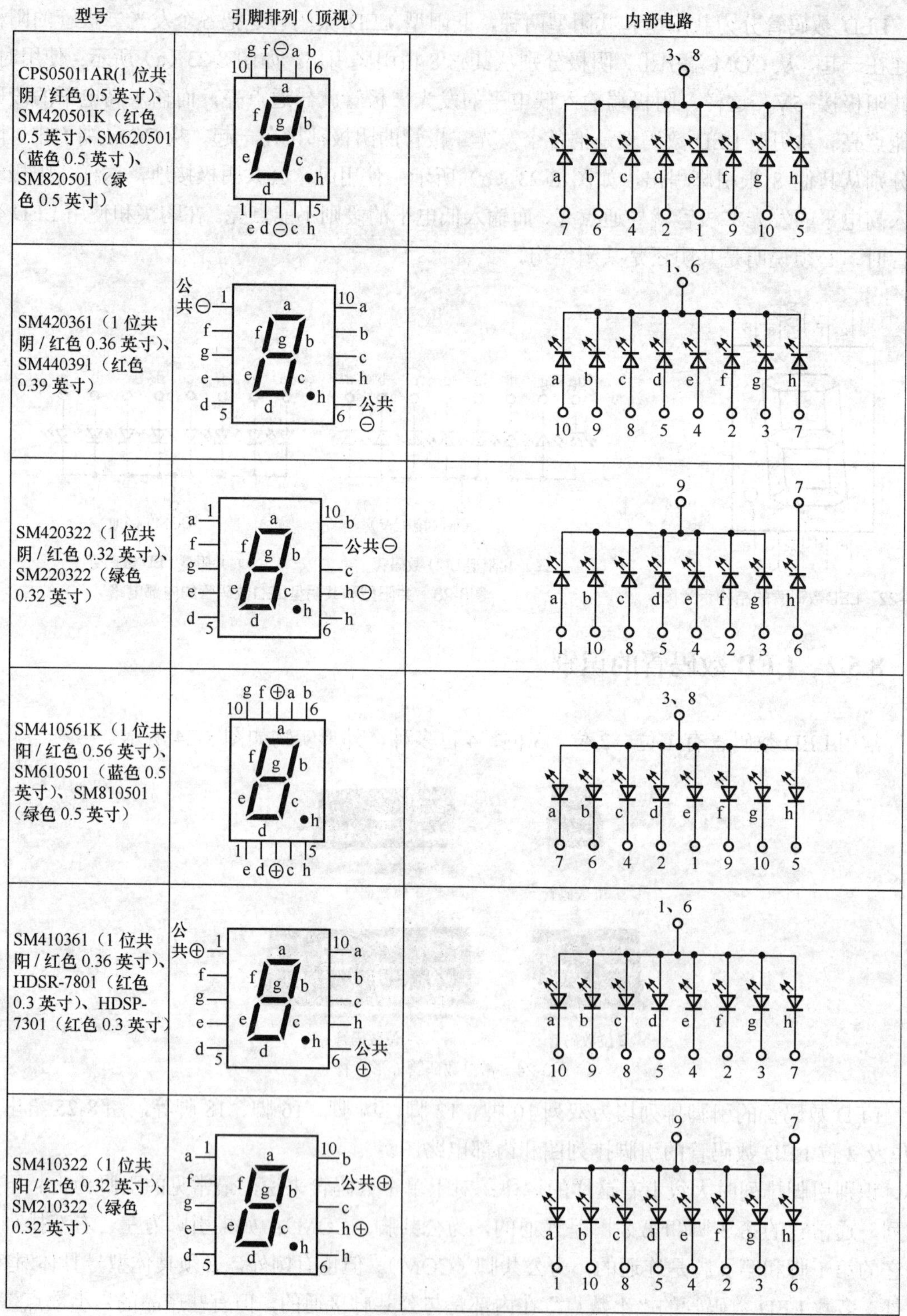

图8-25　1位及2位LED数码管的引脚排列图和内部电路图

SN420502（2 位共阴 / 红色静态 0.5 英寸）、SN220801（绿色 0.8 英寸）、KW2-561CGA（绿色 0.56 英寸）	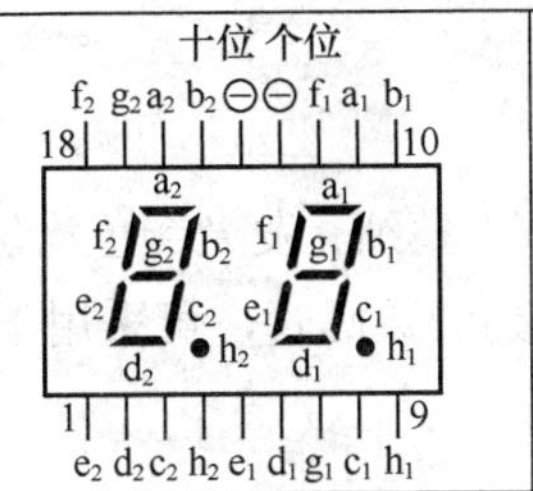	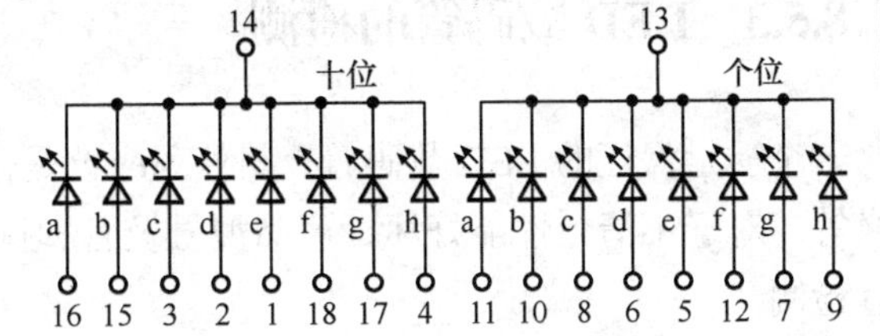
SN410502（2 位共阳 / 红色静态 0.5 英寸）、SN210801（绿色 0.8 英寸）	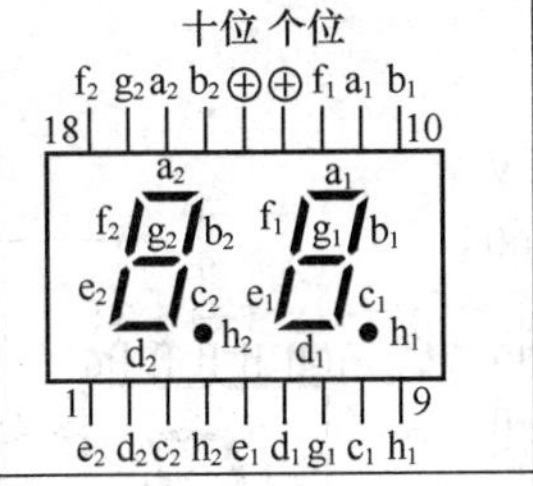	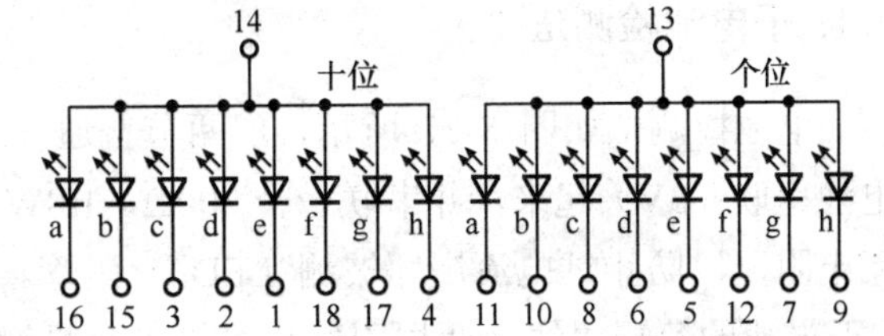
SN460561（2 位共阴 / 红色动态 0.56 英寸）、SN260561（绿色 0.56 英寸）	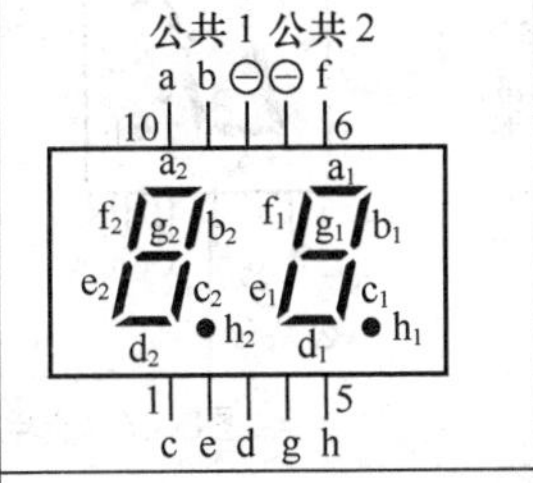	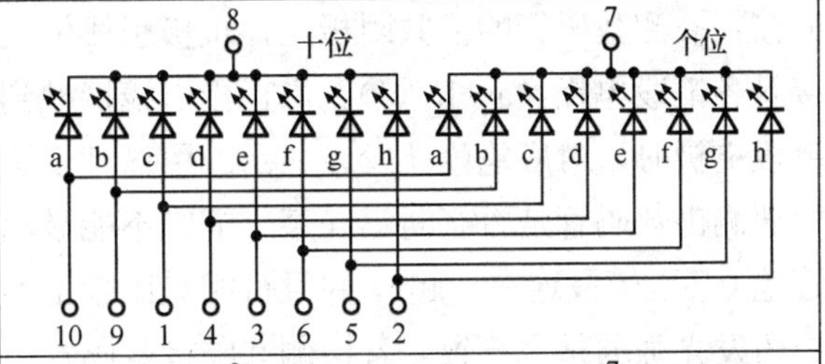
SN450561（2 位共阳 / 红色动态 0.56 英寸）、SN250561（绿色 0.56 英寸）	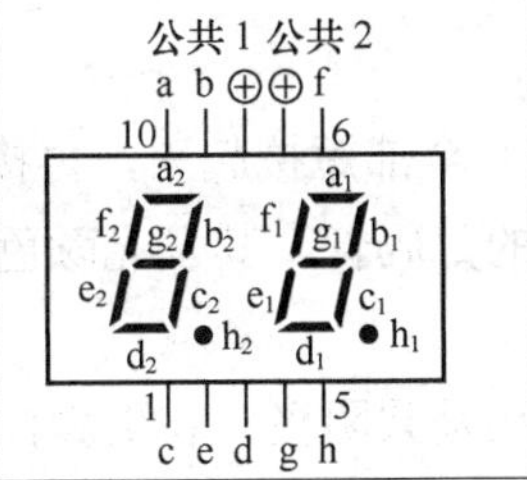	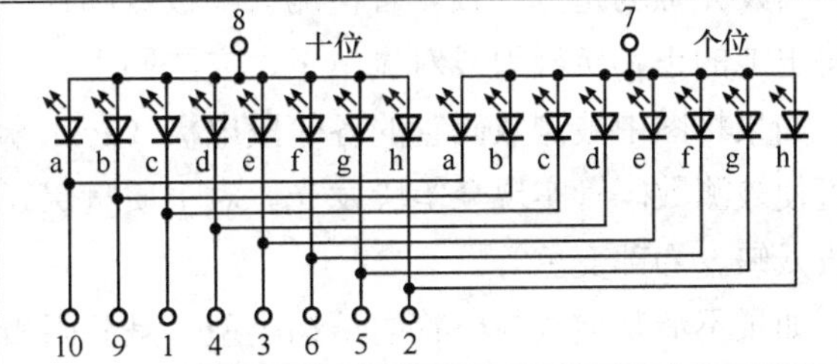

图8-25　1位及2位LED数码管的引脚排列图和内部电路图（续）

除以上介绍的 1 位、2 位数码管比较常用外，4 位数码管应用也比较广泛，特别是在单片机开发中应用较多，图 8-26 是 4 位数码管的引脚排列，不难看出，这是一种具有 4 个公共端的动静数码管。

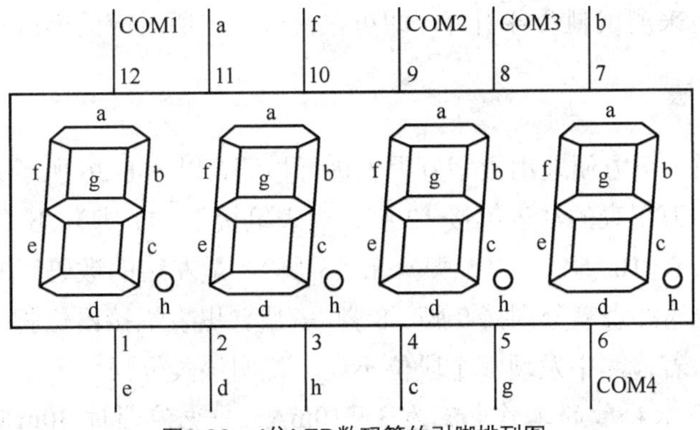

图8-26　4位LED数码管的引脚排列图

8.5.3 LED 数码管的检测

一个质量保证的 LED 数码管，其外观应该是做工精细、发光颜色均匀、无局部变色、无漏光等。对于不清楚性能好坏、产品型号及管脚排列的数码管，可采用下面介绍的简便方法进行检测。

1. 干电池检测法

干电池检测法如图 8-27 所示，取两节普通 1.5V 干电池串联（3V）起来，并串联一个 100Ω、1/8W 的限流电阻，以防止过电流烧坏被测 LED 数码管。将 3V 干电池的负极引线（两根引线均可接上小号鳄鱼夹）接在被测数码管的公共阴极上，正极引线依次移动接触各笔段电极（a～h 脚）。当正极引线接触到某一笔段电极时，对应笔段就发光显示。用这种方法可以快速测出数码管是否有断笔（某一笔段不能显示）或连笔（某些笔段连在一起），并且可相对比较出不同的笔段发光强弱是否一致。若检测共阳极数码管，只需将电池的正、负极引线对调一下，方法同上。

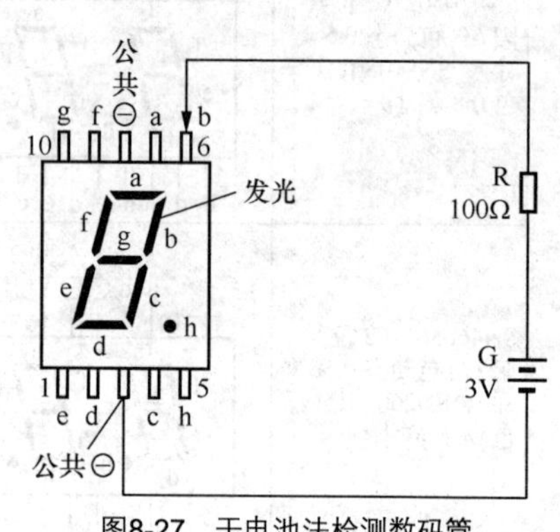

图8-27　干电池法检测数码管

如果将图中被测数码管的各笔段电极（a～h 脚）全部短接起来，再接通测试用干电池，则可使被测数码管实现全笔段发光。对于质量保证的数码管，其发光颜色应该均匀，并且无笔段残缺、局部变色等。

如果不清楚被测数码管的结构类型（是共阳极还是共阴极）和引脚排序，可从被测数码管的左边第 1 脚开始，逆时针方向依次逐脚测试各引脚，使各笔段分别发光，即可测绘出该数码管的引脚排列和内部接线。测试时注意，只要某一笔段发光，就说明被测的两个引脚中有一个是公共脚，假定某一脚是公共脚不动，变动另一测试脚，如果另一个笔段发光，说明假定正确。这样根据公共脚所接电源的极性，可判断出被测数码管是共阳极还是共阴极。显然，公共脚如果接电池正极，则被测数码管为共阳极；公共脚如果接电池负极，则被测数码管应为共阴极。接下来测试剩余各引脚，即可很快确定出所对应的笔段来。

2. 万用表检测法

数码管是否正常，可方便地用数字万用表进行检测，以图 8-26 所示共阳数码管为例，判断的方法是：用数字万用表的红表笔接 12 脚，黑表笔接 a（11 脚）、b（7 脚）、c（4 脚）、d（2 脚）、e（1 脚）、 f（10 脚）、g（5 脚）、h（3 脚），最左边的数码管的相应段位应点亮；同理，将数字万用表的红表笔分别接 9 脚、8 脚、6 脚，黑表笔接段位脚，其它 3 只数码管的相应段位也应点亮。若检测中发现哪个段位不亮，说明该段位损坏。

注意事项：LED 数码管的工作电流为 3～10mA，当电流超过 30mA 后，有可能把数码管烧坏，因此，使用数码管时，应在每个显示段位脚串联一只限流电阻，电阻大小一般为 470Ω～1kΩ。

|8.6　LED 点阵屏|

8.6.1　LED 点阵屏的分类

LED 点阵屏是以发光二极管 LED 为像素点，通过环氧树脂和塑模封装而成。LED 点阵屏具有高亮度、功耗低、引脚少、视角大、寿命长、耐湿、耐冷热、耐腐蚀等特点。

LED 点阵屏有 4×4、4×8、5×7、5×8、8×8、16×16、24×24、40×40 等多种，其中，8×8 点阵屏应用最为广泛。

根据显示颜色的数目，LED 点阵屏分为单色、双基色、全彩色等几种。

单色 LED 点阵显示屏只能显示固定的色彩，如红、绿、黄等单一颜色。通常这种屏用来显示比较简单的文字和图案信息，例如商场，酒店的信息牌等。

双基色和全彩色 LED 点阵屏所显示内容的颜色由不同颜色的发光二极管点阵组合方式决定，如红绿都亮时可显示黄色，若按照脉冲方式控制二极管的点亮时间，则可实现 256 或更高级灰度显示，即可实现全彩色显示。

根据驱动方式的不同，LED 点阵屏分为电脑驱动型和单片机驱动型两种工作方式。

电脑驱动型的特点是，LED 点阵屏由电脑驱动，不但可以显示字形、图形，还可以显示多媒体彩色视频内容，但其造价较高。

单片机驱动的特点是，体积小、重量轻，成本较低，有基础的无线电爱好者，经过简单的学习，只需要购置少量的元器件，都可以自己动手制作 LED 点阵屏了。

8.6.2　LED 点阵屏的结构与检测

8×8 LED 点阵屏的的实物外形及管脚排列如图 8-28 所示。

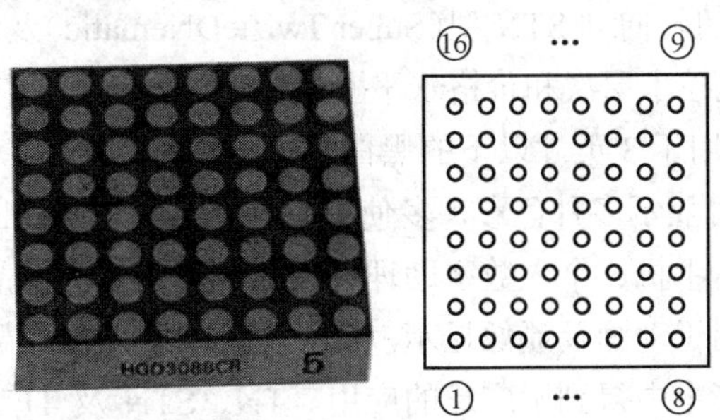

（a）LED 点阵屏实物外形　（b）LED 点阵屏管脚排列

图8-28　8×8 LED点阵屏的外形及管脚排列

从图中可以看出，8×8 LED 点阵屏的管脚排列顺序为：从 LED 点阵屏的正面观察（俯视），左下角为①脚，按逆时针方向，依次为①～⑯脚。

LED 点阵屏内部由 8×8 共 64 个发光二极管组成，其内部结构如图 8-29 所示。

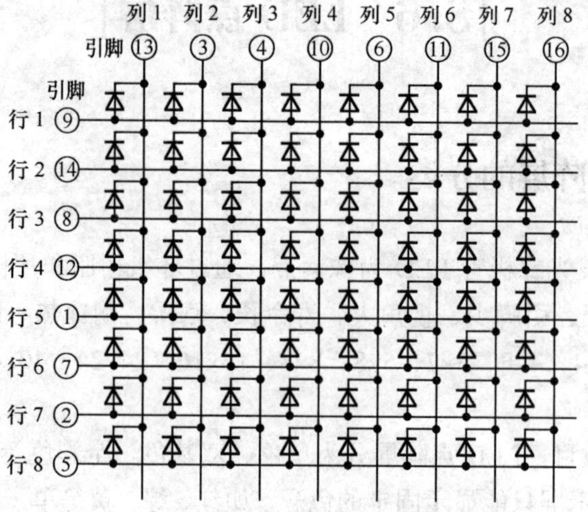

图8-29 LED点阵屏的内部结构

从图中可以看出，每个发光二极管是放置在行线和列线的交叉点上，当对应的某一列置低电平，某一行置高电平，则相应的二极管就亮；因此，通过控制不同行列电平的高低，就可以实现显示不同效果的目的。

LED 点阵屏是否正常，可用数字万用表进行判断，方法是：将数字万用表的红表笔接点阵屏的⑨脚，黑表笔接点阵屏的⑬脚，根据图 8-29 可知，⑨、⑬脚接的是一只二极管，因此，点阵屏左上角的二极管应点亮，若不亮，说明该二极管像素点损坏；采用同样的方法，可判断出其他二极管像素点是否损坏。

|8.7 液晶显示屏|

液晶显示屏简称液晶屏，是液晶显示器件的关键部件，常见的液晶屏主要有扭转向列 TN 型（TwisteDNematic）、超扭转向列 STN 型（Super TwisteDNematic）及薄膜晶体管 TFT 型（Thin Film Transistor）3 种。从技术层次和价格水平上看，TN、STN、TFT 这 3 种显示器的排列顺序依次递增。TN 型主要用于 3 英寸以下的黑白小屏幕，如电子表、计算器、掌上游戏机等；STN 型配合彩色滤光片可显示多种色彩，多使用于文字、数字及绘图功能的显示，如低挡的笔记本电脑、掌上电脑、手机、个人数字助理（PDA）等便携式产品；TFT 显示屏具有反应速度快等优点，特别适用于动画及显像显示，在数码相机、液晶投影仪、笔记本电脑、桌上型液晶显示器以及液晶彩电中得到了广泛的应用。TN、STN 及 TFT 型液晶显示器件比较情况如表 8-1 所示。

表 8-1　　TN、STN 及 TFT 型液晶显示器件比较表

类别	TN	STN	TFT
原理	液晶分子，扭转 90°	液晶分子，扭转 240°～270°	液晶分子，扭转 90 度以上
特性	黑白、单色，低对比	黑白、彩色（26 万色）低对比，较 TN 佳	彩色（1667 万色或更高），高对比，较 STN 佳
全色彩化	否	否	全彩色
动画显示	否	否	可以
视角	狭窄（30° 以下）	窄（40° 以下）	宽
面板尺寸	1～3 寸	1～12 寸	12 寸以上
应用范围	电子表、计算器、简单的掌上游戏机	低档的笔记本电脑、掌上电脑、低档手机、个人数字助理（PDA）等便携式产品	笔记本电脑、台式电脑液晶显示器、投影机、液晶彩电

8.7.1　TN 型液晶显示屏的结构、原理与驱动方式

TN 型液晶显示屏也称扭曲向列液晶显示器件，其应用十分广泛，常见的电子表、计算器、掌上游戏机、工业数字仪表等采用的都是 TN 型液晶屏。

1. TN 型液晶显示屏的结构

TN 型液晶显示屏的基本结构是：将涂有 ITO 透明导电层的玻璃光刻上一定的透明电极图形，将这种带有透明导电电极图形的前后两片玻璃基板夹持一层液晶材料，四周进行密封，形成一个厚度仅为数微米的扁平液晶盒。由于在玻璃内表面涂有一层定向膜（也称配向膜），并进行了定向处理，在盒内液晶分子沿玻璃表面平行排列，且由于两片玻璃内表面定向膜定向处理的方向互相垂直，因此，液晶分子在两片玻璃之间呈 90°扭曲，这就是扭曲向列液晶显示器件名称的由来，图 8-30 为 TN 型液晶显示屏的基本结构示意图和实物图。

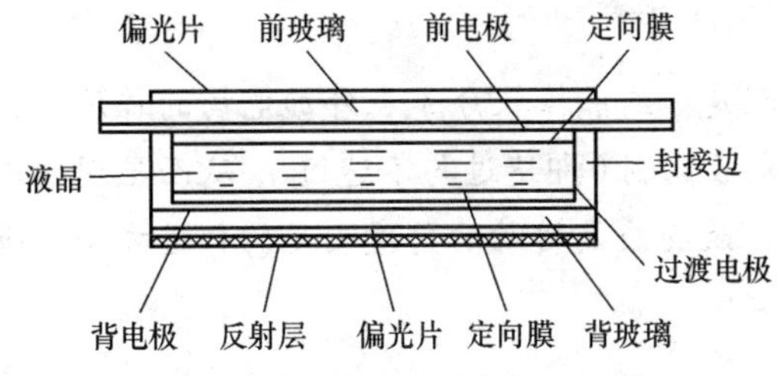

（a）TN 型液晶显示屏的基本结构

（b）TN 型液晶显示屏实物

图8-30　TN型液晶显示屏的基本结构和实物图

2. TN 型液晶显示屏的原理

图 8-31 所示为 TN 型液晶显示屏的工作原理示意图。

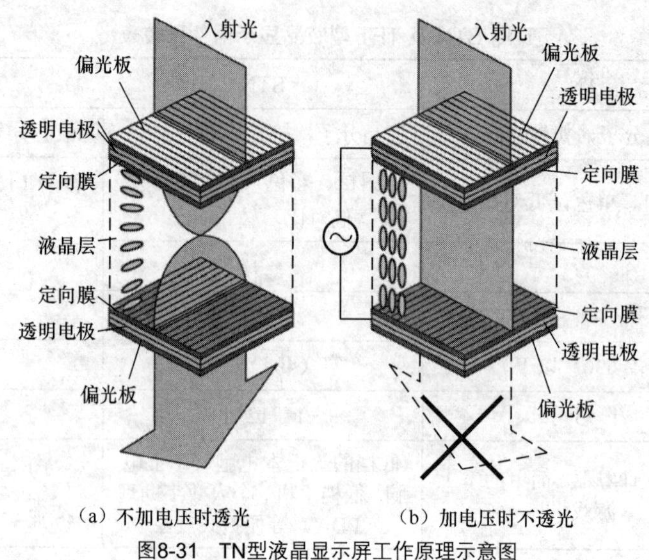

（a）不加电压时透光　　（b）加电压时不透光

图8-31　TN型液晶显示屏工作原理示意图

在不加电压的情况下，入射光经过偏光片后通过液晶层，偏光被分子扭转排列的液晶层旋转 90 度。在离开液晶层时，其偏光方向恰与另一偏光板的方向一致，所以光线能顺利通过，在这种情况下，液晶层相当于是透明的，我们可以看到反射基板的透明电极。如图 8-31（a）所示。当液晶上加一个电压时，液晶分子便会重新垂直排列，使光线能直射出去，而不发生任何扭转，使器件不能透光，如图 8-31（b）所示，在这种情况下，由于没有光反射回来，我们也就看不到反射板的电极，于是在电极部位出现黑色。

重点提示：从图中可以看出，此类 TN 液晶屏，当对液晶屏不施加电压时，液晶透光，也就是亮的画面；当对液晶屏施加电压时，液晶不透光，显示暗的画面，这是一种常规状态（不通电）显示白色的液晶屏，简称常白屏（NW 屏）。与常白屏（NW 屏）对应，还有一种常黑屏（NB 屏），对于此类液晶屏，当对液晶屏不施加电压时，液晶不透光，也就是暗的画面；当对液晶屏施加电压时，液晶透光，显示亮的画面。

由此可见，加电将光线阻断（有显示），不加电则使光线射出（无显示）。只要将电极制成不同的字的形状，就可以看到不同的黑色字。这种黑字，不是液晶的变色形成的，而是光被遮挡或被穿透的结果。

综上所述，TN 型液晶显示屏的显示原理是：液晶棒状分子在外加电场的作用下，其排列状态发生变化，使得穿过液晶显示器件的光被调制（即透过与不透过），从而呈现明与暗的显示效果。也就是说，通过控制电压的大小，改变液晶转动的角度和光的行进方向，进而达到改变字符亮度的目的。

3. TN 型液晶显示屏的驱动

TN 型液晶显示屏采用静态驱动方式，所谓静态驱动，是指在所显示的像素电极和共用电极上，同时而连续地施加上驱动电压，直到显示时间结束。由于在显示时间内驱动电压一直保持，故称作静态驱动，下面以最为常用的笔段式 TN 液晶显示屏为例进行说明。

笔段式 TN 液晶显示屏是通过段形显示像素实现显示的，段形显示像素是指显示像素为一长棒形，也称笔段形。在数字显示时，常采用 7 段电极结构，即每位数由一个“8”

字形公共电极和构成“8”字图案的 7 个段形电极组成，分别设置在两块基板上，如图 8-32 所示。

每个数码笔段的驱动电压为交流 3～5V，频率为 32Hz、167Hz、200Hz 3 种，工作时在背电极（COM）上持续加上占空比为 1/2 的连续方波，在要显示的笔段上施加一个与背电极 COM 上的电压波形相位相反、幅值相等、频率相同的连续方波，则在被显示笔段的液晶像素上加有正负交替的两倍于方波幅值的电压，它应该大于液晶显示屏的阈值电压 V_{th}；而在不要显示的笔段上施加一个与背电极 COM 上的电压波形相位相同、幅值相等、频率相同的波形，则该笔段的液晶像素上不能形成电场，当然也不能显示，图 8-33 是一个笔段电极的液晶显示屏驱动电路原理和波形图。

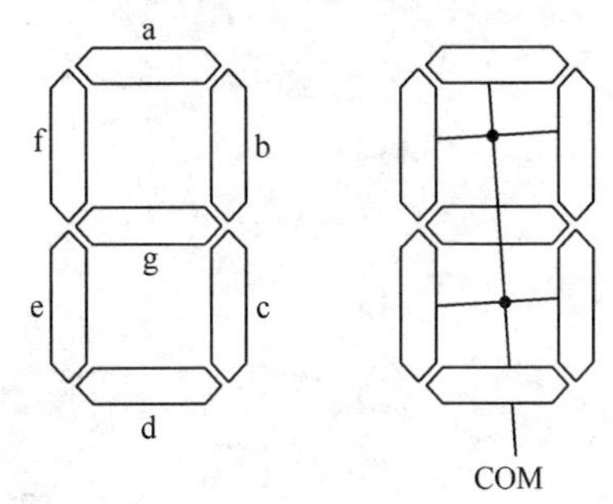

图8-32　七段笔段式液晶显示屏的电极排列图

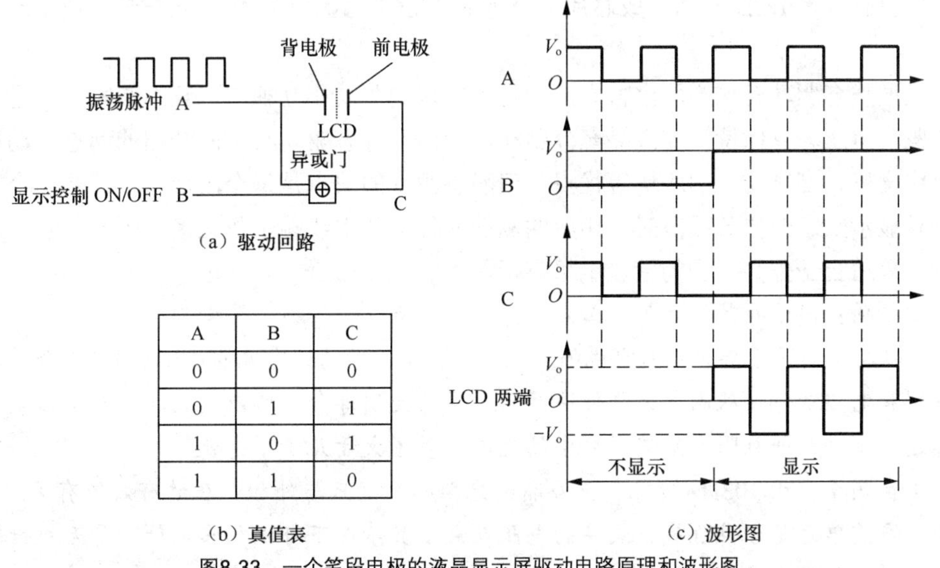

A	B	C
0	0	0
0	1	1
1	0	1
1	1	0

（b）真值表

图8-33　一个笔段电极的液晶显示屏驱动电路原理和波形图

图 8-33（a）是一个异或门电路，输入端 A 是由振荡电路产生的方波振荡脉冲，并且直接与液晶显示器件的背电极 COM 端连接。输入端 B 可接入高、低 ON/OFF 电平，用于控制电极的亮与灭，异或门的输出端 C 接液晶显示器件的笔段端前电极（a、b、c、d、e、f 或 g 端）。

从图 8-33（b）异或门的真值表中可以得到 LCD 两端交流驱动波形如图 8-33（c）所示，可见，当字段上两个电极的电压相位相同时，两电极之间的电位差为零，该字段不显示；当此字段上两个电极的电压相位相反时，两电极之间的电位差不为零，为二倍幅值的方波电压，该字段呈现出黑色显示。

重点提示：液晶显示屏的驱动方式与 LED 的驱动方式有很大的不同。对于 LED，当在 LED 两端加上恒定的导通或截止电压便可控制其亮或暗。而 LCD，其两极不能加恒定的直流电压，因而给驱动带来复杂性。一般应在 LCD 的公共极（一般为背极）加上恒定的交变方波信号，通过控制前极的电压变化而在 LCD 两极间产生所需的零电压或二倍幅值的交变电压以达到对LCD亮、灭的控制。

图8-34是七段液晶显示屏的电极配置和静态驱动电路图。七段共用一个背极BP，前极a、b、c、d、e、f、g互相独立，每段各加一个异或门进行驱动。

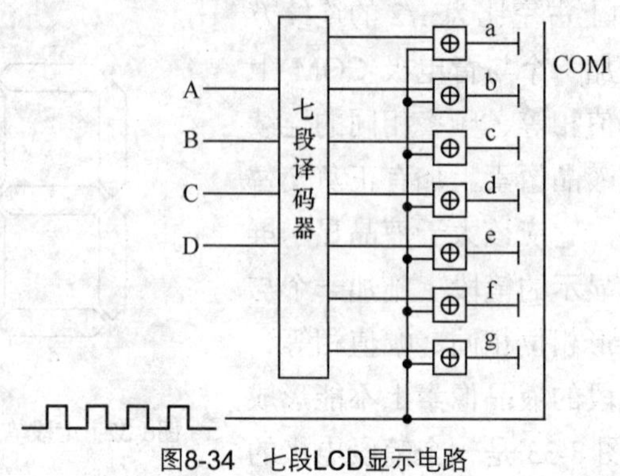

图8-34 七段LCD显示电路

目前已有许多LCD驱动集成芯片，已将多个LCD驱动电路集成到一起，使用起来十分方便。

笔段型静态驱动有这样两个特点：一是各电极的驱动相互独立，互不影响；二是在显示期间，驱动电压一直保持，使液晶充分驱动，因而，静态驱动与下面介绍的动态驱动相比，具有对比度好、亮度高、响应快等优点。但静态驱动的缺点是每个段形电极需要一个控制元件，一旦显示数字的位数很多时，相应的驱动元件数和引线端子数太多，因而，它的应用受到限制，只适合于位数很少的笔段电极显示。

注意事项：对于液晶显示屏，必须注意以下几点。

（1）驱动液晶显示屏时，不宜施加直流电压，这是因为，直流电压驱动LCD会使液晶体产生电解和电极老化，从而大大降低液晶显示屏的使用寿命，所以，液晶显示屏必须采用交流电压进行驱动，并且限定交流成分中的直流分量不大于几十个毫伏。

（2）在频率小于103Hz情况下，液晶透光率的改变只与外加电压的有效值有关。

（3）液晶单元是容性负载，液晶的电阻在大多数情况下可以忽略不计，是无极性的，即正压和负压的作用效果是一样的。

8.7.2 STN型液晶显示屏的结构、原理与驱动方式

1. STN型液晶显示屏的结构、原理

STN型液晶显示屏也称超扭曲向列液晶显示屏，配合彩色滤光片可显示多种色彩，STN型液晶显示屏多使用于文字、数字及绘图功能的显示，例如，低档的笔记本电脑、掌上电脑、低档手机、个人数字助理（PDA）等便携式产品。

STN型液晶显示屏采用无源矩阵结构，在两玻璃的内侧配置有行电极（扫描线）和列电极（数据线）二种电极，中间封入液晶。扫描线和数据线的交点就是STN型液晶显示屏的像素点，图8-35所示是STN型液晶显示屏的结构和等效电路示意图。

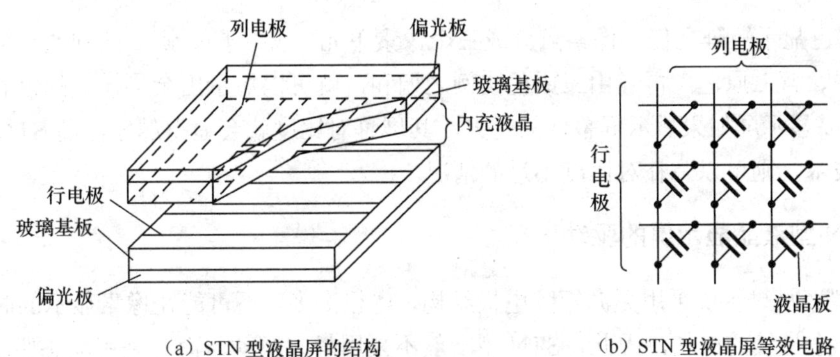

（a）STN 型液晶屏的结构　　（b）STN 型液晶屏等效电路

图8-35　STN型液晶屏的结构和等效电路示意图

STN 型液晶显示屏的工作原理与 TN 型液晶屏相同，只是 STN 的扭曲角为 180°～270°，而不是 90°，图 8-36 所示为 TN 型和 STN 型液晶分子旋转角度示意图。

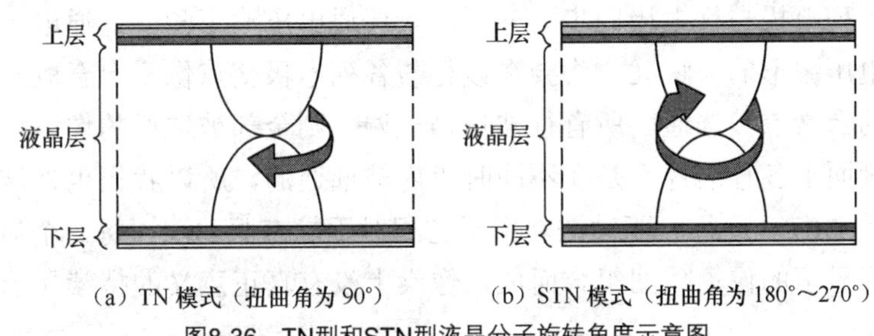

（a）TN 模式（扭曲角为 90°）　　（b）STN 模式（扭曲角为 180°～270°）

图8-36　TN型和STN型液晶分子旋转角度示意图

正因为 STN 型液晶显示屏的液晶旋转角度不一样，其特性也就跟着不一样，为便于说明问题，这里给出 TN 型与 STN 型液晶显示屏电压—穿透率曲线，如图 8-37 所示。

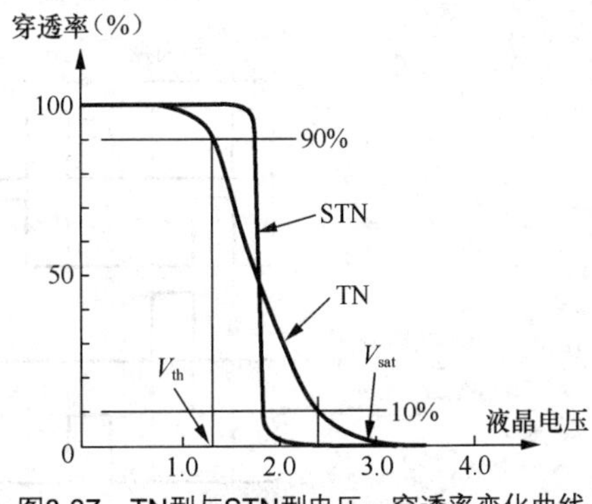

图8-37　TN型与STN型电压—穿透率变化曲线

从图 8-37 可以看出，当电压比较低时，光线的穿透率很高，电压很高时，光线的穿透率很低。而电压在中间位置的时候，TN 型液晶显示屏的变化曲线比较平缓，而 STN 型液晶显示屏的变化曲线则较为陡峭。因此，在 TN 型液晶显示屏中，当穿透率由 90%变化到 10%时，相对应的电压差就比 STN 型液晶显示屏大。由于液晶显示屏是利用电压来控制灰阶的变化，而上述 TN 与 STN 型液晶显示屏的不同特性，造成 TN 型液晶显示屏的灰阶变化比 STN 型液晶显示屏多。所以，一般 TN 型液晶显示屏多为 6～8 bit（比特）的变化，也就是 26～28（64～256）个灰阶的变化，而 STN 型液晶显示屏最多为 4bit（比特），也就只有 24（16）阶的灰阶变化。除此之外，STN 型与 TN 型液晶显示屏还有一个不一样的地方，就是反应时间，一般 STN 型液晶显示屏反应时间多在 100ms 以上，而 TN 型液晶显示屏反应时间多为 50ms 以下。

这里需要说明的是，单纯的 TN 型液晶显示屏本身只有明暗两种情形（或称黑白），并没有办法做到色彩的变化。而 STN 型液晶显示屏牵涉液晶材料的关系，以及光线的干涉现象，显示的色调都以淡绿色与橘色为主。但如果在传统单色 STN 型液晶显示屏加上一彩色滤光片，并将单色显示矩阵之任一像素点分成三个像素单元（或称子像素），分别通过彩色滤光片显示红、绿、蓝三原色，再经由三原色比例之调和，就可以显示出全彩模式的色彩。另外，TN 型的液晶显示屏如果显示屏幕做的越大，其屏幕对比度就会显得越差，而 STN 型由于采用了改良技术，则可以弥补对比度不足的情况。

2. STN 型液晶显示屏的驱动

STN 型液晶显示屏采用无源矩阵电极结构，电极众多，不可能在像素显示的时间内在像素上维持一个持续的电场，因此，STN 型一般不采用静态驱动，而是采用动态驱动法。

STN 型液晶屏的动态驱动示意图如图 8-38 所示，图中的无源矩阵是由液晶上、下玻璃基片内表面多个行电极（也称水平电极、扫描电极、扫描线或 X 电极）和列电极（也称垂直电极、选址电极、选通电极、数据线或 Y 电极）组成，行电极被按时间顺序施加上一串扫描脉冲电压，列电极与行电极同步，分别输入选通电压波形和非选通电压波形，在双方同步输入驱动电压波形的一瞬间，将会在该行与各列电极交点像素上合成一个驱动波形，使该行上相应的像素点被选通。所有行被扫描一遍，则全部被选通的像素点便组成一幅画面，但是这个画面上各行的像素是在不同时段内被选通的，所以我们也称这种方法为“时间分割显示”或 APT（逐行）驱动法。由于它相对于静态驱动法，每一个显示图案都是由不同时间分割区显示的像素瞬间组合而成，像素上没有真正意义的持续显示状态，所以又称之为动态驱动法。

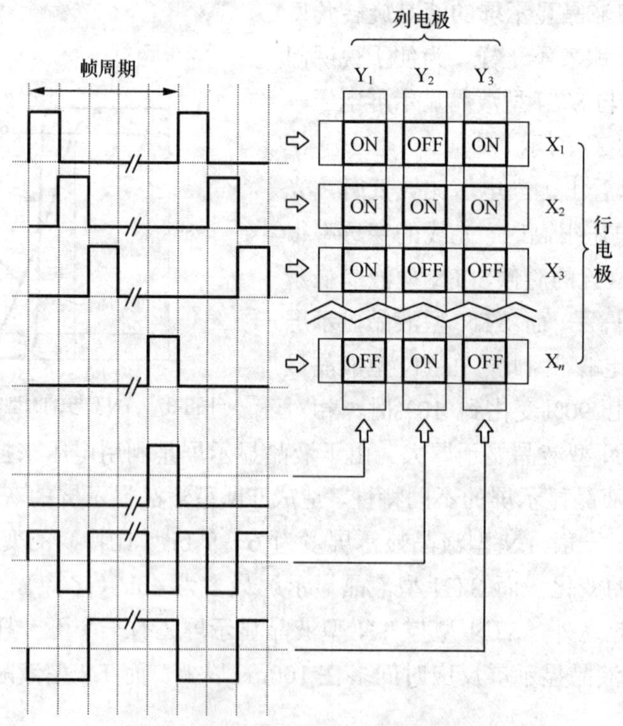

图8-38 STN型液晶屏的动态驱动示意图

通常，我们将所有扫描行电极各施加一次扫描电压的时间叫一帧，每秒内扫描的帧数叫帧率。每扫描行电极选通时间与帧周期之比为占空比，它等于行电极数的倒数，即 $1/N$。

动态驱动法是 STN 型液晶显示屏最常用的驱动方式。一个矩阵若由 m 行和 n 列组成，则有 $m \times n$ 个像素，采用动态驱动技术只需要（$m+n$）根电极引线，不但能大大减少电极引线，也可以大大降低外围驱动电路的成本，应用十分广泛。

重点提示：动态驱动法不仅广泛应用于 STN 型无源矩阵液晶显示屏中，而且在笔段式 TN 型液晶显示屏（液晶数码管）中应用也十分普及。我们知道，对于 1～2 个笔段式数码管，由于笔段较少，可采用静态驱动法。但是，如果采用多个笔段式数码管，由于笔段像素很多，不可能在每个像素上都设置单独的外引线，此时，可采用动态驱动法进行驱动。

例如，对于 6 个笔段式 LCD 数码管（如图 8-39 所示），可将 6 个笔段式数码管的背电极单独引出，作为行电极，将 6 个笔段式数码管的前电极的对应位连在一起（即 6 个笔段式的 6 个 a 接在一起，6 个 b 接在一起……6 个 g 接在一起，共 7 段），再分别引出，作为列电极。所以，总的电极引线数为（6+7）根。工作时，各背电极（行电极）上电压顺序地接通，称为扫描。例如，第 4 个数码管的背电极被“接通”，同时对第 4 个数码管各笔段（列电极）输入显示电压或不显示电压，虽然这些电压也同时施加在其他数码管的各笔段上，但是，由于这些数码管的背电极未被“接通”，所以不起作用。如此，背电极轮流被“接通”，其上的笔段相应地被显示，这样，6 个数码管中的每 1 个数码管被显示的时间只有 1/6。如果对背电极扫描的速度足够快（每秒轮流 50 次以上），由于人眼“视觉暂留”的特性，感觉不到 LCD 显示器的闪动，所看到的就是连续显示的 6 个数字。

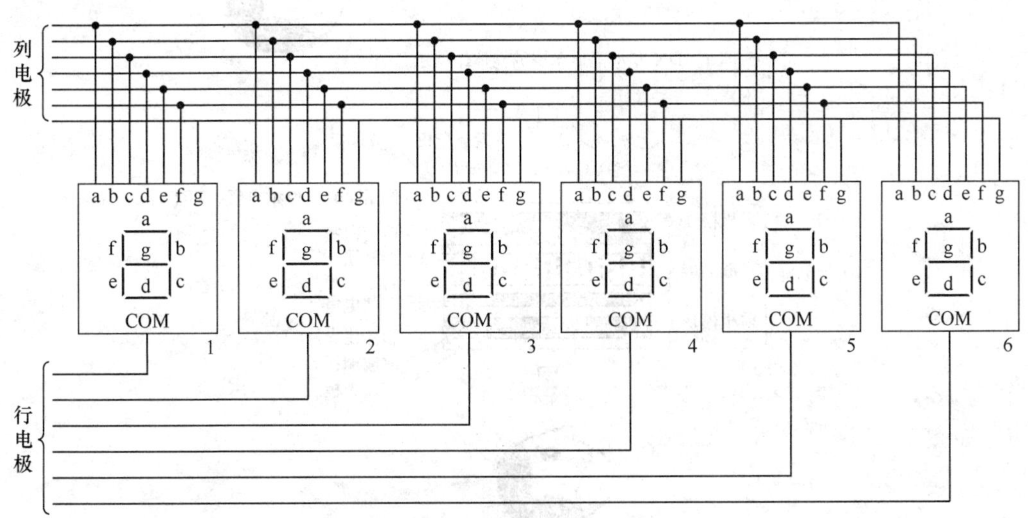

图8-39　6个笔段式LCD数码管

8.7.3　TFT 型液晶显示屏与液晶面板

1. TFT 型液晶显示屏的结构

TFT 型液晶显示屏是一种薄形的显示器件，它是由两片偏光板、两片玻璃，中间加上 TN 型液晶组成。图 8-40 所示是 TFT 型液晶显示屏的立体结构示意图和横截面结构示意图。

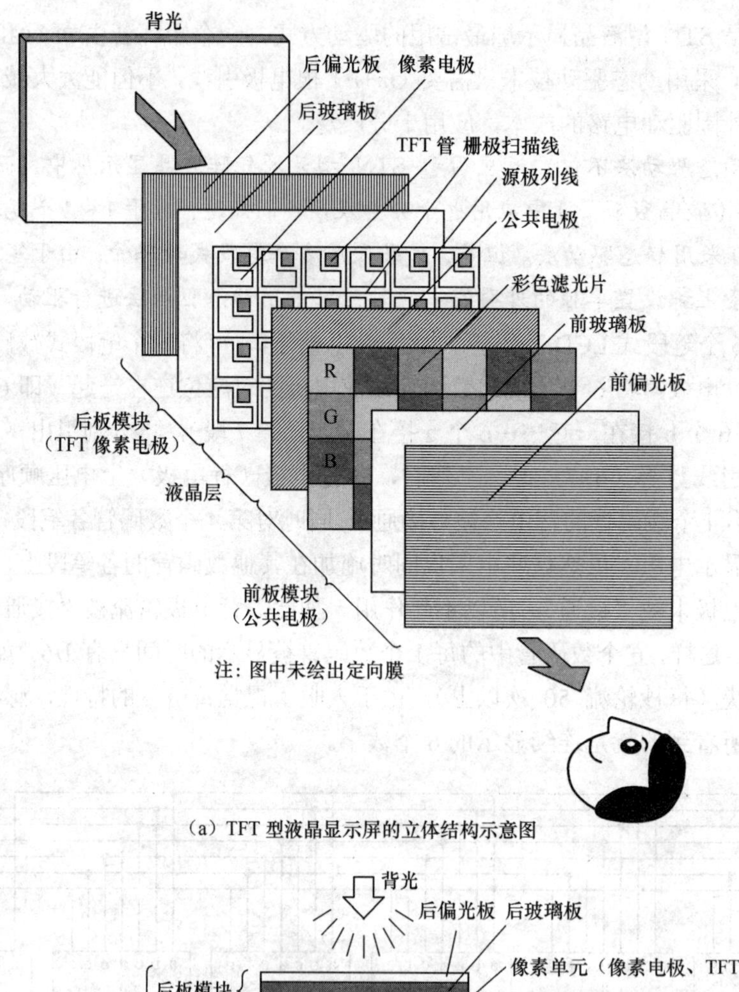

（a）TFT 型液晶显示屏的立体结构示意图

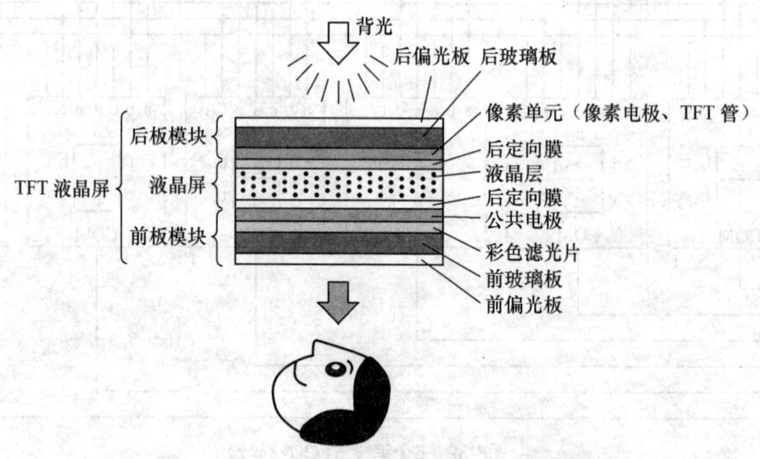

（b）TFT 型液晶显示屏的横截面结构示意图

图8-40 TFT型液晶显示屏的立体结构和横截面结构示意图

从图中可以看出，TFT 型液晶显示屏主要由后板模块、液晶层和前板模块 3 部分组成。

（1）后板模块部分

后板模块是指液晶层后面的部分，主要由后偏光板、后玻璃板、像素单元（像素电极、TFT 管）、后定向膜等组成。

在后玻璃板衬底上分布着许多横竖排列并互相绝缘的格状透明金属膜导线，将后玻璃衬底分隔成许多微小的格子，称为像素单元（或称子像素），而每个格子（像素单元）中又有一片与周围导线绝缘的透明金属膜电极，称为像素电极（显示电极），该电极的一角，依靠一支用印刷法制作在玻璃衬底上的 TFT 薄膜场效应管，分别与两根纵横导线连接，形成矩阵结构，如图 8-41 所示。TFT 场效应管的栅极与横线相接，横线称为栅极扫描线或 X 电极，因起到 TFT 选通作用又称为选通线；TFT 管的源极与竖线连接，竖线称为源极列线或 Y 电极；TFT 的漏极与透明像素电极连为一体。TFT 管的功能就是一个开关管，利用施加于 TFT 开关管的栅极电压，可控制 TFT 开关管的导通与截止。

前后两片玻璃板在接触液晶的那一面并不是光滑的，而是锯齿状的沟槽，如图 8-42 所示。这个沟槽的主要目的是希望长棒状的液晶分子沿着沟槽排列，如此一来，液晶分子的排列才会整齐。如果是光滑的平面，液晶分子的排列便会不整齐，造成光线的散射，形成漏光的现象。在实际的制造过程中，并无法将玻璃板做成如此的槽状分布，一般会先在玻璃板表面涂布一层 PI（聚酰亚胺），再用布做磨擦的动作，好让 PI 的表面分子不再杂散分布，依照固定而均一的方向排列。而这一层 PI 就叫做定向膜（也称配向膜），它的功用就像玻璃的凹槽一样，提供液晶分子呈均匀排列的接口条件，让液晶依照预定的顺序排列。

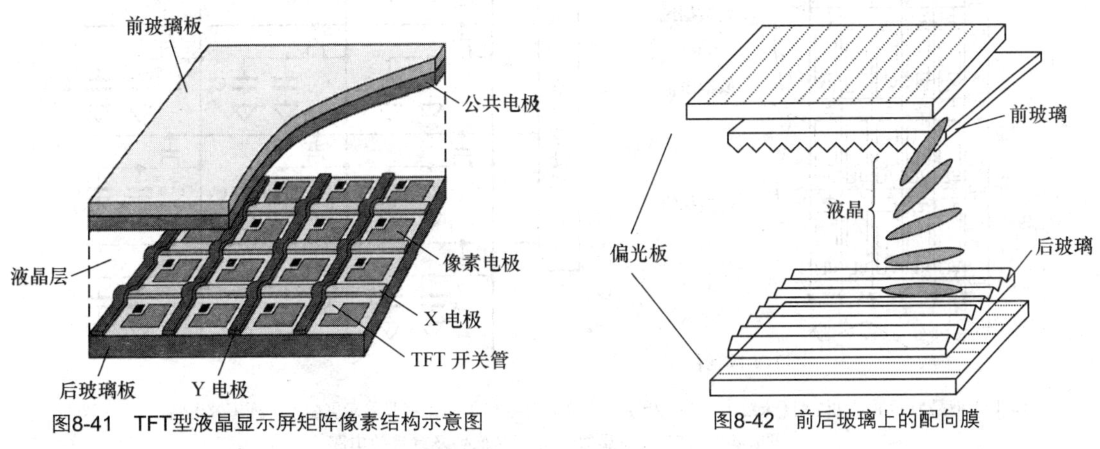

图8-41　TFT型液晶显示屏矩阵像素结构示意图

图8-42　前后玻璃上的配向膜

（2）液晶层部分

液晶显示屏后层玻璃板上有像素电极和薄膜晶体管（TFT），前层玻璃则贴有彩色滤光片，前后两层玻璃中间夹持的就是液晶层。

对于 TFT 型液晶显示屏来说，每个像素单元从结构上可以看作为像素电极和公共电极之间夹一层 TN 型液晶，液晶层可等效为一个液晶电容 CLC，它的大小约为 0.1pF。在实际应用中，这个电容并无法将电压保持到下一次更新画面数据的时候，也就是说，当 TFT 管对这个电容充好电时，它并无法将电压保持住，直到下一次 TFT 管再对此点充电的时候（以一般 60Hz 的画面更新频率，需要保持约 16ms 的时间），这样一来，电压有了变化，所显示的灰阶就会不正确。因此，一般在面板的设计上，会再加一个储存电容 Cs（一般由像素电极与公共电极走线所形成），其值约为 0.5pF，以便让充好电的电压能保持到下一次更新画面的时候，图 8-43 所示为一个像素单元（子像素）结构示意图及其等效电路。

从驱动方式上看，TFT 型液晶屏将所有的行电极作为扫描行连接到栅极驱动器上，将所有列电极作为列信号端连接到源极驱动器上，从而形成驱动阵列，如图 8-44（a）所示，驱动阵列的等效电路如图 8-44（b）所示。

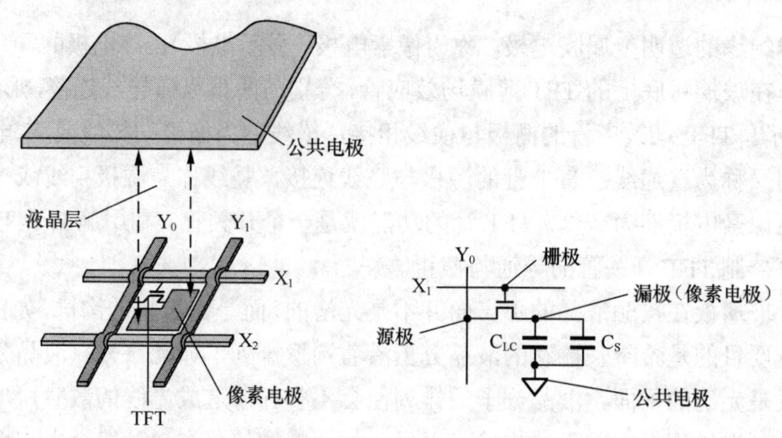

（a）一个像素单元结构示意图　　（b）一个像素单元等效电路

图8-43　一个像素单元结构示意图及其等效电路

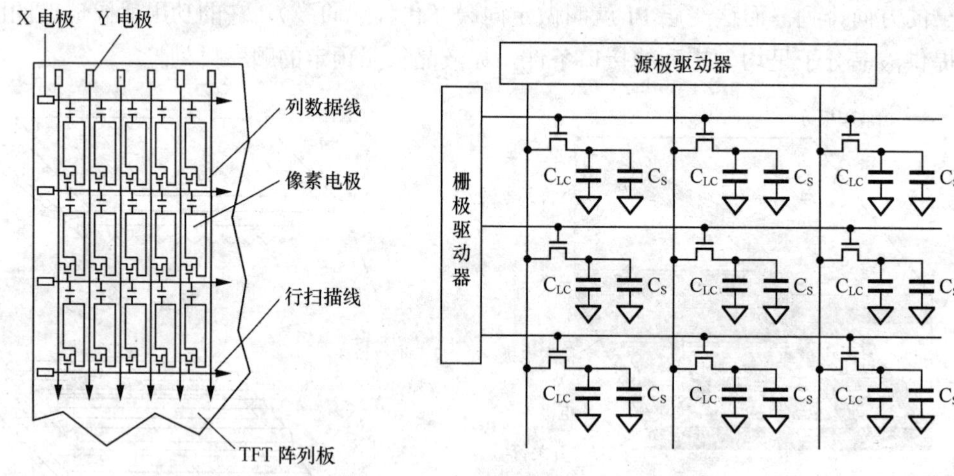

（a）TFT 液晶显示屏驱动阵列（未绘出公共电极）　　（b）TFT 液晶显示屏驱动阵列等效电路

图8-44　TFT型液晶显示屏驱动阵列及其等效电路

（3）前板模块部分

在前玻璃板衬底上，也同样划分了许多小格子，每个格子均与下玻璃衬底的一个像素电极对应，但其差别是，它没有独立的电极，而只是覆盖着一小片 R（红）、G（蓝）、B（绿）三基色的透明薄膜滤光片，称为彩色滤光片（或称 RGB 滤色膜），用以还原出正常的彩色。如果你拿着放大镜，靠近 TFT 型液晶屏的话，会观察到图 8-45 中所显示的样子（图中的 R、G、B 是笔者为了说明彩色的颜色而加的标注）。

我们知道，红色、蓝色以及绿色是所谓的三原色，也就是说，利用这三种颜色，便可以混合出各种不同的颜色，CRT 电视和显示器就是利用这个原理来显示出色彩的。我们把 RGB 三种颜色，分成独立的三个单元，各自拥有不同的灰阶变化，然后把邻近的三个 RGB 显示单元当作一个显示的基本单位——像素点（pixel），这一个像素点就可以拥有不同的色彩变化了。

重点提示：对于一个分辨率为 1366×768 的显示画面，表示显示器可以显示 768 行，1366 列，共可显示 1366×768=1049088 个像素点，每个像素点都由 R、G、B 三个像素单元（或称为子像素）构成，分别负责红、绿和蓝色的显示，所以总共约有 1366×3×768=3147264 个像素单元，在标示显示器分辨率时，1366×768 也可以写成 1366×3×768 或 1366×RGB×768。为了显示正常的彩色，3147264 个基色像素单元需要 3147264 个 TFT 型场效应管进行控制，图 8-46 标出了分辨率为 1366×768 的液晶显示屏 TFT 型场效应管和 RGB 像素单元之间的对应关系。图 8-47 给出了分辨率为 1366×768 的液晶显示屏的像素排列图。

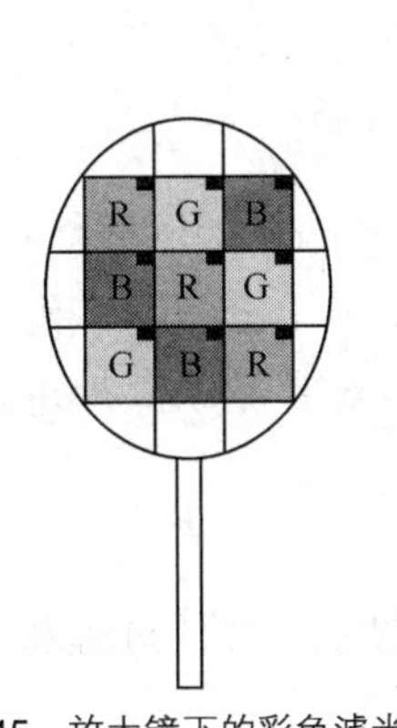

图8-45　放大镜下的彩色滤光片

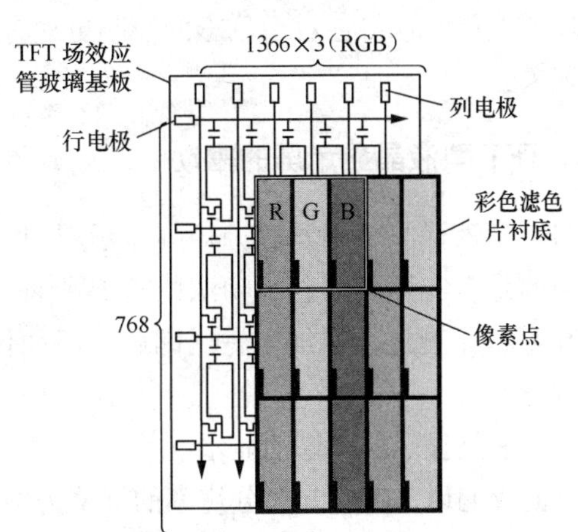

图8-46　TFT型场效应管和RGB像素单元之间的对应关系

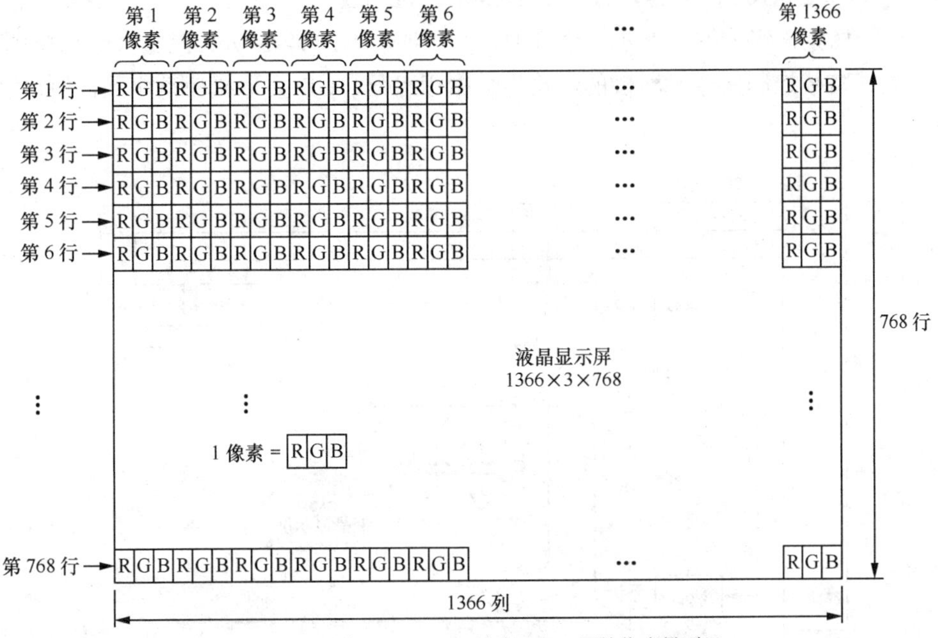

图8-47　分辨率为1366×768的液晶显示屏的像素排列图

2. TFT 型液晶显示屏的原理

液晶显示屏是被动显示器件，工作时，必须先利用背光源才能发光，背光源先经过后偏光板，然后再经过液晶，这时液晶分子的排列方式将会改变穿透液晶的光线角度；接下来，这些光线还必须经过前方的彩色的滤色膜与前偏光板。我们只要控制液晶扭转光线的多少，就能改变光线的明暗；控制施加在液晶电极上的电压，就能调整光线的穿出量。若要显示彩色的影像，只要在光线穿出前透过某一颜色的滤光片即可获得需要的颜色。若要产生全彩的影像，就需要光的三原色红（R）、绿（G）、蓝（B），在液晶屏幕上，是由许许多多的小像素点组成，每个像素点都有 R、G、B 三个子像素，由于光点小，排列又很紧密，眼睛接受时，就会将三个颜色混合在一起，再加上不同明暗的调整（控制液晶的扭转角度），从而形成所要的颜色。TFT 型液晶显示屏为每个 R、G、B 子像素都安排了一个 TFT 薄膜晶体管来控制电场的变化，使得它对于色彩的控制更加有效，对于快速移动的影像，也不会产生模糊不清的现象。

3. TFT 型液晶显示屏的驱动

TFT 型液晶显示屏是有源矩阵显示屏，其驱动方式与 TN、STN 型液晶显示屏截然不同，它采用的是有源矩阵动态驱动法；TFT 型液晶显示屏的驱动方式及电路十分复杂，没有必要对其驱动原理进行详细了解，因此，下面仅从图像色彩显示角度，对其驱动原理进行简要介绍。

（1）液晶显示屏图像的显示

下面我们以 1024×768 分辨率的屏幕为例，归纳一下液晶显示屏显示图像的过程和容易混淆的问题。

分辨率为 1024×768 的屏幕，共需要 1024×3×768 个点（乘 3 是因为一个像素点需要 R、G、B 三个子像素来组成）来显示一个画面，图 8-48 为 1024×3×768 液晶板驱动框图，其中 LOAD（数据装载控制信号）所接的电路为数据锁存器，GD 为栅极驱动电路，SD 为源极驱动电路。

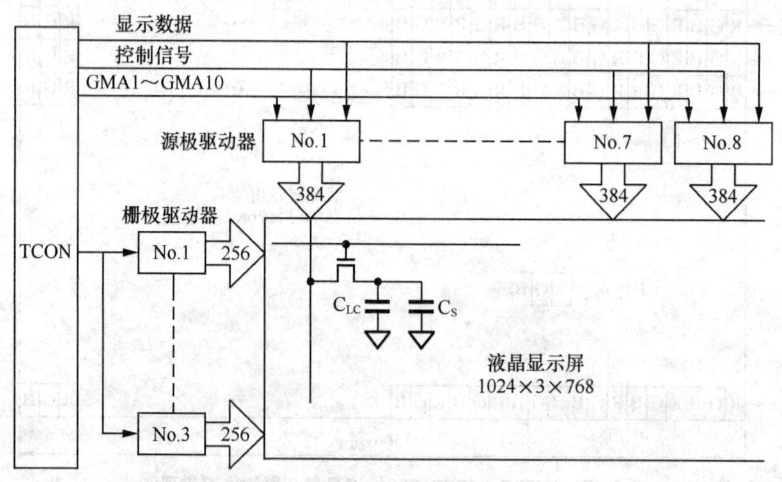

图8-48　1024×3×768液晶屏驱动框图

如果把一个液晶显示屏平面分成 X-Y 轴，分辨率为 1024×768 的屏幕，在 X 轴（水平方向）上会有 1024×3=3072 列，这 3072 列由 8 个 384 路输出的源极驱动器（如 EK7402）来负责驱动；而在 Y 轴上，会有 768 行，这 768 行由 3 个 256 路输出栅极驱动器（如 EK7309）来负责驱动。

在液晶显示屏中，每个 TFT 开关管的栅极连接至水平方向的扫描线，TFT 开关管的源极连接至垂直方向的数据线，而 TFT 开关管的漏极连接至液晶像素电极和存储电容，显示屏一次只启动一条栅极扫描线，将相应的一行 TFT 开关管打开，此时，垂直方向的数据线送入对应的视频信号，对液晶存储电容充电至适当的电压，便可显示一行的图像。

接着关闭 TFT 开关管，直到下次重新写入信号前，使得电荷保存在电容上，同时启动下一条水平扫描线，送入对应的视频信号。

依次将整个画面的视频信号写入，再自第一条重新写入信号，此重复的频率称为帧频（刷新率），一般为 60～70Hz。为便于理解，图 8-49 给出了 1 帧栅极扫描信号的波形图。

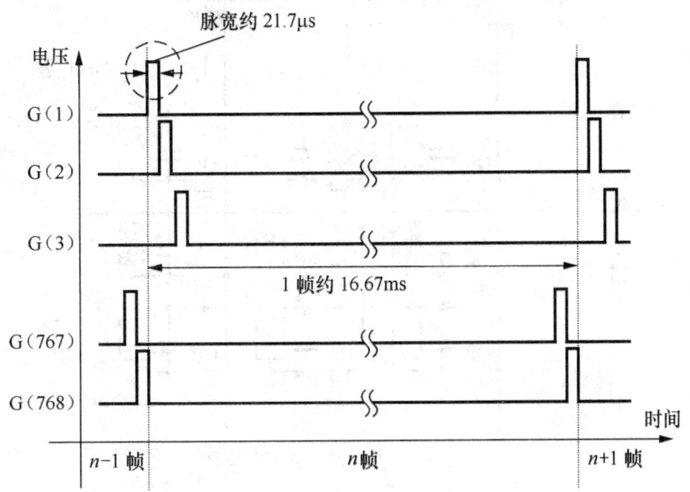

图8-49　1帧栅极扫描波形

如前所述，对于 1024×768 分辨率的液晶显示屏来说，有 768 行和 1024×3=3072 列。一般的液晶彩电多为 60Hz 的刷新频率，此时，每一个画面的显示时间约为 1/60=16.67ms。由于画面的组成为 768 行的栅极走线，所以分配给每一条栅极走线的开关时间约为 16.67ms/768=21.7μs。因此，在栅极驱动器送出的波形中，是一个接着一个宽度为 21.7μs 的脉波，依序打开每一行的 TFT 开关管。而源极驱动器则在这 21.7μs 的时间内，经由源极走线，将显示电极充、放电到所需的电压，便可显示出相对应的图像内容。

需要再次说明的是，加在液晶 TFT 管源极的驱动电压，不能像 CRT 显像管阴极那样是一个固定极性的直流信号。因为液晶显示屏内部的液晶分子如果处于单一极性的电场作用下，则会在直流电场中发生电解反应，使液晶分子按照不同的带电极性而分别趋向于正、负两极堆积发生极化作用，从而逐渐失去旋光特性而不能起到光阀作用，致使液晶屏工作寿命终止。因此，要正确使用液晶，不能采用显像管式的激励方式，而是既要向液晶施加电压以调制对比度，而又要保证其所加电压符合液晶驱动要求，即不能有平均直流成分。具体的方法是在显示屏的源极上，加上极性相反、幅度大小相等的交流电压。由于交流的极性不断变化倒相，不会使液晶分子产生电解极化作用，而其所加电压又能控制其透光度，从而达到调整对比度的目的。

（2）液晶显示屏彩色的显示

TFT 型液晶显示屏之所以能够显示出色彩逼真的彩色，是由 TFT 型液晶屏内部的彩色滤色片和 TFT 型场效应管共同协调工作完成的。下面以结构图 8-50 所示电路图进行说明，展示了液晶屏上一组三基色像素的示意图。

从图中可以看出，在 t 时刻，R、G、B 三基色像素从源极驱动器输出，加到源极驱动电极 $n-1$、n、$n+1$ 上，即各 TFT 管的源极 S 上；而此时（即在 t 时刻），栅极驱动器输出的行驱动脉冲只出现在第 m 行，第 m 行的所有 TFT 开关管导通，于是，R、G、B 驱动电压 V_1、V_2、V_3 分别通过第 m 行导通的 TFT 管加到漏电极像素电极上，故 R、G、B 三基色像素单元透光，送到彩色滤色片上，经混色后显示一个白色像素点。

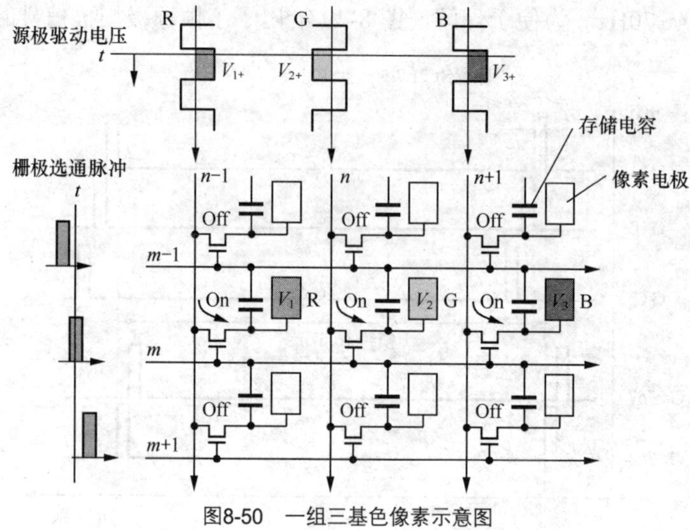

图8-50 一组三基色像素示意图

图 8-51 给出了一个显示三个连续的白色像素点的示意图。

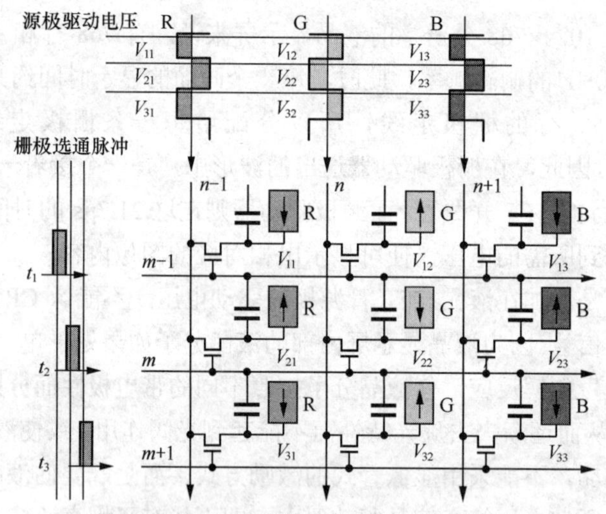

图8-51 显示三个连续的白色像素点的示意图

显示的工作过程与以上类似，即在 t_1 时刻，第 m–1 行的 TFT 管导通，于是在第 m–1 行的对应列处显示一个白色像素点；在 t_2 时刻，第 m 行的 TFT 管导通，于是在第 m 行的对应列处显示一个白色像素点；在 t_3 时刻，第 m+1 行的 TFT 管导通，于是在第 m+1 行的对应列处显示一个白色像素点；由于 t_1、t_2、t_3 之间的时间间隔很小，因此，人眼是看不到白色像素点闪动的，而看到的是三个竖着排放的白色像素点。

重点提示：从上面介绍的 R、G、B 三基色像素的驱动电压波形可以看出，相邻的两点，加上的是极性相反、幅度大小相等的交流电压。也就是说，图中 R、G、B 源极驱动电压是逐点倒相的，因此这种极性变换方式称为“逐点倒相法”。

以上介绍的只是显示白色的情况，若显示其他颜色，其原理是相同的。例如，若要显示黄色，只需要 R、G 两像素单元加上电压，使 R、G 透光显示出滤色片的颜色，同时，不给 B 像素单元加电压，因此，B 像素单元不能透光而呈黑暗状态。也就是说，在三基色单元中，只有 R、G 两单元发光，才能呈现黄色。

由上可见，如果将视频信号加到源极列线上，再通过栅极行线对 TFT 场效应管逐行选通，即可控制液晶屏上每一组像素单元的发光与否及发光颜色，从而达到显示彩色图像的目的。各基色像素单元的源极列线，按照三基色的色彩不同而分为 R、G、B 三组，分别施加各基色的视频信号，就可以控制三基色的比例，从而使液晶屏显示出不同的色彩来。

重点提示：对于 TFT 型液晶显示屏，显示的色彩总数与输入数据的关系如下：

显示的色彩总数=2^n（R）×2^n（G）×2^n（B）=2^{3n}

例如，输入 3 位数据时，可显示 2^9=512 种色彩；输入 4 位数据时，可显示 2^{12}=4096 种色彩；输入 6 位数据时，可显示 2^{18}=262144 种色彩；输入 8 位数据时，可显示 2^{24}=16777216 种色彩。

4. TFT 型液晶面板的组成及型号识别

（1）液晶面板的组成

在实际的液晶显示器或液晶彩电中，TFT 型液晶显示屏是要和其他部件组合在一起作为一个整体而存在的。这是因为，TFT 型液晶显示屏的特殊性以及连接和装配需要专用的工具，再加上操作技术的难度很大等原因，生产厂家把 TFT 型液晶显示屏、连接件、驱动电路 PCB 电路板、背光单元等元器件用钢板封闭起来，只留有背光灯插头和驱动电路输入插座，这种组件被称为 LCDMODUEL（即 LCM），即为液晶显示模块，通常也称为液晶板、液晶面板等。可见，这种组件的方式既增加了工作的可靠性，又能防止用户因随意拆卸造成的不必要的意外损失。液晶彩电的生产厂家只需把背光灯的插头和驱动电路插排与外部电路板连接起来即可，使整机的生产工艺也变得简单多了。图 8-52 所示是 TFT 型液晶面板的内部结构示意图，图 8-53 是 TFT 型液晶面板内部电路框图。

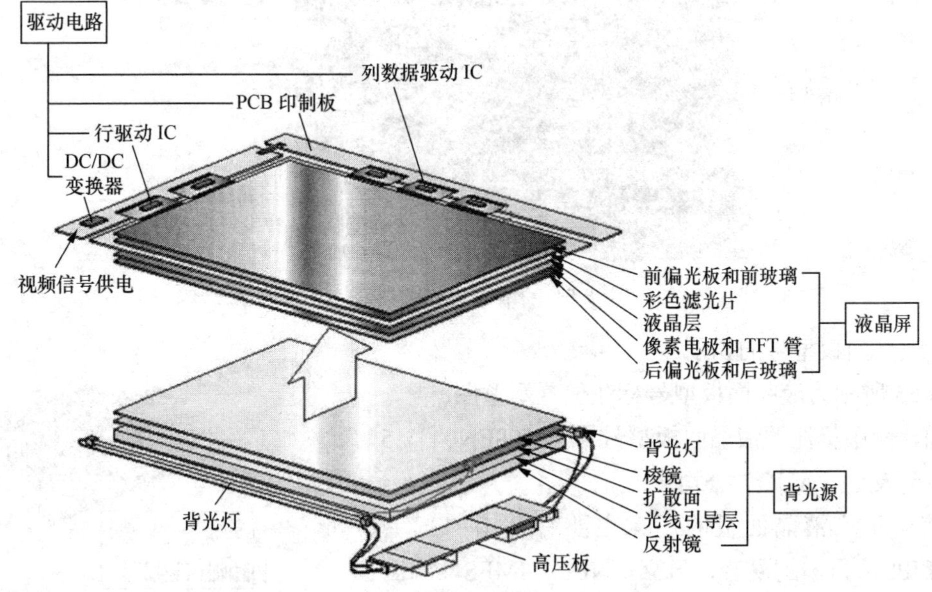

图8-52　TFT型液晶面板结构示意图

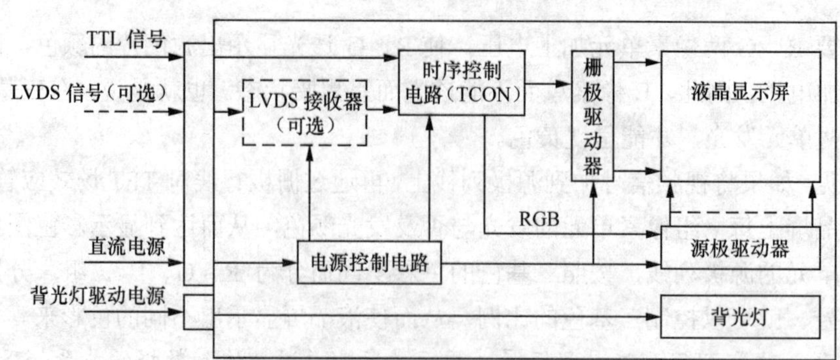

图8-53　TFT型液晶面板内部电路框图

液晶显示面板中的背光灯一般需要高压，在液晶彩电中，高压由高压板电路（也称逆变器）产生，经高压插头送往背光灯。根据液晶彩电屏幕尺寸的大小以及对显示要求的不同，背光灯的数量是不同的。小屏幕液晶彩电一般使用几只灯管，高端的大屏幕液晶彩电则使用十几只灯管甚至更多。

液晶面板外的主板电路通过排线和液晶面板接口相连，不同的液晶面板，采用的接口形式不尽相同，主要有 TTL 接口、LVDS 接口等，有关面板接口的详细内容，将在后续章节中进行详细介绍。

液晶面板中还设有几块 PCB 板，其上分布着液晶屏驱动电路，主要有时序控制器（TCON，此芯片有时也称为屏显 IC）、行驱动器、列驱动器等，如图 8-54 所示。由主板电路来的数据和时钟信号，经液晶面板 TCON 电路处理后，分离出的行驱动信号和列驱动信号，再分别传送到液晶显示屏的行、列电极，驱动液晶显示屏显示出图像。

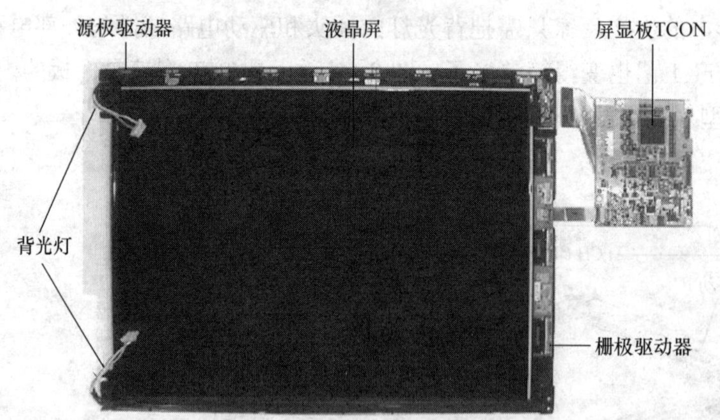

图8-54　液晶面板上PCB板

（2）液晶面板型号的识别

图 8-55 所示为液晶面板型号标注位置示意图。

例如，图中标注的液晶面板型号为 M190EN04 V.5，由中国台湾友达（AUO）公司生产。

目前，生产液晶面板的厂家主要有韩国的三星、LG–PHILIPS，日本的夏普、日立、NEC、IMES，中国台湾的友达、奇美、广辉、中华，内地的上广电、京东方等。

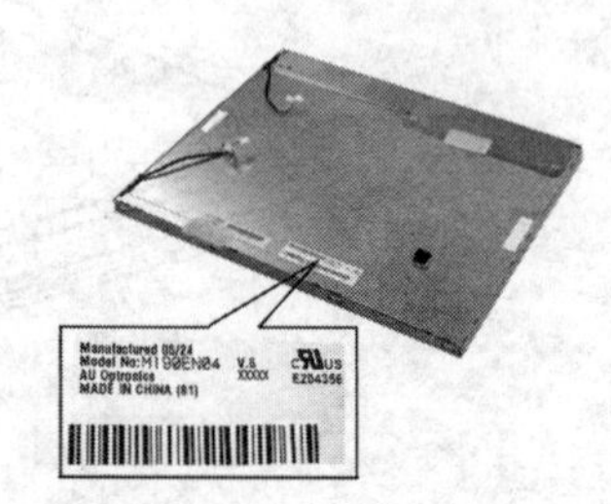

图8-55　液晶面板型号标注位置示意图

5. TFT 型液晶显示屏的技术指标

液晶显示屏的技术指标主要有以下几项内容。

（1）像素点距

液晶显示屏的点距（pixel pitch）是指像素间距，即显示屏相邻两个像素点之间的距离。我们看到的显示画面实际是由许多的点所形成的，而画质的细腻程度就是由点距来决定的，点距也可以通过公式计算得到：点距＝屏幕物理长度/在这个长度上要显示的点的数目。点距使用毫米（mm）单位。

（2）分辨率

显示分辨率也称像素分辨率，简称为分辨率，它是指可以使液晶显示屏显示的像素个数，通常用每列像素数乘每行像素数来表示。

例如，分辨率为 1366×768 的液晶屏，表示显示屏可以显示 1366 列，768 行，共可显示 1366×768=1049088 个像素点，每个像素点都由 R、G、B 三个像素单元（或称为子像素）构成，分别负责红、绿和蓝色的显示，总共约有 1366×3×768=3147264 个 R、G、B 像素单元。同样，对于分辨率为 1920×1080 的液晶屏，表示可显示 1920 列，1080 行，共可显示 1920×1080=2073600 个像素点，有 1920×3×1080=6220800 个 R、G、B 像素单元。显然，分辨率越高，显示屏可显示的像素就越多，在同样屏幕尺寸下图像就越清晰。

液晶显示屏常用分辨率示意图如图 8-56 所示。

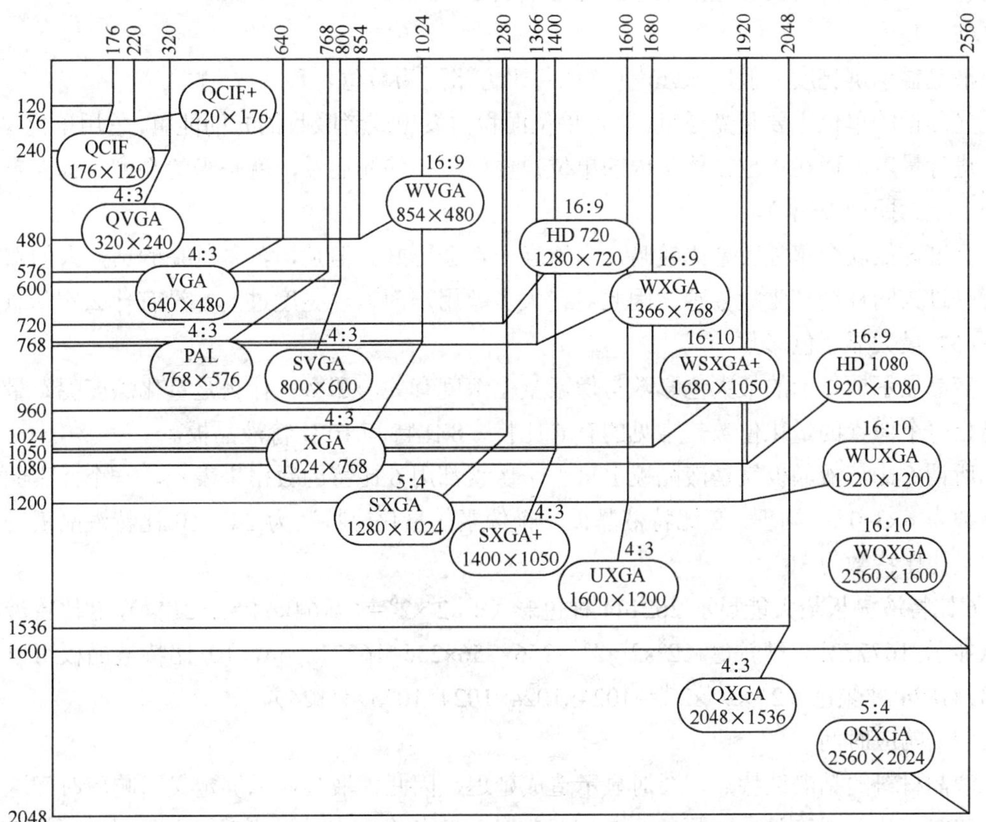

图8-56　常用分辨率示意图

（3）像素

像素是指组成图像的最小单位，也称发光“点”，液晶板上 1 个完整的彩色像素由 R、G、B 3 个子像素组成。因此，在液晶彩显中，提到 1 个像素时，都是指 RGB 1 组像素，如图 8-57 所示。

液晶显示屏的像素数量非常的多，对生产工艺要求非常高，目前的技术和工艺，还不能保证每批生产出来的液晶显示屏没有坏点。一般具有雄厚实力的知名品牌生产的液晶显示屏都是采用价格高昂的没有坏点或者坏点极少的液晶屏幕，而低端品牌采用的则是坏点出现几率非常大的液晶屏幕，以低价倾销。

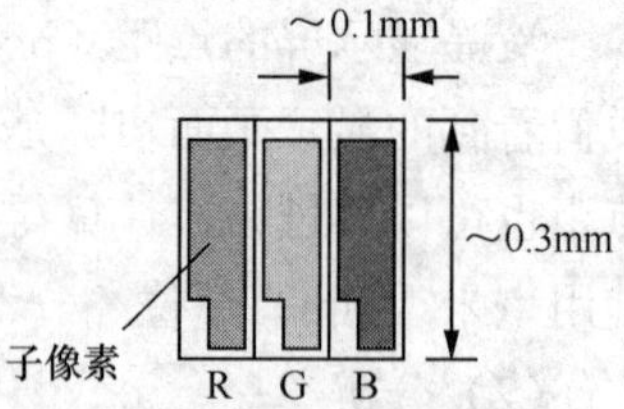

~0.1mm
~0.3mm
子像素
R G B

图8-57　像素的组成

（4）对比度

对比度是指液晶显示屏的透光等级，也就是屏幕上同一点最亮时（白色）与最暗时（黑色）的亮度的比值，高的对比度意味着相对较高的亮度和呈现颜色的艳丽程度。品质优异的液晶显示屏和优秀的背光源亮度，两者合理结合才能获得色彩饱满、明亮清晰的画面。

对比度是直接体现该液晶显示屏能否体现丰富的色阶的参数，对比度越高，还原的画面层次感就越好，图像的锐利程度就越高，图像也就越清晰。如果对比度不够，画面会显得暗淡，缺乏表现力。对于液晶显示屏来讲，常见的对比度标称值还分为原始对比度和动态对比度两种，一般动态对比度值是原始对比度值的 3～8 倍。

（5）亮度

液晶显示屏亮度一般以 cd/m^2（流明每平方米）为单位。

光测量的单位主要是光通量，就是单位面积内发出或者吸收的光的能量，使用单位 W（瓦特）进行量度。而在单位立体角内的单位投影面积中的光通量，就是光的亮度，标准单位是 cd/m^2（流明每平方米）。

亮度过低就会感觉荧幕比较暗，当然亮一点会更好。但是，荧幕过亮的话，人的双眼观看荧幕过久同样会产生疲倦感。因此对绝大多数用户而言，亮度过高并没有什么实际意义。

（6）最大显示色彩数

液晶显示屏显示的最大色彩数与像素量化深度有关，那么，什么是量化深度呢？量化深度是指每个像素的量化位数。常见的有 6 比特、8 比特和 10 比特液晶板。

所谓 6 比特液晶板就是液晶板上每个子像素都用 6 比特的数据来表示，一个像素的量化比特数为 6×3=18；同理，8 比特液晶板一个像素的量化比特数为 24，10 比特液晶板一个像素的量化比特数为 30。

6 比特液晶板最大能显示 262144 种色彩（$2^6 \times 2^6 \times 2^6 = 64 \times 64 \times 64 = 262144$），8 比特液晶板可以显示 16777216 种颜色（$2^8 \times 2^8 \times 2^8 = 256 \times 256 \times 256 = 16777216$），10 比特液晶板可以显示 1073741824 种颜色（$2^{10} \times 2^{10} \times 2^{10} = 1024 \times 1024 \times 1024 = 1073741824$）。

（7）响应时间

液晶材料的粘滞性特点，会对显示造成延迟，因此，液晶显示屏定义了响应时间这一指标，CRT 彩电是没有这一指标的。响应时间是反映各像素点的发光对输入信号的反映速度，也就是液晶由暗转亮或者是由亮转暗的反应时间。一般来说分为两个部分：即 TR 和 TF。TR

和 TF 是英文缩写，原意是“Time to Rise”、“Time to Fall”，分别代表“点亮”、“熄灭”的响应时间，又可以称为“上升”、“下降”的响应时间。像素点由亮转暗时对输入信号的延迟时间称为上升时间，像素点由暗转亮时对输入信号的延迟时间称为下降时间，这两个时间的和，就是液晶显示屏的响应时间，其计量单位为 ms（毫秒）。

早期液晶显示屏的响应时间通常都在 50ms 以上，存在拖影的缺点。因为 1 秒（s）等于 1000 毫秒（ms），所以针对 50 ms 的响应时间而言，最多可以在 1 秒之内连续显示 1000÷50=20 张画面，而看电影画面要顺畅的标准是每秒 24 张画面，所以 20 张画面的速度自然会产生拖影（也叫拖尾）现象，很显然不适合显示高速运动的画面。新一代的液晶显示屏响应时间普遍缩短，现今的技术已经可以达到 4ms 左右甚至更小（对于 4ms 的响应时间，可每秒显示 250 张画面）。各家厂商对于响应时间的算法有差异和争议存在，故液晶显示屏的响应时间就其实用性来说，最好是在 16ms 以内，越小越好。响应时间越小，显示高速运动画面的质量越高。

（8）可视角度

液晶显示屏的可视角度也叫作视角范围，包括水平可视角度和垂直可视角度两个指标，水平可视角度表示以显示屏的垂直法线为准，在垂直于法线左或右方一定角度的位置上仍然能够正常的看见显示图像，这个角度范围就是液晶显示屏的水平可视角度；同理，如果以水平法线为准，上下的可视角度就称为垂直可视角度。一般而言，可视角度的测定是以对比度变化为参照标准的，当观察角度加大时，该位置看到的显示图像的对比度会下降，而当角度加大到一定程度，对比度下降到标准以下的时候，这个角度就是该液晶显示屏的最大可视角。

液晶显示屏的可视角度都是左右对称的。由于液晶屏自身的特点，通常水平可视角度大于垂直可视角度。液晶屏标注的可视角度的指标参数，如无说明，一般是指水平可视角度。

（9）屏幕尺寸

液晶显示屏的屏幕尺寸是指液晶屏幕对角线的长度，单位为英寸。目前市面常见机型的屏幕尺寸主要有 15 英寸、19 英寸、23 英寸、26 英寸、27 英寸、32 英寸、37 英寸、40 英寸、42 英寸、46 英寸、47 英寸、52 英寸、65 英寸等。

液晶显示屏与 CRT 彩电尺寸的标示方法是不一样的。CRT 彩电的尺寸标示，是以外壳的对角线长度作为标示的依据；而在液晶显示屏上面，则只以可视范围的对角线作为标示的依据。

（10）屏幕比例

液晶显示屏屏幕宽度和高度的比例称为长宽比，也称为纵横比或者就叫做屏幕比例。目前液晶显示屏的屏幕比例一般有 4:3 和 16:9 两种。新式液晶屏一般都采用 16:9 的宽屏比例。

8.8　OLED 显示屏

8.8.1　OLED 的原理

OLED：也称有机 EL 显示屏，是有机发光二极管（Organic Light-Emitting Diode）。OLED

显示技术与传统的LCD显示方式不同，无需背光灯，采用非常薄的有机材料涂层和玻璃基板或者特别的塑料基板，当有电流通过时，这些有机材料就会发光，而且OLED显示屏幕可以做得更轻更薄，可视角度更大，并且能够显著节省电能。

OLED的基本结构如图8-58所示，它是一薄而透明具半导体特性的铟锡氧化物（ITO），与电源的正极相连，再加上另一个金属阴极，包成如三明治的结构，整个结构层中包括了：空穴传输层（HTL）、有机发光层（EL）与电子传输层（ETL）。当电源供应至适当电压时，正极空穴与阴极电荷就会在发光层中结合，产生光亮，依其配方不同产生红、绿和蓝三原色，构成基本色彩。OLED的特性是自己发光，不像TFT LCD需要背光，因此可视度和亮度均高，其次是电压需求低且省电效率高，加上反应快、重量轻、厚度薄，构造简单，成本低等，被视为21世纪最具前途的产品之一。

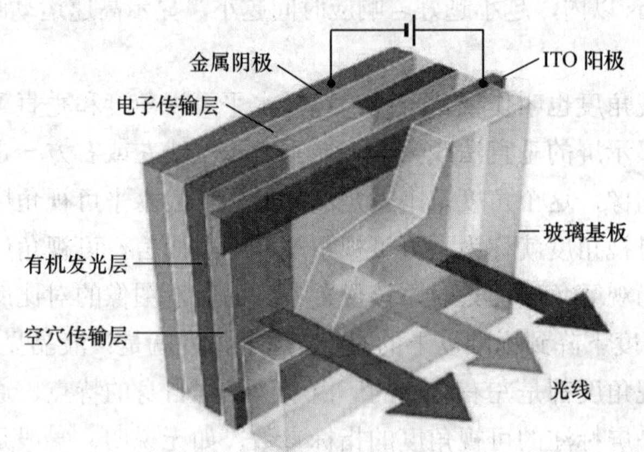

图8-58　OLED显示屏的基本结构

8.8.2　OLED的产品分类

OLED的产品主要有被动矩阵OLED、主动矩阵OLED、透明OLED、顶部发光OLED、可折叠OLED、白光OLED等。每一种OLED都有其独特的用途。

1. 被动矩阵OLED（PMOLED）

PMOLED具有阴极带、有机层以及阳极带，阳极带与阴极带相互垂直，阴极与阳极的交叉点形成像素，也就是发光的部位，外部电路向选取的阴极带与阳极带施加电流，从而决定哪些像素发光，哪些不发光，此外，每个像素的亮度与施加电流的大小成正比。

PMOLED易于制造，但其耗电量大于其他类型的OLED，这主要是因为它需要外部电路的缘故。PMOLED用来显示文本和图标时效率最高，适于制作小屏幕（对角线2-3英寸）。

2. 主动矩阵OLED（AMOLED）

AMOLED具有完整的阴极层、有机分子层以及阳极层，但阳极层覆盖着一个薄膜晶体管（TFT）阵列，形成一个矩阵。TFT阵列本身就是一个电路，能决定哪些像素发光，进而决定图像的构成。

AMOLED 的耗电量低于 PMOLED，这是因为 TFT 阵列所需电量要少于外部电路，因而 AMOLED 适合用于大型显示屏。AMOLED 还具有更高的刷新率，适于显示视频。AMOLED 的最佳用途是电脑显示器、大屏幕电视以及电子告示牌或看板。

3. 透明 OLED

透明 OLED 只具有透明的组件（基层、阳极、阴极），并且在不发光时的透明度最高可达基层透明度的 85%，当透明 OLED 显示器通电时，光线可以双向通过，透明 OLED 显示器既可采用被动矩阵，也可采用主动矩阵，这项技术可以用来制作多在飞机上使用的平视显示器。

4. 顶部发光 OLED

顶部发光 OLED 具有不透明或反射性的基层，它们最适于采用主动矩阵设计，生产商可以利用顶部发光 OLED 显示器制作智能卡。

5. 可折叠 OLED

可折叠 OLED 的基层由柔韧性很好的金属箔或塑料制成，可折叠 OLED 重量很轻，非常耐用，它们可用于移动电话、掌上电脑等设备，能够有效降低设备破损率。将来，可折叠 OLED 有可能会被缝合到纤维中，制成一种很“智能”的衣服，举例来说，未来的野外生存服可将电脑芯片、移动电话、GPS 接收器和 OLED 显示器通通集成起来，缝合在衣物里面。

6. 白光 OLED

白光 OLED 所发白光的亮度、均衡度和能效都要高于日光灯发出的白光。白光 OLED 同时具备白炽灯照明的真彩特性，我们可以将 OLED 制成大面积薄片状，OLED 可以取代目前家庭和建筑物使用的日光灯。

目前，有些公司已经将主动式 OLED（AMOLED）屏幕运用于手机当中，多款带有 AMOLED 显示屏的手机已经在市面上销售，显示精度较高。未来，如能做出柔软的 OLED 屏幕，配合内部芯片的柔软化改造，手机很可能会具备可以小角度卷曲的功能，并且将更加超薄。

OLED 运用在平板电脑当中，可以出现超薄、可卷曲的产品，甚至是全身透明的平板电脑。

OLED 电视机的特点为超薄、广视角，甚至是显示屏可以折叠、弯曲，可以像一张纸一样挂在墙上或者装在口袋里。

OLED 显示屏目前应用还不是十分普及，相信未来不久，有望取代目前使用的其他显示器件。

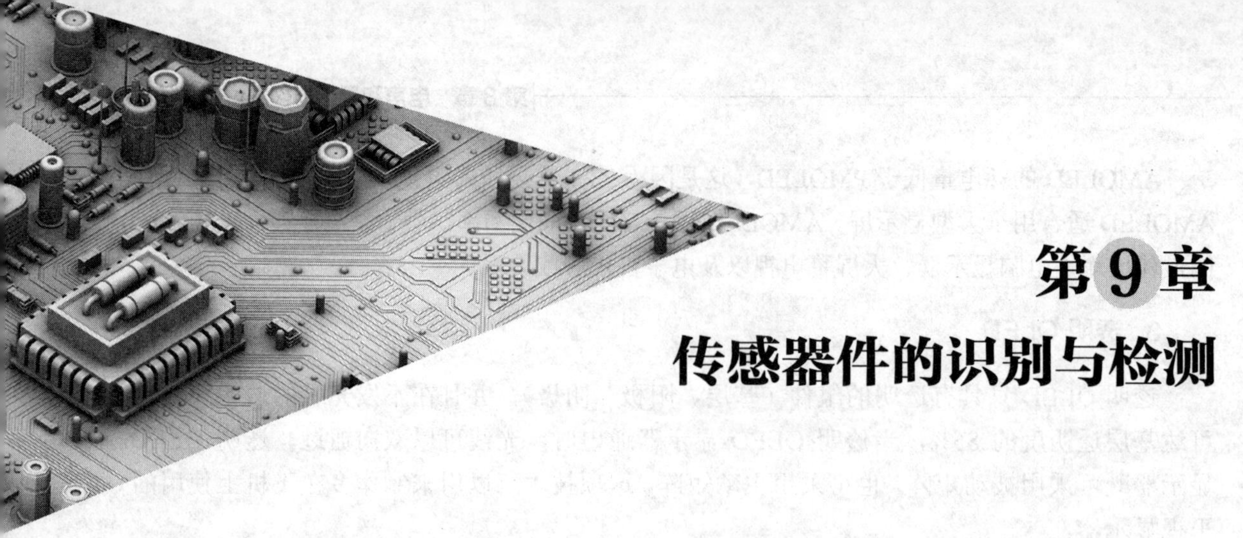

第9章 传感器件的识别与检测

传感器通常是指能感受并能按一定规律将所感受的被测非电量（包括物理量、化学量、生物量等）转换成便于处理与传输的电量（一般为电量，也有少数为其他物理量，如光信号）的器件或装置。不难理解，传感器中包含着两个必不可少的内容，一是拾取信息，二是将拾取到的信息进行变换，使之变成为一种与被测量有确定函数关系且便于处理与传输的物理量，多数为电量。本章主要介绍了常用传感器件的识别与检测方法。

|9.1　传感器概述|

9.1.1　传感器的组成

传感器一般由敏感元件、转换元件组成。由于集成技术的发展，近代传感器往往除敏感元件、转换元件外，还包含有测量电路及辅助电源。传感器的大致组成如图 9-1 所示。

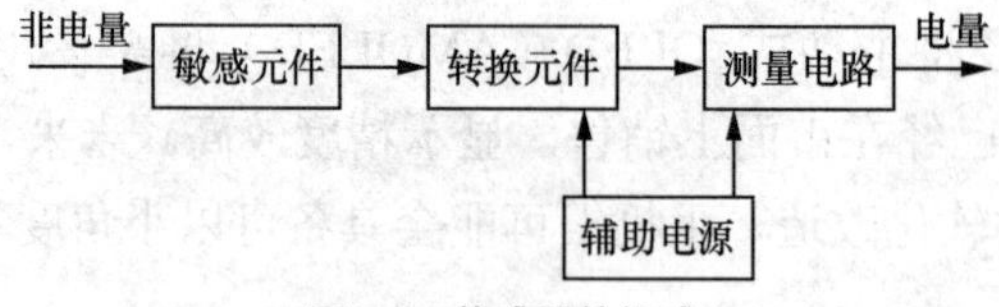

图9-1　传感器的组成

敏感元件是指传感器中能直接感受或响应被测非电量，并将其送到“转换元件”转换成电量的部分。转换元件是指传感器中能将敏感元件感受或响应的被测量转换成适于传输或测量的电信号部分。测量电路是指将转换元件输出的电量变成便于显示、记录、控制和处理的有用电信号的电路。有的传感器不仅具有测量功能，还具有根据输入的多种信息加以选择和判断的功能。这种发展趋势的特点表现在以传感器为核心，同时结合了各种先进技术和方法，从而形成了一个新的技术领域，这就是“传感技术”或“传感器”技术。

9.1.2　传感器的分类

传感器的分类目前尚无统一规定，传感器本身又种类繁多，原理各异，检测对象五花八门，给分类工作带来一定困难，通常传感器按下列原则进行分类。

1. 按工作原理分

传感器按其传感的工作原理之不同，大体上可分为物理型、化学型及生物型 3 大类。

物理型传感器是利用某些变换元件的物理性质以及某些功能材料的特殊物理性能制成的传感器。如利用金属、半导体材料在被测物理量作用下引起的电阻值变化的电阻式传感器；利用磁阻随被测物理量变化的电感、差动变压器式传感器；利用压电晶体在被测力作用下产生的压电效应而制成的压电式传感器等。近年来利用半导体材料的某些特殊性质而制成的多种传感器，如利用半导体材料的压阻效应、光电效应和霍尔效应制成的压敏、光敏、磁敏传感器等。在物理型传感器中又可分为物性型传感器和结构型传感器。所谓物性型传感器是利用某些功能材料本身所具有的内在特性及效应把被测物理量直接转换为电量的传感器。结构型传感器是以结构（如形状、尺寸等）为基础，利用某些物理规律把被测信息转换为电量。

化学型传感器是利用电化学反应原理，把无机和有机化学物质的成分、浓度等转换为电信号的传感器。

生物型传感器是利用生物活性物质选择性的识别和测定生物化学物质判定某种物质是否存在，其浓度是多少，进而利用电化学的方法进行电信号转换的传感器。

2. 按传感器的输入信息分

按传感器的输入信息（或被测参数）分类，传感器可分为位移、速度、加速度、力、压力、流速、温度、光强、湿度、黏度、浓度等传感器。温度传感器中就包含有用不同材料和方法制成的各种温度传感器，如热电偶温度传感器、热敏电阻温度传感器、PN 结热敏三极管温度传感器、热释电温度传感器等。

3. 按传感器输出信号的性质分

传感器按输出信号的性质，可分为输出为开关量（“1”和“0”）的开关型传感器；输出为模拟量的模拟型传感器；输出为脉冲或代码的数字型传感器。

4. 按能量的传递方式分

按能量的传递方式分类，传感器可分为有源传感器和无源传感器两大类。

有源传感器将非电量转换为电量。无源传感器本身并不是一个换能器，被测非电量仅对传感器中的能量起控制或调节作用，所以它必须具有辅助能源——电源。

除以上几种分类方法外，还有按应用范围和应用对象来加以分类的。如振动测量传感器、光学传感器、液位传感器。特别在医学测量中往往习惯于按被测器官来对传感器加以分类，如心音传感器、心电传感器、脉搏传感器等。

重点提示：如果将传感器与人的 5 大感觉器官相比拟，那么，光敏传感器相当于人的“视觉”，声敏传感器相当于人的“听觉”，气敏传感器相当于人的“嗅觉”，化学传感器相当于人的“味觉”，压敏、温敏、流体传感器相当于人的“触觉”，与当代的传感器相比，人的感觉能力好得多，但也有一些传感器比人的感觉功能优越。例如，人没有能力感知紫外或红外线辐射，感觉不到电磁场、无色无味的气体等。

9.1.3 传感器的选择和使用

在选择和使用传感器时，首先要了解传感器的灵敏度和量程，若待测信号很大，超过传感器的量程，应设法将信号衰减后再测量。但更为普遍的情况是待测信号很小，而传感器的灵敏度不够，此时需采取一些辅助措施。例如，使用光敏元件检测光信号时，若入射光十分微弱，可先用透镜使其聚焦，再投射到光电元件上，这样就能可靠地测定入射光强。

传感器的稳定性也十分重要，使用时，应注意传感器是否随环境条件而发生漂移。半导体传感器灵敏度高是一大优点，但稳定性差是其根本弱点。对稳定性考虑不周会造成假象和意外损失，所以在使用上应采取相应措施改善稳定性。一种做法是改善传感器的工作环境，比如减振、遮光、恒温和恒湿；另一种做法是采用补偿措施，使用性能一致的两个传感器，一个用于测量，一个用于补偿因环境条件变化引起的测量值的变化。为此，应把补偿用的传感器放在和测量用的传感器尽量一致的环境下，只是不要受待测参量的作用。更理想的补偿方法是这样的：两个传感器处在同一环境条件下同时进行测量，使得环境产生的效应互相抵消。

除以上外，还要留意每种传感器的特殊使用要点，否则会引起测量误差。在使用热敏电阻时应保持热接触良好，并减少电阻中工作电流的自加热效应。使用热电偶时尚须保持冷端温度恒定或设冷端补偿，使用光电池时要注意负载电阻宜小，这样光电信号和光强成正比。由此可见，只有对每个环节都仔细加以考虑，才能充分发挥传感器的全部功能。

9.2 磁敏传感器

9.2.1 霍尔元件

常用的磁敏传感器是采用霍尔元件制作的霍尔传感器，霍尔传感器具有灵敏度高、可靠性好、无触点、功耗低、寿命长等优点，适于自控设备、仪器仪表、速度传感、位移传感等应用。

1. 霍尔元件的特性

利用霍尔效应制成的半导体元件叫霍尔元件。所谓霍尔效应是指当半导体上通过电流，并且电流的方向与外界磁场方向相垂直时，在垂直于电流和磁场的方向上产生霍尔电动势的现象，霍尔元件的工作原理和外形如图 9-2 所示。

由原理图可见，在半导体薄片两端通以控制电流 I，并在薄片的垂直方向施加感应强度为 B 的磁场，则在垂直于电流和磁场方向上将产生电势为 V_H 的霍尔电势，它们之间的关系为：

$$V_H=K_HIB$$

式中，K_H 为霍尔灵敏度，它是一个与材料和几何尺寸有关的系数。

霍尔元件通常有 4 个引脚，即两个电源端和两个输出端。它的电路符号和典型应用电路如图 9-3 所示。

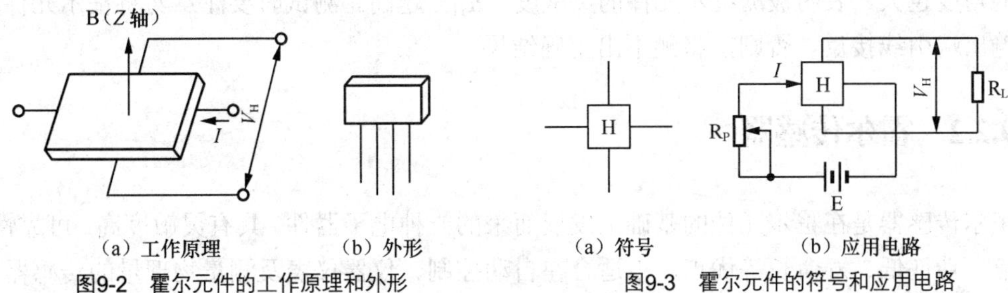

（a）工作原理　（b）外形

图9-2　霍尔元件的工作原理和外形

（a）符号　（b）应用电路

图9-3　霍尔元件的符号和应用电路

E 为直流供电电源，R_P 为控制电流 I 大小的电位器，I 通常为几十至几百毫安，R_L 是 V_H 的负载。霍尔元件具有结构简单、频率特性优良（从直流到微波）、灵敏度高、体积小、寿命长等突出特点，因此被广泛用于位移量测量、磁场测量、接近开关以及限位开关电路中。

2. 霍尔元件的检测

（1）测量输入电阻和输出电阻

测试电路如图 9-4 所示。

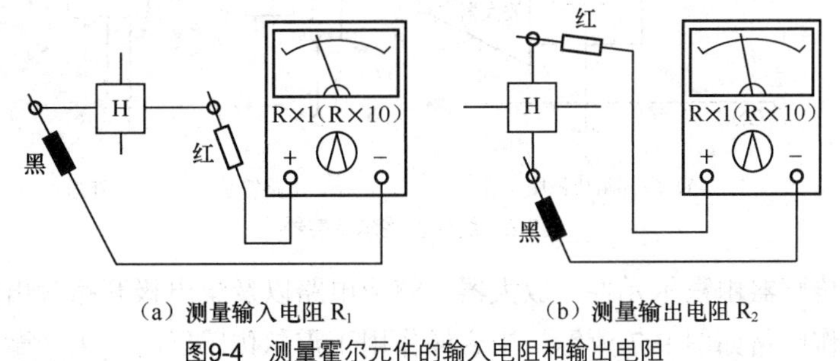

（a）测量输入电阻 R_1　（b）测量输出电阻 R_2

图9-4　测量霍尔元件的输入电阻和输出电阻

测量时要注意正确选择万用表的电阻挡量程，以保证测量的准确度。对于 HZ 系列产品应选择万用表 R×10 挡测量；对于 HT 与 HS 系列产品应采用万用表 R×1 挡测量，测量结果应与手册的参数值相符，如果测出的阻值为无穷大或为零，说明被测霍尔元件已经损坏。

（2）检测灵敏度（K_H）

采用双表法，测试电路如图 9-5 所示。

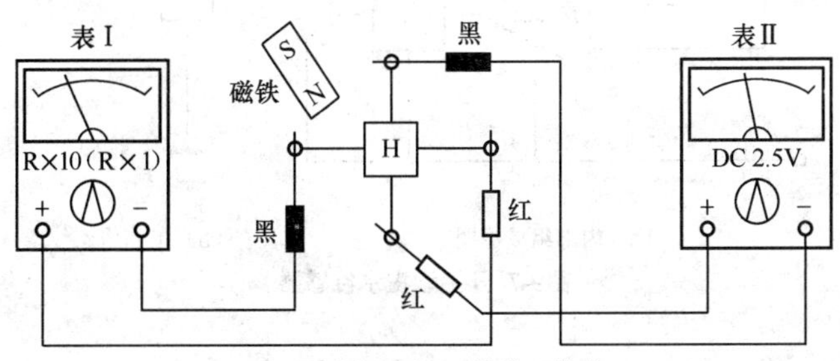

图9-5　测量霍耳元件的灵敏度

将表 1 置于 R×1 或 R×10 挡（根据控制电流 I 大小而定），为霍尔元件提供控制电流 I，将万用表 2 置于直流 2.5V 挡，用来测量霍尔元件输出的电动势 V_H。用一块条形磁铁垂直靠近霍尔元件表面，此时，表 2 的指针应明显向右偏转。在测试条件相同的情况下，表 2 向右偏转的角度越大，表明被测霍尔元件的灵敏度（K_H）越高。测试时要注意勿将霍尔元件的输入、输出端引线接反，否则，将测不出正确结果。

9.2.2 霍尔传感器

霍尔传感器是在霍尔元件的基础上发展而来的一种电子器件。具有灵敏度高、可靠性好、元触点、功耗低、寿命长等优点，很适合在自动控制、仪器仪表及测量物理量的传感器中使用。它将霍尔元件与放大器、温度补偿电路及稳压电源做在同一个芯片上，因而能产生较大的电动势，克服了霍尔元件电动势较小的不足。霍尔传感器也称为霍尔集成电路，分为线性型和开关型两种。

线性型霍尔传感器的输出电压与外加磁场强度呈线性关系，内部结构框图、电路符号及外形如图 9-6 所示。

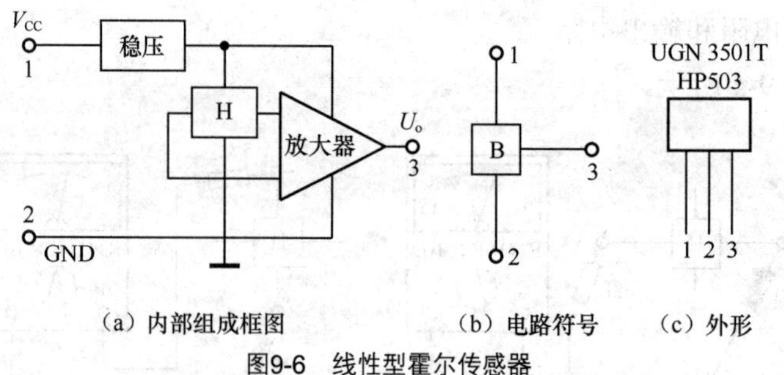

（a）内部组成框图 （b）电路符号 （c）外形

图9-6 线性型霍尔传感器

开关型霍尔传感器由霍尔元件、放大器、整形电路以及集电极开路输出的三极管组成，其内部电路和工作电路如图 9-7 所示。当磁场作用于霍尔传感器时产生一微小的霍尔电压，经放大器放大及整形后使三极管导通，输出低电平；当无磁场作用时三极管截止，输出为高电平。

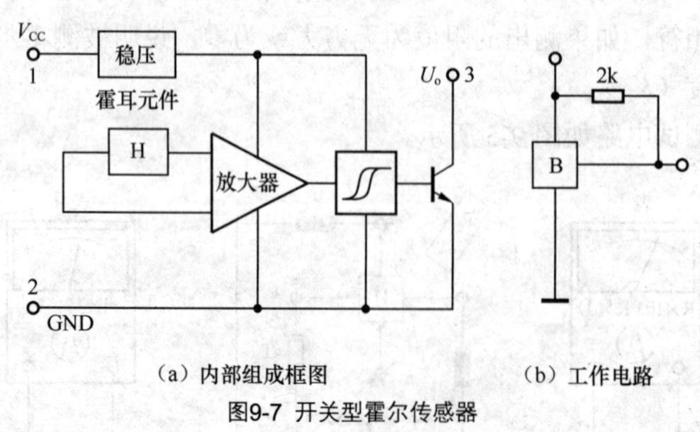

（a）内部组成框图 （b）工作电路

图9-7 开关型霍尔传感器

9.3　气敏传感器

9.3.1　气敏传感器的结构与特性

在工业生产与人们的日常生活中，气敏传感器广泛地用来检测可燃性气体和毒性气体的泄漏，以防大气污染、爆炸、火灾、中毒等。气敏传感器种类较多，最常用的是半导体气敏传感器。

半导体气敏元件是半导体气敏传感器的核心，它是利用半导体材料二氧化锡（SnO_2）对气体的吸附作用，从而改变其电阻的特性制成的。其结构与特性如图 9-8 所示。

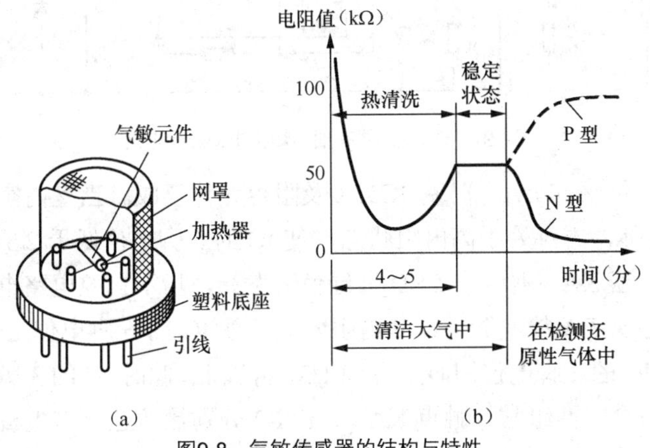

图9-8　气敏传感器的结构与特性

当其表面吸附有被检测气体时，其半导体微晶粒子接触介面的导电电子比例会发生变化，从而使气敏元件的电阻值随被测气体的浓度而变化，于是就可将气体浓度的大小转化为电信号的变化，这种反应是可逆的，因此是可重复使用的。为了使反应速度加快，并得到高的灵敏度，通常在气敏元件外围安装加热器（即电热丝），对气敏元件进行加热，加热的温度因气敏元件所用材料的不同而异。

半导体气敏元件吸附有被测气体时的电阻变化如图 9-8（b）所示。气敏元件在清洁空气中开始通电加热时，其电阻急剧下降，过几分钟后达到稳定值，这段时间称为被动期稳定时间。气敏元件的电阻处于稳定值后，还会随着被检测气体的吸附而发生变化，其电阻值变化规律视半导体的类型而定，P 型半导体气敏元件阻值上升，而 N 型半导体气敏元件阻值下降。

气敏元件加热后，在正常空气中的电阻为静态电阻 R_0，放入一定被检测气体后的电阻值为 R_x，则 R_0/R_x 之比称为气敏元件的灵敏度。气敏元件接触被检测气体后其阻值从 R_0 变为 R_x 的时间称为响应时间，而当脱离气体后阻值从 R_x 恢复到 R_0 的时间称为恢复时间。

9.3.2　气敏传感器的应用

气敏传感器可根据其检测气体的不同而分许多种，其应用电路也有所差别。下面主要介绍气敏传感器在自动抽油烟机和烟雾报警器中的应用。

1. 气敏传感器在抽油烟机中的应用

气敏传感器在抽油烟机中的应用电路如图 9-9 所示。

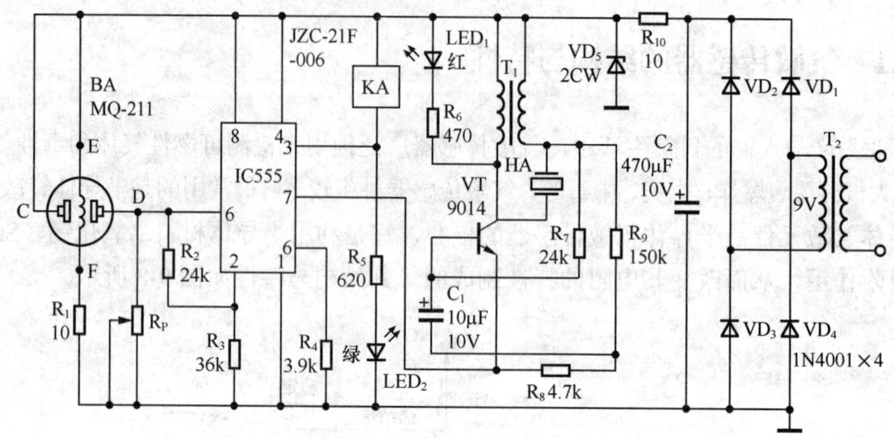

图9-9　气敏传感器在抽油烟机中的应用电路

自控电路由气敏传感器 BA、时基 IC555 及阻容元件组成。当室内空气洁净时，传感器 BA 检测不到有害气体，本身处于高内阻状态，使 IC 的 6 脚电位低于 $2/3V_{DD}$（6V），IC 的 3 脚输出高电平，继电器 KA 不吸合，LED_2（绿色）发光，指示自控电路电源已接通。当炒菜时产生的油烟被气敏头 BA 检测到后，其内阻降低，使 IC 的 6 脚电位上升到 $2/3V_{DD}$ 以上，通过 R_2 的分压，使 IC 的 2 脚电位同时上升到 $1/3V_{DD}$ 以上，此时 IC 的 3 脚输出低电平，LED_2 熄灭，继电器 KA 吸合，两组常开触点 KA-1、KA-2 分别接通左、右电机电源，电机立即启动运转。IC 的 7 脚同时输出一个低电平电压，为三极管 VT、振荡升压变压器 T_1、压电陶瓷片 HA 等组成的音频报警电路提供工作电压，压电片 HA 发出报警声，LED_1（红色）随报警声同时闪亮；当油烟减少后，IC 的 6 脚电位降至 $2/3V_{DD}$ 以下，3 脚恢复原来的高电平，LED_2 又点亮，KA 释放，切断电机的供电电源，电机停转，报警声同时消失。不报警时，实测气敏传感器 BA 的 C、D 端电压为 5.2V 左右；报警时降为 3.6V 左右。

2. 气敏传感器在烟雾报警器中的应用

烟雾报警器适用于居室或公共场所，当吸烟者烟雾缭绕时，它就会发出“嘀、嘀”报警声，提醒人们不要再吸烟了。此报警器也可用于火灾烟雾报警等。烟雾报警器的电路如图 9-10 所示，电路主要由气敏传感器、报警集成电路、电源电路等几部分组成。

图 9-10 中，QM-N10 是一种新颖的低功耗、高灵敏度气敏传感器，当环境空气清晰无烟雾时，a、b 两极间电阻值很大，所以 b 极为低电平，三极管 VT 截止，其发射极输出低电平，使得报警集成块 Y976 的使能端 5 脚为低电平，报警集成电路不工作，整个电路处于静止状态。当 QM-N10 气敏传感器探测到烟雾时，a、b 两极间电阻迅速减小，b 极电位升高，并通过 R_{P2}、R_1 使 VT 由原来的截止态转为导通态，A_2 的使能端 5 脚突变为高电平，1 脚就输出“嘀、嘀”报警声，同时高亮度发光二极管 LED 闪亮，可照亮“请不要吸烟”警示牌；当烟雾消失，气敏传感器 a、b 间恢复高电阻，报警声停止。

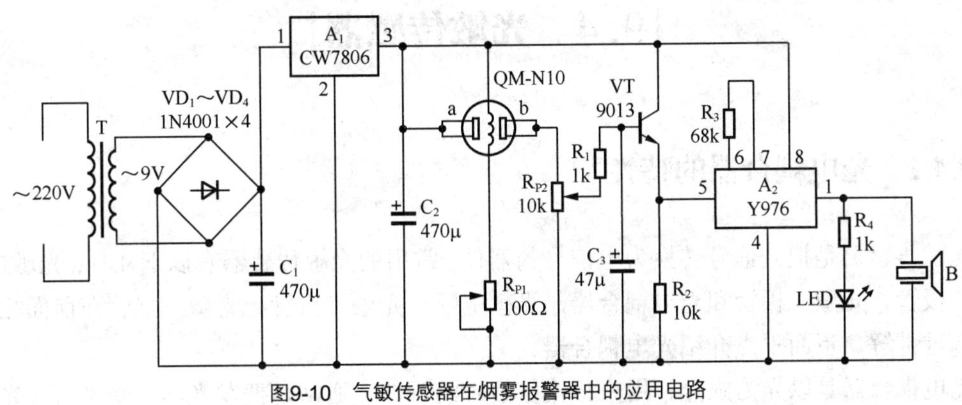

图9-10　气敏传感器在烟雾报警器中的应用电路

整机电源由变压器 T 降压，二极管 VD_1～VD_4 桥式整流，三端稳压集成块 A_1 稳压供给。R_{P1} 用来调节气敏传感器的灯丝电流，R_{P2} 则用来调整报警器的报警灵敏度。

气敏传感器可采用 QM-N10、MQK-2 型等，其灯丝正常工作范阻为 5V±0.2V。VT 采用 9013 型硅 NPN 三极管，要求 $\beta \geqslant 100$。VD_1～VD_4 可用 1N4001 型硅整流二极管，LED 最好采用高亮度发光二极管。

调试时，首先将 R_{P1} 调到阻值最大位置，以避免刚开机时电流过大可能烧坏气敏传感器的加热灯丝，然后逐渐调小 R_{P1} 阻值，使气敏传感器的灯丝电流在 130mA 左右，在此电流值上预热机器十分钟后再进行下一步灵敏度调整。灵敏度调整时，先将 R_{P2} 阻值调至最小，请吸烟者对气敏传感器吐一口烟雾，然后调大 R_{P2} 阻值，要求烟雾距离气敏传感器 0.5m 左右时报警器能发声报警为宜。

9.3.3　气敏传感器的检测

对于气敏传感器的检测，可按图 9-11 搭接一个电路。

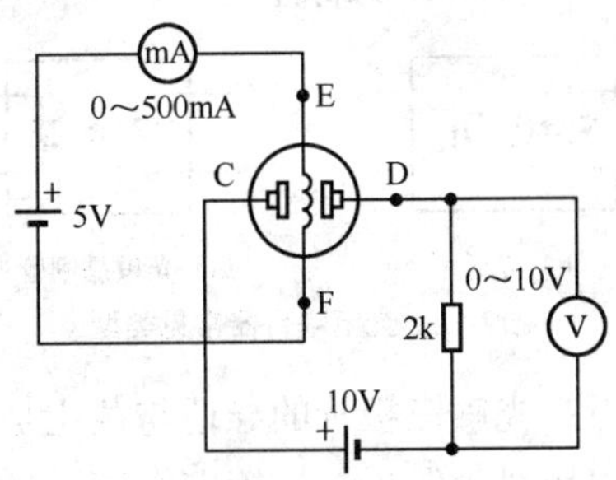

图9-11　气敏传感器检测电路

在气敏传感器接入电路的瞬间，电压表指针应向负方向偏转，经过几秒后回零，然后逐渐上升到一个稳定值，说明气敏传感器已达到预热时间，电流表应指示在 150mA 以内，此时将香烟的烟雾飘向气敏传感器，电压表指示应大于 5V，电压表变化幅度越大说明气敏传感器性能越好。

9.4 光敏传感器

9.4.1 光电耦合器的特性

光敏传感器是把光信号转换为电信号的器件，常用的光敏传感器有以下几种：光敏电阻、光敏二极管、光敏三极管和光电耦合器，光敏电阻、光敏二极管、光敏三极管在前面相关章节已作过讲解，下面重点介绍光电耦合器。

光电耦合器是以光为媒介、用来传输电信号的器件。通常是把发光器与受光器（光电半导体管）封装在同一管壳内，当输入端加电信号时发光器发出光线，受光器接受光照之后就产生光电流，由输出端引出，从而实现了“电—光—电”的转换。由于光电耦合器具有抗干扰能力强、使用寿命长、传输效率高等特点，可广泛用于电气隔离、电平转换、级间耦合、开关电路、脉冲放大、固态继电器、仪器仪表和微型计算机接口电路中。

光电耦合器是由一只发光二极管和一只受光控的光敏晶体管（常见为光敏三极管）组成的。常见的光电耦合器有管式、双列直杆式等封装形式。光电耦合器种类很多，图 9-12 列出了 10 种主要类型。

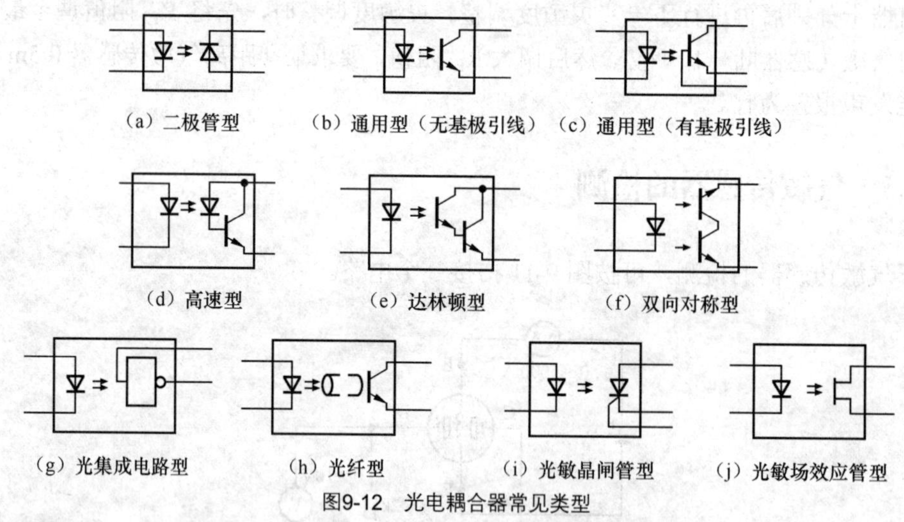

图9-12 光电耦合器常见类型

光电耦合器的工作过程如下：光敏三极管的导通与截止是由发光二极管所加正向电压控制的。当发光二极管加上正向电压时，发光二极管有电流通过发光，使光敏三极管内阻减小而导通；反之，当发光二极管不加正向电压或所加正向电压很小时，发光二极管中无电流或通过电流很小，发光强度减弱，光敏三极管的内阻增大而截止。根据上述光电耦合器的工作原理，可用简单的方法来检查其质量的好坏。

9.4.2 光电耦合器的代换

在家用电器中，较常用到的光电耦合器主要有以下三大类，如表 9-1 所示。

表 9-1 家用电器常用光电耦合器

类型	型号	内电路图
第一类	PC817、PC818、PC810、PC812、PC507、TLP521、TLP621	④ ③ ① ②
第二类	TLP632、TLP532、TLP519、TLP509、PC504、PC614、PC714	⑥ ⑤ ④ ① ② ③
第三类	TLP503、TLP508、TLP531、PC503、PC613、4N25、4N26、4N27、4N28、4N35、4N36、4N37、TIL111、TIL112、TIL114、TIL115、TIL116、TIL117、TLP631、TLP535	⑥ ⑤ ④ ① ② ③

本类间所有型号均可直接互换。第一类与第二类可以代换，但需对应其相同引脚功能接入。原则上第三类可以代换第一和第二类，选择功能相同引脚接入即可，无用引脚可不接入电路。但第一、二类不可以代换第三类。

如用 PC817 代换 TLP632 时，PC817 的 1、2 脚对应接入 TLP632 的 1、2 脚位置；PC817 的 3 脚对应接入 TLP632 的 4 脚位置；PC817 的 4 脚对应接入 TLP632 的 5 脚位置即可。如用 4N35 代换 TLP632 时，可直接接入原 TLP632 的位置，4N35 的 6 脚不接电路。

9.4.3 光电耦合器的检测

1. 静态检测

由于光电耦合器中的发射管与接收管是互相独立的，因此可用万用表单独检测这两部分，测量方法如下：

（1）利用 R×100 或 R×1k 挡测量发射管的正、反向电阻，通常正向电阻为几百欧，反向电阻为几千欧或几十千欧。如果测量结果是正反向电阻非常接近，表明发光二极管性能欠佳或已损坏。检查时，要注意不能使用 R×10k 欧姆挡，因为发光二极管工作电压一般在 1.5～2.3V，而 R×10k 挡电池电压为 9～15V，会导致发光二极管击穿。

（2）分别测量接收管的集电结与发射结的正、反向电阻，无论正、反向测量其阻值为无穷大，否则是光敏三极管已损坏。

（3）用 R×10k 挡检查发射管与接收管的绝缘电阻，应为无穷大。

上述发光二极管或光敏三极管只要有一个元件损坏，或者它们之间绝缘不良，则该只光电耦合器不能正常使用。

2. 动态检测

检测时可用两只万用表进行判别，先将一只万用表放在 R×1 挡上，黑表笔接发射二极管的正极，红表笔接发光二极管的负极，为发光二极管提供驱动电流，将另一只万用表放在 R×100 挡上，同时测量接收管的两端电阻并交换表笔，两次中有一次测得阻值较小，约几十欧，这时黑表笔接的就是接收管集电极。保持这种接法，将接发射管的万用表放在 R×100 挡上，如这时接收管两脚之间的阻值有明显的变化，增至几千欧姆，则说明光电耦合器是好的；如果接收管两脚之间的阻值不变或变化不大，则说明光电耦合器损坏。

9.5 温度传感器

9.5.1 热敏电阻

热敏电阻是一种半导体测温元件，它是利用测温元件电阻值随温度变化而变化的特性来测量温度的，一般按温度系数可分为负温度系数热敏电阻（NTC）和正温度系数热敏电阻（PTC）。这两种热敏电阻的特性及应用可参考第 1 章有关内容。

9.5.2 热敏三极管

热敏三极管也叫热敏晶体管，是一种新型的半导体热敏器件，它是利用晶体管基极与发射极之间的电压来检测温度，可用于电冰箱、空调器、电饭锅、洗碗机等家用电器中。

在摩托罗拉公司生产的 MTS 系列中，有 MTS102、MTS103、MTS105 3 种型号，都是典型的热敏三极管产品。它们在电路中工作时，集电极电流一般稳定在 0.1mA。对温度检测后的输出值是以热敏三极管的基极与发射极之间电压的变化量来反映的。被检测的温度增大时，热敏三极管的基极与发射极之间的电压随之变小。

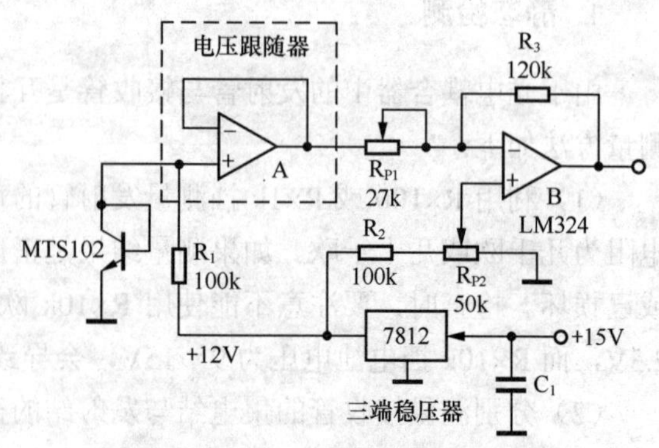

图9-13　由热敏三极管组成的温度检测电路

由热敏三极管组成的温度检测电路如图 9-13 所示。由于热敏三极管输出的基极与发射极之间的电压很小，所以需要对它进行放大，然后才能送到比较环节去处理。三端稳压器 7812 用于电路的供电，集成运算放大器 LM324 用于放大信号。图中 R_{P1}

为上限温度调节电阻，R_{P2} 为下限温度调节电阻，R_1 为热敏三极管 MTS102 提供约为 0.1mA 的恒定电流。

被测温度经 MTS102 检测后输出与该温度相对应的电压，这个电压被送入电压跟随器 A，进行阻抗变换。最后经比较器 B 比较后，输出随温度变化的误差电压。

9.5.3 热电偶

热电偶是一种测温传感器，它的测量温度范围一般为－50～+160℃，最高的可达 2800℃，并有较好的测量精度，热电偶已标准化、系列化，易于选购，它主要用于工业测温。

1. 热电偶的工作原理

两种不同的导体 A 与 B 在一端熔焊在一起（称为热端或测温端），另一端接一个灵敏的电压表，接电压表的这一端称为冷端（或称参考端）。当热端与冷端的温度不同时，回路中将产生电势，如图 9-14 所示。

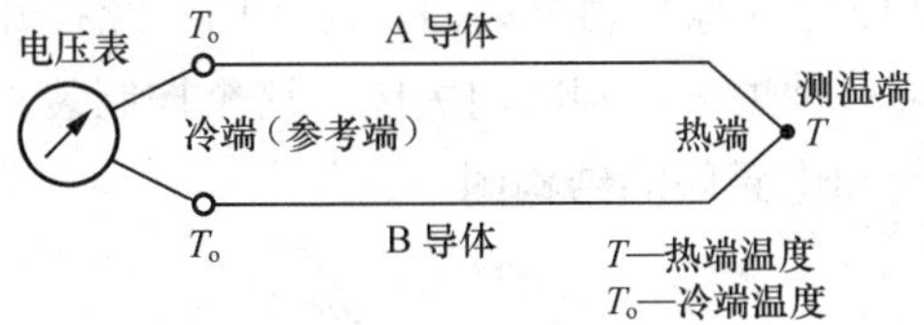

图9-14 热电偶的基本工作原理示意图

该电势的方向和大小取决于两导体的材料种类及热端与冷端的温度差（T 与 T_o 的差值），而与两导体的粗细、长短无关，这种现象称为物体的热电效应。为了正确地测量热端的温度，必须确定冷端的温度，目前统一规定冷端的温度 T_o=0℃，但实际测温时要求冷端保持在 0℃的条件是不方便的，希望在室温的条件下测量，这就需要加冷端补偿。热电偶测温时产生的热电势很小，一般需要用放大器放大。

在实际测量中，冷端温度不是 0℃，会产生误差，可采用冷端补偿的方法进行自动补偿。冷端补偿的方法很多，这里仅介绍采用 PN 结温度传感器作冷端补偿，如图 9-15 所示。

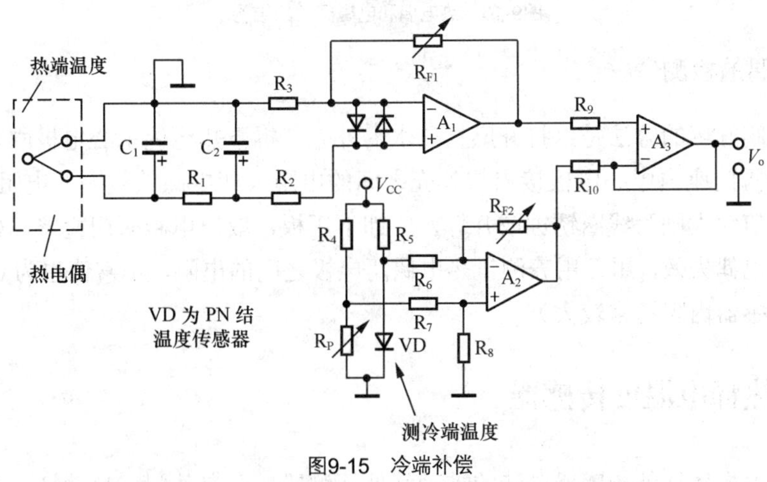

图9-15 冷端补偿

热电偶产生的电势经放大器 A_1 放大后有一定的灵敏度（mV/℃），采用 PN 结温度传感器与测量电桥检测冷端的温度，电桥的输出经放大器 A_2 放大后具有与热电偶放大后相同的灵敏度。将这两个放大后的信号电压再输入增益为 1 的差动放大器电路，则可以自动补偿冷端温度变化所引起的误差。

在 0℃时，调 R_P，使 A_2 输出为 0V，调 R_{F2}，使 A_2 输出的灵敏度与 A_1 相同即可，一般在 0～50℃范围内，其补偿精度优于 0.5℃。

常用的热电偶有 S、B、K、T、E、J、R 7 种，在这些热电偶中，K 型热电偶（测温为－160～1200℃）应用最广，其性能稳定，价格便宜，测温范围适合大部分工业温度范围。

2. 热电偶的应用

热电偶是一种特殊的传感器，它工作时相当于电源，并且具有一定的带负载能力，因此有足够大的温差时，它能驱动某些制造精密的电动部件。例如，在常用的燃气热水器中，正常情况下，点火器发火后加热热电偶头部，数秒钟后热电偶即产生一定电能（电压为 25～35mV，电流为 0.03～0.05mA），电流通过电磁阀门内的电磁铁线圈并产生吸引力（吸力约 0.7kg），牵动圆形衔铁，从而打开橡胶燃气阀门。此阀门一经打开，即能维持常明小火稳定燃烧和点燃主燃烧器。如果火种熄灭，则阀门关闭。这个控制装置可完成熄火保护任务，图 9-16 是燃气热水器中电热偶和电磁阀的结构图。

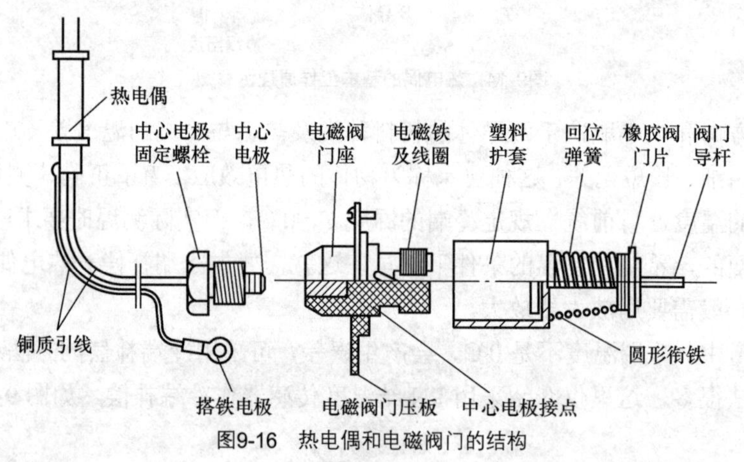

图9-16　热电偶和电磁阀门的结构

3. 热电偶的检测

检测电磁阀好坏的方法是：打开燃气热水器外壳，拆下热电偶中心电极固定螺栓，用万用表测量电磁阀门座内中心电极接点与外壳之间的电阻（即电磁铁线圈的电阻），正常值为 0.1Ω左右，阻值较大则为线圈锈蚀或开焊，应卸下压板，取出电磁阀门检修，如测量后，电阻正常则为热电偶失效，用万用表测量热电偶两电极之间的电阻，正常值也为 0.1Ω左右（失效的热电偶传感器内阻通常较大）。

9.5.4　热释电温度传感器

采用热释电人体红外传感器制造的被动红外探测器，在自动门、自动灯及高级光电玩具中应用十分广泛，下面简要进行介绍。

1. 什么是热释电效应

某些强介电质材料，如钛酸钡、钽酸锂、锆钛酸铅等晶体，若使它们的表面温度发生改变，随着温度的上升或下降，这些物质的表面上就会产生电荷的变化，这种物理现象就叫热释电效应。

2. 热释电温度传感器的组成

热释电人体红外传感器一般都采用差动平衡结构，由敏感元件、场效应管、高值电阻等组成，如图 9-17 所示。其中图 9-17（a）为内部结构图，图 9-17（b）为内部电气连接图。

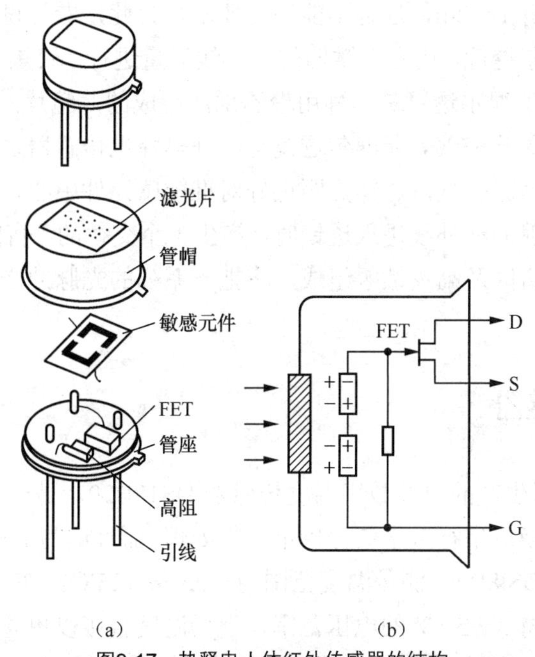

图9-17　热释电人体红外传感器的结构

（1）敏感元件

敏感元件是用热释电人体红外材料（通常是锆钛酸铝）制成的，先把热释电材料制成很小的薄片，再在薄片两面镀上电极，构成两个串联的有极性的小电容，将极性相反的两个敏感元件做在同一晶片上，是为了抑制由于环境与自身温度变化而产生的热释电信号的干扰。而热释电人体红外传感器在实际使用时，前面要安装透镜，通过透镜的外来红外辐射只会聚在一个敏感元件上，它所产生的信号不会被抵消。

热释电人体红外传感器的特点是，它只在由于外界的辐射而引起它本身的温度变化时，才给出一个相应的电信号，当温度的变化趋于稳定后就再没有信号输出，所以说热释电信号与它本身的温度的变化率成正比，或者说热释电红外传感器只对运动的人体敏感。因此，可应用在探测人体移动的报警电路中。

（2）场效应管和高阻值电阻 R_g

通常敏感元件材料阻值高达 $10^{13}\Omega$，因此，要用场效应管进行阻抗变换，才能实际使用。

场效应管常用 2SK303V3、2SK94X3 等来构成源极跟随器，高阻值电阻 R_g 的作用是释放栅极电荷，使场效应管正常工作。一般在源极输出接法下，源极电压为 0.4～1.0V，通过场效应管，传感器输出信号就能用普通放大器进行处理。

（3）滤光窗

热释电人体红外传感器中的敏感元件是一种广谱材料，能探测各种波长辐射。为了使传感器对人体最敏感，而对太阳、电灯光等有抗干扰性，传感器采用了滤光片作窗口，即滤光窗，滤光窗能有效地让人体辐射的红外线通过，而阻止太阳光、灯光等可见光中的红外线通过，免除干扰，所以，热释电人体红外传感器只对人体和近似人体体温的动物有敏感作用。

（4）菲涅尔透镜

我们人体所放射的远红外线能量是十分微弱的，直接由红外热释电传感器接收，灵敏度很低，控制距离一般只有 1～2m，远远不能满足要求。为此，专门设计了一种由塑料制成的特殊光学系统——菲涅尔透镜，用它把微弱的红外线能量进行“聚焦”，可以把传感器的探测距离提高到 10m 以上。菲涅尔透镜是一种用聚乙烯注塑成的薄镜片，里面有精细的镜面和纹理，对红外线的透射率高于 65%，菲涅尔透镜与红外热释电传感器之间的距离应该与透镜的焦距相等，菲涅尔透镜呈圆弧状，透镜焦距正好对准敏感元件中心，透镜的镜面和纹理，可以使移动物体或人体发射的红外线进入透镜时，产生一个交替的“盲区”和“高灵敏区”，形成光脉冲，透镜由很多盲区及高灵敏区组成，将把一系列的光脉冲送入传感器，大大提高了接收灵敏度。

9.5.5 温度传感器

美国 DALLAS 公司生产的单线数字温度传感器 DS18B20，是一种模/数转换器件，可以把模拟温度信号直接转换成串行数字信号供单片机处理，而且读写 DS18B20 信息仅需要单线接口，使用非常方便。DSl8B20 测量温度范围为－55～+125℃，在－10～+85℃范围内精度为±0.5℃。DS18B20 支持 3～5.5V 的电压范围，现场温度直接以单总线的数字方式传输，大大提高了系统的抗干扰性。

1. DS18B20 管脚功能

DS18B20 的外形如图 9-18 所示。

可以看出，DS18B20 的外形类似三极管，共 3 只引脚，分别为 GND（地）、DQ（数字信号输入/输出）和 VDD（电源）。

DS18B20 与单片机连接电路非常简单，如图 9-19（a）所示，由于每片 DS18B20 含有唯一的串行数据口，所以在一条总线上可以挂接多个 DS18B20 芯片，如图 9-19（b）所示。

图9-18　DS18B20的外形

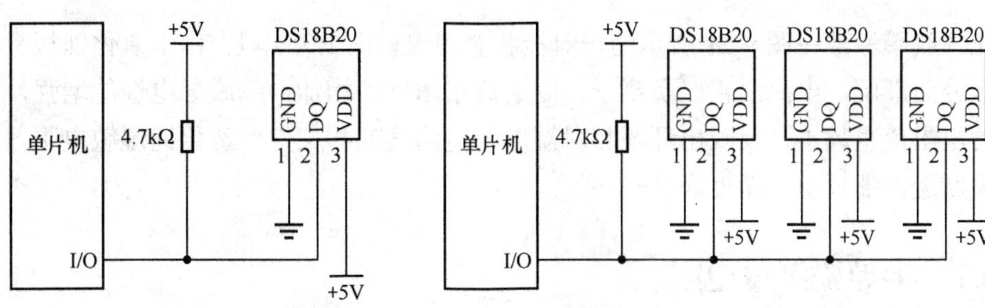

（a）单只 DS18B20 与单片机的连接　　（b）多只 DS18B20 与单片机的连接

图9-19　DS18B20与单片机的连接

2. DS18B20 的内部结构

DS18B20 内部结构如图 9-20 所示。

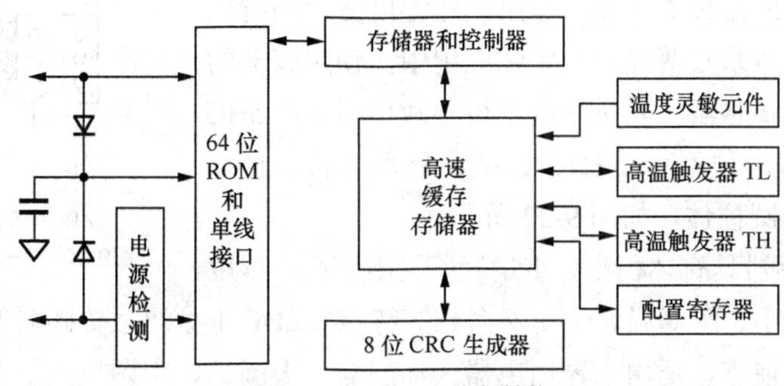

图9-20　DS18B20内部结构

DS18B20 共有 64 位 ROM，用于存放 DS18B20 编码，其前 8 位是单线系列编码(DS18B20 的编码是 19H)，后面 48 位是芯片唯一的序列号，最后 8 位是以上 56 位的 CRC 码（冗余校验）。数据在出厂时设置，不能由用户更改。由于每一个 DS18B20 序列号都不相同，在一根总线上可以挂接多个 DS18B20。

DS18B20 的使用比较复杂，和单片机连接后需要进行编程，详细内容请参考笔者编著的《从零开始——轻松学单片机 C 语言》一书。

9.6　湿敏传感器

9.6.1　氯化锂湿敏电阻

氯化锂湿敏电阻器通常由感湿层、金属电极、引线、衬底基片和氯化锂胶膜组成，构造示意图如图 9-21 所示。

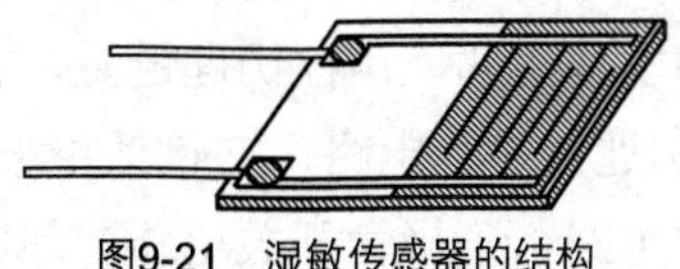

图9-21　湿敏传感器的结构

氯化锂胶膜涂敷在图 9-21 所示的一对梳状金属电极间的基片上，由于氯化锂极易吸收空气中的水分而潮解，电离出正、负离子，随着离子浓度的增加，胶膜导电性能增强，两个电极之间的电阻值也越小，反映出环境相对湿度与电阻值的相关性，氯化锂湿敏电阻器结构简单，容易制造，滞后小，精度高（±5%）。

9.6.2 半导瓷湿敏电阻

在家电产品中，常使用半导瓷湿敏器件进行湿度检测，这种湿敏器件主要由金属氧化物半导体制成，典型的是多孔陶瓷湿敏器件，具有测量湿度范围大、响应迅速、工作稳定的特点，它的另一个优点是电阻率能在很大范围内随湿度的变化而变化，是目前应用比较广泛的一种湿度传感器。

半导瓷湿敏传感器种类较多，按阻值随湿度变化的特性区分，有正系数和负系数两种，在实际应用中，使用较多的是 ZHC 系列湿敏传感器，属负湿度系数湿敏传感器。ZHC 系列湿敏传感器有两种型号：ZHC-1 型，外形为长方体；ZHC-2 型，外形为圆柱体，如图 9-22 所示。

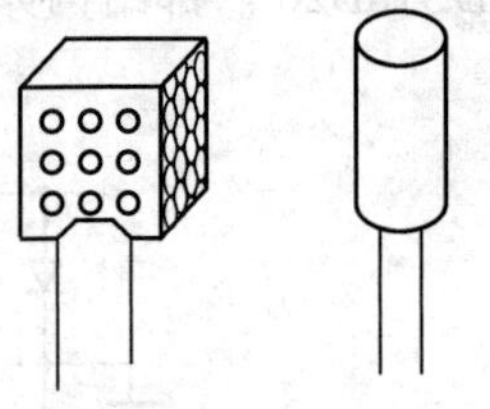

ZHC-1 型　　ZHC-2 型

图9-22　ZHC湿敏传感器的外形

ZHC 湿敏传感器具有体积小、重量轻、灵敏度高、湿度量程宽、温度系数小、耐高温、使用寿命长等特点。ZHC-1 型湿敏传感器的外壳采用耐高温塑料制成，价格较便宜，适用于家用电器（加湿器、去湿机、空调机、录像机）作湿度测量和控制用。ZHC-2 型湿敏传感器的外壳用铜材制成，可在各种仓库、蔬菜大棚、纺织车间以及电力开关中作测湿及控湿用。

ZHC 湿敏传感器以多孔电子陶瓷为基体，装置金属电极，引出导线，然后封装在耐高温塑壳（ZHC-1 型）或多孔防尘铜外壳（ZHC-2 型）中制成。其电阻值能随周围环境湿度变化而变化。如湿度 30%时，电阻值约 2.2MΩ；湿度为 20%时，电阻值增大为 4MΩ 左右。利用这一特性加以适当电路可做成湿度变送器和湿度开关，对某一空间的相对湿度进行测量和控制。

9.7 声敏传感器

最常见的声敏传感器莫过于传声器（话筒），它能够把人耳听到的声波（20Hz～20kHz）转变为电信号，如监测环境的噪声计。20kHz 以上的声波称之为超声波，其频率高、波长短，具有直线传播和发生反射现象等特性，常用于超声波测距、测量厚度、无损探伤检测、医学扫描成像等。压电式超声波传感器又称为超声波换能器或超声波探头，在超声波技术中得到广泛的应用。

在生活中常见的声控钥匙链，只要吹声口哨或者拍一声巴掌，在 4～5m 距离内的声控钥匙链就会发出声音，帮助寻找和发现钥匙。声控钥匙链是声音的接收装置，用压电陶瓷片作为声敏传感器。图 9-23 为声控钥匙链实验电路，它包括声敏传感器件 BZ、复合管前置放大电路、电压放大电路、倍压检波电路、三极管开关电路、讯响电路和电源 GB。

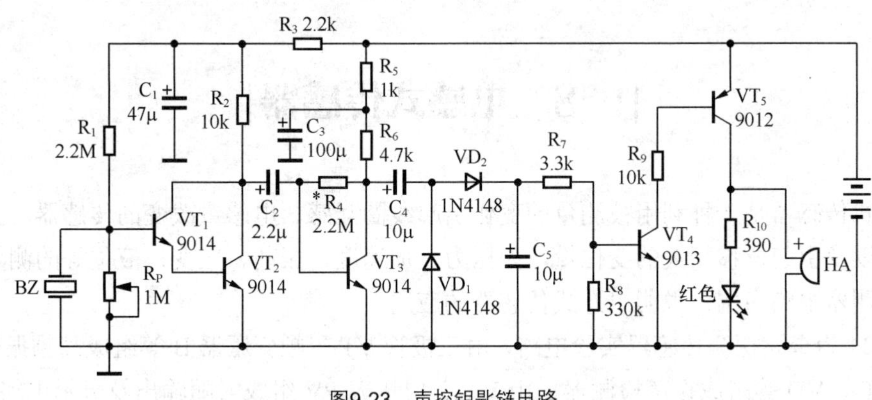

图9-23　声控钥匙链电路

BZ 采用直径 27mm 的压电陶瓷片，把声音信号转变为电信号。前置放大器由接成复合管的三极管 VT_1、VT_2 组成，其中 R_1 为复合管的上偏置电阻，下偏置用电位器 R_P 来调节复合管的工作点，R_2 为复合管的负载电阻器，R_3、C_1 组成电源去耦回路，防止电路自激振荡。压电陶瓷式声敏传感器内阻较高，其输出微弱的音频信号加至输入阻抗较高的复合管基极，前置放大器可以获得高增益。电压放大器由三极管 VT_3 组成，采用电压负反馈式偏置电路，R_4 为偏置电阻器。由前置放大器输出的音频信号经耦合电容器 C_2 输入到 VT_3 的基极，在集电极负载电阻器 R_6 上输出放大后的信号电压，R_5、C_3 为电压放大级的电源去耦电路。检波电路由耦合电容器 C_4、用作检波的二极管 VD_1 和 VD_2 以及滤波电容器 C_5 组成。当 VT_3 集电极输出的音频信号为负半周时，通过 VD_1 向 C_4 充电，音频信号为正半周时，通过 C_4、VD_2 向 C_5 充电，音频信号正半周电压与 C_4 上已充的电压相加，C_5 充至接近 2 倍音频信号峰值的直流电压。由三极管 VT_4、VT_5 组成开关电路，电阻器 R_7 具有延缓 C_5 向 VT_4 基极放电的时间，R_8 为 VT_4 下偏置电阻器，具有泄放 C_5 残存电荷的作用，使 VT_4 可靠截止。VT_5 负载接有红色发光二极管及限流电阻器 R_{10} 以及蜂鸣 HA，组成讯响电路。

当压电式声敏传感器 BZ 接收到声音信号时，通过放大、检波电路，在 C_5 上产生正向偏压，达到 0.7V 时，VT_4 导通，其集电极电流也是 VT_5 基极电流，导致 VT_5 也导通，红色发光二极管点亮，蜂鸣器 HA 发出音频叫声，控制声音信号消失后，C_5 的电荷逐渐被泄放，VT_4 截止，讯响电路停止工作。

重点提示：实验电路中，VT_1～VT_3 选用低噪声高增益三极管 9014，VT_4 用 9013，VT_5 用 PNP 型三极管 9012。若用面包板搭接电路时，由于放大电路有上万倍的增益，每一级电路要集中在一起，各级之间保持一定距离，防止不良反馈产生振荡。

调试电路时，蜂鸣器发声时会反馈到声敏传感器 BZ，引起实验电路啸叫不止，需要暂时去掉 HA，或者用导线延至几米之外，用纸盒扣起来减少音量。电路需要调试工作点才能正常工作，调节电位器 R_P 将 VT_2 集电极与发射极之间的电压 V_{CE} 调至 2～3V。VT_3 集电极电位为 3V 左右，若相差太多需要更换 R_4。电源 GB 电压为 6V 时，电路静态工作总电流不超过 1.5mA，收到声音信号时，总电流升至 30mA。检测电路时，在 5m 范围内拍一下巴掌，讯响电路发光、发声 1～2s，模拟声控钥匙链电路实验成功。需要说明的是，图中电路没有选频功能，不能区分掌声、蜂鸣器叫声甚至轻微的震动，作为实验电路，主要用来了解声敏传感器的组成和工作原理，体验“电子耳”的传感功能。

9.8 电感式传感器

电感式传感器是一种利用被测量的变化引起线圈互感、电感量改变的传感器，主要用于位移测量以及引起位移相关的变化量，如压力、加速度、振动、应变，液位等的测量，下面以金属探测器电路为例，说明电感式传感器的应用。

图 9-24 为金属探测传感器实验电路，由三极管 VT_1、频变压器 B 等组成高频振荡器，由三极管 VT_2、VD 等组成振荡检测器，由 VT_3、电压表 PV 组成射随输出及显示电路。

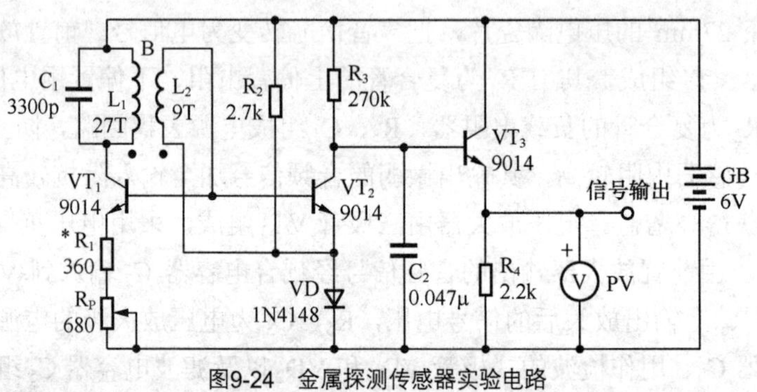

图9-24 金属探测传感器实验电路

9.8.1 高频振荡器

图中电路左半部分为高频振荡器，采用变压器反馈型 LC 振荡器，在高频变压器 B 中，初级线圈 L_1 与电容器 C_1 组成并联 LC 谐振回路，谐振频率约 200kHz。L_1 绕线方向首端（标有黑点）接振荡管 VT_1 集电极，尾端接电源正极。次级线圈 L_2 作为反馈线圈，首端通过正向偏置的二极管 VD 接地，尾端接 VT_1 的基极。振荡管 VT_1 放大后的高频信号经 B 耦合回基极，形成正反馈而产生高频自激振荡，在集电极 LC 谐振回路中产生振荡电流。R_2 为 VD 限流电阻器，在 VD 上产生 0.7V 恒定电压，通过 L2 为 VT_1 提供基极偏置电压。VT_1 发射极与地之间接有射极负反馈电阻器 R_1 和增益调节电位器 R_P。高频变压器 B 用标称直径 0.315～0.355mm 的漆包线在直径 120mm 圆筒上绕制，初级线圈 27 匝，次级 9 匝。

9.8.2 振荡检测器及射随输出电路

图中电路右半部分为振荡检测器。在开关电路中，VT_2 的基极与次级线圈 L_2 尾端相连，当高频振荡器振荡时，经 B 耦合过来的振荡信号，正半周使 VT_2 导通，VT_2 集电极输出低电平，经旁路电容器 C_2 滤去高频成分，直流电压加在射随三极管 VT_3 的基极，在射随输出负载电阻器 R_4 上得到低电平信号输出，电压表读数约 0.1V。当高频振荡器停振时，VT_2 基极无高频信号输入，并被 VD 反向偏置，VT_2 处于截止状态，高电平加在 VT_3 基极，发射极输出高电平信号，电压表读数升至 4V 左右，由此完成对振荡器工作状态的检测和显示。

9.8.3　金属探测原理

调节高频振荡器增益电位器 R_P，恰好使振荡器起振，此时电压表读数跌至 0.1V，否则需要增减 R_1 的电阻值。当探测线圈 L_1 靠近金属物体时，由于电磁感应，在金属中产生涡电流，使振荡回路能量损耗增大，正反馈减弱，处于临界状态的振荡器无法维持振荡所需的最低能量而停振。信号输出端连接的检测电压表升至 4V，或将信号输出端接入讯响器电路接口，用耳机监听声音有无变化，就可以探测金属物体的存在。

金属探测器有较高的灵敏度，并可以透过非金属物体探测到被遮盖的金属物体，如装修房屋时，用它探测墙内的电线或钢筋，以免造成施工危险和安全隐患，又如安全检查用的金属探测器就是根据这个原理制成的，这种“透视眼”是人的感官力所不及的。

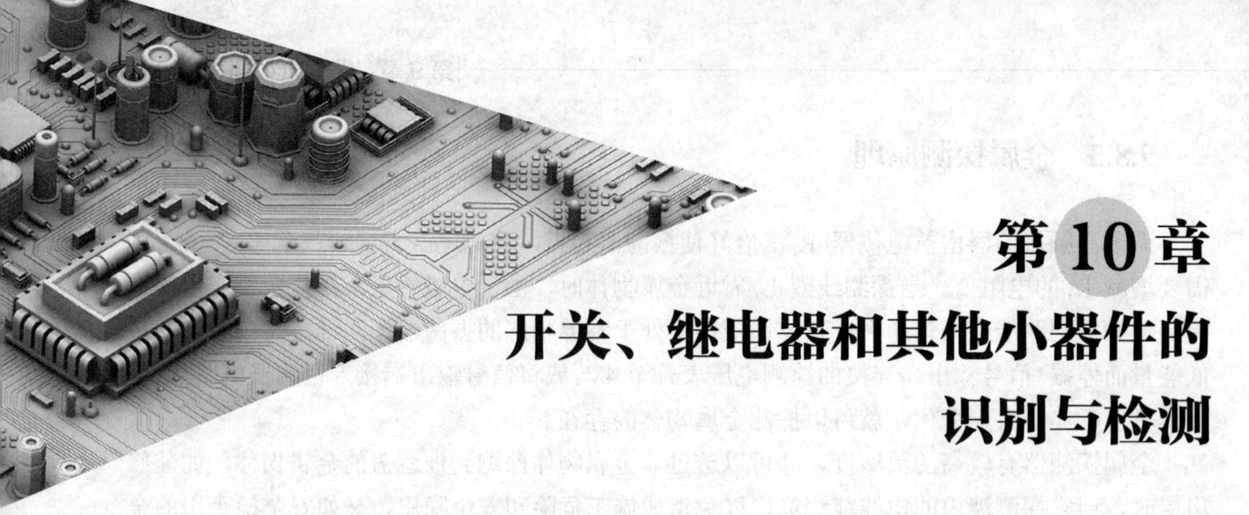

第 10 章 开关、继电器和其他小器件的识别与检测

在电子设备电路中，除较多地采用了电阻、电容、二极管、三极管、场效应管、晶闸管等常用元器件外，不少电子设备根据需要，还使用了开关、继电器和一些特殊元件，如石英晶体、陶瓷元件等，本章将对此类元件的识别与检测进行简单分析和介绍。

|10.1 开关器件|

10.1.1 机械开关

1. 机械开关的特性

机械开关的文字符号过去用“K”（按钮开关也有用“SB”）表示，按新规定要用“S”或“SX”表示。另外，对于机械开关，还经常提到开关的“极”（也称为“刀”）、“位”（也称为“掷”）。开关的“极”、“刀”相当于开关的活动触点（触头、触刀），“位”、“掷”相当于开关的静止触点（接点）。当按动或拨动开关时，活动触点就与静止触点接通（或断开），从而起到接通或断开电路的作用。

2. 机械开关的主要技术参数

（1）最大额定电压

最大额定电压是指在正常工作状态下开关能容许施加的最大电压，若是交流电源开关，通常用交流电压作此参数。

（2）最大额定电流

最大额定电流是指在正常工作状态下开关所容许通过的最大电流，若电压标注为交流（AC），则电流也指交流。

（3）接触电阻

开关接通时，“接触对”（两触点）导体间的电阻值叫做接触电阻，该值要求越小越好，一般开关多在 20mΩ 以下，某些开关及使用久的开关则在 0.1～0.8Ω。

（4）绝缘电阻

指定的不相接触的开关导体之间的电阻称为绝缘电阻，此值越大越好，一般开关多在 100MΩ 以上。

（5）耐压

耐压也叫抗电强度，其含义是指定的不相接触的开关导体之间所能承受的电压，一般开关至少大于 100V，电源（市电）开关要求大于 500V（交流，50Hz）。

（6）寿命

寿命是指开关在正常条件下能工作的有效时间（使用次数）。通常为 5000～10000 次，要求较高的开关为 5×10^4～5×10^5 次。

一般情况下，在选用及更换开关时，除了型号、外形等需考虑外，参数方面只要注意额定电压、额定电流和接触电阻 3 项便可以了。

3. 常见机械开关及其检测

（1）拨动开关

拨动开关是一种比较简易的开关，其结构如图 10-1 所示。

拨动开关是由塑料制成的开关柄、内部金属触点以及金属外壳构成的。在家用电器中，拨动开关常作为电源转换开关。

拨动开关的检测方法是：将万用表置于 R×1 挡，测量各引脚的通断情况，当开关柄拨向左面时，引脚的①—②脚相通，②—③脚断开；当开关柄拨向右面时，两排引脚的②—③脚相通，①—②脚断开，再将万用表拨至 R×10k 挡，测量各引脚与铁制外壳之间的电阻值都应该为无穷大。

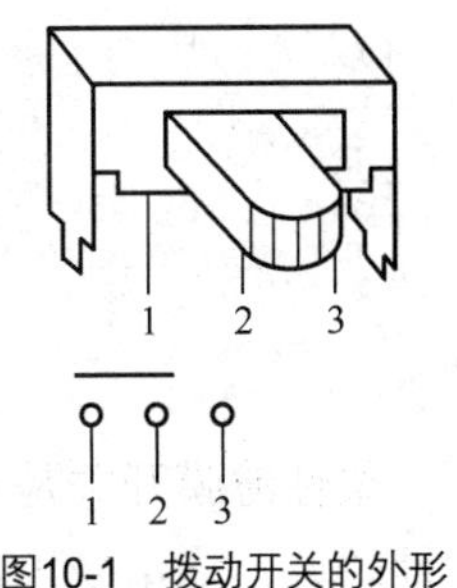

图10-1　拨动开关的外形

（2）直键开关

直键开关又称琴键开关，是采用积木组合式结构，能用作多刀多位开关的转换开关，直键开关大多是多档组合式，外形实物如图 10-2 所示。

（3）按键开关

通过按动键帽，使开关接触或断开，从而达到电路切换的目的，外形实物如图 10-3 所示。主要应用于电信设备、电话机、自控设备、计算机及各种家电中。

图10-2　多挡直键开关

图10-3　按键开关

机械开关还有很多，这里不再一一分析。

10.1.2 薄膜开关

1. 薄膜开关的特性

薄膜开关又称平面开关、轻触键盘，它是近年来国际流行的一种集装饰与功能为一体的新型元件，也是继导电橡胶、微动开关之后的新一代电子开关产品。薄膜开关具有良好的密封性能，能有效地防尘、防水、防有害气体及防油污浸渍。它与传统的机械式开关相比，具有结构简单、外形美观、耐环境性优良、便于高密度化等特点，从而大大提高了产品的可靠性和寿命（寿命达 100 万次以上）。各种大小按键可混合设计，键盘厚度只有 1mm 左右，装配简便，被广泛用于各种微电脑控制的设备中。如电子测量仪器、仪表、医疗设备、机床、程控装置、传真机、复印机、家用电器、电话机、电子衡器、电子玩具等产品。

薄膜开关分为柔性薄膜开关和硬性薄膜开关两种类型，柔性薄膜开关的结构如图 10-4 所示。

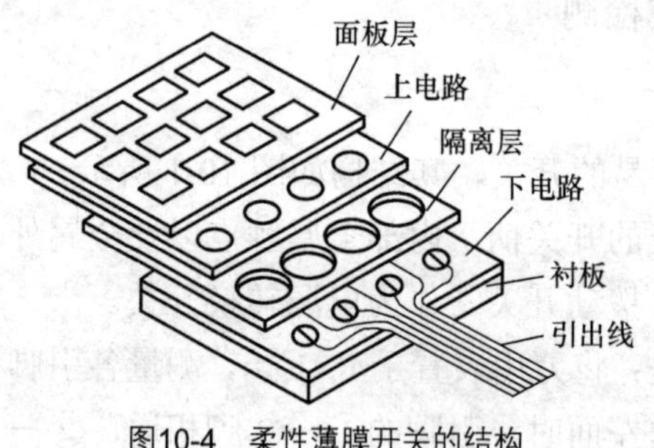

图10-4　柔性薄膜开关的结构

柔性薄膜开关是将 5μm 厚的导电银浆印刷在柔性聚酯薄膜基片上而制成的，其特点是柔软性较好，能承受 50 万次弯折试验而不损坏，总厚度仅 1.2～1.5mm，安装时需加衬板，背面有强力压敏胶层，揭掉防粘纸后，即可贴在仪器面板上，引出线为薄膜导电带，并配以专用插座连接，经面板上的进线口引入到仪器的内部。

硬性薄膜开关与柔性薄膜开关的不同是其开关电路直接印在双面印刷电路板上，印制板上还可直接安装 LED 数码管、指示灯等器件。

2. 薄膜开关的检测

现以图 10-5 所示的薄膜开关为例介绍检测方法。

它采用 16 键标准键盘，为矩阵排列方式，仅 8 根引出线。检测时，将万用表置于 R×10 挡，两支表笔分别接①和⑤，当用手指按下数字键 1 时，电阻值应为零，说明①—⑤接通，当松开手指时，电阻值应为无穷大。对其他键的检查以此类推。

再将万用表置于 R×10k 挡，不按薄膜开关上任何一键，保持全部按键均处于抬起状态。先把一支表笔接在引出端①上，用另一支表笔依次去接触②～③；然后再把一支表笔接②，用另一支表笔依次接触③～⑧。以下参照此法依次进行，直到测完⑦、⑧端之间的绝缘情况。整个检测过程中，万用表指针都应停在无穷大位置不动。如果发现某对引出端之间的电阻不是无穷大，则说明该对引出线之间有漏电性故障。

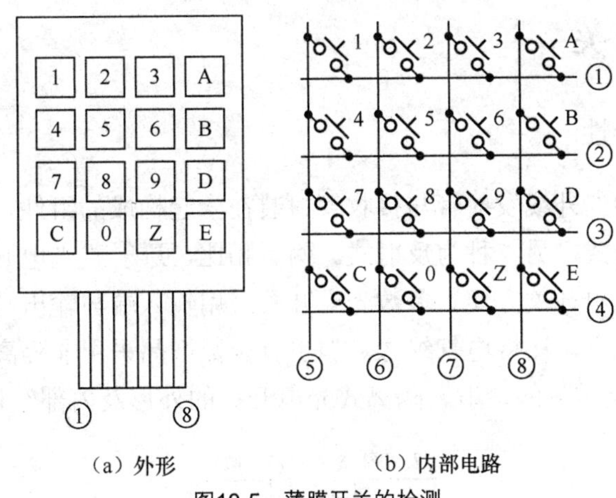

（a）外形　　（b）内部电路

图10-5　薄膜开关的检测

10.1.3　接近开关

接近开关被广泛应用于自动控制系统中，在这类开关中，装有一种对接近它的物体有“感知”能力的元件——位移传感器，利用位移传感器对接近物体的敏感特性达到控制开关通或断的目的，它的示意图如图 10-6 所示。

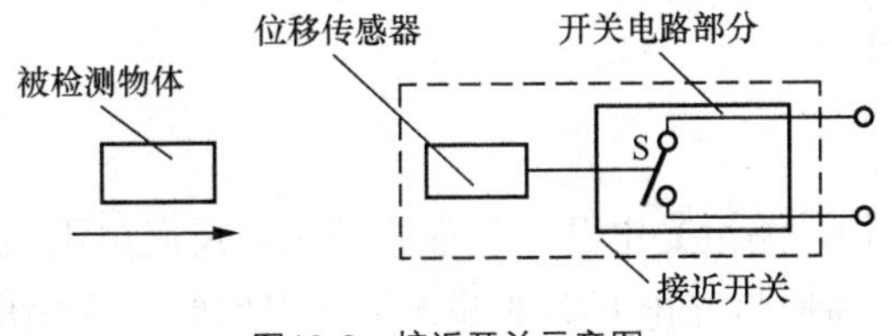

图10-6　接近开关示意图

当有物体移向接近开关，并接近到一定距离时，位移传感器有“感知”，开关就会动作。通常把这个距离叫“检出距离”。不同的接近开关检出距离也不同。例如，检出距离为 2mm、10mm 等。有时被检测的物体是按一定的时间间隔，一个接一个地移向接近开关，又一个一个地离开，这样不断地重复。如传送带上的被检测物或旋转齿轮上的齿。不同的接近开关，对检测对象的响应能力是不同的，这种响应特性被称为“响应频率”。例如，响应频率为 600Hz、1kHz 等。在检测高速运行或高速旋转的对象时，应选用响应频率高的接近开关。

接近开关是有源器件，它需要接通电源才能工作，有的要求直流供电，有的要求交流供电，也有交、直流两用的。接近开关使用的工作环境不同，其外形和外壳的材质也不同，一般有圆柱形和立方体形两种，如图 10-7 所示，外壳有金属的也有塑料的。

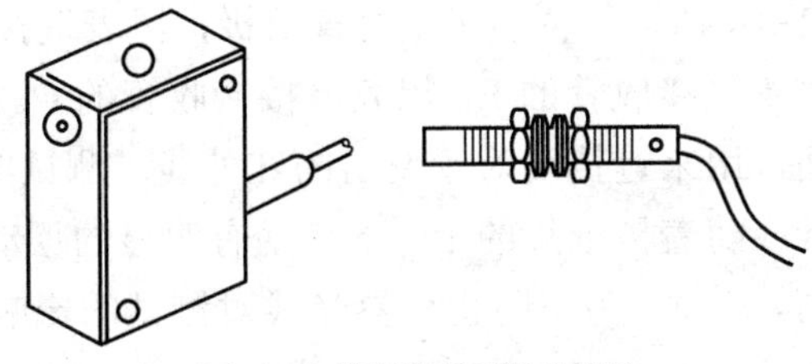
图10-7　常见接近开关的外形

10.1.4　光电开关

1. 光电开关的特性

光电开关是一种由红外线发射管与接收管封装在一起构成的组件。目前，常见的光电开关有两种，一种为透射式，另一种为反射式。两者相比，透射式光电开关的灵敏度较高，但有时使用不如反射式光电开关方便。多数光电开关采用输入端与输出端相互隔离的结构，即发射管与接收管互相独立，保持电气绝缘。但也有少数产品采用非隔离方式，即发射管与接收管为共地。图 10-8 是常见的透射、隔离式光电开关的外形及内部结构。

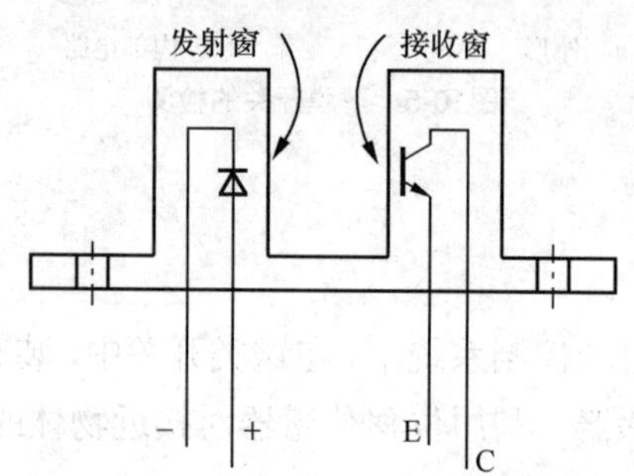

图10-8　透射、隔离式光电开关外形及内部结构

2. 光电开关的检测

（1）检测发射管

将万用表置于 R×1k 挡，测量光电开关发射管的正、反向电阻值，应具有单向导电特性。利用这种特性还可以很容易地将光电开关的输入端（发射管）和输出端（接收管）区分开。

（2）检测接收管

将万用表置于 R×1k 挡，红表笔接触接收管的 E，黑表笔接触接收管的 C，此时所测得的电阻值为接收管的穿透电阻，此值越大，说明接收管的穿透电流越小，管子的稳定性能越好。正常时，用万用表 R×1k 挡测量，光电开关接收管的穿透电阻值多为无穷大。

（3）检测发射管与接收管之间的隔离性能

将万用表置于 R×10k 挡，测量发射管与接收管之间的绝缘电阻应为无穷大。如果发射管与接收管之间测出电阻值，说明两者有漏电现象，这样的透射、隔离式光电开关是不能使用的。

（4）检测灵敏度

测试时采用两只万用表，测试电路如图 10-9 所示。

第一只万用表置于 R×10 挡，红表笔接发射管负极，黑表笔接发射管正极。第二只万用表置于 R×10k 挡，红表笔接接收管的 E，黑表笔接接收管的 C。将一黑纸片插在光电开关的发射窗与接收窗中间，用来遮挡发射管发出的红外线。测试时，上、下移动黑纸片，观察第二只万用表的指针应随着黑纸片的上、下移动有明显的摆动，摆动的幅度越大，说明光电开关的灵敏度越高。注意，为了防止外界光线对测试的影响，测试操作应在较暗处进行。

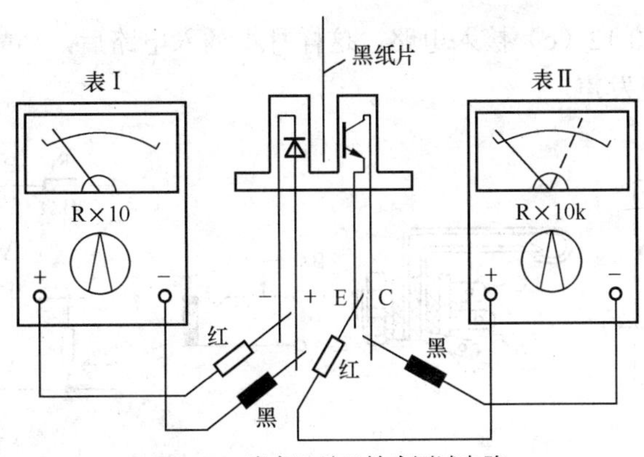

图10-9　光电开关灵敏度测试电路

10.1.5　接插件的识别

插头插座是最常用的插接件，它主要用于话筒、耳机等电子产品中，常用插头插座的外形及符号如图 10-10 所示。

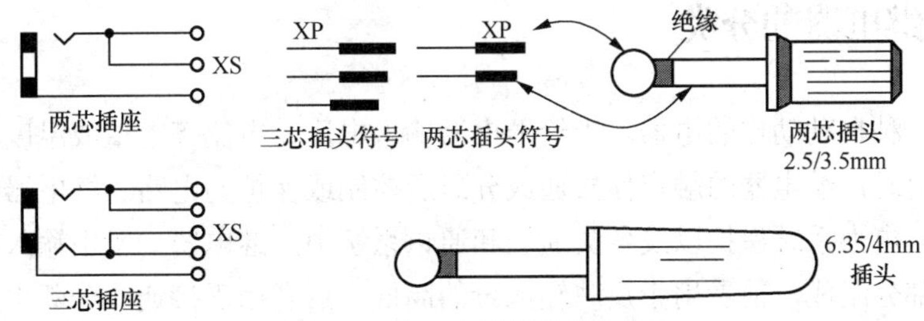

图10-10　常用插头插座外形和符号

插头插座的文字符号分别用 XP 和 XS 表示，插头插座用得较多的是两芯插头插座。立体声耳机常用三芯插头，其对应的插座也是三芯的。无论插头插座大小及芯数如何，大都兼有开关功能，例如，图 10-11 所示是收音机外接耳机电路，在插头没有插入插座时，插座的内簧片和外簧片接通，使扬声器两端与收音机输出两端相连，此时扬声器发声。当耳机插头插入插座时，外簧片被插头弹压，使之与内簧片脱离接触，这样，扬声器一端便和收音机输出端脱开，扬声器不发声，而耳机两端分别通过插头与收音机两输出端相连，耳机工作发声。

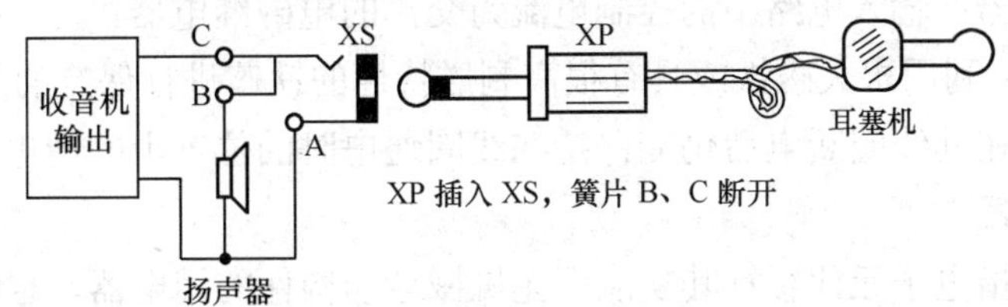

图10-11　收音机外接耳机电路

在一些体积小的或简单的袖珍收音机里，为了省去一个电源开关，常把耳机插座稍作改制，使它兼有电源开关的作用。图 10-12（a）为单片收音机的部分电路图，它单独使用了一个电源开关 S。把一个标准插座改制一下，把定簧片用钳子撬开一些，使插座在插头没有插入时，动、静簧片是分开的。插头插入后，动、静簧片才接触。改制后的插座及符号如图 10-12

（b）所示，然后按图 10-12（c）接入电路，这样耳机插入电路后，动静簧片接触，整机的电源被接通而工作，耳机发声。

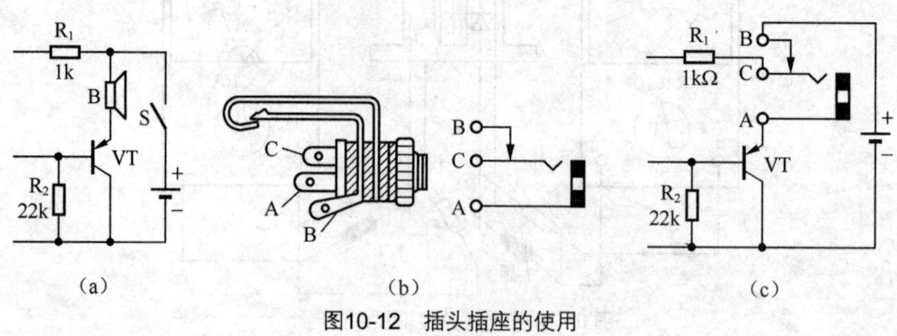

图10-12　插头插座的使用

10.2　继电器

10.2.1　继电器的分类

继电器是一种自动动作的电器。当给继电器输入电压、电流等电量或温度、压力等非电量并达到规定值时，继电器的触点便接通或分断所控制或保护的电路。继电器被广泛应用于电力拖动控制、电力系统保护以及各类遥控和通讯系统中。继电器一般由输入感测机构和输出执行机构两部分组成。前者用于反映输入量的高低；后者用于接通或分断电路。

1. 按工作原理或结构特征分

继电器按工作原理或结构特征分为以下几种。

（1）电磁继电器

电磁继电器是利用输入电路内点路在电磁铁铁芯与衔铁间产生的吸力作用而工作的一种电气继电器。主要有：

直流电磁继电器：输入电路中的控制电流为直流的电磁继电器。

交流电磁继电器：输入电路中的控制电流为交流的电磁继电器。

磁保持继电器：利用永久磁铁或具有很高剩磁特性的铁芯进行保持的继电器；也就是说，电磁继电器的衔铁在其线圈断电后仍能保持在线圈通电时的位置上的继电器。

（2）固体继电器

固体继电器是指电子元件履行其功能而无机械运动构件的继电器，也就是说，这是一种输入和输出隔离的继电器。

（3）温度继电器

当外界温度达到给定值时而动作的继电器称为温度继电器。

（4）舌簧继电器

利用密封在管内，具有触电簧片和衔铁磁路双重作用的舌簧的动作来开闭或转换线路的继电器称为舌簧继电器。主要有：

干簧继电器：舌簧管内的介质为真空、空气或某种惰性气体，即具有干式触点的舌簧继电器。

湿簧继电器：舌簧片和触电均密封在管内，并通过管底水银槽中水银的毛细作用，而使水银膜湿润触点的舌簧继电器。

（5）时间继电器

当加上或除去输入信号时，输出部分需延时到规定的时间才闭合或断开其被控线路的继电器。

2. 按继电器的负载分

继电器按触点负载可分为以下几种。

（1）微功率继电器

当触点开路电压为直流 28V 时，触点额定负载电流为 0.1A、0.2A 的继电器为微功率继电器。

（2）弱功率继电器

当触点开路电压为直流 28V 时，触点额定负载电流为 0.5A、1A 的继电器为弱功率继电器。

（3）中功率继电器

当触点开路电压为直流 28V 时，触点额定负载电流为 2A、5A 的继电器为中功率继电器。

（4）大功率继电器

当触点开路电压为直流 28V 时，触点额定负载电流为 10A、15A、20A、25A、40A……的继电器为大功率继电器。

3. 按继电器的防护特征分

继电器按防护特征分为以下几种。

（1）密封继电器

采用焊接或其他方法，将触点、线圈等密封在罩子内，与周围介质相隔离，是一种泄漏率较低的继电器。

（2）封闭式继电器

用罩壳将触点、线圈等密封（非密封）加以防护的继电器。

（3）敞开式继电器

不用防护罩来保护触电、线圈等的继电器。

10.2.2　普通电磁继电器

1. 普通电磁继电器的特性

电磁继电器是在自动控制电路中广泛使用的一种元件。它实质上是用较小电流来控制较大电流的一种自动开关。根据供电的不同，电磁继电器主要分为交流继电器和直流继电器两大类。这两大类继电器又具有许多种不同规格。图 10-13 是普通电磁继电器的基本结构和外形。

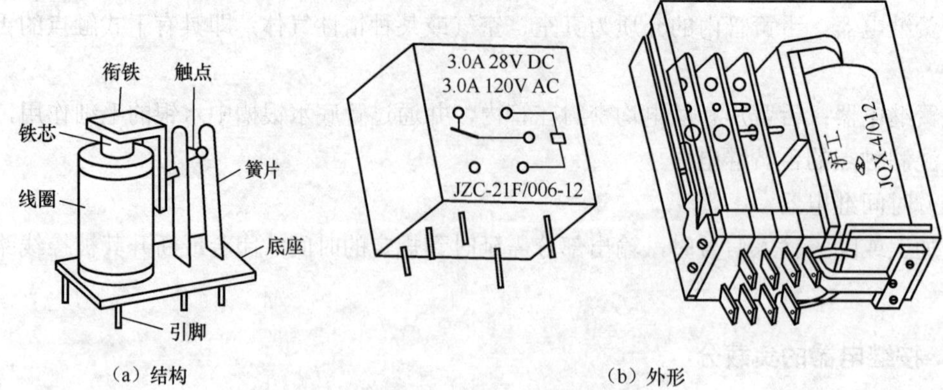

图10-13　普通电磁继电器的基本结构和外形

由结构图可见，电磁继电器是由铁芯、线圈、衔铁、触点、底座等构成的。触点有动触点和静触点之分，在工作过程中能够动作的称为动触点，不能动作的称为静触点，电磁继电器的动作过程可用图 10-14 来描述。

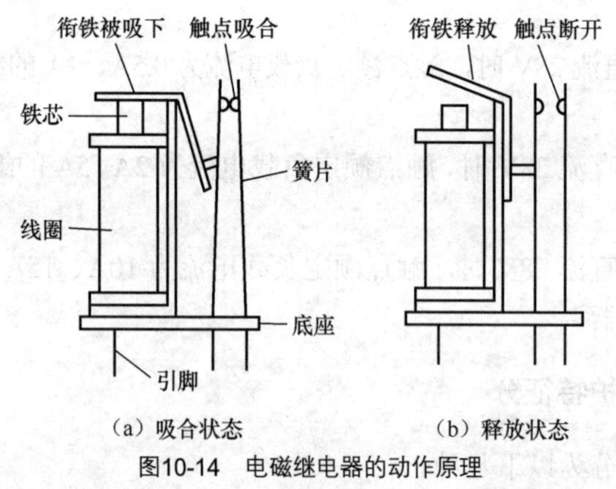

图10-14　电磁继电器的动作原理

当线圈中通过电流时，线圈中间的铁芯被磁化，产生磁力，将衔铁吸下，衔铁通过杠杆的作用推动簧片动作，使触点闭合；当切断继电器线圈的电流时，铁芯失去磁力，衔铁在簧片的作用下恢复原位，触点断开。

2. 继电器的电路符号和触点形式

电磁继电器的线圈一般只有一个，但其带触点的簧片有时根据需要则设置为多组。在电路中，表示继电器时只画出它的线圈与控制电路的有关触点。线圈用长方框表示，长方框的旁边标有继电器的文字符号 K 或 KR。继电器的触点有两种表示方法：一种是把它们直接画在长方框一侧，这种表示法较为直观。另一种是按照电路连接的需要，把各个触点分别画到各自的控制电路中，通常在同一继电器的触点与线圈旁分别标注上相同的文字符号，并将触点组编上号码，以示区别。继电器的触点有 3 种基本形式。

（1）动合型（H 型）

线圈不通电时两触点是断开的，通电后，两个触点就闭合，以“合”字的拼音字头“H”表示。

（2）动断型（D 型）

线圈不通电时两触点是闭合的，通电后两个触点就断开，用“断”字的拼音字头“D”表示。

（3）转换型（Z 型）

这是触点组型。这种触点组共有 3 个触点，即中间是动触点，上下各一个静触点。线圈不通电时，动触点和其中一个静触点断开和另一个闭合，线圈通电后，动触点就移动，使原来断开的成闭合，原来闭合的成断开状态，达到转换的目的。这样的触点组称为转换触点，用“转”字的拼音字头“Z”表示。

电磁继电器的常用符号如图 10-15 所示。在电路中，触点的画法应按线圈不通电时的原始状态画出。

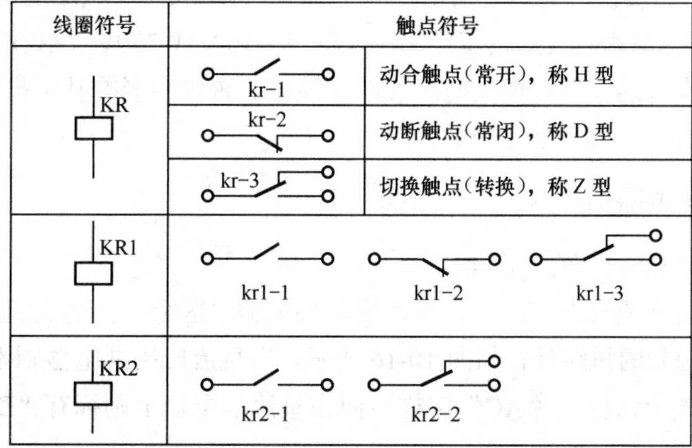

图10-15　电磁继电器的电路符号

3. 普通电磁继电器的主要技术参数

继电器的参数在继电器生产厂的产品手册或产品说明书中有详尽的说明，在继电器的许多参数中，一般只需要弄清其中的主要电气参数就可以了。

（1）线圈电源和功率

它是指继电器线圈使用的是直流还是交流电，以及线圈消耗的额定电功率，如 JZC-21F 型继电器，它的线圈电源为直流，线圈消耗的额定功率为 0.36W。

（2）额定工作电压或额定工作电流

它是指继电器正常工作时线圈需要的电压或电流值。一种型号的继电器的构造大体是相同的，为了使一种型号的继电器能适应不同的电路，它有多种额定工作电压或额定工作电流以供选用，并用规格号加以区别。如型号为 JZC-21F/006-1Z 的继电器，其中 006 即为规格号，表示额定工作电压为 6V。如 JZC-21F/048-1Z 继电器，其中 048 是规格号，表示额定工作电压为 48V。

（3）线圈电阻

它是指线圈的电阻值。有时，手册中只给出某型号继电器的额定工作电压和线圈电阻，这时可根据欧姆定律求出额定工作电流。例如，JZC-21F/006-1Z 继电器的电阻为 100Ω，额定工作电压为 6V，则额定工作电流 $I=U/R=6/100=60\text{mA}$。同样，根据线圈电阻和额定工作电流也可以求出线圈的额定工作电压。

（4）吸合电压或电流

它是指继电器能够产生吸合动作的最小电压或电流。如果只给继电器的线圈加上吸合电压，这时的吸合动作是不可靠的，一般吸合电压为额定工作电压的 75％左右，如 JZC-21F/009-1Z 的吸合电压力 6.75V。

（5）释放电压或电流

继电器线圈两端的电压减小到一定数值时，继电器就从吸合状态转换到释放状态。释放电压或电流是指产生释放动作的最大电压或电流，释放电压比吸合电压小得多，例如，JQX-4/012 型的继电器，额定工作电压为 12V，吸合电压为 9V，释放电压为 2.2V。

（6）接点负荷

它是指接点的负载能力，正像一个人能肩负的担子是有限度的，超过了限度就难以胜任一样，继电器的接点在切换时能承受的电压和电流值也有一定的数值，有时也称为接点容量。例如，JQX-10 型的继电器的接点负荷是 28V（DC）×10A 或 220V（AC）×5A，它表示这种继电器的接点在工作时的电压和电流值不应超过该值，否则会影响甚至损坏接点，一般同一型号的继电器的接点负荷值都是相同的。

4．普通电磁继电器的检测

（1）判别交流或直流电磁继电器

电磁继电器分为交流与直流两种，在使用时必须加以区分，凡是交流继电器，在其铁芯顶端，都嵌有一个铜制的短路环，如图 10-16 所示，而直流电磁继电器则没有此铜环，另外，在交流继电器的线圈上常标有“AC”字样，而在直流继电器上则标有“DC”字样，依此也可将两者加以区分。

（2）判别触点的数量和类别

只要仔细观察一下继电器的触点结构，即可知道该继电器有几对触点，例如，图 10-17 是一种有两组转换触点（2Z）的继电器。簧片 1、2、3 组成一组，1、3 为常闭触点，1、2 为常开触点。同样，簧片 4、5、6 为另一组，4、6 为常闭触点，4、5 为常开触点。

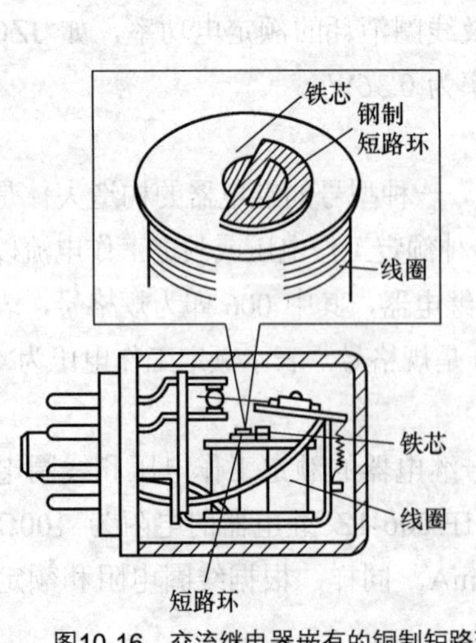

图10-16　交流继电器嵌有的铜制短路环

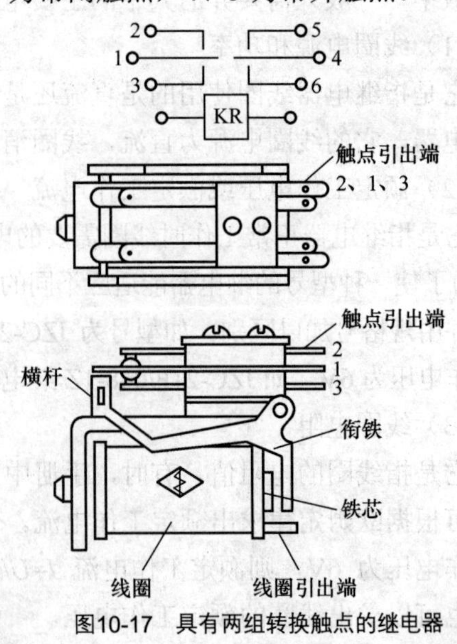

图10-17　具有两组转换触点的继电器

（3）检查衔铁工作情况

用手拨动衔铁，看看衔铁活动是否灵活，有否卡死现象，如果衔铁活动受阻，应认真找出原因加以排除，另外，也可用手将衔铁按下，然后再放开，看衔铁是否能在弹簧（或簧片）的作用下返回原位，注意，返回弹簧比较容易被锈蚀，应作重点检查部位。

（4）测量触点接触电阻

以图 10-17 所示的转换触点为例，用万用表 R×1 挡，先测量一下常闭触点 1、3 之间和 4、6 之间的电阻，阻值应为零。然后测量一下常开触点 1、2 之间和 4、5 之间的电阻，阻值应为无穷大。接着，按下衔铁，这时常开触点闭合，1、2 之间和 4、5 之间的电阻变为零，而常闭触点打开，1、3 之间和 4、6 之间的电阻变为无穷大。如果动、静触点转换不正常，可轻轻拨动相应的簧片，使其充分闭合或打开。如果触点闭合后接触电阻极大，看上去触点已经熔化，那么被测继电器则不能再继续使用。若触点闭合后接触电阻时大时小不稳定，看上去触点完整无损，只是表面颜色发黑，这时，可在触点空载情况下，给继电器线臼加上额定工作电压，使其吸合、释放几次，然后再测一下接触电阻是否恢复正常。另外，也可用细砂纸轻擦触点表面，使其接触良好。

（5）测量线圈电阻

根据继电器标称直流电阻值，将万用表置于适当的电阻挡，可直接测出继电器线圈的电阻值。例如，继电器标明 R=1000Ω，则将万用表拨至 R×1k 或 R×100 挡，然后将两表笔接到继电器线圈的两引脚，万用表指示应基本符合继电器标称直流电阻值，如果线圈有开路现象，可查一下线圈的引出端，看看是否线头脱落；如果断头在线圈的内部或看上去线包已烧焦，那么只有查阅数据，重新绕制，或换一个相同的线圈。

（6）检测吸合电压和电流

测试电路如图 10-18 所示。

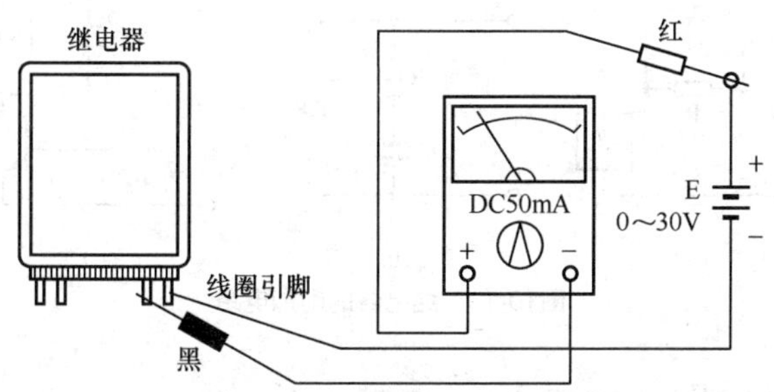

图10-18　测试电磁继电器的吸合电压和电流

按图连接好电路，将稳压电源的电压从低逐渐向高缓慢调节，当刚听到衔铁“嗒”一声吸合时，记下吸合电压和电流值。注意，吸合电压和电流并不是很固定的，多做几次就会发现，每次得到的吸合电压和电流值都略有不同，但大体是在某一数值附近。

（7）检测释放电压和电流

测试电路仍参照图 10-18，当继电器产生吸合动作以后，再逐渐降低线圈两端的电压，这时万用表上的电流读数将慢慢减小，当减到某一数值时，原来吸合的衔铁就会释放掉，此时的数据便是释放电压和释放电流，一般继电器的释放电压大约是吸合电压的 10%～50%。如果被测继电器的释放电压小于 1/10 吸合电压，此继电器就不应再继续使用了，因为这样的继电器工作是不可靠的，可能在断电之后，衔铁仍吸住不放，这种情况是使用继电器时所不允许的。

（8）估计触点负荷

要确切了解某继电器的触点负荷值，应去查阅有关手册或资料。但有时也可凭经验进行估计，一般触点大，衔铁吸合有力、干脆，体积大的继电器，触点负荷也比较大。例如，触点直径为 2.5mm，一般能承受 220V（AC）×2A 左右的负荷。

在上述几项测量中，第 6、7 项均以直流继电器为例进行叙述。若所测为交流继电器，则应采用交流电源，相应的万用表也应使用 AC 50mA 挡接入电路。

5. 继电器的附加电路

（1）串连 RC 电路

当电路闭合的瞬间，电流可以从电容 C 通过，使继电器的线圈两端加上比正常工作高的电压而迅速吸合，能缩短吸合时间，当电路稳定后，电容不起作用。如图 10-19（a）所示。

（2）并联 RC 电路

当断开电源时，线圈中因自感而产生的电流，通过 RC 放电，使电流衰减减慢，从而延长了衔铁的释放时间，如图 10-19（b）所示。

（3）并联二极管电路

当流经继电器线圈的电流瞬间减少时，在它的两端会产生一个电动势，它与原电源电压重叠，加在与继电器串连的输出晶体管的 c、e 两极，使 c、e 极有可能被击穿。为消除感应电动势，在继电器旁并联一个二极管，以吸收该电动势，起保护作用。注意二极管的负极与继电器接电源正极相连，如图 10-19（c）所示。

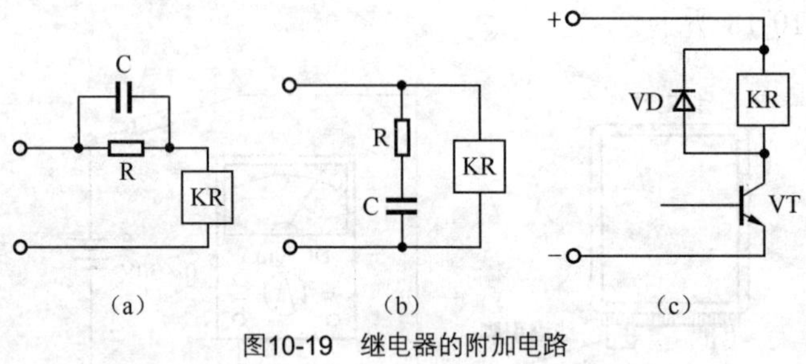

图10-19　继电器的附加电路

10.2.3　固态继电器（SSR）

1. 固态继电器的特性

固态继电器简称 SSR，是一种由集成电路和分立元件组合而成的一体化无触点电子开关器件。其功能与电磁继电器基本相似，但与电磁继电器相比，又有突出的特点。固态继电器的输入端仅需要很小的控制电流，且能与 TTL、CMOS 等集成电路实现良好兼容，它的输出回路采用大功率晶体管或双向晶闸管作开关器件来接通或断开负载电源。由于在开关过程中无机械接触部件，因此具有工作可靠、寿命长、噪声低、开关速度快、工作频率高等特点。目前，这种器件已在许多自动化控制装置中取代了电磁式继电器，而且还广泛用于电磁继电器无法应用的领域。例如，计算机终端接口电路、数据处理系统的终端装置、数字程控装置、测量仪表中的微电机控制、各种调温、控温装置、自动售货机、货币兑换机、交通信号灯开关以及一些耐潮湿、耐腐蚀、易燃易爆的场合，均适宜使用固态继电器作为开关器件。目前，市场上常用固态继电器的外形如图 10-20 所示。

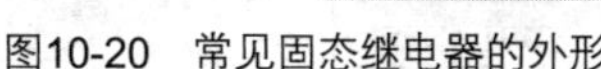
图10-20　常见固态继电器的外形

2. 常用固态继电器的类型

固态继电器的种类很多，常用的主要有直流型和交流型两种。

图 10-21 和图 10-22 是直流型固态继电器和交流型固态继电器原理图及电路符号。

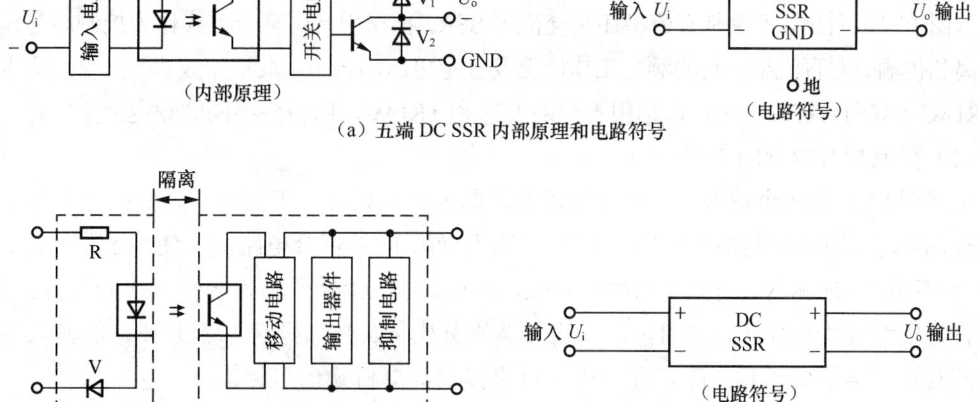

（b）四端 DC SSR 内部原理和电路符号

图10-21　直流型固态继电器原理图及电路符号

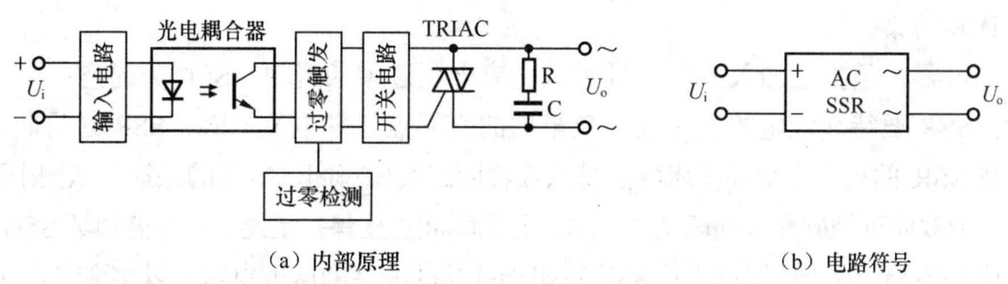

图10-22　交流型固态继电器原理图及电路符号

3. 固态继电器的工作原理

固态继电器的内部电路如图 10-23 所示。图 10-23（a）为交流型 SSR，图 10-23（b）为直流型 SSR。

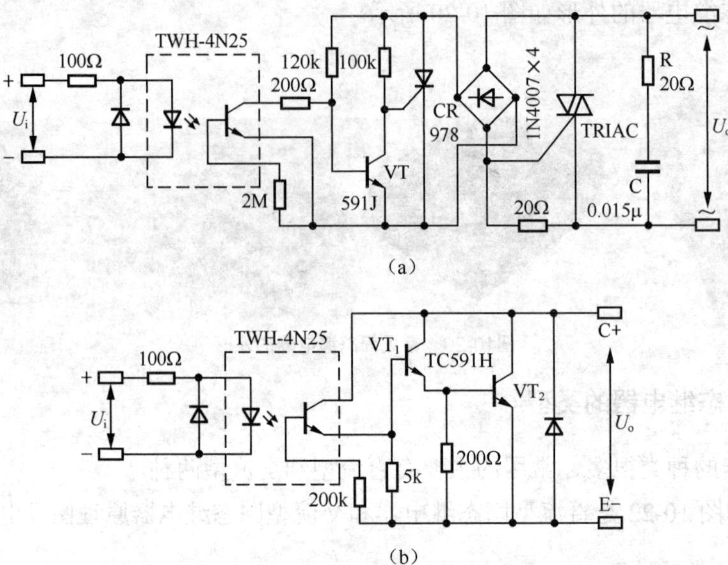

图10-23 固态继电器的内部电路

从图中可以看出，不论是直流型还是交流型 SSR，都采用光电耦合方式作为控制端与输出端的隔离和传输。对直流型，它的额定工作电流及额定电压的大小，取决于 VT_2，而交流型主要是由 TRIAC（双向可控硅）决定，选用不同的 VT_2 和 TRIAC，即得到不同的额定值型号。

（1）交流型 SSR 的工作原理

交流型 SSR 有两个输入端、两个输出端，即为四端器件。工作时，只要在输入端加上一定的控制信号，便可控制输出端的“通”与“断”。而中间的耦合电路由于使用了“光耦合器”，故既有控制信号的输入、输出端间耦合功能，又能在电气上断开输入与输出端间的直接连接，起到良好的绝缘隔离作用。同时，由于输入端的负载是发光二极管，这使 SSR 的输入端很容易做到与输入信号电子相匹配，在使用中可直接与计算机输出口相接。

交流型 SSR 的一个重要特点是过零触发技术，从电路图可以看出，其中开关电路是由触发电路触发驱动的。但是，若开关电路不加特殊控制电路时，将产生射频干扰并以高次谐波或尖峰污染电网。为此特设“过零控制电路”，用以保证触发电路在有输入信号和开关器件两端电源电压值过零的瞬间触发开关器件实现通、断动作，杜绝了开关器件带电（压）动作所产生的干扰和污染。

所谓“过零”是指当加入控制信号时，交流电压过零的瞬间，SSR 为通态；而当断开控制信号后，SSR 要待交流电的正半周与负半周的交界点（零电位）时，SSR 才为断态。

交流型 SSR 的另一个重要技术特点是以吸收回路实现瞬间过电压的保护。从图中可知，当反峰电压大于双向可控硅允许的峰值电压时，若无瞬间过压保护措施，有可能损坏 SSR，在交流电源输入端并接 RC 浪涌吸收回路及 SSR 输出端并接非线性的压敏电阻，以实现保护功能。

（2）直流型 SSR 的工作原理

直流型 SSR 的工作原理与交流型 SSR 相同，但是，直流型 SSR 输出电路与交流型 SSR

稍有不同。由于它是控制直流电源的“通”与“断”，所以不存在过零控制电路和吸收电路，其开关器件不用双向可控硅，而是大功率开关三极管。

重点提示：（1）采用 TTL、CMOS 等电路直接驱动 SSR 时，应先了解驱动的电压和电源是否满足 SSR 的需要。如果驱动的信号虽在“0”电平，但有一定的输出电压，此电压超过 1 V 时，就有可能使 SSR 误通；相反，在“1”信号电平时，虽然有足够的电压，但电流不足以驱动 SSR，也不行。解决的办法是在电路的输出端增加一级三级管跟随器，以满足 SSR 开关的控制电平需要。

（2）通常 SSR 均设计为“常开”状态，即无控制信号输入时，输出端是开路的。但在自动化控制设备中经常需要“常闭”式的 SSR，这时，要在输入端外接一组简单的电路，如图 10-24 所示，变为常闭式 SSR。

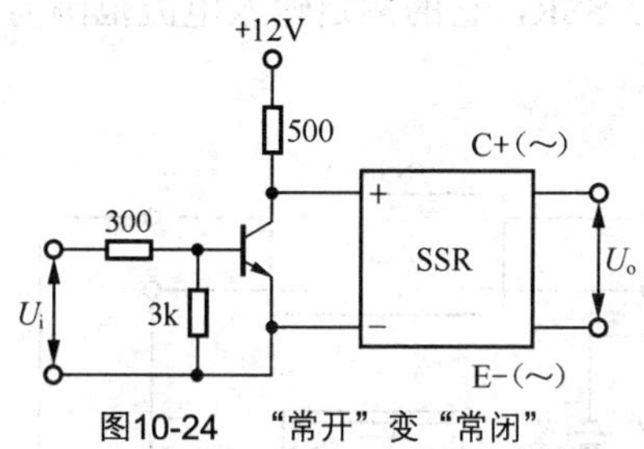

图10-24　“常开”变“常闭”

（3）额定工作电流大的 SSR 应安装在散热板上工作，一般 15A 以上应加散热片，并注意 SSR 的空气对流，以保证良好的散热效果。

4. 固态继电器的参数

固态继电器有两个重要参数，在选用时应加以注意。

（1）输出负载电压

输出负载电压是指在给定的条件下，器件能承受的稳态阻性负载的允许电压有效值。如果受控负载是非稳态或非阻性的，则必须考虑所选产品是否能承受工作状态或条件变化时（冷热转换、感应电势、瞬态峰值电压、变化周期等）所产生的最大合成电压，例如，负载为感性时，所选固态继电器的输出负载电压必须大于两倍的电源电压值，而且所选用产品的阻断（击穿）电压应高于负载电源电压峰值的两倍。国产 220V 的交流固态继电器的耐压余量较大（600V），能适用于一般的小功率非阻性负载，但若作为频繁启动的电机负载，则宜选用 380V 的产品。

（2）输出负载电流

输出负载电流是指在给定条件下（如环境温度、额定电压、功率、有无散热器等），器件所能承受的电流最大有效值。一般厂家在器件说明书中都提供热降额曲线，选用时，应充分考虑周围环境温度的因素，若环境温度上升，应按曲线作降额使用，以防止因过载而损坏固态继电器。

5. 固态继电器的检测

（1）输入、输出引脚及好坏的判别

在交流固态继电器的本体上，输入端一般标有“+”、“-”字样，而输出端则不分正、负。而直流固态继电器，一般在输入和输出端均标有“+”、“-”，并注有“DC 输入”、“DC 输出”

的字样，以示区别。用万用表判别时，可使用 R×10k 挡，分别测量四个引脚间的正、反向电阻值。其中必定能测出一对管脚间的电阻值符合正向导通、反向截止的规律：即正向电阻比较小，反向电阻为无穷大。据此便可判定这两个管脚为输入端，而在正向测量时（阻值较小的一次测量），黑表笔所接的是正极，红表笔所接的则为负极。对于其他各管脚间的电阻值，则无论怎样测量均应为无穷大。

对于直流固态继电器，找到输入端后，一般与其横向两两相对的便是输出端的正极和负极。

注意事项：有些固态继电器的输出端带有保护二极管，如直流五端器件，测试时，可先找出输入端的两个引脚，然后，采用测量其余三个引脚间正、反向电阻值的方法，将公共地、输出+、输出−加以区别。

（2）检测输入电流和带载能力

被测器件为 SP2210 型 AC-SSR，它的额定输入电流范围为 10～20mA，输出负载电流为 2A。测试电路如图 10-25 所示。

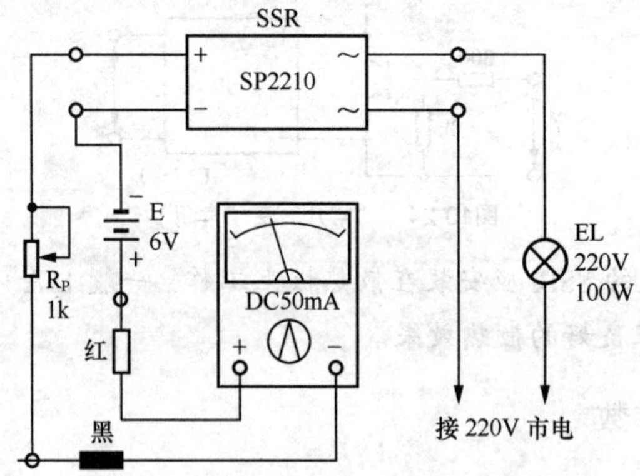

图10-25　检测AC-SSR输入电流和带载能力

测试时，输入电压选用直流 6V。将万用表置于直流 50mA 挡接入电路。R_P 为 1k 电位器，用来限制输入电流和调整输入电流的大小。SP2210 的输出端串入 220V 交流市电，EL 为一只 220V/100W 的白炽灯泡，作为交流负载。电路接通以后，调整 R_P，当万用表指示值小于 9mA 时，灯泡处于熄灭状态，当指示电流在 10～20mA 变化时，灯泡均能正常发光，说明被测 SP2210 型 AC-SSR 性能良好。

按照上述方法，也可检测 DC-SSR 的性能好坏。但要将 DC-SSR 的输出端接直流电源和相应的负载。

10.2.4　干簧管和干簧继电器

1. 干簧管的特性

干簧管的全称叫“干式舌簧开关管”，是一种具有干式接点的密封式开关。干簧管具有结构简单、体积小、寿命长、动作灵活、防腐、防尘、便于控制等优点，可广泛用于接近开关、防盗报警等控制电路中。图 10-26 为干簧管的实物外形和电路符号。

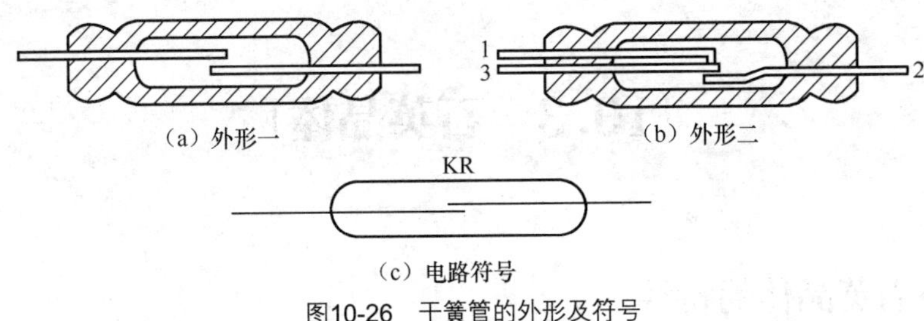

（a）外形一　（b）外形二

（c）电路符号

图10-26　干簧管的外形及符号

干簧管把既导磁又导电的材料做成簧片平行地封入充有惰性气体（如氮气、氦气等）的玻璃管中组成开关元件。簧片的端部重叠并留有一定间隙以构成接点。当永久磁铁靠近干簧管使簧片磁化时，簧片的接点部分就感应出极性相反的磁极，异性的磁极相互吸引，当吸引的磁力超过簧片的弹力时，接点就会吸合；当磁力减小到一定值时，接点又会被簧片的弹力所打开。

干簧管接点的形式常见的有常开接点（H 型）与转换接点（Z 型）两种。常开接点的干簧管，其结构见图 10-26（a），平时它的接点打开，当簧片被磁化时，接点闭合；转换接点的干簧管，结构见图 10-26（b），簧片 1 用导电而不导磁的材料做成，簧片 2、3 仍是用既导电又导磁的材料制成，平时，靠弹性使簧片 1 和 3 闭合，当永久磁铁靠近它时，簧片 2、3 被磁化而吸引，使接点 2、3 闭合，这样就构成了一个转换开关。干簧管的簧片接点间隙一般为 1～2mm，两簧片的吸合时间极短，通常小于 0.15ms。

2. 干簧管的检测

以常开式二端干簧管为例，将万用表置 R×1 挡，两表笔分别任意接干簧管的两个引脚，阻值应为无穷大。用一块小磁铁靠近干簧管，此时万用表指针应向右摆至零，说明两簧片已接通，然后将小磁铁移开干簧管，万用表指针应向左回摆至无穷大。测试时，若磁铁靠近干簧管时，簧片不能吸合（万用表指针不动或摆不到零位），说明其内部簧片的接点间隙过大或已发生位移；若移开磁铁后，簧片不能断开，说明簧片弹性已经减弱，这样的干簧管是不能使用的。

对于三端转换式干簧管，同样可采用上述方法进行检测，但在操作时要弄清三个接点的相互关系，以便得到正确的测试结果，并作出正确的判断。

3. 干簧继电器

把干簧管放在线圈里，就可以制成一个干簧继电器。在同一干簧继电器中可同时放置 2～4 个单簧管，以得到多对极点的干簧继电器。

和电磁继电器相比，干簧继电器具有以下优点。

（1）体积小，质量轻；

（2）簧片轻而短，有固有频率，可提高接点的通断速度，通断的时间仅为 1～3ms，比一般的电磁继电器快 5～10 倍；

（3）接点与大气隔绝，管内有稀有气体，可减少接点的氧化或碳化，并且由于密封，可防止外界有机蒸汽和尘埃杂质对接点的侵蚀。

10.3 石英晶体

10.3.1 石英晶体的特性

石英晶体也叫石英谐振器，它是利用石英的压电特性按特殊切割方式制成的一种电谐振元件，被广泛用于石英钟表、通讯设备、数字仪器仪表及家用电器中。此外，利用石英晶体还可制成压力、压差传感器。

石英晶体是一种各向异性的结晶体，从一块晶体上按一定的方位角切下薄片称为晶片（可以是正方形、矩形、圆形等），然后在晶片的两个对应表面上涂敷银层并装上一对金属板，就构成石英晶体谐振器，如图 10-27 所示，一般用金属外壳密封，也有用玻璃壳封装的。

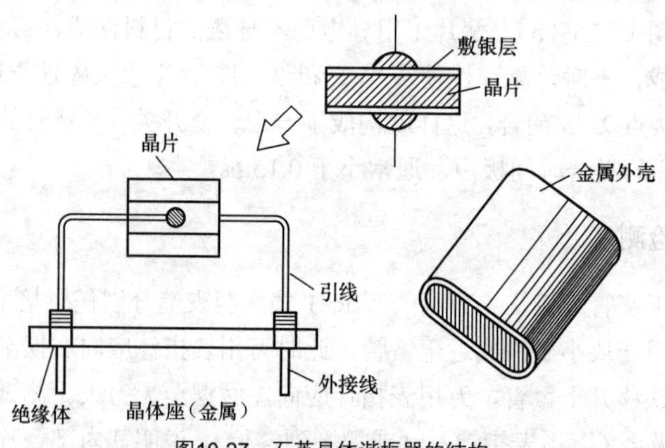

图10-27 石英晶体谐振器的结构

石英晶片之所以能做谐振器是基于它的“压电效应”，从物理学中已知，若在晶片的两个极板间加一电场，会使晶体产生机械变形；反之，若在极板间施加机械力，又会在相应的方向上产生电场，这种现象称为压电效应。如在极板间所加的是交变电压，就会产生机械变形振动，同时机械变形振动又会产生交变电场。一般来说，这种机械振动的振幅是比较小的，但其振动频率则是很稳定的。但当外加交变电压的频率与晶片的固有频率（决定于晶片的尺寸）相等时，机械振动的幅度将急剧增加，这种现象称为“压电谐振”。

石英晶体谐振器的压电谐振现象可以用图 10-28 所示的等效电路来模拟。

等效电路中的 C_0 为切片与金属板构成的静电电容，L 和 C 分别模拟晶体的质量（代表惯性）和弹性，而晶片振动时，因摩擦而造成的损耗则用电阻 R 来等效。石英晶体的一个可贵的特点在于它具有很高的质量与弹性的比值（等效于 L/C），因而它的品质因数 Q 高达 10000～500000。

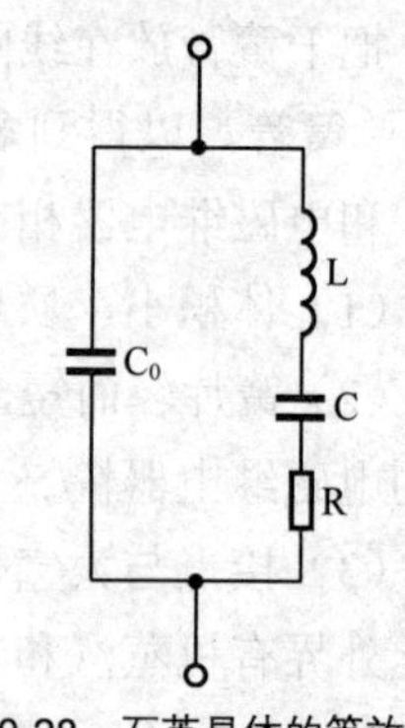

图10-28 石英晶体的等效电路

石英晶体具有串联和并联两种谐振现象，构成振荡电路的形式尽管多种多样，但其基本电路只有两类，即并联晶体振荡器和串联晶体振荡器，前者石英晶体是以并联谐振的形式出现，而后者则是以串联谐振的形式出现。

由石英谐振器组成的振荡器，其最大特点是频率稳定度极高，例如，10MHz 的振荡器，一日内的频率变化为 0.01～0.1Hz，甚至有时还小于 0.0001Hz。

10.3.2　石英晶体的种类、型号和参数

1. 石英晶体的种类

晶振元件按封装外形分有金属壳、玻壳、胶木壳、塑封等几种；按频率稳定度分，有普通型和高精度型；按用途分，有彩电用、手机用、手表用、电台用、录像机用、影碟机用、摄像机用等。其实这主要是工作频率及体积大小上的分类，别的性能差别不大，只要频率和体积符合要求，其中很多晶振元件是可以互换使用的。各种常见晶振元件外形如图 10-29 所示。

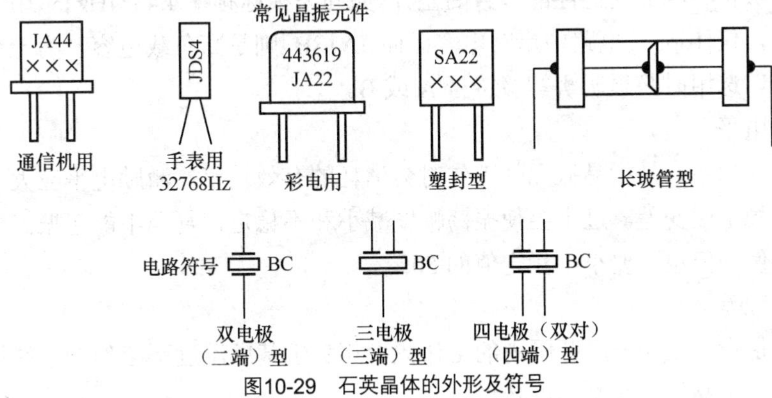

图10-29　石英晶体的外形及符号

2. 石英晶体的型号

国产晶振元件的型号由三部分组成，其中第一部分表示外壳形状和材料，如 B 表示玻璃壳，J 表示金属壳，S 表示塑封型；第二部分表示晶片切型，常与切型符号的第一个字母相同，如 A 表示 AT 切型、B 表示 BT 切型等；第三部分表示主要性能及外形尺寸，一般用数字表示，也有最后再加英文字母的，如 JA5 为金属壳 AT 切型晶振元件，BA3 为玻壳 AT 切型晶振元件。从型号上无法知道晶振元件的主要电特性，需查产品手册或相关资料才行。

3. 石英晶体的参数

晶振元件的主要电参数是标称频率 f_0、负载电容 C_L、激励电平（功率）、温度频差等。

（1）标称频率

石英晶体成品上标有一个标称频率，当电路工作在这个标称频率时，频率稳定度最高。这个标称频率通常是在成品出厂前，在石英晶体上并接一定的负载电容条件下测定的。

（2）负载电容

所谓“负载电容”，是指从晶振的插脚两端向振荡电路的方向看进去的等效电容，即指与晶振插脚两端相关联的集成电路内部及外围的全部有效电容之总和。晶振在振荡电路中起振

时等效为感性，负载电容与晶振的等效电感形成谐振，决定振荡器的振荡频率。负载电容值不同，振荡器的振荡频率也不一样，改变负载电容的大小，就可以改变振荡频率。因此，通过适度调整负载电容，一般可以将振荡器的振荡频率精确地调整到标准值。在晶振资料主要参数中提供的负载电容是一个测试条件，也是一个不容忽视的使用条件，忽略这个负载电容参数，会使振荡频率偏离标准值，偏离过大时会使振荡器起振困难造成停振。

晶振的负载电容有高、低两类之别。低者一般仅为十几至几百皮法，而高者则为无穷大，两者相差悬殊，决不能混用，否则会使振荡频率偏离。两类不同负载电容的晶振使用方式截然不同，低负载电容晶振都串联几十皮法容量的电容器；而高负载电容晶振不但不能串联电容器，还须并联数皮法小容量电容器（外电路的分布电容有时也能取代这个并联小电容），如图 10-30 所示。

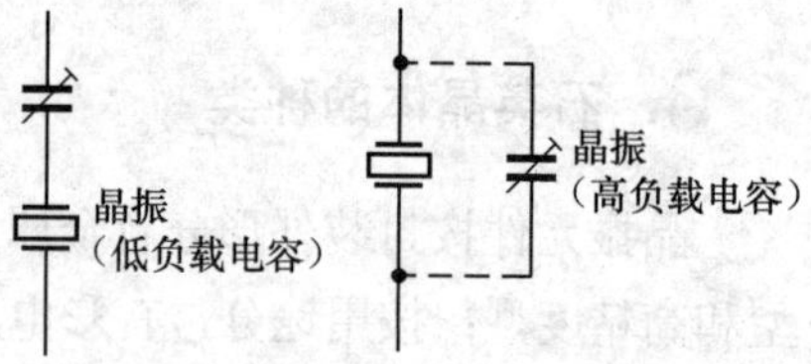

图10-30 两类不同的晶振

每个晶振的外壳上除了清晰地标明标称频率外，还以型号及等级符号区分其他性能参数的差异。如同为标称频率 4.43MHz 的国产晶振，JA18A 为低负载电容，仅 16pF，电路中串有电容；而 JA18B 则是高负载电容，为无穷大，电路中不能串有电容。选用时必须明辨等级符号 A 或 B。

（3）激励电平

激励电平（功率）是指晶振元件工作时会消耗的有效功率。激励电平应大小适中，过大会使电路频率稳定度变差，过小会使振荡幅度减小和不稳定，甚至不能起振。一般激励电平不应大于额定值，但也不要小于额定值的 50%。

（4）温度频差

温度频差是指在工作温度范围内的工作频率相对于基准温度下工作频率的最大偏离值，该参数实际代表了晶振的频率温度特性。

4. 晶振和 VCO 组件的区别

晶振和 VCO（压控振荡器）组件是两类不同的器件。下面以 13MHz 晶振和 13MHz VCO 组件为例进行说明。

13MHz 晶振是一个元件，本身不能产生振荡信号，必须配合外电路才能产生 13MHz 时钟信号。而 13MHz VCO 组件将 13MHz 晶体、变容二极管、三极管、电阻、电容等构成的 13MHz 振荡电路封装在一个屏蔽盒内，组件本身就是一个完整的晶振振荡电路，可以直接输出 13MHz 时钟信号。VCO 组件一般有 4 个端口：输出端、电源端、AFC 控制端及接地端，如图 10-31 所示。

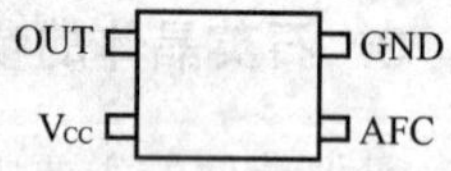

图10-31 13MHz VCO的结构

10.3.3 石英晶体的检测

检测石英晶体通常采用以下几种方法。

1. 电阻法

用万用表 R×10k 挡测量石英晶体两引脚之间的电阻值，应为无穷大。若实测电阻值不为无穷大甚至出现电阻为零的情况，则说明晶体内部存在漏电或短路性故障。

2. 在路测压法

现以鉴别电视机遥控器晶体好坏为例，介绍此法的具体操作。

将遥控器后盖打开，找到晶体所在位置和电源负端（一般彩电遥控器均采用两节 1.5V 干电池串联供电）；把万用表置于直流 10V 电压挡，黑表笔固定接在电源的负端。

先在不按遥控键的状态下，用红表笔分别测出晶体两引脚的电压值，正常情况下，一只脚为 0V，一只脚为 3V（供电电压）左右；然后按下遥控器上的任一功能键，再用红表笔分别测出晶体两引脚的电压值，正常情况下，两脚电压均为 1.5V（供电电压的一半）左右，若所得数值与正常值差异较大，则说明晶体工作不正常。

3. 电笔测试法

用一只试电笔，将其刀头插入火线孔内，用手捏住晶体的任一只引脚，将另一只引脚触碰试电笔顶端的金属部分，若试电笔氖管发光，一般说明晶体是好的，否则，说明晶体已损坏。

10.4 陶瓷元件

10.4.1 陶瓷元件概述

陶瓷元件是由压电陶瓷制成的谐振组件，它与晶振一样，也是利用压电效应工作的。目前的陶瓷元件大多采用锆钛酸铅陶瓷材料做成薄片，再在两面涂银层，焊上引线或夹上电极板，用塑料或者金属封装而成。

陶瓷元件的基本结构、工作原理、特性、等效电路及应用范围与晶振相似。由于陶瓷元件有些性能不及晶振，所以在要求较高（主要是频率精度和稳定度）的电路中尚不能采用陶瓷元件，必须使用晶振。除此之外，陶瓷元件几乎都可代替晶振。由于陶瓷元件价格低廉，所以近年来的应用非常广泛，例如，在收音机的中放电路、电视机的中频伴音电路及各种家电遥控发射器中都可见到它们的"身影"。

陶瓷元件按功能和用途分类，可分成陶瓷滤波器、陶瓷谐振器、陶瓷陷波器等；按引出端子数分，有 2 端组件、3 端组件、4 端组件、多端组件等。陶瓷元件大都采用塑壳封装形式，少数陶瓷元件也用金属壳封装。常用陶瓷滤波元件如图 10-32 所示。

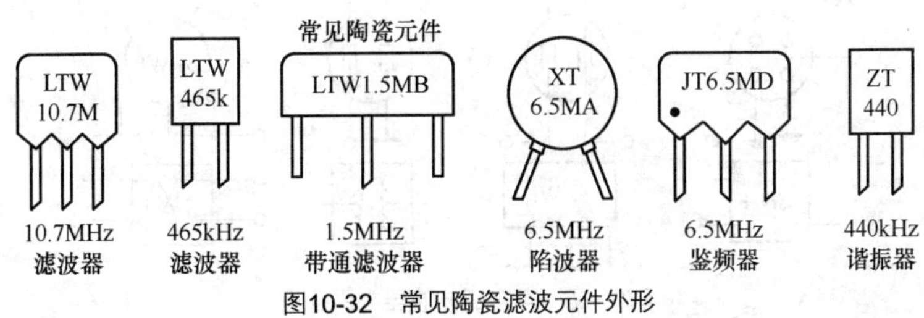

图10-32　常见陶瓷滤波元件外形

国产陶瓷元件型号由 5 部分组成；其中第 1 部分表示组件的功能，如 L 表示滤波器，X 表示陷波器，J 表示鉴频器，Z 表示谐振器；第 2 部分用字母 T 表示材料为压电陶瓷；第 3 部分用字母 W 和下标数字表示外形尺寸，也有部分型号仅用 W 或 B 表示，无下标数字；第 4 部分用数字和字母 M 或 K 表示标称频率，如 700k 表示标称频率为 700kHz，10.7M 则表示标称频率为 10.7MHz；第 5 部分用字母表示产品类别或系列，如 LTW6.5M 为中心频率为 6.5MHz 的陶瓷滤波器。

顺带指出，陶瓷蜂鸣片和压电陶瓷扬声器实际也是压电陶瓷谐振元件，只不过它们的主要功能是发出音频声响。

陶瓷元件的主要参数有标称频率、通带宽度、插入损耗、陷波深度、失真度、鉴频输出电压、谐振阻抗等。

10.4.2 声表面滤波器

1. 声表面滤波器的特性

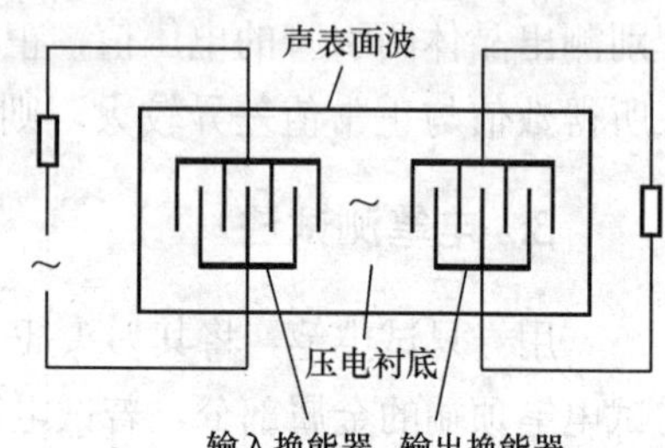

图10-33 声表面滤波器SAWF的结构

声表面滤波器简称 SAWF，其结构如图 10-33 所示。

它是在一块具有压电效应的材料基片上蒸发一层金属膜，然后经光刻，在两端各形成一对梳子形电极构成的，当在输入端换能器的压电材料电极上输入交流信号后，由于压电效应，在电极压电材料表面将产生与外加输入电信号相同频率的机械振动波，该振动波沿着压电材料基片表面，以声音的速度传播。当此机械振动波传播到输出端的换能器时，由于逆压电效应，又通过输出换能器，将机械振动波转换为交流电信号，再由输出电极输出。

目前，几乎所有电视机的中频电路都采用了这种声表面滤波器。它的应用不仅简化了电路结构，减少了分立元件，而且提高了整机参数的一致性和可靠性。彩电用 SAWF 的外形和常用电路符号如图 10-34 所示。

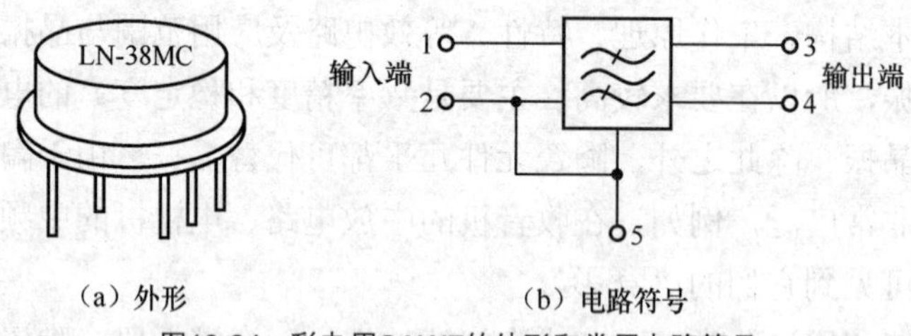

图10-34 彩电用SAWF的外形和常用电路符号

另外，声表面滤波器也常用以下符号，如图 10-35 所示。

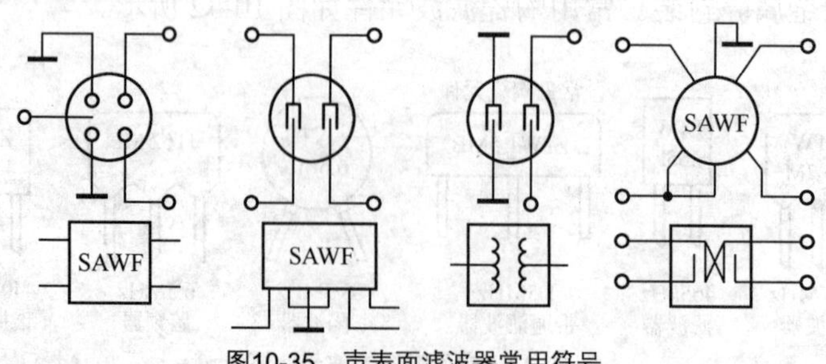

图10-35 声表面滤波器常用符号

2. 声表面滤波器的检测

在电视机中，声表面滤波器处于高频头和中放电路中间，使用时一旦损坏，声像均会受到影响，检测判断声表面滤波器的好坏，通常采用下述方法进行。

将万用表置于R×10k挡，测量SAWF各引脚间的电阻值，对于性能良好的SAWF，其两个输入端1和2、两个输出端3和4以及两个输入端和两个输出端之间的电阻值均应为无穷大；除了2脚与5脚都与金属外壳相连，二者相通外，其他各脚与屏蔽极5脚之间的电阻值也应为无穷大。如果测量结果与上述规律不相符，则说明器件存在故障。

10.4.3 陶瓷滤波器和陶瓷陷波器

1. 陶瓷滤波器和陶瓷陷波器的特性

陶瓷滤波器是用钛酸铅、锆酸铅等材料制成的。它具有机电耦合系数大、温度系数小、稳定性好、机械 Q 值很高等特点，它实质上是利用陶瓷材料的压电效应将电信号转换为机械振动，在输出端再将机械振动转化为电信号输出。由于机械振动对频率响应非常敏锐，它的 Q 值很高。

陶瓷滤波器有二极型和三极型两种类型，其外形、电路符号如图10-36所示。

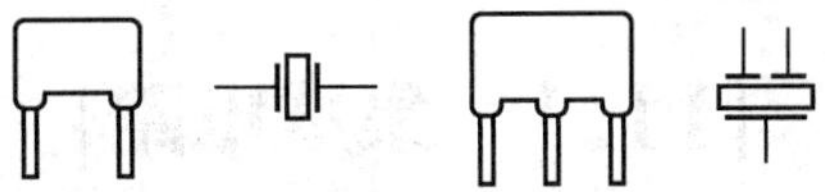

图10-36 陶瓷滤波器外形和电路符号

陶瓷陷波器也有二端和三端两种规格，外形、电路符号和陶瓷滤波器十分相似，电路符号如图10-37所示。

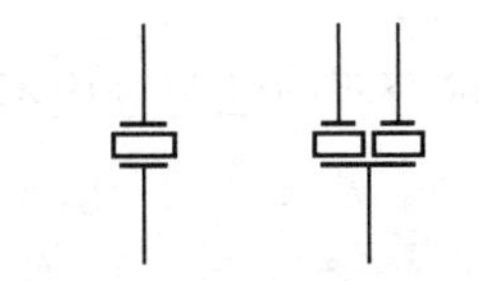

图10-37 陶瓷陷波器电路符号

陶瓷滤波器和陶瓷陷波器主要应用于电视机和收音机电路中，常用的主要有3种：6.5MHz带通滤波器、6.5MHz陷波器和4.43MHz陷波器。

2. 陶瓷滤波器和陶瓷陷波器的检测

将陶瓷滤波器或陶瓷陷波器从电路板上焊下，用万用表R×10k挡进行测量，无论是三端器件还是二端器件，其引脚间的电阻值均应为无穷大。如果测出某两引脚间阻值不为无穷大甚至为零，则说明被测器件内部电极间有漏电或短路性故障。注意，对于开路性故障，如内部引线断裂或电极镀银层脱落，用万用表电阻挡是无法检测的，需用替代法进行试验判断。

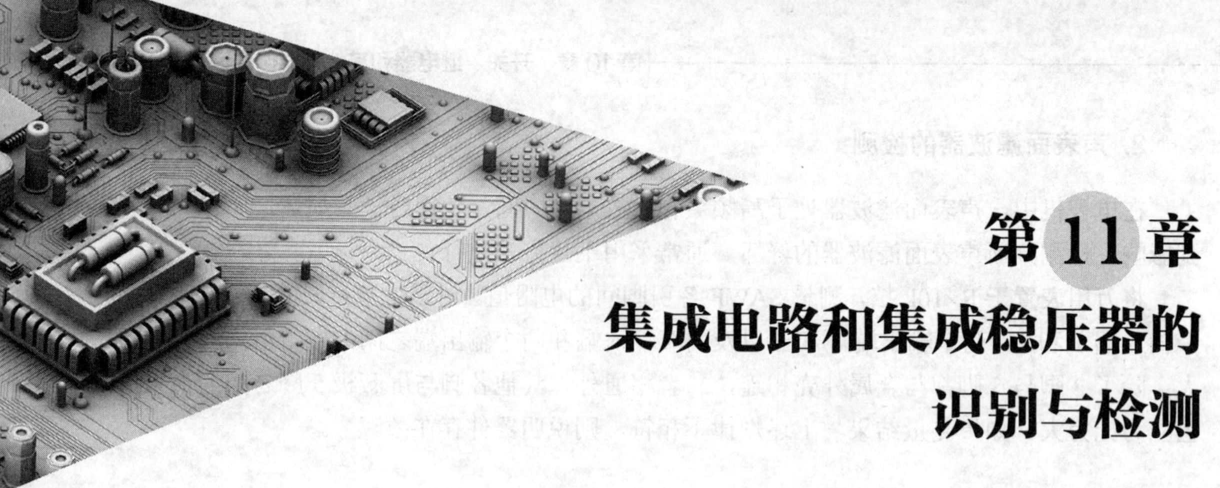

第11章 集成电路和集成稳压器的识别与检测

集成电路（英文缩写是IC）是相对分立元器件而言的，将一些分立元器件、连接导线通过一定的工艺集中制作在陶瓷、玻璃或半导体基片上，再将整个电路封装起来，成为一个能够完成某一特定电路功能的整体，这就是集成电路。集成稳压器是使输出电压稳定的器件，当输入电压或负载变化时，通过内部自动调整，可输出稳定的电压。本章主要介绍集成电路和常用集成稳压器的一些基础知识，如分类、识别、检测等。

11.1 集成电路

11.1.1 集成电路的分类

集成电路的品种相当多，按不同的分类方法可分成不同的集成电路，一般有以下几种分类方法：

1. 按功能分

按功能分类可分为模拟和数字集成电路，其功能不同可分为模拟集成电路和数字集成电路两大类。

（1）模拟集成电路

模拟集成电路是用来产生、放大和处理各种模拟电信号，所谓模拟信号是指幅度随时间连续变化的信号。例如，人对着话筒讲话，话筒输出的音频电信号就是模拟信号；收音机、音响设备及电视机中接收、放大的音频信号、电视信号，也是模拟信号。人们往往把模拟集成电路称做线性集成电路，这是由于早期的模拟集成电路几乎都属于线性电路的缘故。现在广义地把除数字集成电路以外的集成电路统称为模拟集成电路，模拟集成电路主要包括以下几种。

——集成运算放大器：运算放大器实际上是一种高放大倍数的直流放大器。当它配置适当的反馈电路后，能对信号进行加法、减法、乘法、除法、积分、微分、对数、反对数等运算，习惯上称它为运算放大器。它是模拟集成电路中应用最广泛的一种。

——集成稳压器：与分立元件构成的稳压器相比，集成稳压器具有性能稳定、可靠、使用方便等优点，发展十分迅速，是模拟集成电路的主要产品之一。

——电子设备中的模拟集成电路：这类模拟集成电路，主要用来对信号进行放大、变频、检波、鉴频、鉴相等。内电路中的基本单元电路是差分电路和双差分电路。随着家用电器的日新月异，这部分模拟集成电路的发展异常迅速，特别是电视机、显示器、摄录像机用模拟集成电路，社会需求量极大，它已成为模拟集成电路中极其重要的一支。

——模/数（A/D）及数/模（D/A）转换器集成电路：这类集成电路既有模拟集成电路的功能，如缓冲放大、模拟开关、基准电源等，又有数字电路的功能，如寄存器、计数器等。在自动化控制中应用极多，特别是随着微型计算机的推广使用，模/数及数/模转换器作为一个外部接口电路，得到了迅速的发展，它已成为模拟集成电路中的一个重要方面。

——其他模拟集成电路：主要包括信号发生器、缓冲器电路等。

（2）数字集成电路

数字集成电路是用来产生、放大和处理各种数字电信号。所谓数字信号是指在时间上和幅度上离散取值的信号。例如，电报电码信号，按一下电键，产生一个电信号。按电键是不连续的，因而产生的电信号也是不连续的，这种不连续的电信号，一般叫做电脉冲或脉冲信号；计算机中运行的信号同样是脉冲信号，但这些脉冲信号均代表着确切的数字，因而又叫做数字信号。在电子技术中，通常又把模拟信号以外的非连续变化的信号，统称为数字信号，数字集成电路主要包括以下几种。

——TTL 集成电路：主要有 54/74 系列标准 TTL、高速型 TTL（H-TTL）、低功耗型 TTL（L-TTL）、肖特基型 TTL（S-TTL）、低功耗肖特基型 TTL（LS-TTL）5 个系列。

——CMOS 集成电路：这类集成电路是互补对称金属氧化物半导体集成电路的英文缩写，电路的许多基本逻辑单元都是用增强型 PMOS 场效应管和增强型 NMOS 场效应管按照互补对称的形式连接的，这些基本逻辑单元电路在稳定的逻辑状态下总是一个管子截止，一个管子导通，流经电路的电流截止晶体管的沟道泄漏电流，因此，静态功耗很小，目前，CMOS 集成电路主要分为 4000/4500 系列。

——ECL 集成电路：ECL 集成电路即发射极耦合集成电路，它是一种非饱和型数字逻辑电路，并消除了限制速度提高的晶体管存储时间，因此速度很快。由于 ECL 电路具有速度快、逻辑功能强、噪声低、引线串扰小、自带参考源等优点，所以广泛应用于高速大型计算机、数字通信系统、高精度测试设备、频率合成等方面。

——其他数字集成电路：主要包括存储器、微处理器、外围接口电路等。

2. 按制作工艺分

按制作工艺不同，可分为半导体集成电路和膜集成电路两大类。

（1）半导体集成电路

半导体集成电路是采用半导体工艺技术，在硅基片上制作包括电阻、电容、三极管、二极管等元器件并具有某种电路功能的集成电路。

（2）膜集成电路

膜集成电路是在玻璃或陶瓷片等绝缘物体上，以“膜”的形式制作电阻、电容等无源器件，无源元件的数值范围可以作得很宽，精度可以作得很高，但目前的技术水平尚无法用“膜”的形式制作晶体二极管、三极管等有源器件，因而使膜集成电路的应用范围受到很大的限制。在实际应用中，多半是在无源膜电路上外加半导体集成电路或分立元件的二极管、三极管等有源器件，使之构成一个整体，这便是混合集成电路。根据膜的厚薄不同，膜集成电路又分为厚膜集成电路（膜厚为 1～10μm）和薄膜集成电路（膜厚为 1μm 以下）两种。

3. 按集成度高低分

按集成度高低不同，可分为小规模、中规模、大规模及超大规模集成电路 4 类。对模拟集成电路，由于工艺要求较高、电路又较复杂，所以一般认为集成 50 个以下元器件为小规模集成电路，集成 50～100 个元器件为中规模集成电路，集成 100 个以上的元器件为大规模集成电路；对数字集成电路，一般认为集成 1～10 个等效门（片）或 10～100 个元件（片）为小规模集成电路，集成 10～100 个等效门（片）或 100～1000 个元件（片）为中规模集成电路，集成 10^2～10^4 个等效门（片）或 10^3～10^5 个元件（片）为大规模集成电路，集成 10^4 以上个等效门（片）或 10^5 以上个元件（片）为超大规模集成电路。

4. 按导电类型分

按导电类型不同，分为双极型集成电路和单极型集成电路两类。前者频率特性好，但功耗较大，而且制作工艺复杂，绝大多数模拟集成电路以及数字集成电路中的 TTL、ECL 型属于这一类；后者工作速度低，但输入阻抗高、功耗小、制作工艺简单、易于大规模集成，其主要产品为 CMOS 型集成电路。

11.1.2 集成电路的主要技术参数

集成电路的技术参数主要分为电参数和极限参数两大类。

1. 电参数

各种用途的集成电路的电参数的具体项目是不一样的，最基本的有以下几项（通常是在典型直流工作电压下测量）。

（1）静态工作电流

静态工作电流是指不给集成电路信号输入引脚加上输入信号的情况下，电源引脚回路中的直流电流，这一参数对检修集成电路故障具有重要的意义。通常，集成电路的静态工作电流均给出典型值、最小值、最大值。这一电参数对修理故障中的故障判断是有益的，如果此时集成电路的直流工作电压正常，且集成电路的接地引脚可靠接地，当测得集成电路静态电流大于或小于它的最大值、最小值时，说明集成电路发生了故障。

（2）增益

增益是指集成电路放大器的放大能力，通常标出开环增益和闭环增益两项，也分别给出典型值、最小值、最大值 3 项指标。在常规检修手段下（只有万用表一件检测仪表），无法测量集成电路的增益，只有使用专门的仪器才能进行增益测量。

（3）最大输出功率

最大输出功率是指在信号失真度为一定值时（通常为 10%），集成电路输出引脚所输出的电信号功率，一般也分别给出典型值、最小值、最大值 3 项指标，这一参数主要针对功率放大器集成电路，当集成电路的输出功率不足时，某些引脚上的直流工作电压也会出现变化，通过测量发现集成电路上的引脚直流电压异常，就能发现故障部位。

2. 极限参数

集成电路的极限参数主要有下列几项。

（1）电源电压

电源电压是指可以加在集成电路电源引脚与地端引脚之间直流工作电压的极限值，使用中不能超过此值，否则将会损坏集成电路。

（2）功耗

功耗是指集成电路所能承受的最大耗散功率，主要用于功率放大器集成电路。

（3）工作环境温度

工作环境温度是指集成电路在工作时的最低和最高环境温度。

（4）储存温度

储存温度是指集成电路在储存时的最低和最高温度。

11.1.3　集成电路的外形和符号识别

1. 集成电路的外形

常用集成电路的外形如图 11-1 所示。

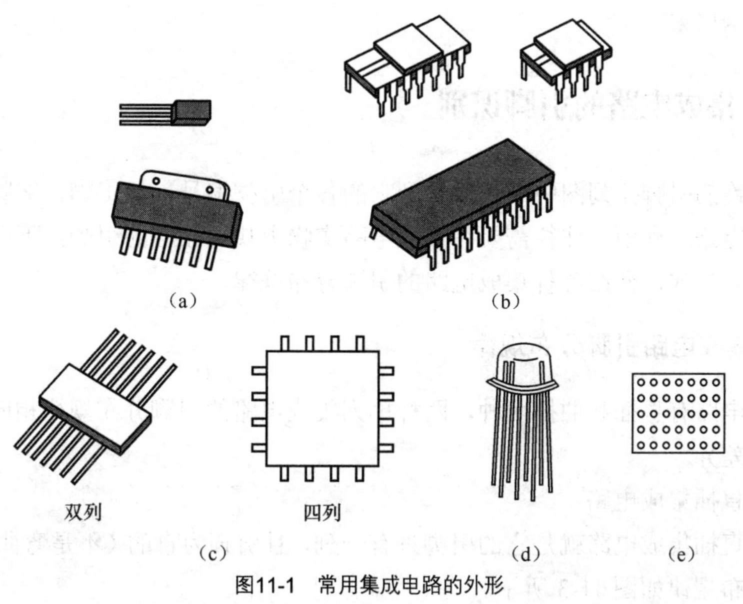

图11-1　常用集成电路的外形

图 11-1（a）是单列的集成电路，所谓单列是指集成电路的引脚只有一列（单列集成电路的外形还有许多种），图 11-1（b）是双列直插的集成电路，它的引脚分成两列对称排列，双列集成电路产品最为常见，图 11-1（c）是双列和四列扁平封装（又称 QFP 封装）的集成电路，四列扁平封装引脚分成四列对称排列，每一列的引脚数目相等，集成度高的集成电路，贴片式集成电路和数字集成电路常采用这种引脚排列方式，图 11-1（d）是金属外壳的集成电路，它的引脚分布呈圆形，现在这种集成电路已较少见到，图 11-1（e）是栅格阵列引脚封装的集成电路，又称 BGA 封装。

2. 集成电路的符号

集成电路的文字符号通常用 IC 表示，IC 是英文 Integrated Circuit 的缩写，在国产电器的电路图中，还有用 JC 表示的，集成电路的电路符号比较复杂，变化也比较多，图 11-2 是集成电路的几种电路符号。

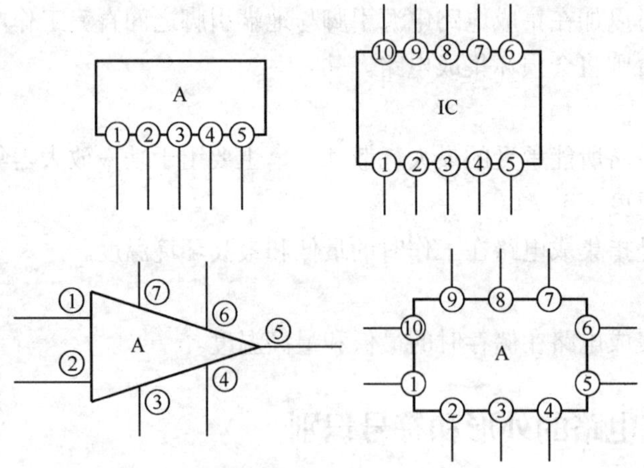

图11-2 集成电路的电路符号

集成电路的电路符号所表达的具体含义很少，这一点不同于其他电子元器件的电路符号，通常只能表达这种集成电路有几根引脚，至于各个引脚的作用、集成电路的功能等，电路符号中均不能表示出来。

11.1.4 集成电路的引脚识别

在集成电路的引脚排列图中，可以看到它的各个引脚编号，如①脚、②脚、③脚等，检修、更换集成电路过程中，往往需要在集成电路实物上找到相应的引脚，下面这里根据集成电路的不同封装形式，介绍各种集成电路的引脚分布规律。

1. 单列集成电路引脚分布规律

单列集成电路有直插和曲插两种，两种单列集成电路的引脚分布规律相同，但在识别引脚号时则有所差异。

（1）单列直插集成电路

所谓单列直插集成电路就是它的引脚只有一列，且引脚为直的（不是弯曲的），这类集成电路的引脚分布规律如图 11-3 所示。

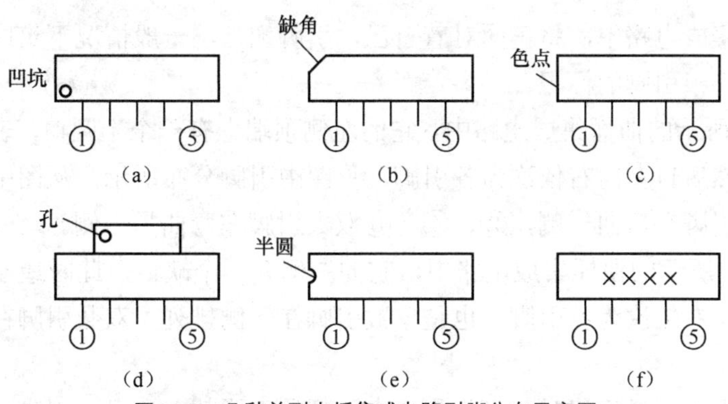

图11-3　几种单列直插集成电路引脚分布示意图

在单列直插集成电路中，一般都有一个用来指示第一根引脚的标记。图 11-3（a）所示集成电路，正面朝着自己，引脚向下，左侧端有一个小圆坑或其他标记，是用来指示第①脚位置的，即左侧端点的引脚为第一根引脚，然后依次从左向右为各引脚。

图 11-3（b）所示集成电路的左侧上方有一个缺角，说明左侧端点第一根引脚为①脚，依次从左向右为各引脚。

图 11-3（c）所示集成电路左侧有一个色点，用色点表示第一根引脚的位置，也是从左向右依次为各引脚。

图 11-3（d）所示集成电路，在散热片左侧有一个小孔，说明左侧端第一根引脚为①脚，依次从左向右为各引脚。

图 11-3（e）所示集成电路中左侧有一个半圆缺口，说明左侧端第一根引脚为①脚，依次从左向右为各引脚。

在单列直插集成电路中，会出现图 11-3（f）所示集成电路，在外形上无任何第一根引脚的标记，此时可将印有型号的一面朝着自己，且将引脚朝下，则最左端为第一根引脚，依次为各引脚。

根据上述几种单列直插集成电路引脚分布规律，除图 11-3（f）所示集成电路外（这种情况很少见），其他集成电路都有一个较为明显的标记（缺角、孔、色点等）来指示第一根引脚的位置，而且都是自左向右依次为各引脚，这是单列直插集成电路的引脚分布规律，以此规律可以很方便地识别各引脚号。

（2）单列曲插集成电路

单列曲插集成电路的引脚也是呈一列排列的，但引脚不是直的，而是弯曲的，即相邻两根引脚弯曲方向不同，图 11-4 是几种单列曲插集成电路的引脚分布规律示意图。

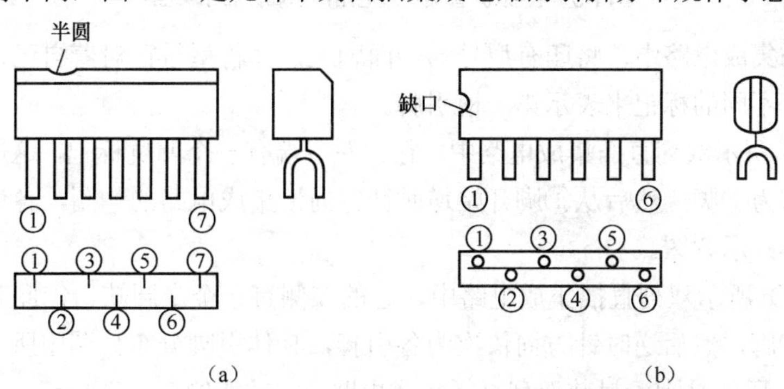

图11-4　几种单列曲插集成电路的引脚分布规律示意图

在单列曲插集成电路中，将正面对着自己，引脚朝下，一般情况下集成电路的左边也有一个用来指示第一根引脚的标记。

图 11-4（a）所示的曲插集成电路中，它的左侧顶端上有一个半圆口，表示左侧端点第一根引脚为①脚，然后自左向右依次为各引脚，见图中引脚分布所示，从图中可以看出，①、③、⑤、⑦单数引脚在弯曲一侧，②、④、⑥双数引脚在弯曲另一侧。

图 11-4（b）所示的曲插集成电路中，它的左侧有一个缺口，此时最左端引脚为第一根引脚①脚，自左向右依次为各引脚，也是单数引脚在一侧排列，双数引脚在另一侧排列，见图中引脚分布所示。

当集成电路上无明显标记时，可将集成电路型号一面朝着自己，引脚向下，然后最左侧第一根引脚是集成电路的①脚，从左向右依次为各引脚，且也是单数的引脚在一侧，双数引脚在另一侧。

2. 双列集成电路引脚分布规律

双列直插集成电路是使用量最多的一种集成电路，这种集成电路的外封装材料最常见的是塑料，也可以是陶瓷，集成电路的引脚分成两列，两列引脚数相等，引脚可以是直插的，也可以是贴片式的。

图 11-5 是 4 种双列直插集成电路的引脚分布示意图。

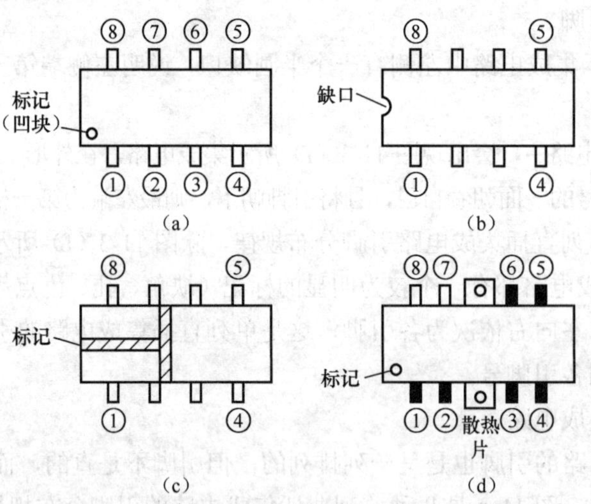

图11-5　4种双列直插集成电路的引脚分布示意图

在双列直插集成电路中，将印有型号的一面朝上，并将型号正对着自己，这时集成电路的左侧下方会有不同的标记来表示第一根引脚。

图 11-5（a）所示双列直插集成电路中，它的左下端有一个凹坑标记，这用来指示左侧下端点第一根引脚为①脚，然后从①脚开始逆时针方向沿集成电路的一圈，各引脚依次排列，见图中的引脚排列示意图。

图 11-5（b）所示双列直插集成电路中，它的左侧有一个半圆缺口，此时左侧下端点的第一根引脚为①脚，然后逆时针方向依次为各引脚，具体引脚分布见图中所示。

图 11-5（c）所示是陶瓷封装双列直插集成电路，它的左侧有一个标记，此时左下方第一

根脚为①脚，然后逆时针方向依次为各引脚，见图中引脚分布所示。注意，如果将这一集成电路的标记放到右边时，引脚识别方向就错了。

图 11-5（d）所示双列直插集成电路中，它的引脚被散热片隔开，在集成电路的左侧下端有一个黑点标记，此时左下方第一根引为①脚，也是逆时针方向依次为各引脚（散热片不算）。

图 11-6 所示是无引脚识别标记的双列直插集成电路。

它无任何明显的引脚识别标记，此时可将印有型号的一面朝着自己正向放置，则左侧下端第一个引脚为①脚，逆时针方向依次为各引脚，参见图中引脚分布。

3. QFP 封装四列集成电路引脚分布规律

四列集成电路的引脚分成四列，且每列的引脚数相等，所以这种集成电路的引脚是 4 的倍数。四列集成电路常见于贴片式集成电路和大规模集成电路和数字集成电路中，图 11-7 是四列集成电路引脚分布示意图。

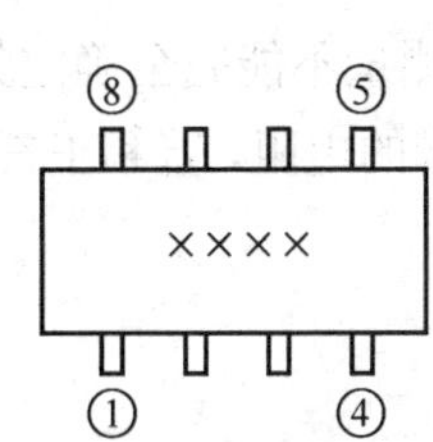

图11-6　无引脚识别标记的双列直插集成电路

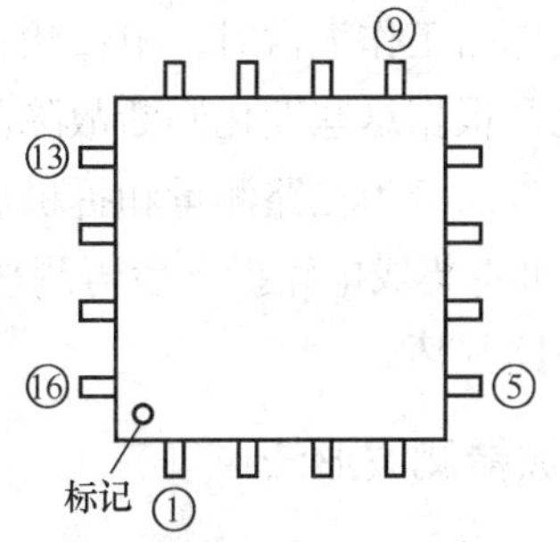

图11-7　四列集成电路引脚分布示意图

将四列集成电路正面朝上，且将型号朝着自己，可见集成电路的左下方有一个标记，左下方第一根引脚为①脚，然后逆时针方向依次为各引脚。如果集成电路左下方没有这一识别标记，也是将集成电路如同图示一样放好，将印有型号面朝上，且正向面对自己。此时左下角的即为①脚。

4. BGA 封装的集成电路引脚分布规律

BGA 封装的集成电路的管脚由于在集成电路的肚皮底下，如图 11-8 所示，其管脚不能像其他封装的集成电路那样进行定义，其定义方法是：从左上角开始，行用英文字母 A、B、C……表示，列用数字 1、2、3……表示，用行和列的组合来表示管脚，如 A2、B3 等。

图11-8　BGA集成电路

11.1.5 集成电路的检测

对于集成电路的质量检测，应了解它在电路中的作用、各管脚的电气参数与其他元件的相互关系等，有的放矢地采取必要的手段来进行检测。

1. 电压测量法

电压检查法是检查集成电路最为有效和常用的检查手段，电子线路在正常工作时，电路中各点的工作电压表征了一定范围内元器件、电路的工作情况，当出现故障时相关部位的测试点工作电压必然发生改变。电压检查法运用万用表，查出这一电压异常情况，并根据电压的变异情况和电路工作原理做出推断，即可找出具体的故障原因和部位。由于电压检查法是并联测量，无须变动电路，所以操作起来相当方便。

2. 电阻检查法

当集成电路工作失常时，阻值状态会发生变化，如阻值变大、变小等，电阻检查法要查出这些变化，根据这些变化判断故障部位。

电阻检查法分为在路测量和拆机后测量两种方法，当在路测量不能完全确定集成电路损坏时，此时可将集成电路拆下后再测量集成电路各引脚对接地脚的电阻，若和正常值不一致，说明集成电路损坏。

3. 示波器测波形法

所谓逻辑分析法，是指若怀疑某一集成电路有问题，可先用示波器测量该集成电路的输入信号是否正常，再测量集成电路的输出信号是否正常，若有输入而无输出，在供电正常、外围元件正常的情况下，可断定集成电路损坏。

4. 排除法

维修中若判断某一部分电路（包含有集成电路）有故障，可先检测此部分电路的分立元件是否正常，若分立元件正常，则说明集成电路有问题，应考虑更换集成电路。此法不需要集成电路的参考资料，而且不必了解内部工作原理，在维修中经常使用。

5. 代换法

维修中若判断集成电路有故障，可将集成电路拆卸下来，用正常的更换上，如果正常，说明集成电路损坏。

11.2 集成稳压器

11.2.1 78××系列三端固定正压集成稳压器

集成稳压器是指将功率调整管、取样电阻、基准电压、误差放大、启动及保护电路等全部集成在一块芯片上，具有特定输出电压的稳压集成电路。集成电路稳压器具有稳定性能好、输出电压纹波小、成本低廉等优点，在家用电器及电子设备的电源电路中应用十分广泛。

集成稳压器中，78××系列应用最为广州泛。

1. 78××系列集成稳压器的特性

78××系列三端固定正压集成稳压器已经成为世界通用系列产品，国外产品有美国 NC 公司的 LM78××、日电公司的 μPC78××等多种型号，我国的产品则以 W78××系列表示，表 11-1 是 78××系列产品国内外型号照表。

表 11-1　78××系列集成稳压器国内外型号对照表

国内型号	主要参数	国外产品对应型号
W7805	V_o=5V　I_o=1.5A	LM7805　μA7805
W7806	V_o=6V　I_o=1.5A	LM7806　μA7806
W7808	V_o=8V　I_o=1.5A	LM7808　μA7808
W7810	V_o=10V　I_o=1.5A	LM7810　μA7810
W7812	V_o=12V　I_o=1.5A	LM7812　μA7812
W7815	V_o=15V　I_o=1.5A	LM7815　μA7815
W7818	V_o=18V　I_o=1.5A	LM7818　μA7818
W7824	V_o=24V　I_o=1.5A	LM7824　μA7824
W78L05	V_o=5V　I_o=100mA	LM78L05 μA78L05
W78L06	V_o=6V　I_o=100mA	LM78L06 μA78L06
W78L09	V_o=9V　I_o=100mA	μA78L09
W78L10	V_o=10V　I_o=100mA	LM78L10 μA78L10
W78L12	V_o=12V　I_o=100mA	LM78L12 μA78L12
W78L15	V_o=15V　I_o=100mA	LM78L15 μA78L15
W78L18	V_o=18V　I_o=100mA	LM78L18 μA78L18
W78L24	V_o=24V　I_o=100mA	LM78L24 μA78L24
W78M05	V_o=5V　I_o=500mA	LM78M05 μA78M05
W78M06	V_o=6V　I_o=500mA	LM78M06 μA78M06
W78M08	V_o=8V　I_o=500mA	LM78M08 μA78M08
W78M09	V_o=9V　I_o=500mA	801V9
W78M10	V_o=10V　I_o=500mA	LM78M10 μA78 M10
W78M12	V_o=12V　I_o=500mA	LM78M12 μA78M12
W78M15	V_o=15V　I_o=500mA	LM78M15 μA78M15
W78M18	V_o=18V　I_o=500mA	LM78M18 MC78M18
W78M24	V_o=24V　I_o=500mA	LM78M24 μA78M24

78××系列三端固定正压集成稳压器的特点是体积小、性能优良、保护功能完善、可靠性高、成本低廉、使用简便、无需调试等。常见外形如图 11-9 所示。

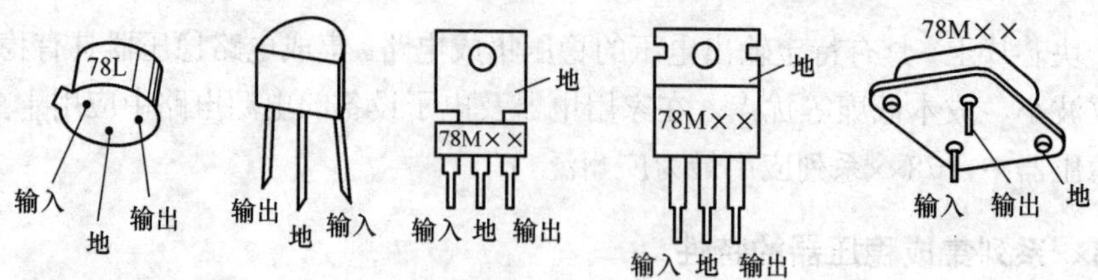

图11-9　78××系列产品的外形

2. 78××系列集成稳压器的应用

78××系列产品的原理框图如图 11-10 所示。

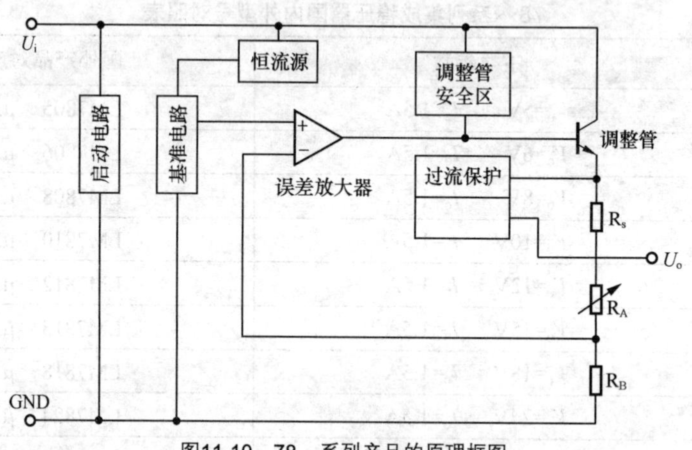

图11-10　78××系列产品的原理框图

它是由启动电路、基准电路、误差放大器、调整管及过流、过热保护电路组成。78××稳压器的典型应用电路如图 11-11 所示。

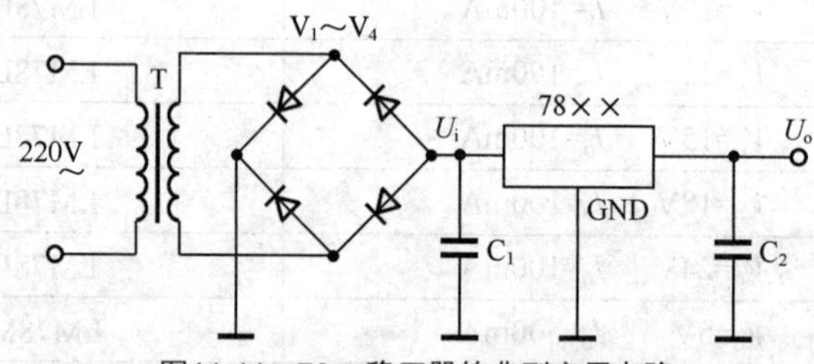

图11-11　78××稳压器的典型应用电路

220V 交流电经变压器降压，再经桥式整流、滤波后，加到 78××稳压器的输入端（V_i），从输出端便可输出稳定的标称直流电压（V_o），电容 C_1 既可用来减小 V_1 的纹波，又有抑制输入端瞬态过电压的作用，输出端的电容 C_2 能改善负载的瞬态响应。

另外，用几块三端固定集成稳压电路并联的方法还可以用来扩大输出电流。例如，如果需要一个能输出 1.5A 以上电流的稳压电源，最简单、实用的办法是把两块或几块集成稳压器并联起来使用，其最大输出电流为 N×1.5A（N 为并联的集成稳压器的个数），图 11-12 是一个能输出 2A 电流的稳压电源的电路图。

电路中，由于两块集成稳压器的参数不完全一致，必须使用两只二极管相互隔离（如图 11-12 所示），D_3 的作用是提升稳压块的低电位，以保证输出电压与原输出一致。

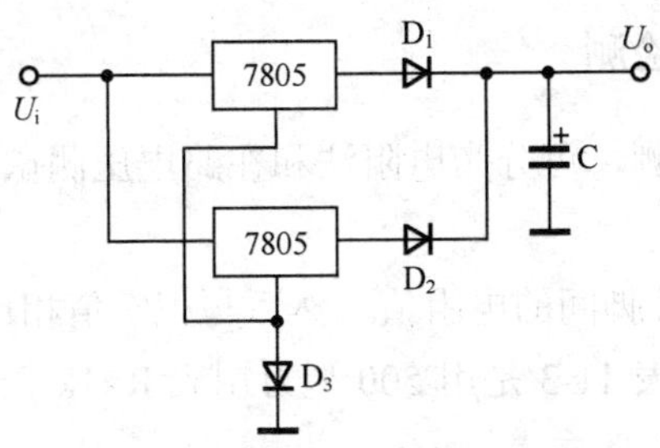

图11-12　三端稳压器的并联使用

3. 78××系列集成稳压器使用注意事项

（1）78××系列集成稳压电路的输入、输出和接地端装错时很容易损坏，需特别注意。同时，在安装时三端集成稳压器的接地端一定要焊接良好，否则在使用过程中，由于接地端的松动，会导致输出端电压的波动，易损坏输出端上的其他电路，也可能损坏集成稳压器。另外，在拆装集成稳压电路时要先断开电源；输出电压大于 6V 的集成稳压电路的输入、输出端需接一保护二极管（二极管正极接输出端，负极接输入端），可防止输入电压突然降低时，输出电容对输出端放电造成集成稳压器的损坏。

（2）正确选择输入电压范围。三端集成稳压电路是一种半导体器件，内部管子有一定的耐压值。为此，变压器的绕组电压不能过高，整流器的输出电压的最大值不能大于集成稳压电路的最大输入电压。7805～7820 的最大输入电压为 35V，7824 的最大输入电压为 40V。由于集成稳压器有一个使用最小压差（输入电压与输出电压的差值）的限制，变压器的绕组电压也不能过低，集成稳压器的最小输入、输出电压差约为 2.5V，一般应使这一压差保持在 6V 左右，表 11-2 给出了几种常见稳压器的主要参数。

表 11-2　　几种常见稳压器的主要参数

稳压器	输出电压（V）	输入电压（V）	最小输入电压（V）	最大输出电压（V）
W7805	05	10	7.5	35
W7806	06	11	8.5	35
W7808	08	14	10.5	35
W7809	09	15	11.5	35
W7810	10	17	12.5	35
W7812	12	19	14.5	35
W7815	15	23	17.5	35
W7818	18	27	20.5	35
W7820	20	29	22.5	35
W7824	24	33	26.5	40

（3）保证散热良好。对于用集成稳压器组成的大功率稳压电源，应在集成稳压电路上安装足够大的散热器，当散热器的面积不够大，而内部调整管的结温达到保护动作点附近时，集成稳压电路的稳压性能将变差。

4. 78××集成稳压器的检测

对 78××集成稳压器的检测，可分为电阻法和在路电压测试法两种。

（1）电阻法

用万用表电阻挡测出各管脚间的电阻值，然后与正常值相比较，若出入较大，则说明被测 78××稳压器性能有问题，表 11-3 是用 500 型万用表 R×1k 挡实测的 7805、7812、7815 和 7824 的电阻值，可供测试时对照参考。

表 11-3　　78××系列稳压器实测电阻值

红表笔所接管脚	黑表笔所接管脚	正常阻值（kΩ）
GND	V_i	15～50
GND	V_o	5～15
V_i	GND	3～6
V_o	GND	3～7
V_o	V_i	30～50
V_i	V_o	4.5～5.5

需要说明的是：78××系列集成稳压器各管脚之间的电阻值随生产厂家不同、稳压值不同以及批号不同均有一定差异，所以在测试时要灵活掌握，具体分析。

（2）在路电压测试法

在路电压测试法就是不必将待测的稳压器从电路上拆下来，直接用万用表的电压挡去测量稳压器的输出端电压是否正常，此法既简单又可靠。测试时，所测输出端电压应在稳压器标称稳压值±5%内，否则，说明稳压器性能不良或已经损坏。

注意事项：在测试时，为了防止发生误判，还应测量一下输入端的电压 V_i，输入端电压应比输出端的标称输出电压高 3V 以上。例如，被测稳压器为 7805（输出 5V），则 V_i应至少为 8V，但不能超过最大值 35V。

另外，对于有些型号字迹不清的 78××稳压器，也可通过测量输出端的电压来确定稳压器的实际稳压值。

11.2.2　79××系列三端固定负压集成稳压器

1. 79××系列集成稳压器的特性

79××系列集成稳压器是固定负压输出的集成稳压器，它的种类与参数基本与 78××系列固定正压输出的集成稳压器相对应，图 11-13 是 79××系列稳压器的外形图。

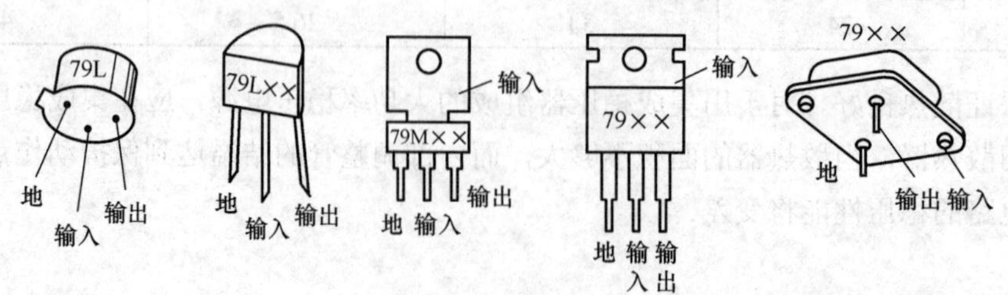

图11-13　79××系列稳压器的外形图

从图中可以看出，79××系列稳压器管脚排列顺序与 78××列稳压器有很大的区别，使用时必须加以注意。

2. 79××系列集成稳压器的应用

79××稳压器的原理框图如图 11-14 所示。

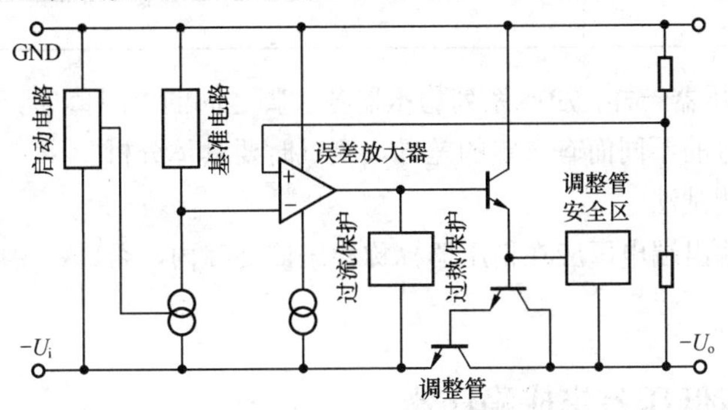

图11-14　79××稳压器的原理框图

79××稳压器的原理与 78××系列产品相似，也是由启动电路、基准电路、误差放大器、调整管及过流、过热保护电路组成。79××系列稳压器的典型应用电路如图 11-15 所示。

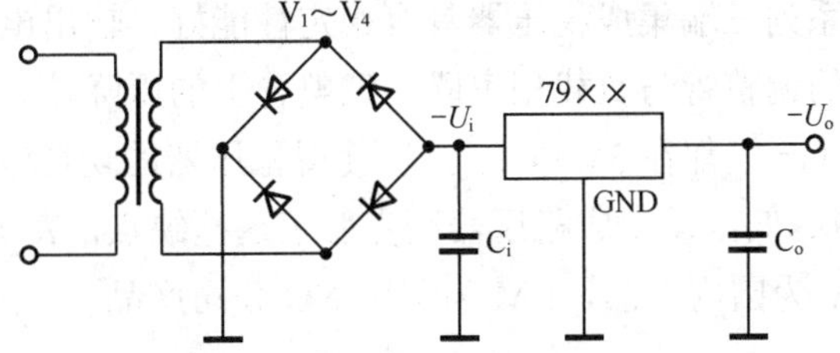

图11-15　79××系列稳压器的典型应用电路

220V 交流市电经变压器降压，再经桥式整流器整流、滤波后，加到 79××稳压器的输入端（$-U_i$），经稳压后在输出端便可输出稳的标称直流电压。

注意事项：使用 79××系列稳压器需注意的事项，除了与 78××系列产品的使用注意事项相同的几点外，还应特别注意，部分 79××外壳为负电压的输入端，不得与机器的机壳相连通，加装散热器时，散热器也必须与机器可靠绝缘。

3. 79××系列集成稳压器的检测

79××系列集成稳压器的检测方法与检测 78××稳压器相似，也有两种检测方法。

（1）电阻法

用万用表测出 79××稳压器各管脚间的电阻值并与正常值相比，可判断稳压器正常与否。表 11-4 是用 500 型万用表实测的 7905、7912、7924 型稳压器管脚间的正常电阻值，可供检测时对照参考。

表 11-4　实测 79××系列稳压器的电阻值

红表笔所接管脚	黑表笔所接管脚	正常阻值（kΩ）
GND	$-V_i$	4～5
GND	$-V_o$	2.5～3.5

（续表）

红表笔所接管脚	黑表笔所接管脚	正常阻值（kΩ）
$-V_i$	GND	14.5～16
$-V_o$	GND	2.5～3.5
$-V_o$	$-V_i$	4～5
$-V_i$	$-V_o$	18～22

与 78××系列稳压器一样，79××系列稳压器各管脚之间的电阻值也随生产厂家的不同、电压值的不同以及批号的不同而有一定的差异，测试时要具体分析。

（2）在路电压测试法

测试时，所测输出端电压应在稳压器标称稳压值±5%内，否则，说明稳压器性能不良或已经损坏。

11.2.3　29××低压差集成稳压器

1. 29××低压差集成稳压器的特性

虽然 78××和 79××系列三端集成稳压器具有稳定性能好、输出电压纹波小、成本低廉等突出优点，但由于它们的调整管与负载相串联，调整管上的压降较大，在工作时，输入与输出之间的电压差值较大（一般都在 3V 以上），这使得稳压器的功耗较高，效率相对变低，一般为 30%～45%，而 29××低压差集成稳压器则克服了这些缺点，表 11-5 为 29××系列低压差稳压器的性能指标，CW 为国内产品，LM 为美国 NC 公司产品。

表 11-5　29××系列低压差稳压器的性能指标

型号	输出电流	输出电压	主要特性
CW2930 LM2930	150mA	5V	0.6V 压差，有电池接反、过滤、过热保护
CW2931 LM2931	150mA	5V 连续可调	同上
CW2935 LM2935	750mA	5V 双路	同上
CW2940 LM2940	1.5A	5V，8V	同上

常见 29××系列低压差稳压器的外形如图 11-16 所示。

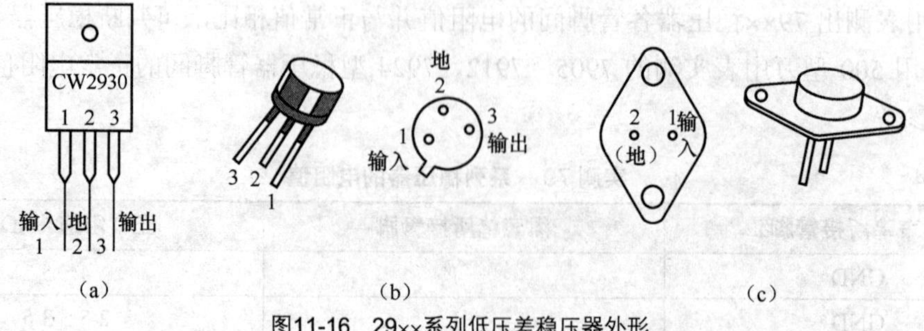

图11-16　29××系列低压差稳压器外形

2. 低压差集成稳压器的应用

低压差集成稳压器的应用电路较简单，如图 11-17 所示。

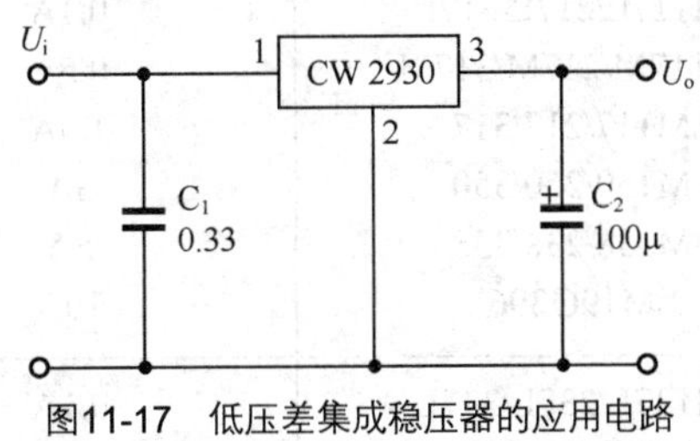

图11-17　低压差集成稳压器的应用电路

图中，U_i 为脉动直流输入电压，U_o 是稳定直流输出电压。C_1 和 C_2 分别为输入、输出滤波电容。

注意事项：低压差集成稳压电路的内部工作电流是随着输出的增加而加大的，并且该工作电流是经 GND 端流入地的，所以，它不能采用在 GND 端和地之间加接一只电阻在小范围内调整输出电压。这就是低压差三端稳压电路与 78 系列三端稳压电路的不同之处，其他注意事项与普通三端集成稳压器基本相同。

3. 29××系列低压差集成稳压器的检测

现以国产 CW2930 低压差集成稳压器为例介绍检测方法。CW2930 的外形和管脚排列如图 11-16（a）所示。检测时可采用测量各管脚间的电阻值来判其好坏。表 11-6 是用 500 型万用表 R×1k 挡实测的 CW2930 稳压器各管脚之间的正常阻值，可供检测时对照参考。

表 11-6　　实测 CW2930 各管脚间电阻值

红表笔所接管脚	黑表笔所接管脚	正常脚值（kΩ）
GND	V_i	24
GND	V_o	4
U_i	GND	5.5
U_o	GND	4
U_o	U_i	32
U_i	U_o	6

另外，也可采用在路电压测试法进行检测，即用万用表直流电压挡测出 CW2930 的实际输出电压值来进行性能优劣的判断。

11.2.4　三端可调集成稳压器

1. 三端可调集成稳压器的特性

三端可调集成稳压器分正压输出和负压输出两种，主要区别如表 11-7 所示。

表 11-7　　三端可调式集成稳压器的种类及区别

类型	产品系列及型号	最大输出电流 I_{OM}	输出电压 V_o
正压输出	LM117L/217L/317L	0.1A	1.2～37V
	LM117M/217M/317M	0.5A	1.2～37V
	LM117/217/317	1.5A	1.2～37V
	LM150/250/350	3A	1.2～33V
	LM138/238/338	5A	1.2～32V
	LM196/396	10A	1.2～15V
负压输出	LM137L/237L/337L	0.1A	−1.2～−37V
	LM137M/237M/337M	0.5A	−1.2～−37V
	LM137/237/337	1.5A	−1.2～−37V

三端可调式集成稳压器有以下几个突出特点。

（1）使用起来非常方便，只需外接两个电阻就可以在一定范围内确定输出电压。

（2）各项性能指标都优于三端固定式集成稳压器。

（3）具有全过载保护功能，包括限流、过热和安全区域的保护，即使调节端悬空，所有的保护电路仍然有效。

总之，三端可调式集成稳压器是一种使用方便、应用广泛的稳压集成电路。表 11-8、表 11-9 和表 11-10 分别列出了几种常用三端可调集成稳压器的主要参数及管脚排列，供应用时参考。

表 11-8　　三端可调正压集成稳压器主要参数（LM117/217/317 系列）

参数＼型号	LM117	LM217	LM317
最大输入电压（V）	40	40	40
输出电压（V）	1.2～37	1.2～37	1.2～37
最大输出电流（A）	1.5	1.5	1.5
电压调整率（%）	0.01	0.01	0.01
电流调整率（%）	0.1	0.1	0.1
最小负载电流（mA）	3.5	3.5	3.5
调整端电压（V）	50	50	50
基准电压（V）	1.25	1.26	1.25
工作温度（℃）	−55～150	−25～−150	0～125
管脚排列	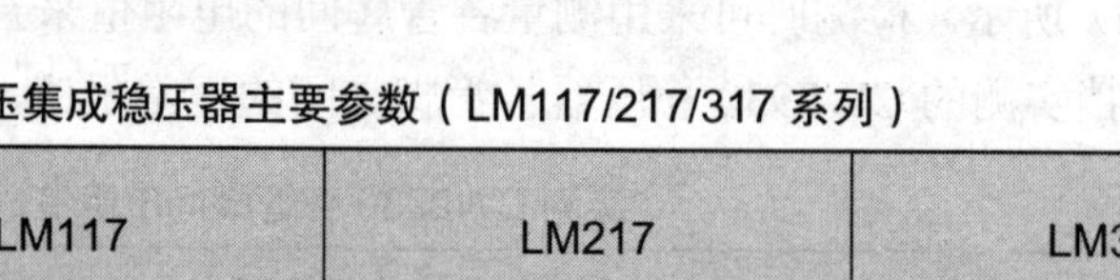 ADJ 调节端；U_i 输入；1 2；U_o（外壳）；TO-3	U_i；2；1 ADJ；3；U_o；TO-39	TO-220 ADJ U_o U_i；TO-222 ADJ U_o U_i

表 11-9　　三端可调正压集成稳压器主要参数（LM138/238/338）

参数＼型号	LM138	LM238	LM338
最大输入电压（V）	35	35	35
输出电压（V）	1.2～32	1.2～32	1.2～32
最大输出电流（A）	5	5	5
电压调整率（%）	0.005	0.005	0.005
电流调整率（%）	0.1	0.1	0.1
最小负载电流（mA）	3.5	3.5	3.5
调整端电流（μA）	45	45	45
基准电压（V）	1.24	1.24	1.24
工作温度（℃）	−55～150	−25～150	0～125
管脚排列	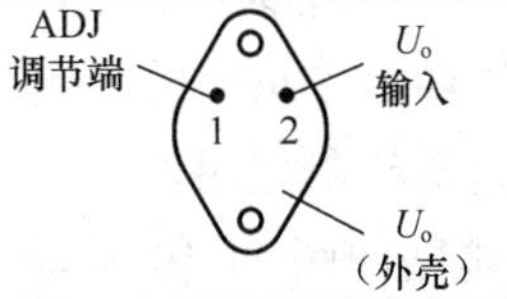 ADJ 调节端 1；2 U_o 输入；U_o（外壳）		

表 11-10　　三端可调负压集成稳压器主要参数（LM137/237/337）

参数＼型号	LM137	LM237	LM337
最大输入电压（V）	−40	−40	−40
输出电压（V）	−1.2～−37	−1.2～−37	−1.2～−37
最大输出电流（A）	1.5	1.5	1.5
电压调整率（%）	0.01	0.01	0.01
电流调整率（%）	0.3	0.3	0.3
最小负载电流（mA）	2.5	2.5	2.5
调整端电流（μA）	65	65	65
基准电压（V）	−1.25	−1.25	−1.25
工作温度（℃）	−55～150	−25～150	0～125
管脚排列	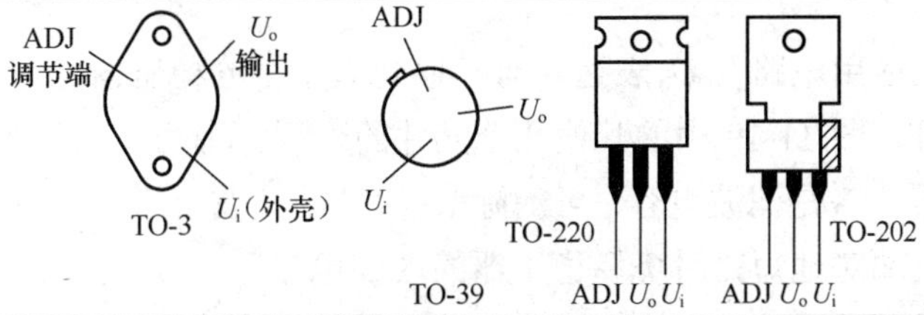 TO-3：ADJ 调节端；U_o 输出；U_i（外壳） TO-39：ADJ；U_o；U_i TO-220：ADJ U_o U_i TO-202：ADJ U_o U_i		

2. 三端可调稳压器的原理及使用

现以 LM317 可调集成稳压器为例，简要介绍其工作原理、基本使用方法及注意事项。图 11-18 是 LM317 的内部原理框图。

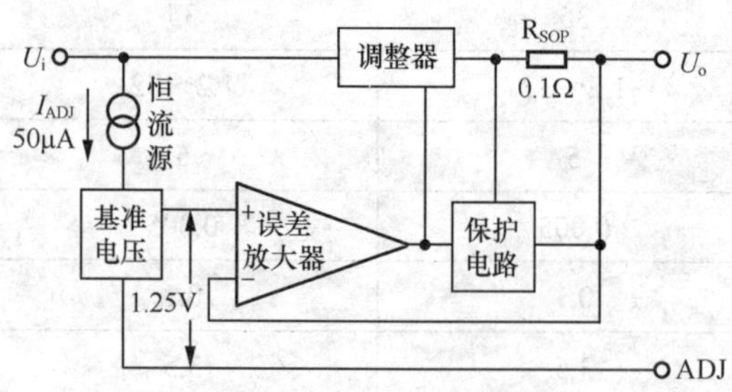

图11-18　LM317的内部原理框图

图中，U_i 为直流电压输端，U_o 为稳压输出端，ADJ 则是调整端。与 78××系列固定三端稳压器相比较，LM317 把内部误差放大器、偏置电路的恒流源等的公共端改接到了输出端，所以，它没有接地端。LM317 内部的 1.25V 基准电压设在误差放大器的同相输入端与稳压器的调整端之间，由电流源供给 50μA 的恒定 I_{ADJ} 调整电流，此电流从调整端（ADJ）流出。R_{SOP} 是芯片内部设置的过流检测电阻。

LM317 的基本应用电路如图 11-19 所示。

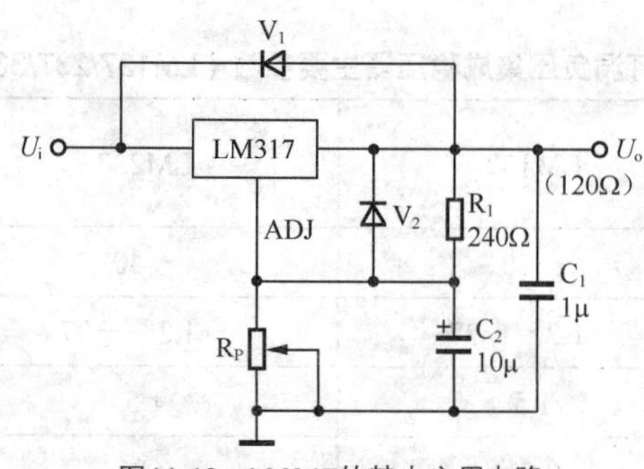

图11-19　LM317的基本应用电路

R_1 为取样电阻，R_P 是可调电阻，当 R_P 调到零时，相当于 R_P 下端接地，此时，U_o＝1.25V。如果将 R_P 下调，随着其阻值的增大，U_o 也不断升高，但最大不得超过极限值 37V。若取 R_1＝120Ω，R_P＝3.4kΩ 或取 R_1=240Ω，R_P=6.8kΩ，能获得 1.25～37V 连续可调的电压调整范围。LM317 输出电压的表达式为：

$$U_o=1.25\left(1+\frac{R_P}{R_1}\right)$$

以上应用电路及 U_o 表达式对其他同类型号的稳压器也同样适用。

此外，图 11-19 中的其他几个元件的作用分别为：C_1 是防自激振荡电容，要求使用 1μF 的钽电容；C_2 是滤波电容，可滤除 R_P 两端的纹波电压；V_1 和 V_2 是保护二极管，可防止输入端及输出端对地短路时烧坏稳压器的内部电路。

注意事项：使用三端可调集成稳压器时，应重点注意以下几点。

（1）防止将管脚接错。无论是测试还是上机安装使用时，均应将各管脚都正确接入电路后方可加电。

（2）输入电压范围选择要正确。稳压器内部晶体管有一定的耐压值，在工作时要保证整流输出的直流脉动电压峰值不大于稳压器允许的最大输入电压。

（3）注意外部接线位置的正确选择。取样电阻 R_1 要接在稳压器的输出端和调节端。稳压器的接地端应接在负载的接地端，而负载的正端则要紧靠稳压器的输出端。

（4）必须外接保护二极管，如图 11-19 中的 V_1 和 V_2，这两只二极管能有效地防止输入、输出端对地短路时损坏稳压器。

（5）大功率使用时，要加适当散热器。

3. 三端可调集成稳压器的检测

与检测 78××系列集成稳压器的方法一样，检测三端可调集成稳压器的方法主要也有两种。

（1）电阻法

用万用表的电阻挡测出稳压器各管脚间的电阻值，并与正常值进行比较，若出入不大，则说被测稳压器性能良好。若管脚间阻值偏离正常值较大，则说明被测稳压器性能不良或已经损坏。表 11-11 是用 500 型万用表 R×1k 挡实测的三端可调集成稳压器典型产品 LM317、LM350、LM338 各管脚间的电阻值，供测试时比较对照参考。

表 11-11　　LM317、350、338 各管脚的电阻值

表笔位置		正常电阻值（kΩ）		
黑表笔	红表笔	LM317	LM350	LM338
U_i	ADJ	150	75～100	140
U_o	ADJ	28	26～28	29～30
ADJ	U_i	24	7～30	28
ADJ	U_o	500	几十至几百	约 1MΩ
U_i	U_o	7	7.5	7.2
U_o	U_i	4	3.5～4.5	4

（2）在路电压测试法

测试时，一边调整 RP，一边用万用表直流电压挡测量稳压器直流输入、输出端电压值。当将 R_P 从最小值调到最大值时，输出电压 U_o 应在指标参数给定的标称电压调节范围内变化，若输出电压不变或变化范围与标称电压范围偏差较大，则说明稳压器已经损或性能不良。

11.2.5　四端、五端集成稳压器

1. PQ 四端稳压器

PQ 系列四端稳压器是 SHARP（夏普）公司生产的一种新型的稳压集成电路，其稳压值与普通三端稳压器相同，后缀的××代表稳压值，后缀名与稳压值对应关系如表 11-12 所示。

表 11-12　　PQ 四端稳压器主要参数

型号	稳压值（V）	输出电流（A）	误差
PQ3RD23	3.3	2	3.0%
PQ05RD21	5	2	3.0%
PQ09RD21	9	2	3.0%
PQ12RD21	12	2	3.0%
PQ05RH1	5	1.5	5%
PQ09RH1	9	1.5	5%
PQ12RH1	12	1.5	5%
PQ05RH11	5	1.5	2.5%
PQ09RH11	9	1.5	2.5%
PQ12RH11	12	1.5	2.5%
PQ3RD13	3.3	1	3.0%
PQ05RD11	5	1	3.0%
PQ09RD11	9	1	3.0%
PQ12RD11	12	1	3.0%

PQ 系列四端稳压器内部电路框图如图 11-20 所示。

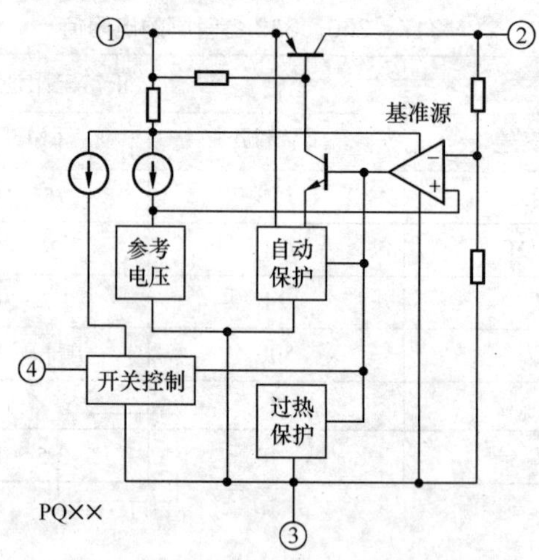

图11-20　PQ系列四端稳压器内部电路框图

这种稳压器有 4 个引脚，其中 3 个引脚的功能与普通三端稳压器相似，另外一个引脚（4 脚）是控制端，当该脚接高电平或者悬空时，稳压器正常输出，当该脚为低电平时，稳压器输出关断，输出电压为零。

PQ 系列四端稳压器典型应用电路如图 11-21 所示。

若该系列稳压器损坏后没有同型号产品替换时，可以采用普通三端稳压器按图 11-22 的电路来代换。效果也很好。

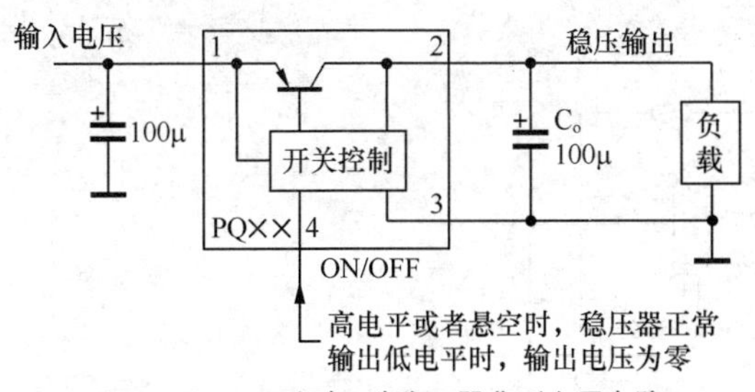

图11-21 PQ系列四端稳压器典型应用电路

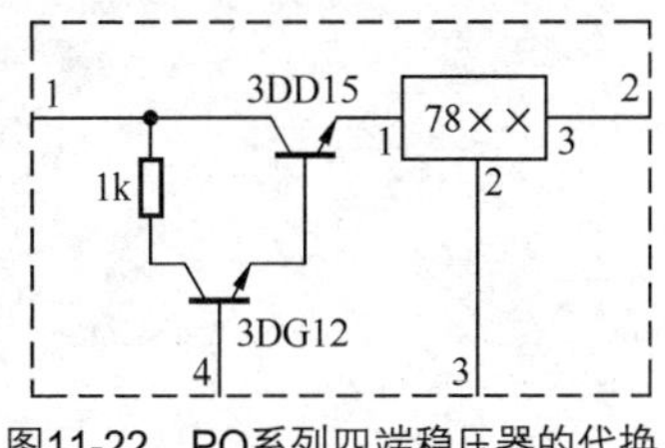

图11-22 PQ系列四端稳压器的代换

2. 五端可调集成稳压器

（1）五端可调集成稳压器特性

CW200 是一种五端可调正压单片集成稳压器。输出电压范围为 2.85～36V，并连续可调。输出最大负载电流为 2A。这种稳压器使用方便，仅用 2 个外接取样电阻，就可以调整到所需要的输出电压值。其特点是稳压器芯片内部设有过流、过热保护和调整管安全工作区保护电路，使用安全可靠。用 CW200 制作的稳压电源，具有较高的参数指标和稳压精度，这种稳压器不但可接成可调式稳压器，还可以接成固定电压输出的稳压器。

CW200 的外形有两种：一种为塑料封装，另一种为金属封装，如图 11-23 所示。

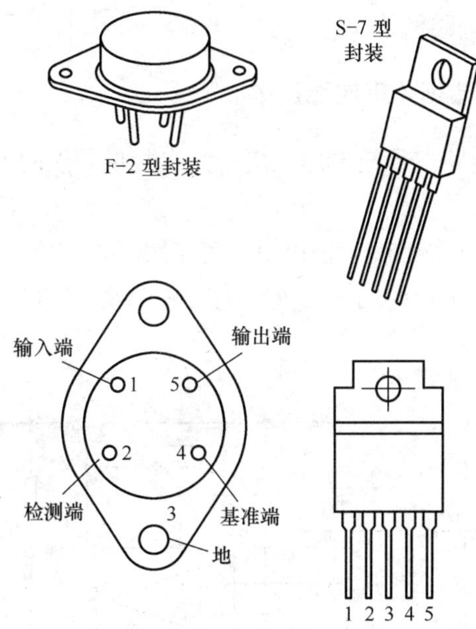

图11-23 CW200的外形

这种稳压器的主要电参数如下：最大输入输出压差为 40V，最小输入输出压差为 2V，电压调整率为 0.05%，电流调整率为 0.15%，纹波抑制比为 60db，静态工作电流为 4.4mA，最大输出电流为 2A。

（2）五端可调集成稳压器的应用

五端可调集成稳压器的基本应用电路如图 11-24 所示。

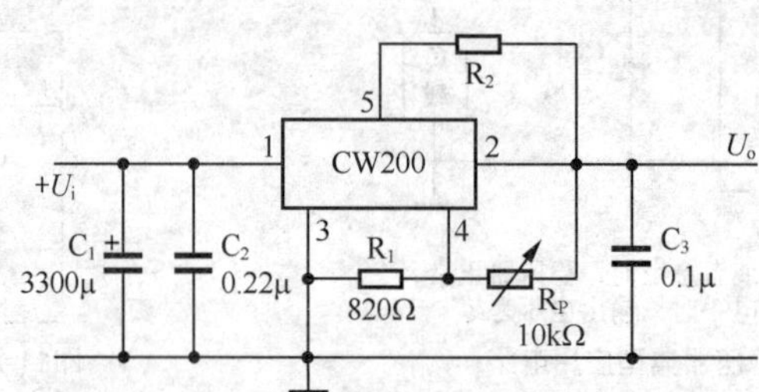

图11-24　五端可调集成稳压器的基本应用电路

这个电路的输出电压由电阻 R_1 与 R_P 确定，调节 R_P 的阻值，输出电压可以从 2.85～36V 连续变化。当 R_1、R_P 确定后，输出电压 U_o 可由公式：

$$U_o=V_{ref}(1+\frac{R_P}{R_1})$$ 得到。

其中，V_{ref} 为电路 4 脚对地的基准电压，标准值为 2.85V。

图中 C_1 为滤波电容，C_2、C_3 称消振电容，为防止器件自激所设。

（3）五端可调集成稳压器的检测

五端可调集成稳压器的检测方法与三端可调稳压器的检测方法相似，也可采用电阻法和在路电压测试法，这里不再重述。

3. 具有复位功能的五端 5V 集成稳压器

一些家用电器的电源电路，还较多地采用了具有复位功能的五端 5V 集成稳压器，下面以 L78MRO5FA 为例说明。

L78MRO5FA 的输出电压为 5V，输出电流为 500mA，内有安全工作保护电路和过热保护电路，且具有复位功能，延迟时间可由外部电容来设置。L78MRO5FA 内部电路框图如图 11-25 所示。

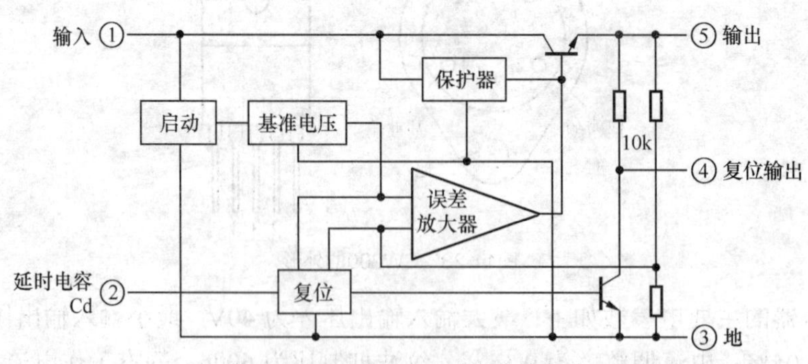

图11-25　L78MRO5FA内部电路框图

检测 L78MRO5FA 时，可以采用电阻法测量管脚间的电阻，然后与正常值进行比较。另外，检测时也可采用在路电压法测量输出电压，典型电压值如表 11-13 所示。

表 11-13　　L78MRO5FA 典型在路电压

引脚	名称	功能	在路电压（V）
1	IN	电压输入	22
2	Cd	外接延时电容	3.7
3	GND	地	0
4	RESET	复位	4.5
5	OUT	稳压输出	5

4. 输出电压可控的五端稳压器

（1）BA 系列五端稳压器

BA 系列五端稳压器是 ROHM（罗姆）公司生产的新型多端稳压器，该系列稳压器主要输出电压有 3.3V、5V、9V 等几种规格，BA 后面的数字代表输出电压，具体型号与输出电压对照表如表 11-14 所示。

表 11-14　　BA 系列型号与输出电压

型号	输出电压（V）
BA033ST/SFP	3.3
BA05ST/SFP	5.0
BA06SFP	6.0
BA07ST/SFP	7.0
BA08ST/SFP	8.0
BA09ST/SFP	9.0
BA10ST	10.0
BA12ST	12.0

BA 系列五端稳压器内部电路框图如图 11-26 所示，引脚功能如表 11-15 所示。

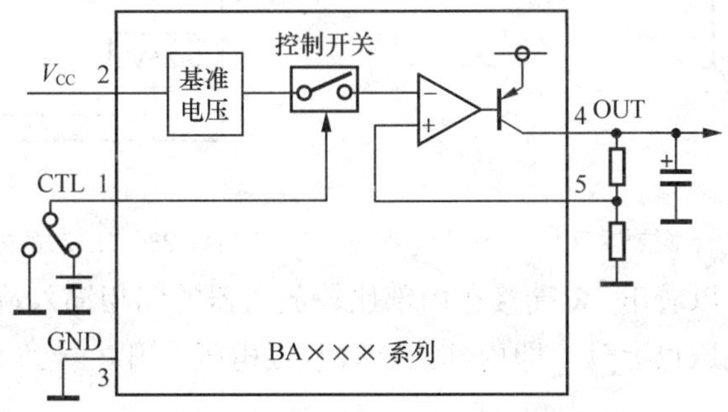

图11-26　BA系列五端稳压器内部电路框图

表 11-15　　BA 系列五端稳压器管脚功能

脚号	脚名	功能
1	CTL	使能控制端，高电平时输出端输出电压，低电平时输出端停止输出
2	Vcc	电源电压输入端
3	GND	接地
4	OUT	稳压输出端
5	C	输出电压调整端（适用于后缀为 AST/ASFP 的型号）
	NC	空（适用于后缀为 ST/SFP 的型号）

BA 系列五端稳压器内部有过热保护电路，当温度超过常温 25℃时，输出功率开始随着温度的升高而下降；当温度超过 125℃时，输出电压下降为 0。该电路还有过压保护电路，当输入端电压超过限定值时，输出端输出电压下降为 0。

该系列稳压器 1 脚为控制端，当该脚接高电平时，稳压器输出端 4 脚输出正常的电压；当该脚接低电平时，输出端 4 脚停止输出。

（2）L 系列五端稳压器

L 系列五端稳压器典型型号为 L78OSO5FA。该稳压器的 1 脚为电压输入端，2 脚为空，3 脚为地，4 脚为控制端，5 脚为稳压输出端。

当 4 脚为低电位时，L78OSO5FA 的 5 脚可输出稳定的 5V 电压；当 4 脚电压为高电位时，L78OSO5FA 关断，无 5V 输出。

11.2.6　三端取样集成电路

三端取样集成电路广泛地应用于开关电源的稳压电路中，其外形酷似三极管，但其内部结构和三极管却有着质的区别，下面以 TL431 为例进行说明。

TL431 是一个有良好的热稳定性能的三端可调分流基准源，它的输出电压用取样端外接两个电阻就可以任意地设置到从 V_{ref}（2.5V）到 36V 范围内的任何值。

TL431 外型结构如图 11-27 所示，3 个引脚分别为：阴极（K）、阳极（A）和取样（R，有时也用 G 表示）。

图 11-28 是 TL431 的内部示意图。

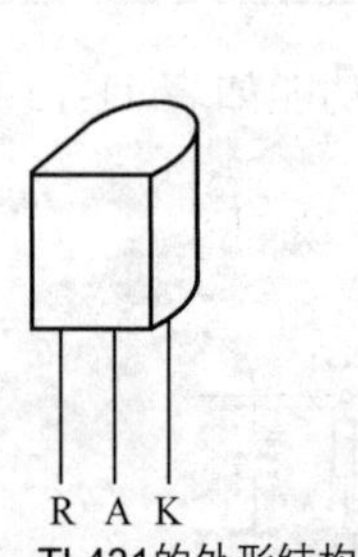

图11-27　TL431的外形结构

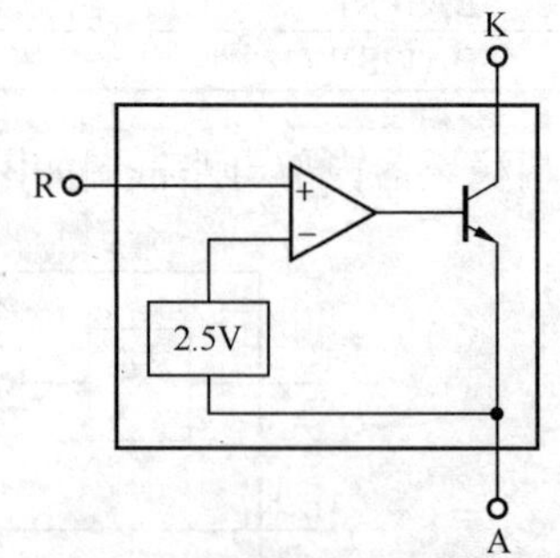

图11-28　TL431的内部示意图

从内部电路图中可以看出，R 端接在内部比较放大器的同相输入端，当 R 端电压升高时，比较放大器的输出端电压也上升，即内部三极管基极电压上升，导致其集电极电压下降，即 K 端电压下降。

对 TL431 的检测，主要采用电阻法，表 11-16 是实测的 TL431 数据。

表 11-16　TL431 实测数据

符号	A	R	K
功能	阳极	取样	阴极
红表笔接 A，黑表笔测量（kΩ）	0	无穷大	16
黑表笔接 A，红表笔测（kΩ）	0	3.5	22
说明	黑表笔接 R，红表笔接 K，阻值为无穷大， 黑表笔接 K，红表笔接 R，阻值为 5kΩ		

第12章 片状元器件的识别

片状元器件（SMC 和 SMD）是无引线或短引线的新型微小型元器件，它适合于在没有通孔的印制板上安装，是表面组装技术（SMT）的专用元器件。与传统的通孔元器件相比，片装元件安装密度高，减小了引线分布的影响，降低了寄生电容和电感，高频特性好，并增强了抗电磁干扰和射频干扰能力。片状元器件已在计算机、移动通信设备、医疗电子产品等电子产品中得到广泛应用。

12.1 常用片状电阻器

12.1.1 片状电阻器的阻值和允差标注方法

片状电阻器是贴片式元器件中应用最广的元件之一。常用的电阻器有矩形片状电阻器、圆柱型电阻器、跨接线电阻器、微调电位器（半可变电阻器）、多圈电位器、取样电阻器（限流电阻或电流检测电阻）及热敏电阻器等。

1. 电阻的允差及代码

一般的片状电阻的允差有 4 级：B、D、F、J，其允差分别为±1‰、±5‰、±1%及±5%。其中 B、D、F 级为精密电阻，J 级为普通电阻。

2. 电阻值范围及标称电阻值

不同精度等级、不同尺寸大小的电阻值范围不同（不同工厂也不相同），一般从 1Ω～10MΩ，低阻型从 10～910MΩ，±5%精度各阻值按 E24 标准分档，±1‰、±5‰、±1%精度各阻值按 E48、E96 标准分档，如表 12-1、表 12-2 所示。

表 12-1 代码含义

代号	A	B	C	D	E	F
含义	10^0	10^1	10^2	10^3	10^4	10^5

（续表）

代号	G	H	X	Y	Z	
含义	10^6	10^7	10^{-1}	10^{-2}	10^{-3}	

表 12-2　代码含义

代码	E48	E96	代码	E48	E96	代码	E48	E96	代码	E48	E96
01	100	100	25	178	178	49	316	316	73	562	562
02		102	26		182	50		324	74		576
03	105	105	27	187	187	51	332	332	75	590	590
04		107	28		191	52		340	76		604
05	110	110	29	196	196	53	348	348	77	619	619
06		113	30		200	54		357	78		634
07	115	115	31	205	205	55	365	365	79	649	649
08		118	32		210	56		374	80		665
09	121	121	33	215		57	383	383	81	681	681
10		124	34		221	58		392	82		698
11	127	127	35	226	226	59	402	402	83	715	715
12		130	36		232	60		412	84		732
13	133	133	37	237	237	61	422	422	85	750	750
14		137	38		243	62		432	86		768
15	140	140	39	249	249	63	442	442	87	787	787
16		143	40		255	64		453	88		806
17	147	147	41	261	261	65	464	464	89	825	825
18		150	42		267	66		475	90		845
19	154	154	43	274	274	67	487	487	91	866	866
20		158	44		280	68		499	92		887
21	162	162	45	287	287	69	511	511	93	909	909
22		165	46		294	70		523	94		931
23	169	169	47	301	301	71	536	536	95	953	953
24		174	48		309	72		549	96		976

例如，02C 为 102×10^2=10.2kΩ，15E 为 140×10^4=1.4MΩ

部分片状电阻采用 IEC（国际电工委员会）代号表示。电阻值一般直接标注在电阻其中一面，黑底白字，通常用三位数表示，前两位数字表示有效值，第三位数表示有效数后零的个数，当阻值小于 10Ω 时，以 R 表示，将 R 看作小数点。如 R22 表示 0.22Ω，2R2 表示 2.2Ω，220 表示 22Ω 等。

12.1.2　常见片状电阻器介绍

1. 矩形片状电阻

矩形片状电阻是开发较早和产量较大的表面安装元件之一，其外形如图 12-1 所示。

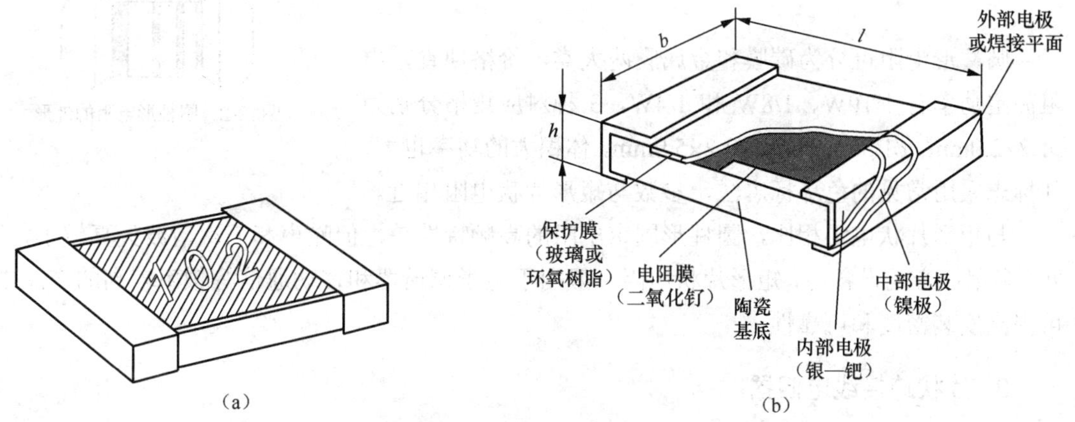

图12-1　矩形片状电阻的外形

矩形片状电阻器的型号并未统一，生产厂家各不相同，但型号中的参数（如尺寸、允差、温度系数、包装方式）基本上是一样的。片状电阻的参数有：尺寸代码、额定功率、最大工作电压、额定工作温度、标称电阻值、允差、温度系数及包装方式。

按照日本工业标准（JIS），片状电阻尺寸分成 7 个标准，即 1005（0402）、1608（0603）、2012（0805）、3216（1206）、3225（1210）、5025（2010）和 6432（2512）。尺寸代码由 4 个数组成，有两种表示方法：英制及公制，目前常用的是英制代码。以 0805 为例来说明：08 表示 0.08 英寸（长度尺寸），05 表示 0.05 英寸（宽度尺寸），其对应的公制代码为 2012，即长度为 2.0mm，宽度为 1.2mm。在目前应用中，0603、0805 用得最多，1206 用得渐少，而 0402 用得渐多，1206 以上的用得极少。

有些生产工厂用英制尺寸代码的后两位数来表示，如 03、05、06 分别表示 0603、0805 及 1206 尺寸代码。

不同尺寸的片状电阻的额定功率与最大工作电压及额定工作温度如表 12-3 所示。

表 12-3　　不同尺寸的片状电阻的额定功率与最大工作电压及额定工作温度关系

尺寸代码	额定功率	最大工作电压（V）	工作温度范围（℃）
0402	1/20W（1/16W）	50	–55～125（额定工作温度为 70℃）
0603	1/16W	50	
0805	1/10W	150	
1206	1/8W	200	
1210	1/4W	200	
2010	1/2W	200	
2512	1W	200	

需要说明的是：电阻的焊盘尺寸不要过大，以避免焊锡过多而造成冷却时收缩应力过大（有时会造成电阻断裂）。

2. 圆柱形固定电阻

这类电阻是通孔电阻去掉引线演变而来，外形如图 12-2 所示。

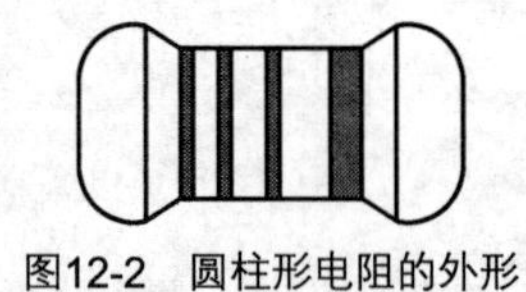

图12-2　圆柱形电阻的外形

圆柱形电阻可分为碳膜和金属膜两大类，价格便宜，电阻额定功率有 1/10W、1/8W 和 1/4W，3 种对应规格分别为 ϕ1.2×2.0mm、ϕ1.5×3.5mm、ϕ2.2×5.9mm，体积大的功率也大，其标志采用常见的色环标志法，参数与矩形片状电阻相近。

与矩形片状电阻相比，圆柱形固定电阻的高频特性差，但噪声和三次谐波失真较小，因此，多用在音响设备中，矩形片状电阻一般用于电子调谐器和移动通信等频率较高的产品中，可提高安装密度和可靠性。

3. 片状跨接线电阻器

片状跨接线电阻器也称为零阻值电阻，专门用于作跨接线用（便于用 SMT 设备装配），它的尺寸及代码与矩形片状电阻器相同，其特点是允许通过的电流大：0603 为 1A，0805 以上为 2A。另外，该电阻的电阻值并不为零，一般在 30MΩ 左右，最大值为 50MΩ，因此，它不能用于地线之间的跨接，以免造成不必要的干扰。

4. 片状微调电位器

片状微调电位器也称为片状半可变电阻器，是一种常用的调整元件，在电路中用于频率、放大增益的调整或确定分压比或基准电压的调整等，它们的阻值基数是 1、2、5，如常用的阻值是 10kΩ、20kΩ、50kΩ、100kΩ 等（阻值范围一般为 100Ω～2MΩ），片状微调电位器如图 12-3 所示。

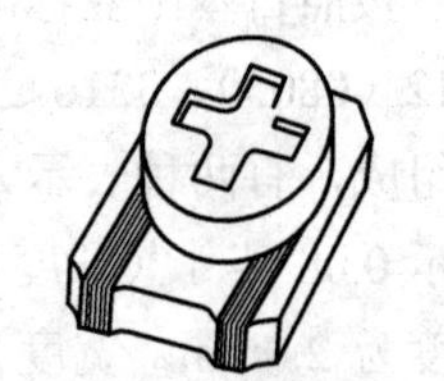

图12-3　片状微调电位器

5. 片状取样电阻器

片状取样电阻也称为电流检测电阻或限流电阻，它是一种小阻值大功率电阻，它串接在电路中（如接在功率三极管的发射极与地之间，以测其电阻的压降值间接来检测电流的大小，它常用于电池充电器、电流检测放大器（或电流检测器）、过流保护器等，为了检测到较大电流，并且使电阻上的损耗较小，取样电阻的功率较大（1.5～2W），电阻值较小（0.005～0.5Ω），常用的阻值有 0.01Ω、0.015Ω、0.02Ω、0.025Ω 及 0.05Ω，电阻阻值的允差为 0.5%～1%。

6. 片状 NTC 热敏电阻器

片状 NTC 热敏电阻与通孔式热敏电阻一样用于温度补偿、温度测量及控制。例如，充电器中检测电池的温度以防止电流过大、温度过高而造成爆炸，在运算放大器反馈电路中串入热敏电阻，可补偿传感器受温度影响造成的温度误差。

片状 NTC 热敏电阻与片状电阻一样有尺寸代码、阻值、允差、功率及工作温度范围，但它还有温度特性的 B 常数（或称 B 值，在我国此常数也称为 K 值），片状 NTC 热敏电阻的标称电阻值是 25℃时的电阻值；常用的尺寸有 0805、2012 及 3216（但尺寸小的热容量小，反应较灵敏），阻值范围有 470Ω～150kΩ。

12.2　常用片状电容器

12.2.1　片状电容器容量和允差标注方法

片状电容器也称贴片式电容器，常用的有片状多层陶瓷电容器、高频圆柱状电容器、片状涤纶电容器、片状电解电容器、片状钽电解电容器、片状微调电容器等。

片状电容器的容量标注，一般有两位组成，其第一位是英文字母，代表有效数字，第二位是数字，代表 10 的指数，电容单位为 pF，具体含义如表 12-4 所示。

表 12-4　电容的标记

字母	A	B	C	D	E	F	G	H	I	K	L	M	N
有效数字	1	1.1	1.2	1.3	1.5	1.6	1.8	2	2.2	2.4	2.7	3	3.3
字母	P	Q	R	S	T	U	V	W	X	Y	Z		
有效数字	3.6	3.9	4.3	4.7	5.1	5.6	6.2	6.8	7.5	8.2	9.1		
字母	a	b	c	e	f	m	n	t	y				
有效数字	2.5	3.5	4	4.5	5	6	7	8	9				

例如，一个电容器标注为 G3，通过查表，查出 G=1.8，$3=10^3$，那么，这个电容器的标称值为 1.8×10^3=1800pF。

有些片状电容的容量采用 3 位数，单位为 pF。前两位为有效数，后一位数为加的零数。若有小数点，则用 P 表示。如 1P5 表示 1.5pF，100 表示 10pF 等。允差用字母表示，C 为±0.25pF，D 为±0.5pF，F 为±1%，J 为±5%，K 为±10%，M 为±20%，I 为－20%～80%。

12.2.2　常见片状电容器介绍

1. 片状多层陶瓷电容器

片状多层陶瓷电容器又称片状独石电容器，是片状电容器中用量大、发展最为迅速的一种，若采用的介质材料不同，其温度特性、额定工作电压及工作温度范围亦不同，该电容器的结构如图 12-4 所示。

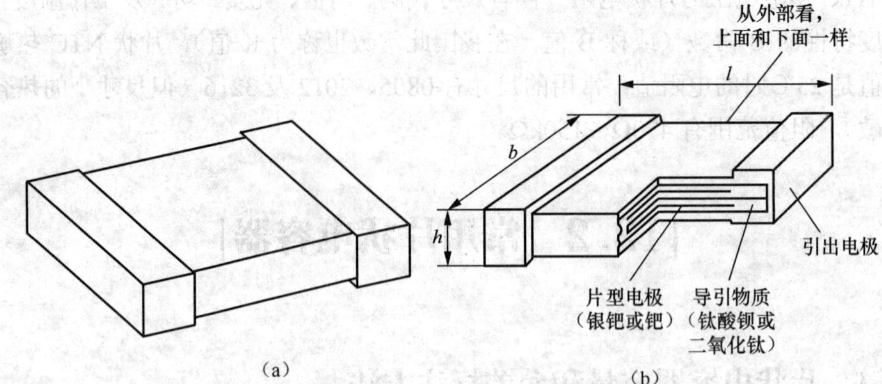

图12-4　片状多层陶瓷电容器外形

内部由多层陶瓷组成的介质层，两端头由多层金属组成。

电容器的温度特性由介质决定，片状多层陶瓷电容器的介质材料主要有以下几种。

（1）C0G（NP0）

C0G（NP0）属Ⅰ类材料。其性能最稳定，基本上不随电压、时间变化，受温度变化影响也极小，是超稳定型、低损耗电容器介质材料，适用于要求较高的高频、特高频及甚高频电路。该类电容器容量较小，一般以 2200pF 以下为主。

（2）X7R

X7R 属Ⅱ类材料，其容量随温度、电压、时间改变，但变化不显著，属于稳定性电容器介质材料，材料做成的电容器适用于隔直、耦合、旁路、滤波等电路。其电容量多为 100pF～2.2μF。

（3）Y5V

Y5V 属Ⅲ类材料。具有很高的介电常数，可生产电容量较大的电容器。它属于低频通用性电容器材料，应用于对电容器容量变化要求不高、损耗要求不高的电路。其电容量为 1000pF～10μF，但目前市场上超过 2.2μF 就难买到。

2. 高频圆柱状电容器

常用的高频圆柱状电容器的电容量、允差及耐压如表 12-5 所示。

表 12-5　　高频圆柱状电容器电容量、允差及耐压

容量（pF）	允差（%）	耐压
1.8 以下	±20	50V
2.2～8.2	±10	
10～100	±5	
120～1000	±10	
1500～6800	±30	25V
8200～10000	±30	16V

3. 片状绦纶电容器

片状绦纶电容器是有机薄膜电容器中的一种，具有较好的稳定性和低失效率的特性，主要用于消费类电子产品中，该电容器常用的电容量从1000pF～0.15μF，耐压50V，工作温度范围－40℃～＋85℃，电容允差为±10%～±20%。

4. 片状铝电解电容器

片状铝电解电容器有立式及卧式两种，如图12-5所示。

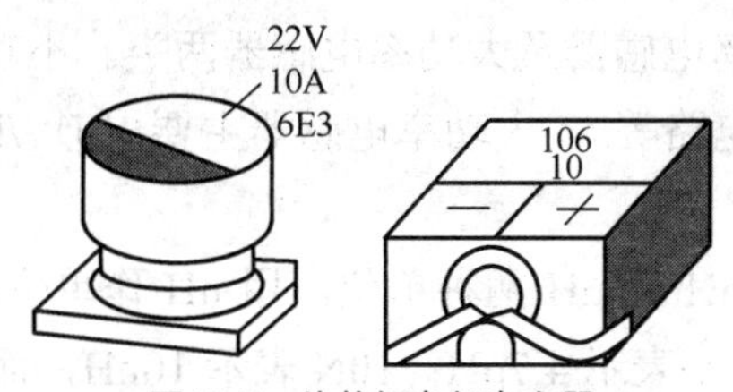

图12-5　片状铝电解电容器

铝电解电容器是以阳极铝箔、阴极铝箔和衬垫材料卷绕而成，所以片状铝电解电容器基本上是小型化铝电解电容器加了一个带电极的底座结。卧式结构是将电容器横倒，它的高度尺寸小一些，但占印制板面积较大，一般铝电解电容器仅适用于低频。

5. 片状钽电解电容器

片状钽电解电容器的尺寸比片状铝电解电容器小，并且性能好。如漏电小、负温性能好、等效串联电阻（ESR）小、高频性能优良，所以它的应用越来越广，除用于消费类电子产品外，也应用在通信、电子仪器、仪表、汽车电器、办公室自动化设备等，但价格要比片状铝电解电容器贵。常用的片状钽电解电容器为塑封，其外形如图12-6所示。

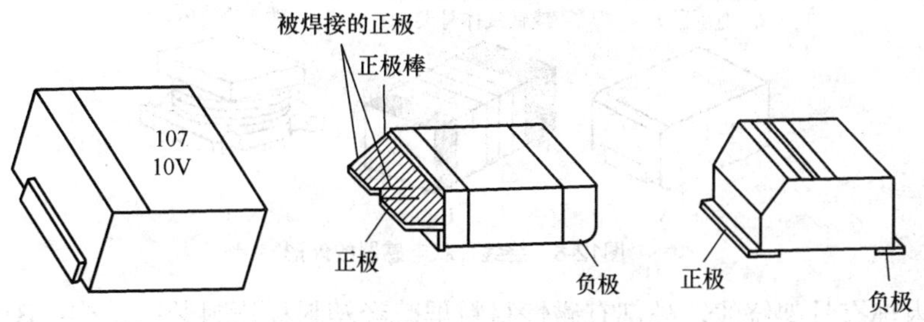

图12-6　常用的片状钽电解电容器

该电容器的耐压从4V到50V；电容量从0.1μF到470μF，常用的范围1～100μF、耐压范围10～25V；工作温度范围－40℃～±125℃；其允差为±10%～±20%。

片状钽电解电容器的顶面有一条黑色线。是正极性标志，顶面上还有电容容量代码和耐压值，如图12-7所示。

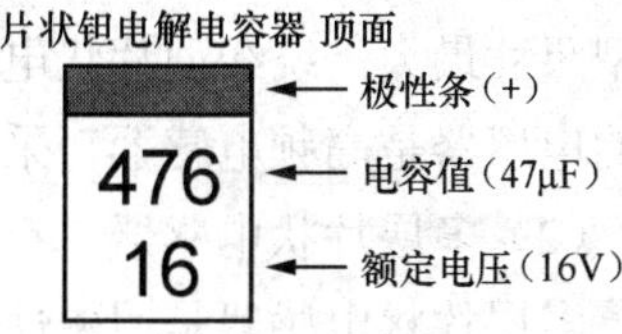

图12-7　片状钽电解电容器顶面

前面介绍的电容器是通用电容器。实际上根据电路的特殊需要，各知名电容器厂家生产了不少特殊的电容器及一些新的电容器产品（性能更好，尺寸更小）。如高频微调电容器等，这里不再一一介绍。

12.3 常用片状电感器

12.3.1 片状电感器电感量的标注方法

片状电感器可分为小功率电感器及大功率电感器两类。小功率电感器主要用于视频及通信方面（如选频电路、振荡电路等）；大功率电感器主要用 DC/DC 变换器（如用作储能元件或 LC 滤波元件）。

小功率电感量的代码有 nH 及 μH 两种单位，用 nH 作单位时，用 N 或 R 表示小数点。例如，4N7 表示 4.7nH，4R7 则表示 4.7μH；10N 表示 10nH，而 10μH 则用 100 来表示。

大功率电感上有时印上 680K、220K 字样，分别表示 68μH 及 22μH。

12.3.2 常见片状电感器介绍

1. 小功率片状电感器

小功率片状电感器有 3 种结构：绕线片状电感器、多层片状电感器、高频片状电感器。

（1）绕线片状电感器

绕线片状电感器是用漆包线绕在骨架上做成的有一定电感量的元件，根据不同的骨架材料、不同的匝数而有不同的电感量及 Q 值，它有 3 种结构，如图 12-8 所示。

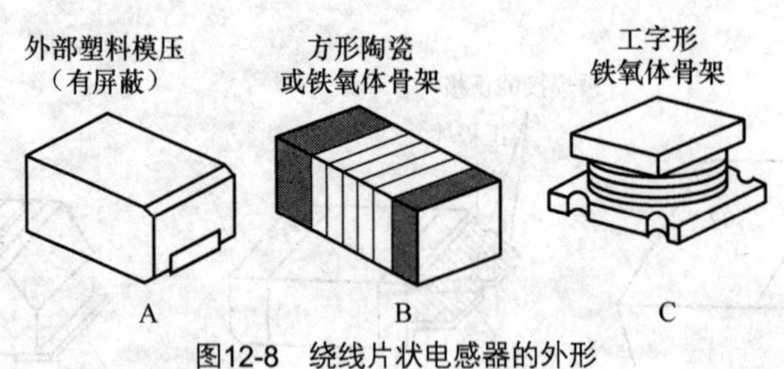

图12-8　绕线片状电感器的外形

A 型是内部有骨架绕线，外部有磁性材料屏蔽经塑料模压封装的结构；B 型是用长方形骨架绕线而成（骨架有陶瓷骨架或铁氧体骨架），两端头供焊接用；C 型为工字形陶瓷、铝或铁氧体骨架，焊接部分在骨架底部。

A 型结构有磁屏蔽，与其他电感元件之间相互影响小，可高密度安装。B 型尺寸最小，C 型尺寸最大。绕线型片状电感器的工作频率主要取决于骨架材料，例如，采用空心或铝骨架的电感器是高频电感器，采用铁氧体的骨架则为中、低频电感器。

（2）多层片状电感器

多层片状电感器是用磁性材料采用多层生产技术制成的无绕线电感器，它采用铁氧体膏浆及导电膏浆交替层叠并采用烧结工艺形成整体单片结构，有封闭的磁回路，所以有磁屏蔽作用。该类电感器的特点有：尺寸可做得极小，最小的尺寸为 1×0.5×0.6mm；具有高的可靠性；由于有良好的磁屏蔽，无电感器之间的交叉耦合，可实现高密度。该类片状电感器适用于音频/视频设备及电话、通信设备。

（3）高频（微波）片状电感器

高频（微波）片状电感器是在陶瓷基片上采用精密薄膜多层工艺技术制成，具有高的电感精度（±2%及±5%），可应用于无线通信设备中。该电感器主要特点是寄生电容小，自振频率高（例如，8.2nH 的电感器，其自振频率大于 2GHz）。

2. 大功率片状电感器

大功率片状电感器都是绕线型，主要用于 DC/DC 变换器中，用作储能元件或大电流 LC 滤波元件（降低噪声电压输出），它以方形或圆形工字形铁氧体为骨架，采用不同直径的漆包线绕制成，如图 12-9 所示。

图12-9　大功率片状电感器

12.4　常用片状二极管

12.4.1　片状二极管的型号、结构及标注

片状二极管主要有整流二极管、快速恢复二极管、肖特基二极管、开关二极管、稳压二极管、瞬态抑制二极管、发光二极管、变容二极管、天线开关二极管等。它们在小型电子产品及通信设备中得到了广泛的应用。

1. 片状二极管的型号及结构

部分片状二极管的型号仍是沿用引线式二极管的型号，如大家熟知的整流二极管 1N4001～1N4007，开关管 1N4148 等。另外，新型片状二极管也有自己的型号。

目前，进口元器件数量较多，大部分是美、日产品，也有部分欧州生产的元器件（如 SGS 公司、SIEMENS 公司、PHILIPS 公司等），型号较为繁杂。

各国都有半导体分立器件型号命名标准，如美国 1N 打头的，日本 1S 打头的，我国 2A～2D 打头的都是二极管。也有不少是由工厂自己来命名（厂标）的，不同的生产厂有不同的型号，如 SM4001～SM4007、GS1A～GS1K、SIA～SIM、M1～M7 等。这种不标准的型号出现在电路中时，给分析电路及维修带来很多困难。

片状二极管有多种封装形式，主要可分成 3 种：二引线型、圆性型（玻封或塑封）和小型塑封型。二引线型的顶面及圆柱型的圆周上有一横条标志线，它表示二极管的负极端。

常见片状二极管的外形如图 12-10 所示。

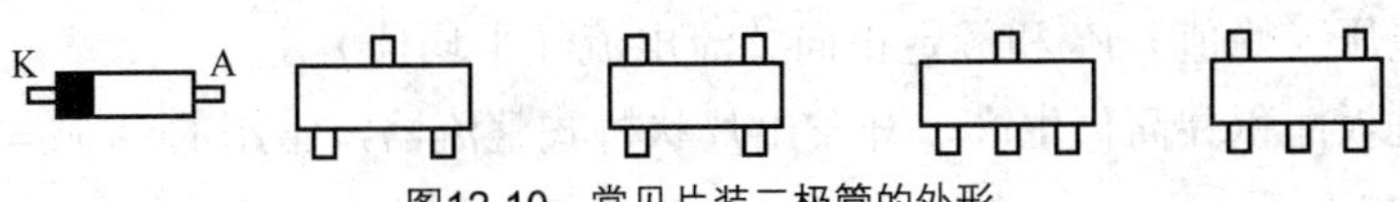

图12-10　常见片装二极管的外形

图 12-11 给出了几种典型片状二极管内部结构图。

代号
1
2
3
4
5
6
内部结构
3
2
1
代号
7
8
9
10
11
12
内部结构
3
4
2
1
1W
稳压管
(SOT89)
1/2W
稳压管
(SOT23)
1
2
5
4
3
3
4
2
1
图12-11　几种典型片状二极管内部结构图

2. 型号代码及色标

小尺寸片状二极管一般不打印出型号，而打印出型号代码或色标，这种型号代码由生产工厂自定，并不统一。

例如图 12-12 所示是二引线封装二极管，其顶面 A2 表示型号代码。

图 12-13 所示的 N、N20、P1 分别表示 3 种小型塑封型的型号代码。

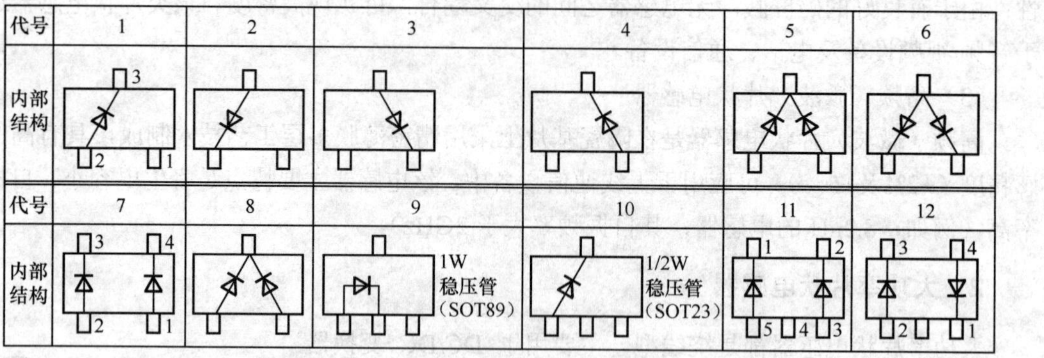

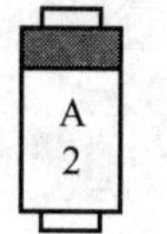

A
2
图12-12　二引线封装二极管型号代码

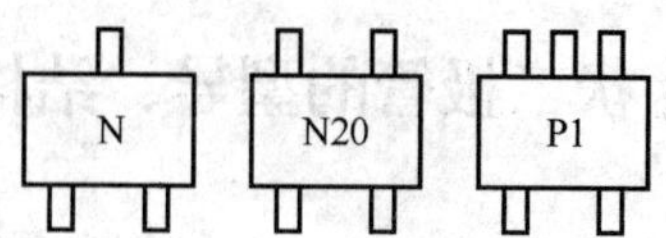

N
N20
P1
图12-13　小型塑封二极管的型号代码

圆柱型玻封二极管采用色标方法表示型号或采用印代码方式，分别如图 12-14 所示。

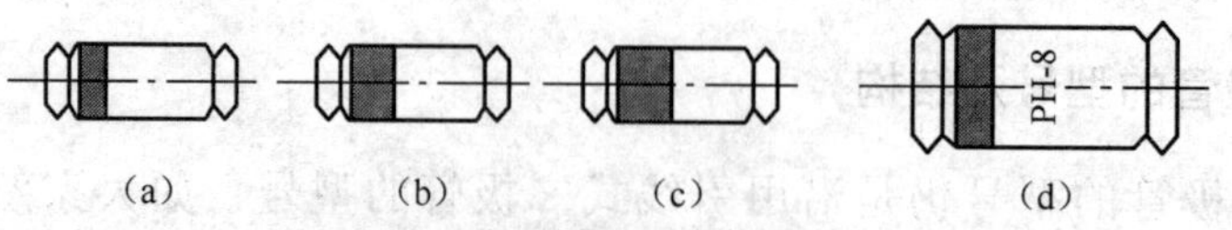

PH-8
(a)
(b)
(c)
(d)
图12-14　圆柱型玻封二极管型号表示法

图 12-14（a）用阴极的标志线，采用不同的颜色来表示型号；图 12-14（b）采用两种颜色的色环表示（粗环表示阴极端）；图 12-14（c）中第三环表示等级（用于稳压二极管）；图 12-14（d）的圆周上印有 PH-817 代码，相当于 1N5817。

12.4.2　常见片状二极管介绍

1. 片状整流二极管

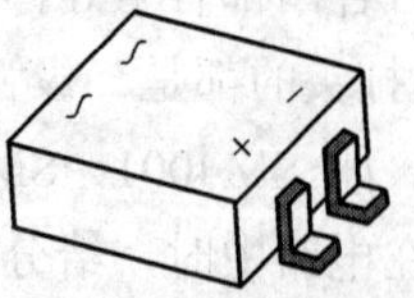

图12-15　片状桥式整流器

整流一般指的是将工频（50Hz）的交流变成脉动直流，常用的是 1N4001～1N4007 系列 1A、50～1000V 整流二极管（圆柱形玻封或塑封）。选择片状整流二极管有两个主要参数：最高反向工作电压（峰值）V_R 和额定正向整流电流（平均值）I_F。

为减小印制板面积并简化生产，开发出片状桥式整流器，常用的有 V_R=200V，I_F=1A 的全桥，如图 12-15 所示。

2. 片状快速恢复二极管

在电子产品的高频整流电路、开关电源 DC/DC 变换器、脉冲调制解调电路、变频调速电路、UPS 电源或逆变电路中，由于工作频率高（几十千赫至几百千赫），一般的整流二极管不能使用（它只能用于 3kHz 以下），需要使用片状快速恢复二极管，它的主要特点是反向恢复时间小，一般为几百纳秒，当工作频率更高时，采用超快速恢复二极管，它的反向恢复时间为几十纳秒。

片状快速恢复二极管反向峰值电压可达几百伏到一千伏，常用的正向平均电流可达 0.5～3A，当工作频率大于 1000MHz 时，则需要采用肖特基二极管。

3. 片状肖特基二极管

片状肖特基二极管最大的特点是反向恢复时间短，一般可做到 10ns 以下（有的可达 4ns 以下），工作频率可在 1～3GMHz 范围；正向压降一般在 0.4V 左右（与电流大小有关）；但反向峰值电压小，一般小于 100V（有些仅几十伏，甚至有的还小于 10V）。它的额定正向电流范围为 0.1～几 A。大电流的肖特基二极管是面接触式，主要用开关电源、DC/DC 变换器中；还有小电流点接触式的用于微波通信中（称为肖特基势垒二极管，反向恢复时间小于 1ns），它不仅适用于数字或脉冲电路的信号箝位，而且在自控、遥控、仪器仪表中用作译码、选通电路；在通信中用作高速开关、检波、混频；在电视、调频接收机中作频道转换开关二极管或代替锗检波二极管 2AP9，性能良好、稳定可靠，并且价格不高。

如何来区分肖特基二极管、快速恢复二极管及普通硅二极管呢？可用万用表测正向电阻的方法来区别，其电阻分别为 150Ω、500Ω 及 650Ω 左右。

4. 片状开关二极管

片状开关二极管的特点是反向恢复时间很短，高速开关二极管的反向恢复时间≤4ns（如 1N4148），而超高速开关二极管则≤1.6ns（如 1SS300）。另外，它的反向峰值电压不高，一般仅几十伏；正向平均电流也较小，一般仅 100～200mA。

该二极管主要用于开关、脉冲、高频电路和逻辑控制电路中。由于片状 1N4148 高速开关二极管尺寸小、价格便宜，也可用作高频整流或小电流低频整流及并联于继电器作保护电路。

5. 片状稳压二极管

片状稳压二极管主要参数有两个：稳定电压值及功率。常用的稳定电压值为 3～30V，功率为 0.3～1W。低电压（如 2～3V）的稳压特性很差，一般也没有 2V 以下的稳压二极管。

6. 片状瞬态抑制二极管（TVS）

片状瞬态抑制二极管用作电路过压（瞬时高压脉冲）保护器，目前主要用于通信设备、仪器、办公用设备、家电等。它的工作原理和稳压二极管相同，有高压干扰脉冲进入电路时，与被保护的电路并联的片状瞬态抑制二极管反向击穿而箝位于电路不损坏的电压上。与普通稳压二极管不同之处是它有很大面积的 PN 结，可以耗散大能量的瞬态脉冲，瞬时高达几十或上百安培电流，响应时间快（可达 1×10^{-12}s），它有单向及双向结构。

双向瞬态抑制二极管的几种典型的保护电路如图 12-16 所示。

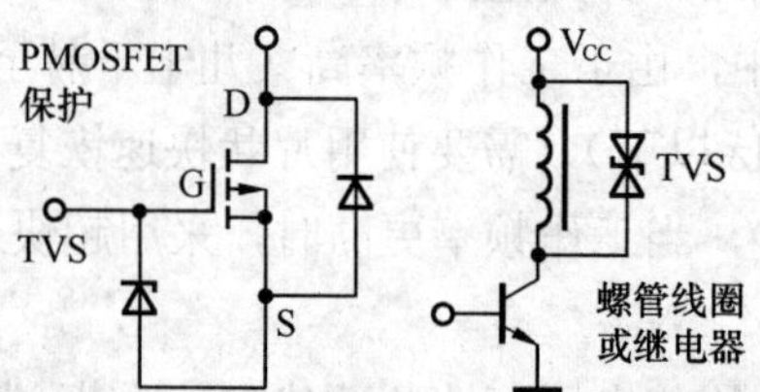

图12-16　双向瞬态抑制二极管的几种典型的保护电路

7. 片状发光二极管（LED）

片状发光二极管有红、绿、黄、橙、蓝色（蓝色的管压降为 3～4V），它的结构有带反光镜的、带透镜的，有单个的及两个 LED 封装在一起的结构（一红、一绿为多数），有普通亮度的、高亮度及超高亮度的，还有将限流电阻做在 LED 中的，外部无需再接限流电阻（可节省空间）。常见片状发光二极管如图 12-17 所示。

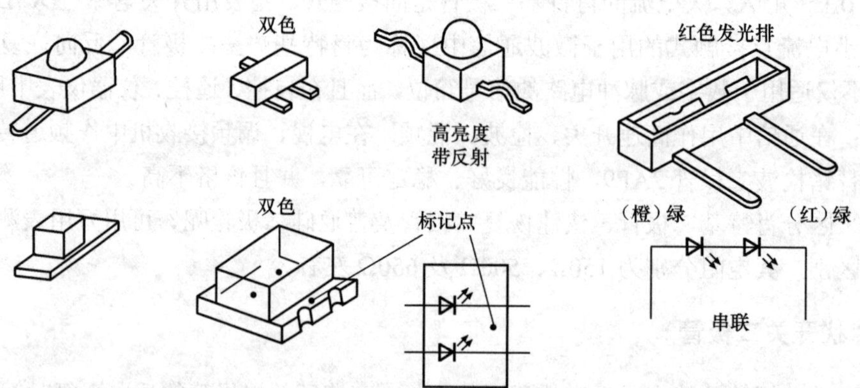

图12-17　常见片状发光二极管外形

另外一些片状共阴极数码管如图 12-18 所示。

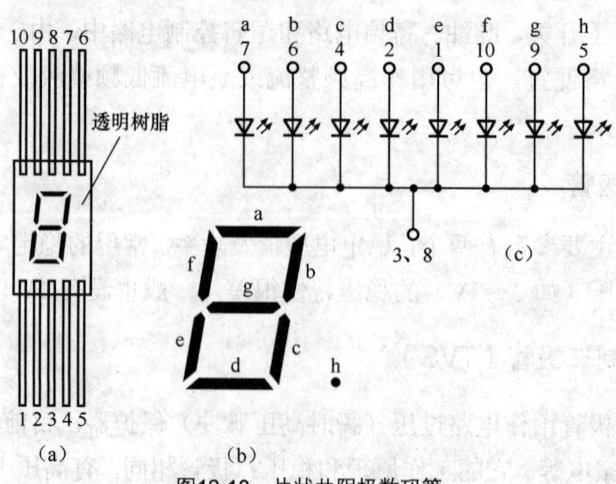

图12-18　片状共阴极数码管

8. 片状变容二极管

片状变容二极管是一个电压控制元件，通常用于振荡电路，与其他元件一起构成 VCO（压控振荡器）。在 VCO 电路中，主要利用它的结电容随反偏压变化而变化的特性，通过改变变容二极管两端的电压便可改变变容二极管电容的大小，从而改变振荡频率。片状变容二极管在手机电路中得到了广泛的应用。

12.5　常用片状三极管、场效应管

12.5.1　片状三极管的型号识别

我国三极管型号是“3A～3E”开头、美国是“2N”开头、日本是“2S”开头。目前市场上 2S 开头的型号占多数，欧洲对三极管的命名方法是用 A 或 B 开头（A 表示锗管，B 表示硅管），第二部分用 C、D 或 F、L（C——低频小功率管，F——高频小功率管、D——低频大功率管，L——高频大功率管）；用 S 和 U 分别表示小功率开关管和大功率开关管；第三部分用三位数表示登记序号。如 BC87 表示硅低频小功率三极管。还有一些三极管型号是由生产工厂自己命名的（厂标），是不标准的。

12.5.2　片状三极管及场效应管介绍

1. 普通三极管

普通三极管有 3 个电极的，也有 4 个电极的，外形及管脚排列如图 12-19 所示。

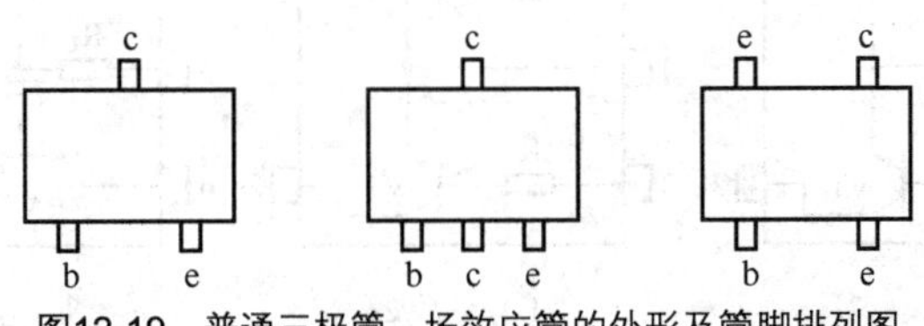

图12-19　普通三极管、场效应管的外形及管脚排列图

2. 复合三极管

这类片状三极管是在一个封装中有两个三极管，其外形如图 12-20 所示。

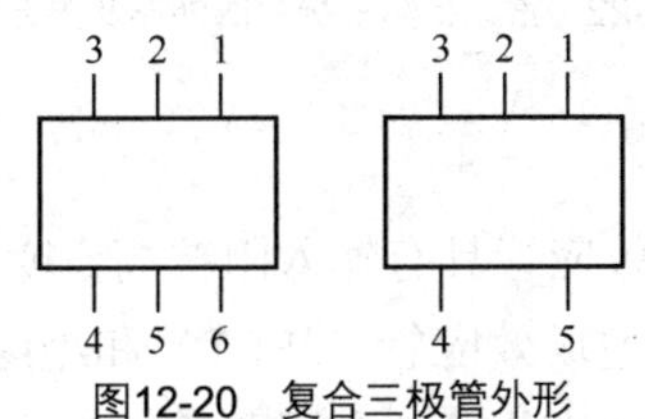

图12-20　复合三极管外形

不同的复合三极管，其内部三极管的连接方式不一样，如图 12-21 所示。

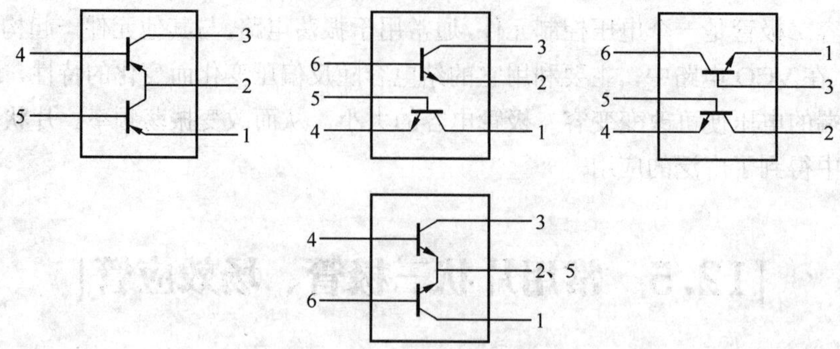

图12-21　复合三极管内部连接方式

由于连接方式不够统一，在维修和代换时要特别注意！

3. 片状带阻三极管

片状带阻三极管是在三极管芯片上做上一个或两个偏置电阻，这类三极管以日本生产居多。各厂的型号各异，常见带阻三极管外形及内部电路如图 12-22 所示。这类三极管在通信装置中应用最为普遍，可以节省空间。

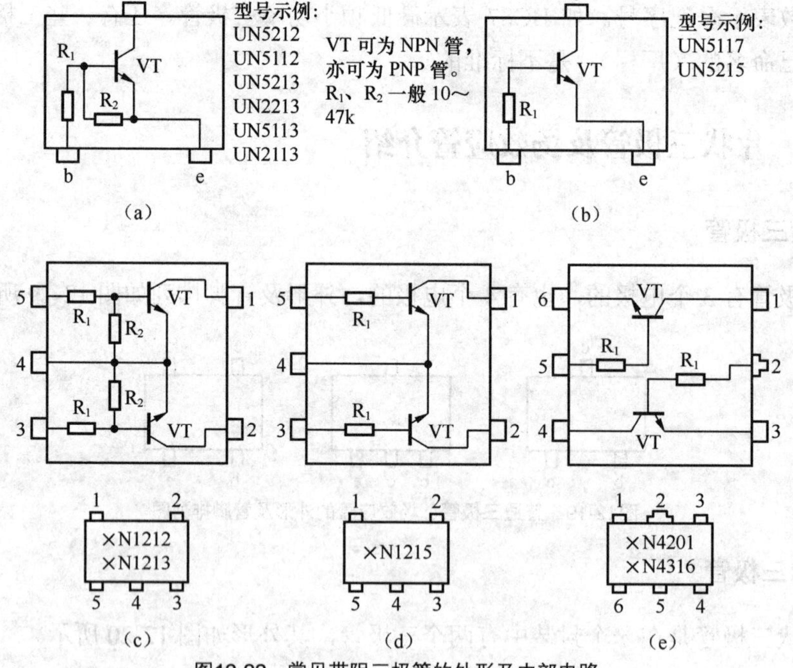

图12-22　常见带阻三极管的外形及内部电路

4. 片状场效应管

与片状三极管相比，片状场效应管具有输入阻抗高、噪声低、动态范围大、交叉调制失真小等特点。片状场效应管分结型场效应管（JFET）和绝缘栅场效应管（MOSFET）。JFET 主要用于小信号场合，MOSFET 既有用于小信号场合，也有用作功率放大或驱动的场合，片状场效应管外形及管脚排列如图 12-23 所示（两种不同排列）。

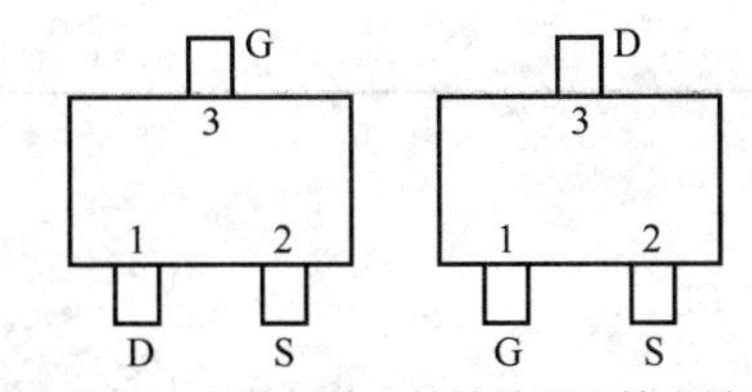

图12-23　片状场效应管的外形及管脚排列

可见，场效应管的外形结构与三极管十分相似，应注意区分，场效应管 G、S、D 极分别相当于三极管的 b、e、c 极。

12.6　常用片状稳压 IC

12.6.1　五脚稳压块

随着半导体工艺技术的不断改进，特别是便携式电子产品的迅猛发展，促使贴片式电源 IC 有了长足的进步，贴片式电源 IC 绝不仅仅是封装形式的改变，而是不断地降低自身的损耗以提高效率，以达到最大限度节能的目的。

片状稳压 IC 种类较多，这里先介绍五脚稳压块，五脚稳压块管脚排列如图 12-24 所示。

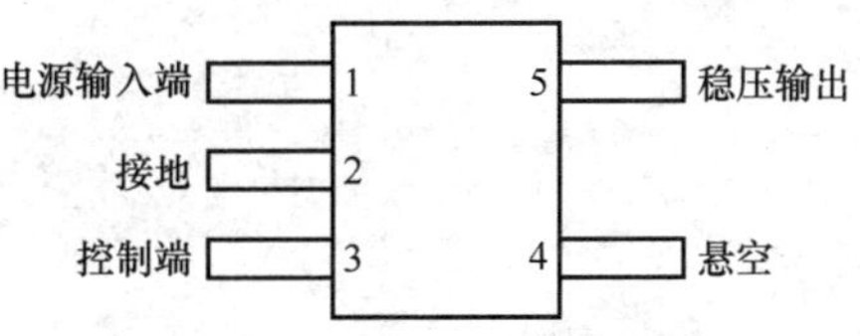

图12-24　五脚稳压模块管脚排列图

其中第 1 脚为电源输入，第 2 脚为接地，第 3 脚为控制端，第 4 脚为悬空，第 5 脚为稳压输出。

12.6.2　六脚稳压块

六脚稳压块管脚排列如图 12-25 所示。

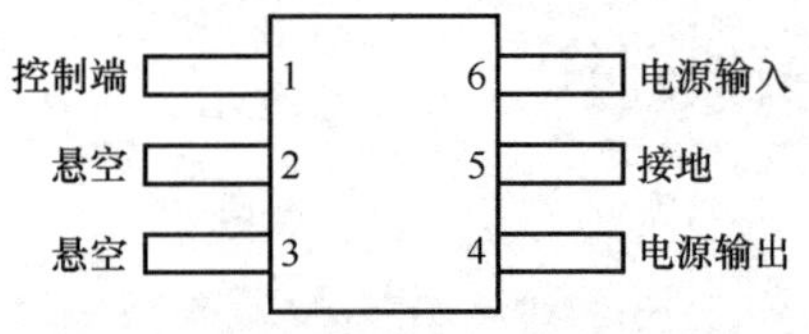

图12-25　六脚稳压模块管脚排列图

其中第 6 脚为输入，第 5 脚为接地，第 4 脚为输出，第 1 脚为控制，当第 1 脚为高电平时，第 4 脚有稳压输出，该类稳压管最大的特点是表面电压输出有标称值，例如，标记为 P48，其稳压输出则为 4.8V，又如，标称为 P18，则其稳压输出为 1.8V。

主要参考资料

[1] 无线电编辑部编. 无线电元器件精汇. 北京：人民邮电出版社，2000.
[2] 杜虎林编著. 用万用表检测电子元器件. 沈阳：辽宁科学技术出版社，2001
[3] 金正浩，高静，希林编著. 怎样检测家用电器电子元器件. 北京：人民邮电出版社，2001.